钢结构设计及计算实例

——基于《钢结构设计标准》GB 50017—2017

金 波 编著

中国建筑工业出版社

图书在版编目（CIP）数据

钢结构设计及计算实例：基于《钢结构设计标准》
GB 50017—2017/金波编著. —北京：中国建筑工业出
版社，2021.2（2023.11重印）
ISBN 978-7-112-25867-3

Ⅰ.①钢…　Ⅱ.①金…　Ⅲ.①钢结构-结构设计
Ⅳ.①TU391.04

中国版本图书馆 CIP 数据核字（2021）第 021338 号

本书以《高层民用建筑钢结构技术规程》JGJ 99—2015 内容为主线，根据
《钢结构设计标准》GB 50017—2017，对规范内容进行了详细讲解，对规范中的计
算公式配以算例进行演示，并提供了工程设计实例，对钢结构工程的设计和计算
要点进行了详细介绍。本书内容共六章，分别是钢结构构件计算与设计、钢结构
的构造、钢结构分析与稳定性设计、高层钢结构 PKPM 计算实例、钢结构抗震性
能化设计、钢结构防火设计。本书内容实际，操作性强，适合钢结构设计人员参
考使用。

责任编辑：王雨滢　万　李　石枫华
责任校对：芦欣甜

钢结构设计及计算实例
——基于《钢结构设计标准》GB 50017—2017
金　波　编著

*

中国建筑工业出版社出版、发行（北京海淀三里河路9号）
各地新华书店、建筑书店经销
霸州市顺浩图文科技发展有限公司制版
建工社（河北）印刷有限公司印刷

*

开本：787毫米×1092毫米　1/16　印张：21¼　字数：529千字
2021年2月第一版　2023年11月第六次印刷
定价：**59.00**元
ISBN 978-7-112-25867-3
（36636）

前　言

随着我国经济建设的快速发展，各大、中城市高层建筑的兴建日益增多。尽管钢筋混凝土结构仍然是高层建筑的主要结构类型，但是由于钢结构自重轻、竖向构件所占的面积小、施工周期短、抗震性能好等优点，高层建筑中采用钢结构建造的房屋也越来越多。尤其是钢结构构件加工都是在工厂进行，在工地仅需要进行焊接、螺栓连接等拼装工作，因此需要的工人很少。在我国人工成本越来越高这一现实状况下，钢结构的房屋会越来越多。

目前我国钢结构设计遵循的规范主要有三本：《钢结构设计标准》GB 50017—2017、《建筑抗震设计规范》GB 50011—2010（2016 年版）（第 8 章多层和高层钢结构房屋）、《高层民用建筑钢结构技术规程》JGJ 99—2015。《建筑抗震设计规范》GB 50011—2010（2016 年版）中多层和高层钢结构房屋的规定内容很少，对钢结构设计指导不够全面。《高层民用建筑钢结构技术规程》JGJ 99—2015 对高层民用建筑钢结构的结构体系、材料、荷载、计算分析、构件及节点设计、制作与涂装、安装、抗火设计做了详细的规定，对高层建筑钢结构设计具有较强的实用指导。最新发布的《钢结构设计标准》GB 50017—2017，增加了直接分析设计法、抗震性能化设计等内容。目前市场上高层建筑钢结构设计的书大多倾向于理论知识的讲解，设计内容较少。本书以《高层民用建筑钢结构技术规程》JGJ 99—2015 内容为主线，根据《钢结构设计标准》GB 50017—2017，详细讲解了规范应用的具体内容，对规范计算公式配以算例，对规范不够详细的地方结合自身经验做了解释，对规范不尽合理的地方提出了自己的建议。

本书共分为六章。第一章主要内容为钢结构构件计算与设计，并对高层钢结构楼板舒适度设计进行了介绍，给出了工程算例。第二章为钢结构的构造，涉及结构钢、钢结构的连接材料、钢结构防锈和防腐蚀材料等内容。第三章为钢结构分析与稳定性设计，介绍了钢结构的一阶弹性分析法、二阶 P-Δ 弹性分析法、直接分析设计法，并给出三种分析设计方法的工程算例，最后对钢结构计算分析中常见的几个问题做了详细的论述。第四章通过一个具体的高层钢结构工程实例，介绍 PKPM2010 软件进行高层钢结构计算分析及构件、节点设计的全过程。第五章为钢结构抗震性能化设计，结合《钢结构设计标准》GB 50017—2017 第 17 章，介绍了钢结构抗震性能化设计的方法，并给出工程算例。第六章为钢结构防火设计，结合《建筑钢结构防火技术规范》GB 51249—2017，介绍了钢结构防火设计的方法，并给出工程算例。本书《钢结构设计及计算实例——基于〈钢结构设计标准〉GB 50017—2017》为《高层钢结构设计计算实例》（中国建筑工业出版社，2018 年4 月出版）一书的姊妹篇。将《高层钢结构设计计算实例》一书保留的三章内容，全部按照《钢结构设计标准》GB 50017—2017、《建筑钢结构防火技术规范》GB 51249—2017进行重新编写，删除了《高层钢结构设计计算实例》一书的第一、二、三章内容，并且增加了三章内容：第三章钢结构分析与稳定性设计、第五章钢结构抗震性能化设计、第六章钢结构防火设计。

借本书出版之机，我要感谢对我从事钢结构设计与研究工作有重要帮助的人。感谢家人、同学、朋友对我的默默支持，他们的支持和照顾是我写作的动力。感谢我的导师——武汉大学郭耀杰教授，是他带我进入钢结构研究的大门。中国石油乌鲁木齐大厦超高层钢结构是我设计的第一个钢结构项目，感谢中信建筑设计研究总院有限公司温四清总工程师、王新副总工程师对此项目进行认真的校对、审核，是他们带我进入钢结构设计的大门。感谢中国建筑标准设计研究院蔡益燕教授级高级工程师、郁银泉设计大师、王喆所长、浙江大学童根树教授，向他们请教钢结构设计中的一些问题都能得到耐心、细致的解答。感谢中信建筑设计研究总院有限公司刘文路副院长、李治总工程师、董卫国副总工程师对我工作上的支持和帮助。感谢我的同事，中信建筑设计研究总院有限公司高炬、魏丽、周波、郭金纯、方鸣、吴珊、何小辉、艾磊等，正是他们为我分担一些设计工作，才让我有更多时间写作此书。感谢中信建筑设计研究总院有限公司吴凌院长、肖伟副院长、熊火清副总工程师对出版本书提供的帮助。

笔者希望通过本书，对结构工程师进行钢结构设计提供实用指导。由于设计工作繁重、写书时间紧迫，限于作者的理论水平和工程实际经验，书中难免存在缺点和错误，恳请广大读者批评指正，意见或建议可发送至作者电子邮箱：aub0314@126.com。

金波
中信建筑设计研究总院有限公司

目　　录

第一章 钢结构构件计算与设计

第一节 钢梁的计算与设计

本节介绍钢结构梁的计算方法及设计，除钢次梁组合梁外，其余构件具体算例详见第四章 PKPM 的工程实例。

一、钢框架梁

（一）钢框架梁截面初选原则

1. 钢框架梁一般不选用热轧 H 型钢，因为其翼缘一般较薄，且翼缘、腹板板件的宽厚比可能不满足规范规定的钢框架梁板件宽厚比限值。

2. 钢框架梁腹板厚度根据规范规定的钢框架梁板件宽厚比限值确定，仅需要满足限值即可，不需要额外加大腹板厚度。因为一般来说，钢框架梁的截面主要由受弯承载力控制，剪应力一般很小。因此，腹板厚度仅满足钢框架梁板件宽厚比限值即可。

钢框架梁板件宽厚比限值，应符合表 1-1 的规定。

钢框架梁板件宽厚比限值　　　　　　　　　　表 1-1

板件名称	抗震等级			
	一级	二级	三级	四级
工字形截面和箱形截面翼缘外伸部分	9	9	10	11
箱形截面翼缘在两腹板之间部分	30	30	32	36
工字形截面和箱形截面腹板	$72\sim120\rho\leqslant60$	$72\sim100\rho\leqslant65$	$80\sim110\rho\leqslant70$	$85\sim120\rho\leqslant75$

注：1. $\rho=N/(Af)$ 为梁轴压比；

　　2. 表列数值适用于 Q235 钢，采用其他牌号应乘以 $\sqrt{235/f_y}$。

值得注意的是，在高层钢结构中，通常按刚性楼板假定进行结构分析，此时不考虑梁轴力，只在有支撑和按弹性楼板等情况才考虑梁轴力。特别提醒读者注意，在对钢框架梁腹板进行宽厚比验算时，应该按照表 1-1 中考虑梁轴力来限制腹板最小厚度，而不是简单地考虑梁轴力为零，尤其是有支撑和按弹性楼板计算的情况。

3. 钢框架梁截面高度种类应尽可能少，尤其是与同一根钢框架柱相连的 4 根钢框架梁截面高度应尽可能一样，通过调整翼缘厚度和宽度来满足弯曲应力的要求，以减少柱内隔板的数量，方便施工。

4. 《钢结构设计标准》GB 50017—2017 规定的受弯构件截面板件宽厚比等级及限值

见表 1-2。

受弯构件的截面板件宽厚比等级及限值 表 1-2

截面板件宽厚比等级	工字形截面		箱形截面
	翼缘 b/t	腹板 h_0/t_w	壁板(腹板)间翼缘 b_0/t
S1 级	$9\varepsilon_k$	$65\varepsilon_k$	$25\varepsilon_k$
S2 级	$11\varepsilon_k$	$72\varepsilon_k$	$32\varepsilon_k$
S3 级	$13\varepsilon_k$	$93\varepsilon_k$	$37\varepsilon_k$
S4 级	$15\varepsilon_k$	$124\varepsilon_k$	$42\varepsilon_k$
S5 级	20	250	—

注：1. ε_k 为钢号修正系数，其值为 235 与钢材牌号中屈服点数值的比值的平方根；

2. b 为工字形、H 形截面的翼缘外伸宽度，t、h_0、t_w 分别为翼缘厚度、腹板净高和腹板厚度，对于轧制型截面，腹板净高不包括翼缘腹板过渡处圆弧段；对于箱形截面，b_0、t 分别为壁板间的距离和壁板厚度；

3. 箱形截面梁及单向受弯的箱形截面柱，其腹板限值可根据 H 形截面腹板采用；

4. 腹板的宽厚比可通过设置加劲肋减小。

说明：绝大多数钢构件由板件构成，而板件宽厚比大小直接决定了钢构件的承载力和受弯及压弯构件的塑性转动变形能力，因此钢构件截面的分类，是钢结构设计技术的基础，尤其是钢结构抗震设计方法的基础。《钢结构设计规范》GB 50017—2003 关于截面板件宽厚比的规定分散在受弯构件、压弯构件的计算及塑性设计各章节中。

根据截面承载力和塑性转动变形能力的不同，国际上一般将钢构件截面分为 4 类，考虑到我国在受弯构件设计中采用截面塑性发展系数 γ_x，《钢结构设计标准》GB 50017—2017 将截面根据其板件宽厚比分为 5 个等级。

（1）S1 级截面：可达全截面塑性，保证塑性铰具有塑性设计要求的转动能力，且在转动过程中承载力不降低，称为一级塑性截面，也可称为塑性转动截面。其延性最好。

（2）S2 级截面：可达全截面塑性，但由于局部屈曲，塑性铰转动能力有限，称为二级塑性截面。

（3）S3 级截面：翼缘全部屈服，腹板可发展不超过 1/4 截面高度的塑性，称为弹塑性截面。

（4）S4 级截面：边缘纤维可达屈服强度，但由于局部屈曲而不能发展塑性，称为弹性截面。

（5）S5 级截面：在边缘纤维达屈服应力前，腹板可能发生局部屈曲，称为薄壁截面。其延性最差。

（二）钢框架梁强度验算

1. 抗弯强度验算

梁的抗弯强度应满足下式要求：

$$\frac{M_x}{\gamma_x W_{nx}} + \frac{M_y}{\gamma_y W_{ny}} \leqslant f \qquad (1-1)$$

式中　M_x、M_y——同一截面处绕 x 轴和 y 轴的弯矩设计值（N·mm）；

　　　W_{nx}、W_{ny}——梁对 x 轴和 y 轴的净截面模量（mm³），当截面板件宽厚比等级为

S1、S2、S3 或 S4 级时，应取全截面模量，当截面板件宽厚比等级为 S5 级时，应取有效截面模量，均匀受压翼缘有效外伸宽度可取 $15\varepsilon_k$，腹板有效截面可按《钢结构设计标准》GB 50017—2017 第 8.4.2 条的规定采用；

γ_x、γ_y——对 x 轴和 y 轴的截面塑性发展系数，钢次梁、钢框架梁的非地震作用组合，应按《钢结构设计标准》GB 50017—2017 第 6.1.2 条的规定取值；钢框架梁的地震作用组合宜取 1.0；

f——钢材强度设计值（N/mm²），钢框架梁的地震组合应除以 $\gamma_{RE} = 0.75$。

2. 抗剪强度验算

在主平面内受弯的实腹构件，其抗剪强度应按下式计算：

$$\tau = \frac{VS}{It_w} \leqslant f_v \qquad (1\text{-}2)$$

框架梁端部截面的抗剪强度，应按下式计算：

$$\tau = \frac{V}{A_{wn}} \leqslant f_v \qquad (1\text{-}3)$$

式中　V——计算截面沿腹板平面作用的剪力设计值（N）；

S——计算剪应力处以上毛截面对中性轴的面积矩（mm³）；

I——毛截面惯性矩（mm⁴）；

t_w——腹板厚度（mm）；

A_{wn}——扣除焊接孔和螺栓孔后的腹板受剪面积（mm²）；

f_v——钢材抗剪强度设计值（N/mm²），钢框架梁（抗震设计）应除以 $\gamma_{RE} = 0.75$。

3. 稳定性验算

除设置刚性隔板情况外，梁的稳定性应满足下式要求：

$$\frac{M_x}{\varphi_b W_x} \leqslant f \qquad (1\text{-}4)$$

式中　W_x——梁的毛截面模量（mm³）（单轴对称者以受压翼缘为准）；

φ_b——梁的整体稳定系数，应按现行国家标准《钢结构设计标准》GB 50017—2017 的规定确定；

f——钢材强度设计值（N/mm²），钢框架梁（抗震设计）应除以 $\gamma_{RE} = 0.75$。

当梁上设有符合现行国家标准《钢结构设计标准》GB 50017—2017 中规定的整体式楼板时，可不计算梁的整体稳定性。梁设有侧向支撑体系，并符合现行国家标准《钢结构设计标准》GB 50017—2017 规定的受压翼缘自由长度与其宽度之比的限值时，可不计算整体稳定性。

对于梁的整体稳定系数 φ_b，《高层民用建筑钢结构技术规程》JGJ 99—2015 第 7.1.2 条规定：当梁在端部仅以腹板与柱（或主梁）相连时，φ_b（$\varphi_b > 0.6$ 时的 φ_b'）应乘以降低系数 0.85。其条文说明解释为：支座处仅以腹板与柱（或主梁）相连的梁，由于梁端截面不能保证完全没有扭转，故在验算整体稳定性时，φ_b 应乘以 0.85 的降低系数。

《钢结构设计标准》GB 50017—2017 第 6.2.5 条规定：梁的支座处应采取构造措施，以防止梁端截面的扭转。当简支梁仅腹板与相邻构件相连，钢梁稳定性计算时侧向支承点距离应取实际距离的 1.2 倍。其条文说明解释为：梁端支座，弯曲铰支容易理解也容易达成，扭转铰支却往往被疏忽，因此本条特别规定。对仅腹板连接的钢梁，因为钢梁腹板容易变形，抗扭刚度小，并不能保证梁端截面不发生扭转，因此在稳定性计算时，计算长度应放大。

两本规范都强调，梁仅腹板与支承构件（柱或主梁）相连（简支连接），梁端截面不能保证不发生扭转，因此，在进行稳定性计算时，应留够安全度。《高层民用建筑钢结构技术规程》JGJ 99—2015 将梁的整体稳定系数 φ_b 乘以 0.85 的折减系数，《钢结构设计标准》GB 50017—2017 将梁受压翼缘侧向支承点之间的距离乘以 1.2，其实质也是降低整体稳定系数 φ_b。

因此，当框架梁与柱铰接（仅腹板相连），计算框架梁整体稳定性时，应将框架梁的整体稳定系数 φ_b 乘以 0.85 的折减系数，或将框架梁受压翼缘侧向支承点之间的距离乘以 1.2。当次梁与主梁柱铰接（仅腹板相连），计算次梁整体稳定性时，应将次梁的整体稳定系数 φ_b 乘以 0.85 的折减系数，或将次梁受压翼缘侧向支承点之间的距离乘以 1.2。

下面以一道算例，分别以《高层民用建筑钢结构技术规程》JGJ 99—2015 和《钢结构设计标准》GB 50017—2017 计算梁的整体稳定性。以图 1-1（a）中 GL1 为例，钢梁上均无混凝土铺板（楼板开洞），PKPM2010（版本 V5.1）输出 GL1 计算结果见图 1-1（b）。

$$\varphi_b = \beta_b \frac{4320}{\lambda_y^2} \cdot \frac{Ah}{W_x} \left[\sqrt{1 + \left(\frac{\lambda_y t_1}{4.4h}\right)^2} + \eta_b \right] \varepsilon_k^2 \tag{1-5}$$

$$\lambda_y = \frac{l_1}{i_y} \tag{1-6}$$

（1）《高层民用建筑钢结构技术规程》JGJ 99—2015

$$\xi = \frac{l_1 t_1}{b_1 h} = \frac{7500 \times 20}{200 \times 400} = 1.875$$

梁整体稳定性的等效弯矩系数为：

$$\beta_b = 0.69 + 0.13\xi = 0.69 + 0.13 \times 1.875 = 0.93375$$

$$i_y = 47.9\text{mm}, \quad \lambda_y = \frac{l_1}{i_y} = \frac{7500}{47.9} = 156.58$$

$$A = 11600\text{mm}^2, \quad W_x = 1639730\text{mm}^3, \eta_b = 0$$

$$\begin{aligned}
\varphi_b &= \beta_b \frac{4320}{\lambda_y^2} \cdot \frac{Ah}{W_x} \left[\sqrt{1 + \left(\frac{\lambda_y t_1}{4.4h}\right)^2} + \eta_b \right] \varepsilon_k^2 \\
&= 0.93375 \times \frac{4320}{156.58^2} \times \frac{11600 \times 400}{1639730} \times \left[\sqrt{1 + \left(\frac{156.58 \times 20}{4.4 \times 400}\right)^2} + 0 \right] \times \frac{235}{345} \\
&= 0.64728 > 0.6
\end{aligned}$$

$$\varphi_b' = 1.07 - \frac{0.282}{\varphi_b} = 1.07 - \frac{0.282}{0.64728} = 0.63433$$

稳定应力比为：

$$\left(\frac{M_x}{\varphi_b W_x}\right)/f = \left(\frac{273.9 \times 10^6}{0.85 \times 0.63433 \times 1639730}\right)/295 = 1.05$$

与软件输出稳定应力比 0.89 不一致。

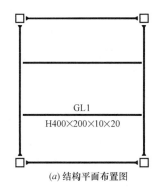

(a) 结构平面布置图

一、构件几何材料信息

层号	IST=1
塔号	ITOW=1
单元号	IELE=4
构件种类标志(KELE)	梁
左节点号	J1=7
右节点号	J2=8
构件材料信息(Ma)	钢
长度(m)	DL=7.50
截面类型号	Kind=1
截面参数(m)	B*H*B1* B2*H1*B3*B4*H2
	=0.010*0.400*0.095*0.095*0.020*0.095*0.095*0.020
钢号	345
净毛面积比	Rnet=1.00

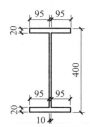

	−I−	−1−	−2−	−3−	−4−	−5−	−6−	−7−	−J−
−M	0.00	0.00	0.00	0.00	0.00	0.00	0.00	0.00	0.00
LoadCase	1	1	1	1	1	1	1	1	1
+M	0.00	114.15	202.61	256.07	273.90	256.07	202.61	114.15	0.00
LoadCase	1	1	1	1	1	1	1	1	1
Shear	129.97	110.77	76.03	38.02	0.00	−38.02	−76.03	−110.77	−129.97
LoadCase	1	1	1	1	1	1	1	1	1
N-T	0.00	0.00	0.00	0.00	0.00	0.00	0.00	0.00	0.00
N-C	0.00	0.00	0.00	0.00	0.00	0.00	0.00	0.00	0.00
强度验算	(1) N=0.00, M=273.90, F1/f=0.54								
稳定验算	(1) N=0.00, M=273.90, F2/f=0.89								
抗剪验算	(1) V=129.97, F3/fv=0.21								
下翼缘稳定	正则化长细比r=0.44，不进行下翼缘稳定计算								
宽厚比	b/tf=4.75≤12.38 《钢结构设计标准》GB 50017—2017 3.5.1条给出宽厚比限值								
高厚比	h/tw=36.00≤102.34 《钢结构设计标准》GB 50017—2017 3.5.1条给出梁的高厚比限值								

(b) PKPM输出结果

图 1-1　梁整体稳定性验算算例

（2）《钢结构设计标准》GB 50017—2017

$$\xi = \frac{l_1 t_1}{b_1 h} = \frac{1.2 \times 7500 \times 20}{200 \times 400} = 2.25$$

梁整体稳定性的等效弯矩系数为：

$$\beta_b = 0.95$$

$$i_y = 47.9 \text{mm}, \quad \lambda_y = \frac{l_1}{i_y} = \frac{1.2 \times 7500}{47.9} = 187.89$$

$$\varphi_b = \beta_b \frac{4320}{\lambda_y^2} \cdot \frac{Ah}{W_x} \left[\sqrt{1 + \left(\frac{\lambda_y t_1}{4.4h} \right)^2} + \eta_b \right] \varepsilon_k^2$$

$$= 0.95 \times \frac{4320}{187.89^2} \times \frac{11600 \times 400}{1639730} \times \left[\sqrt{1 + \left(\frac{187.89 \times 20}{4.4 \times 400} \right)^2} + 0 \right] \times \frac{235}{345} = 0.5283 < 0.6$$

稳定应力比为：

$$\left(\frac{M_x}{\varphi_b W_x} \right) / f = \left(\frac{273.9 \times 10^6}{0.5283 \times 1639730} \right) / 295 = 1.07$$

与软件输出稳定应力比 0.89 不一致。

（3）采用 PKPM 软件进行稳定应力比计算时，未考虑将梁的整体稳定系数 φ_b 折减，也未考虑将梁受压翼缘侧向支承点之间的距离乘以 1.2。

PKPM 软件计算出的稳定应力比为：

$$\left(\frac{M_x}{\varphi_b W_x} \right) / f = \left(\frac{273.9 \times 10^6}{0.63433 \times 1639730} \right) / 295 = 0.89$$

与软件输出稳定应力比一致。

（4）有工程师提出，是否应将《钢结构设计标准》GB 50017—2017 "梁受压翼缘侧向支承点之间的距离乘以 1.2"与《高层民用建筑钢结构技术规程》JGJ 99—2015 "将梁的整体稳定系数 φ_b 乘以 0.85 的折减系数"同时考虑。笔者觉得不需要，因为两本规范调整方法的本质是一样的，即梁端截面不能保证不发生扭转时，稳定性计算应留够安全度。笔者建议钢梁整体稳定性验算，将《钢结构设计标准》GB 50017—2017 和《高层民用建筑钢结构技术规程》JGJ 99—2015 取包络即可，不需要同时考虑。针对此问题，笔者也与《钢结构设计标准》GB 50017—2017 主要编制人员沟通过，规范编制人员也同意笔者的观点。

如果同时考虑《钢结构设计标准》GB 50017—2017 "梁受压翼缘侧向支承点之间的距离乘以 1.2"与《高层民用建筑钢结构技术规程》JGJ 99—2015 "将梁的整体稳定系数 φ_b 乘以 0.85 的折减系数"，则稳定应力比为：

$$\left(\frac{M_x}{\varphi_b W_x} \right) / f = \left(\frac{273.9 \times 10^6}{0.85 \times 0.5283 \times 1639730} \right) / 295 = 1.26$$

GL1 整体稳定性验算结果汇总见表 1-3。

GL1 整体稳定性验算结果汇总 表 1-3

程序或执行规范	梁受压翼缘侧向支承点之间的距离 (mm)	稳定系数	稳定应力比
PKPM	7500	0.63433	0.89
执行 JGJ 99—2015	7500	0.5392	1.05
执行 GB 50017—2017	9000	0.5283	1.07
同时执行 JGJ 99—2015 和 GB 50017—2017	9000	0.4491	1.26

4. 在多遇地震组合下进行构件承载力计算时，托柱梁地震作用产生的内力应乘以增大系数，增大系数不得小于1.5。

(三) 钢框架梁刚度验算

1. 为了不影响钢框架梁的正常使用和观感，设计时应对钢框架梁的变形（挠度）规定相应的限值。一般情况下，钢框架梁变形的容许值见表 1-4。

钢梁挠度容许值 表 1-4

构件类别	挠度容许值	
	$[v_T]$	$[v_Q]$
(1) 主梁或桁架	$l/400$	$l/500$
(2) 抹灰顶棚的次梁	$l/250$	$l/350$
(3) 除(1)、(2)款外的其他梁（包括楼梯梁）	$l/250$	$l/300$

注：1. l 为钢梁的跨度（对于悬臂梁和伸臂梁为悬伸长度的2倍）；
   2. $[v_T]$ 为永久荷载和可变荷载标准值产生的挠度（如有起拱应减去拱度）的容许值；$[v_Q]$ 为可变荷载标准值产生的挠度的容许值。

2. 大跨度钢结构，当仅为改善外观条件时，结构挠度可取永久荷载与可变荷载标准值作用下的挠度计算值减去起拱值，但结构在可变荷载下的挠度不宜大于结构跨度的 $1/400$。

二、钢次梁

(一) 钢次梁截面初选原则

1. 钢次梁应尽可能选用热轧 H 型钢，以减小焊接工作量。

2. 钢次梁一般与主梁做成铰接，仅次梁腹板与主梁加劲板相连，此时可不考虑主梁受扭（图 1-2）。

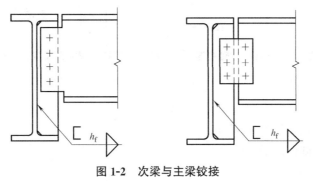

图 1-2 次梁与主梁铰接

当次梁跨数较多、荷载较大时，做成连续梁可以节约钢材，次梁与主梁为刚性连接（图 1-3）。次梁与主梁刚接时，需要考虑次梁不平衡弯矩传给主梁的扭矩（具体论述详见本书第三章第四节内容）。

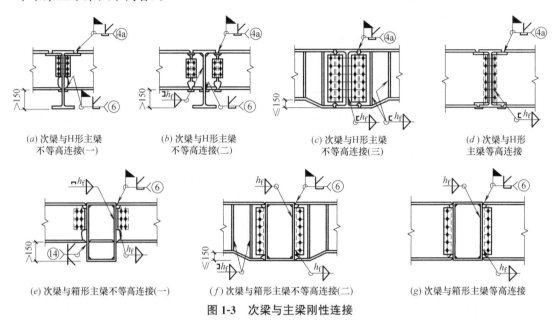

(a) 次梁与H形主梁　　　(b) 次梁与H形主梁　　　(c) 次梁与H形主梁　　　(d) 次梁与H形
不等高连接(一)　　　　不等高连接(二)　　　　不等高连接(三)　　　主梁等高连接

(e) 次梁与箱形主梁不等高连接(一)　　　(f) 次梁与箱形主梁不等高连接(二)　　　(g) 次梁与箱形主梁等高连接

图 1-3　次梁与主梁刚性连接

3. 次梁与主梁铰接时，次梁强度、刚度验算可以按照钢框架梁的方式。

由混凝土翼板与钢梁通过抗剪连接件组合而成能整体受力的梁，称为钢与混凝土组合梁。因此，当次梁与主梁铰接时，也可以按照钢与混凝土组合梁设计，以节省钢材。下面介绍的内容均为钢与混凝土组合梁的设计。本书仅介绍完全抗剪连接，且仅有正弯矩（两端铰接）的组合梁。由于板托构造复杂，施工不便，在没有必要采用板托的前提下优先采用不带板托的组合梁。本书仅介绍不设板托的组合梁。

（二）钢次梁组合梁抗弯承载力验算

1. 塑性中和轴在混凝土翼板内（图 1-4），即 $Af \leqslant b_e h_{c1} f_c$ 时：

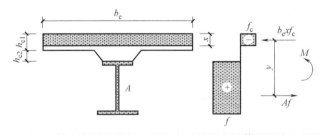

图 1-4　塑性中和轴在混凝土翼板内时的组合梁截面及应力图形

$$M \leqslant b_e x f_c y \qquad (1-7)$$

$$x = Af/(b_e f_c) \qquad (1-8)$$

式中　M——正弯矩设计值（N·mm）；

　　　A——钢梁截面面积（mm²）；

x——混凝土翼板受压区高度（mm）；

y——钢梁截面应力的合力至混凝土受压区截面应力的合力间的距离（mm）；

f_c——混凝土抗压强度设计值（N/mm²）。

2. 塑性中和轴在钢梁内（图1-5），即 $Af > b_e h_{c1} f_c$ 时：

$$M \leqslant b_e h_{c1} f_c y_1 + A_c f y_2 \tag{1-9}$$

$$A_c = 0.5(A - b_e h_{c1} f_c / f) \tag{1-10}$$

式中　A_c——钢梁受压区截面面积（mm²）；

y_1——钢梁受拉区截面形心至混凝土翼板受压区截面形心的距离（mm）；

y_2——钢梁受拉区截面形心至钢梁受压区截面形心的距离（mm）。

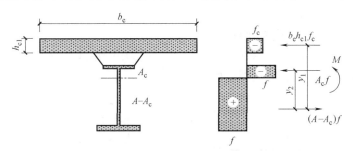

图1-5　塑性中和轴在钢梁内时的组合梁截面及应力图形

混凝土翼板的有效宽度 b_e（图1-6）应按下式计算：

$$b_e = b_0 + b_1 + b_2 \tag{1-11}$$

式中　b_0——钢梁上翼缘的宽度（mm）；

b_1、b_2——梁外侧 b_0 和内侧的翼板计算宽度（mm），当塑性中和轴位于混凝土板内时，各取梁等效跨径 l_e 的 1/6；此外，b_1 尚不应超过翼板实际外伸宽度 S_1；b_2 不应超过相邻钢梁上翼缘或板托间净距 S_0 的 1/2；

l_e——等效跨径（mm），对于简支组合梁，取为简支组合梁的跨度；对于连续组合梁，中间跨正弯矩区取为 $0.6l$，边跨正弯矩区取为 $0.8l$，l 为组合梁跨度，支座负弯矩区取为相邻两跨跨度之和的 20%。

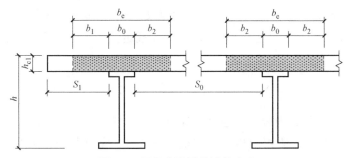

图1-6　混凝土翼板的计算宽度

说明：混凝土翼板的有效宽度 b_e 的计算方法，《钢结构设计标准》GB 50017—2017 较《钢结构设计规范》GB 50017—2003 发生了较大变化。《钢结构设计标准》GB 50017—2017 给出的组合梁混凝土翼板的有效宽度，基于近年来国内大量组合梁板结构试验，并系参考现行国家标准《混凝土结构设计规范》GB 50010—2010（2015 年版）的相关规定，同时根据已有的研究成果并借鉴欧洲组合结构设计规范 EC4 的相关条文，考虑到组合梁混凝土板的有效宽度主要与梁跨度有关，与混凝土板的厚度关系不大，故取消了混凝土板有效宽度与厚度相关的规定。

（三）钢次梁组合梁抗剪承载力验算

组合梁截面上的全部剪力，假定仅由钢梁腹板承受，应按下式计算：

$$V \leqslant h_{\mathrm{w}} t_{\mathrm{w}} f_{\mathrm{v}} \tag{1-12}$$

式中　V——钢次梁的剪力设计值（N）；

　　h_{w}、t_{w}——腹板高度（mm）和厚度（mm）；

　　　　f_{v}——钢材抗剪强度设计值（N/mm²）。

（四）钢次梁组合梁抗剪连接件计算

组合梁的抗剪连接件宜采用圆柱头焊钉，也可采用槽钢或有可靠依据的其他类型连接件（图 1-7）。本书仅介绍圆柱头焊钉的计算。

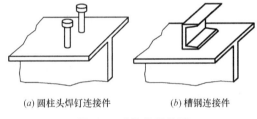

(a) 圆柱头焊钉连接件　　　　　　(b) 槽钢连接件

图 1-7　连接件的外形

1. 一个圆柱头焊钉连接件的承载力设计值由下式确定：

$$N_{\mathrm{v}}^{\mathrm{c}} = 0.43 A_{\mathrm{s}} \sqrt{E_{\mathrm{c}} f_{\mathrm{c}}} \leqslant 0.7 A_{\mathrm{s}} f_{\mathrm{u}} \tag{1-13}$$

式中　E_{c}——混凝土的弹性模量（N/mm²）；

　　A_{s}——圆柱头焊钉钉杆截面面积（mm²）；

　　f_{u}——圆柱头焊钉极限抗拉强度设计值（N/mm²），需满足《电弧螺柱焊用圆柱头焊钉》GB/T 10433—2002 的要求，$f_{\mathrm{u}} = 400$N/mm²。

说明：《组合结构设计规范》JGJ 138—2016 规定，一个圆柱头焊钉连接件的承载力设计值由下式确定：

$$N_{\mathrm{v}}^{\mathrm{c}} = 0.43 A_{\mathrm{s}} \sqrt{E_{\mathrm{c}} f_{\mathrm{c}}} \leqslant 0.7 A_{\mathrm{s}} f_{\mathrm{at}} \tag{1-14}$$

式中　f_{at}——圆柱头栓钉极限抗拉强度设计值，其值取为 360N/mm²。

2. 采用压型钢板混凝土组合板时，其抗剪连接件一般用圆柱头焊钉。由于焊钉需穿过压型钢板而焊接至钢梁上，且焊钉根部周围没有混凝土的约束，当压型钢板肋垂直于钢梁时，由压型钢板的波纹形成的混凝土肋是不连续的，故对焊钉的抗剪承载力应予以折减。因此，对压型钢板混凝土组合板做翼板的组合梁，其栓钉连接件的抗剪承载力设计值应根据《钢结构设计标准》GB 50017—2017 予以降低。

3. 位于正弯矩区段的剪跨，纵向剪力按下式计算：

$$V_s = \min\{Af, b_e h_{c1} f_c\} \tag{1-15}$$

按照完全抗剪连接设计时，每个剪跨区段内需要的连接件总数 n_f 按下式计算：

$$n_f = V_s / N_v^c \tag{1-16}$$

(五) 钢次梁组合梁挠度计算

1. 组合梁的挠度应分别按荷载的标准组合和准永久组合进行计算，以其中的较大值作为依据。挠度可按结构力学方法进行计算，仅受正弯矩作用的组合梁，其弯曲刚度应取考虑滑移效应的折减刚度。按荷载的标准组合和准永久组合进行计算时，组合梁应各取其相应的折减刚度。

2. 组合梁考虑滑移效应的折减刚度 B 可按下式确定：

$$B = \frac{EI_{eq}}{1+\zeta} \tag{1-17}$$

式中　E——钢梁的弹性模量（N/mm²）；

　　　I_{eq}——组合梁的换算截面惯性矩（mm⁴）；对于荷载的标准组合，可将截面中的混凝土翼板有效宽度除以钢与混凝土弹性模量的比值 α_E 换算为钢截面宽度后，计算整个截面的惯性矩；对于荷载的准永久组合，则除以 $2\alpha_E$ 进行换算；对于钢梁与压型钢板混凝土组合板构成的组合梁，取其较弱截面的换算截面进行计算，且不计压型钢板的作用；

　　　ζ——刚度折减系数。

3. 刚度折减系数 ζ 宜按下式计算（当 $\zeta \leq 0$ 时，取 $\zeta=0$）：

$$\zeta = \eta\left[0.4 - \frac{3}{(jl)^2}\right] \tag{1-18}$$

$$\eta = \frac{36Ed_c pA_0}{n_s N_v^c h l^2} \tag{1-19}$$

$$j = 0.81\sqrt{\frac{n_s N_v^c A_1}{EI_0 p}} \tag{1-20}$$

$$A_0 = \frac{A_{cf}A}{\alpha_E A + A_{cf}} \tag{1-21}$$

$$A_1 = \frac{I_0 + A_0 d_c^2}{A_0} \tag{1-22}$$

$$I_0 = I + \frac{I_{cf}}{\alpha_E} \tag{1-23}$$

式中　A_{cf}——混凝土翼板截面面积（mm²），对于压型钢板混凝土组合板的翼板，取其较弱截面的面积，且不考虑压型钢板；

　　　A——钢梁截面面积（mm²）；

　　　I——钢梁截面惯性矩（mm⁴）；

　　　I_{cf}——混凝土翼板截面惯性矩（mm⁴），对于压型钢板混凝土组合板的翼板，取其较弱截面的惯性矩，且不考虑压型钢板；

d_c——钢梁截面形心到混凝土翼板截面（对于压型钢板混凝土组合板为其较弱截面）形心的距离（mm）；

h——组合梁截面高度（mm）；

l——组合梁的跨度（mm）；

N_v^c——抗剪连接件的承载力设计值，按公式（1-13）计算（单位取 N）；

p——抗剪连接件的纵向平均间距（mm）；

n_s——抗剪连接件在一根梁上的列数；

α_E——钢梁与混凝土弹性模量的比值。

注：按荷载的准永久组合进行计算时，公式（1-21）、公式（1-23）中的 α_E 应乘以 2。

（六）钢次梁组合梁纵向抗剪验算

组合梁的纵向抗剪验算作为组合梁设计最为特殊的一部分，应引起足够的重视。《钢结构设计标准》GB 50017—2017 修订时专门增加了第 14.6 节纵向抗剪计算，专门就组合梁的纵向抗剪验算进行了详细说明。

国内外众多试验表明，在剪力连接件集中剪力作用下，组合梁混凝土板可能发生纵向开裂现象。组合梁纵向抗剪能力与混凝土板尺寸及板内横向钢筋的配筋率等因素密切相关，作为组合梁设计最为特殊的一部分，组合梁纵向抗剪验算应引起足够的重视。组合梁的纵向抗剪验算方法详见《钢结构设计标准》GB 50017—2017 第 14.6 节。

三、组合梁计算例题

以笔者设计的中国石油乌鲁木齐大厦第十层钢次梁为例，比较非组合梁与组合梁的计算结果差别。梁、板布置见图 1-8，以 10GL1 为例进行计算。楼面恒载 2.4kN/m²，活载 2.0kN/m²。楼板混凝土等级 C30，楼板厚度 110mm。

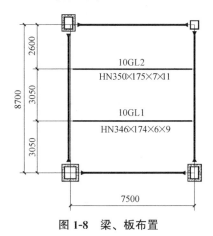

图 1-8 梁、板布置

（一）用非组合梁进行计算

采用 PKPM2010（版本 V5.1）进行计算，构件应力比及弹性挠度见图 1-9，构件应力比中第一个数字为弯曲正应力比，第二个数字为整体稳定应力比，第三个数字为剪应力比。构件内力见图 1-10。

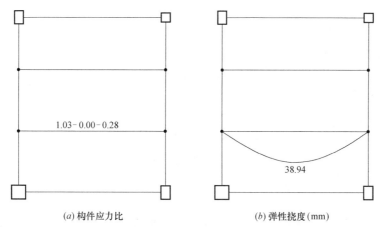

(a) 构件应力比   (b) 弹性挠度 (mm)

图 1-9 PKPM 输出构件应力比和弹性挠度

	−I−	−1−	−2−	−3−	−4−	−5−	−6−	−7−	−J−
−M	0.00	0.00	0.00	0.00	0.00	0.00	0.00	0.00	0.00
LoadCase	1	1	1	1	1	1	1	1	1
+M	0.00	85.77	154.45	196.07	209.94	196.07	154.45	85.77	0.00
LoadCase	1	2	2	2	2	2	2	2	1
Shear	94.73	85.27	59.19	29.59	0.00	−29.59	−59.19	−85.27	−94.73
LoadCase	2	2	2	2	2	2	2	2	2
强度验算	(2) N=0.00,M=209.94,F1/f=1.03								
稳定验算	(0) N=0.00,M=0.00,F2/f=0.00								
抗剪验算	(2) N=0.00,V=94.73,F3/fv=0.28								
宽厚比	b/tf=7.89≤12.38								
高厚比	h/tw=50.33≤66.03								

图 1-10 PKPM 输出钢次梁内力

构件截面特性见表 1-5。

构件截面特性   表 1-5

构件截面特性	截面面积 （mm²）	理论质量 （kg/m）	惯性矩 （mm⁴）	截面模量 （mm³）	面积矩 （mm³）
HN346×174×6×9	5245	41.2	11000×10^4	638×10^3	344.55×10^3

1. 抗弯强度验算

根据公式（1-1）得：

$$\frac{M_x}{\gamma_x W_{nx}}=\frac{209.94\times10^6}{1.05\times638\times10^3}=313.39\text{N/mm}^2$$

弯曲正应力比值为 $\dfrac{M_x}{\gamma_x W_{nx}}/f=313.39/305=1.03$，不满足抗弯强度验算要求，与软件输出结果一致。

2. 抗剪强度验算

根据公式（1-2）得：

$$\tau=\frac{VS}{It_w}=\frac{94.73\times10^3\times344.55\times10^3}{11000\times10^4\times6}=49.45\text{N/mm}^2$$

剪应力比值为 $\tau/f_v = 49.45/175 = 0.28$，与软件输出结果一致。

3. 挠度验算

标准组合的梁上线荷载值为：

$$q_k = [(2.4 + 25 \times 0.11) \times 3.05 + 0.412] + 2.0 \times 3.05 = 22.2195\text{kN/m}$$

跨中最大挠度为：

$$v = \frac{5q_k l^4}{384EI} = \frac{5 \times 22.2195 \times 7500^4}{384 \times 206 \times 10^3 \times 11000 \times 10^4} = 40\text{mm} > \frac{l}{250} = \frac{7500}{250} = 30\text{mm}$$

不满足挠度验算要求，与软件输出结果基本一致。

（二）用组合梁进行计算

1. 施工阶段验算

施工阶段，由钢梁承受未硬结的混凝土重量、钢梁自重及施工活荷载。对钢梁应计算其截面的抗弯强度、抗剪强度及挠度。施工活荷载取为 1.0kN/m^2。

梁上线荷载标准值为：

$$q_k = [(25 \times 0.11) \times 3.05 + 0.412] + 1.0 \times 3.05 = 11.8495\text{kN/m}$$

梁上线荷载设计值为：

$$q = \max\{1.3 \times [(25 \times 0.11) \times 3.05 + 0.412] + 1.5 \times (1.0 \times 3.05),$$
$$1.35 \times [(25 \times 0.11) \times 3.05 + 0.412] + 0.98 \times (1.0 \times 3.05)\} = 16.01\text{kN/m}$$

最大弯矩设计值为：

$$M = \frac{1}{8}ql^2 = \frac{1}{8} \times 16.01 \times 7.5^2 = 112.57\text{kN} \cdot \text{m}$$

最大剪力设计值为：

$$V = \frac{1}{2}ql = \frac{1}{2} \times 16.01 \times 7.5 = 60.04\text{kN}$$

（1）根据公式（1-1），抗弯强度为：

$$\frac{M_x}{\gamma_x W_{nx}} = \frac{112.57 \times 10^6}{1.05 \times 638 \times 10^3} = 168.04\text{N/mm}^2 < f = 305\text{N/mm}^2$$

（2）根据公式（1-2），抗剪强度为：

$$\tau = \frac{VS}{It_w} = \frac{60.04 \times 10^3 \times 344.55 \times 10^3}{11000 \times 10^4 \times 6} = 31.34\text{N/mm}^2 < f_v = 175\text{N/mm}^2$$

（3）跨中最大挠度为：

$$v = \frac{5q_k l^4}{384EI} = \frac{5 \times 11.8495 \times 7500^4}{384 \times 206 \times 10^3 \times 11000 \times 10^4} = 21.5\text{mm} < \frac{l}{250} = \frac{7500}{250} = 30\text{mm}$$

2. 使用阶段验算

使用阶段，验算抗弯强度、抗剪强度、抗剪连接件、标准组合挠度、准永久组合挠度。

混凝土翼板左右两侧挑出的宽度为：

$$b_1 = b_2 = l_e/6 = 7500/6 = 1250\text{mm}$$

混凝土翼板的有效宽度为：

$$b_e = b_0 + b_1 + b_2 = 174 + 1250 + 1250 = 2674\text{mm}$$

（说明：

如果根据《钢结构设计规范》GB 50017—2003，有：

$$b_1 = b_2 = 6h_{c1} = 6 \times 110 = 660\text{mm}$$

则混凝土翼板的有效宽度为：

$$b_e = b_0 + b_1 + b_2 = 174 + 660 + 660 = 1494\text{mm}）$$

判断塑性中和轴位置：

$$Af = 5245 \times 305 = 1599.73\text{kN} < b_e h_{c1} f_c = 2674 \times 110 \times 14.3 = 4206.202\text{kN}$$

塑性中和轴在混凝土翼板内，混凝土翼板受压区高度为：

$$x = Af/(b_e f_c) = 5245 \times 305/(2674 \times 14.3) = 41.84\text{mm}$$

钢梁截面应力的合力点至混凝土受压区截面应力的合力点距离为：

$$y = 346 + 110 - \frac{346}{2} - \frac{41.84}{2} = 262.08\text{mm}$$

（1）抗弯强度验算

$$b_e x f_c y = 2674 \times 41.84 \times 14.3 \times 262.08 = 419.30\text{kN·m} > M = 209.94\text{kN·m}$$

满足抗弯强度验算要求。荷载与抗力的比值为 209.94/419.30=0.50。

（2）抗剪强度验算

组合梁截面上的全部剪力，假设仅由钢梁腹板承受，则：

$$h_w t_w f_v = (346 - 9 \times 2) \times 6 \times 175 = 344.4\text{kN} > V = 94.73\text{kN}$$

满足抗剪强度验算要求。荷载与抗力的比值为 94.73/344.4=0.275。

（3）抗剪连接件计算

一个公称直径 $d = 16\text{mm}$ 焊钉的抗剪承载力（偏于安全地执行《组合结构设计规范》JGJ 138—2016，取圆柱头栓钉极限抗拉强度设计值为 $360\text{N}/\text{mm}^2$）为：

$$N_v^c = \min\{0.43A_s\sqrt{E_c f_c}, 0.7A_s f_{at}\} = \min\{0.43 \times 201 \times \sqrt{30000 \times 14.3}, 0.7 \times 201 \times 360\}$$
$$= \min\{56.6\text{kN}, 50.652\text{kN}\} = 50.652\text{kN}$$

正弯矩区段的剪跨内纵向剪力为：

$$V_s = \min\{Af, b_e h_{c1} f_c\} = \min\{5245 \times 305, 2674 \times 110 \times 14.3\}$$
$$= \min\{1599.73\text{kN}, 4206.202\text{kN}\} = 1599.73\text{kN}$$

完全抗剪连接设计时，每个剪跨区段内需要的连接件总数为：

$$n_f = V_s/N_v^c = 1599.73/50.652 = 31.6$$

正弯矩最大点到边支座区段，即一个剪跨区段，也就是 7500/2＝3750mm 范围内焊钉数量需要大于 31.6 个。一个横断面摆两个焊钉，沿梁长度方向间距 200mm 设置焊钉（图 1-11），则 3750mm 范围内焊钉数量为（3750/200＋1）×2＝39.5>31.6，满足完全抗剪的要求。

（4）标准组合挠度验算

钢材与混凝土弹性模量的比值为：

$$\alpha_E = \frac{E}{E_c} = \frac{2.06 \times 10^5}{3.00 \times 10^4} = 6.87$$

混凝土翼板换算钢截面有效宽度为：

图 1-11　焊钉
布置图

$$b_{eq} = \frac{b_e}{\alpha_E} = \frac{2674}{6.87} = 389.23mm$$

求换算截面形心位置（图 1-12）：

$$y = \frac{389.23 \times 110 \times 55 + 5245 \times 283}{389.23 \times 110 + 5245} = 79.88mm$$

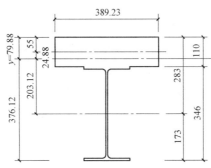

图 1-12　标准组合换算截面

换算截面的惯性矩为：

$$I_{eq} = \frac{1}{12} \times 389.23 \times 110^3 + 389.23 \times 110 \times 24.88^2 + 11000 \times 10^4 + 5245 \times 203.12^2$$

$$= 396072198mm^4$$

钢梁截面惯性矩为：

$$I = 1.1 \times 10^8 mm^4$$

混凝土翼板截面惯性矩为：

$$I_{cf} = \frac{b_e h_{c1}^3}{12} = \frac{2674 \times 110^3}{12} = 296591166.7mm^4$$

依据公式（1-23）得：

$$I_0 = I + \frac{I_{cf}}{\alpha_E} = 1.1 \times 10^8 + \frac{296591166.7}{6.87} = 153171931.1mm^4$$

混凝土翼板截面面积为：

$$A_{cf} = b_e h_{c1} = 2674 \times 110 = 294140mm^2$$

依据公式（1-21）得：

$$A_0 = \frac{A_{cf}A}{\alpha_E A + A_{cf}} = \frac{294140 \times 5254}{6.87 \times 5254 + 294140} = 4679.73mm^2$$

钢梁截面形心到混凝土翼板截面形心的距离为：

$$d_c = \frac{346}{2} + \frac{110}{2} = 228mm$$

依据公式（1-22）得：

$$A_1 = \frac{I_0 + A_0 d_c^2}{A_0} = \frac{153171931.1 + 4679.73 \times 228^2}{4679.73} = 84714.93mm^2$$

依据公式（1-20）得：

$$j=0.81\sqrt{\frac{n_s N_v^c A_1}{EI_0 p}}=0.81\times\sqrt{\frac{2\times50652\times84714.93}{2.06\times10^5\times153171931.1\times200}}=9.44583\times10^{-4}\,\text{mm}^{-1}$$

依据公式（1-19）得：

$$\eta=\frac{36Ed_c p A_0}{n_s N_v^c h l^2}=\frac{36\times2.06\times10^5\times228\times200\times4679.73}{2\times50652\times456\times7500^2}=0.609$$

刚度折减系数为：

$$\zeta=\eta\left[0.4-\frac{3}{(jl)^2}\right]=0.609\times\left[0.4-\frac{3}{(9.44583\times10^{-4}\times7500)^2}\right]=0.207197$$

组合梁考虑滑移效应的折减刚度为：

$$B=\frac{EI_{eq}}{1+\zeta}=\frac{1}{1+0.207197}EI_{eq}=0.828365EI_{eq}$$
$$=0.828365\times206\times10^3\times396072198=6.7587\times10^{13}\,\text{N}\cdot\text{mm}^2$$

标准组合的梁上线荷载值为：

$$q_k=[(2.4+25\times0.11)\times3.05+0.412]+2.0\times3.05=22.2195\text{kN/m}$$

跨中最大挠度为：

$$v=\frac{5q_k l^4}{384B}=\frac{5\times22.2195\times7500^4}{384\times6.7587\times10^{13}}=13.54\text{mm}<\frac{l}{250}=\frac{7500}{250}=30\text{mm}$$

（5）准永久组合挠度验算

钢材与混凝土弹性模量的比值为：

$$\alpha_E=\frac{E}{E_c}=\frac{2.06\times10^5}{3.00\times10^4}=6.87$$

混凝土翼板换算钢截面有效宽度为：

$$b_{eq}=\frac{b_e}{2\alpha_E}=\frac{2674}{2\times6.87}=194.61\text{mm}$$

求换算截面形心位置（图1-13）：

$$y=\frac{194.61\times110\times55+5245\times283}{194.61\times110+5245}=99.87\text{mm}$$

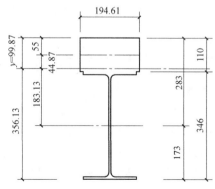

图1-13 准永久组合换算截面

换算截面的惯性矩为：

$$I_{eq} = \frac{1}{12} \times 194.61 \times 110^3 + 194.61 \times 110 \times 44.87^2 + 11000 \times 10^4 + 5245 \times 183.13^2$$
$$= 350584219.5 \text{mm}^4$$

钢梁截面的惯性矩为：

$$I = 1.1 \times 10^8 \text{mm}^4$$

混凝土翼板截面的惯性矩为：

$$I_{cf} = \frac{b_e h_{c1}^3}{12} = \frac{2674 \times 110^3}{12} = 296591166.7 \text{mm}^4$$

依据公式（1-23）得：

$$I_0 = I + \frac{I_{cf}}{2\alpha_E} = 1.1 \times 10^8 + \frac{296591166.7}{2 \times 6.87} = 131585965.6 \text{mm}^4$$

混凝土翼板截面面积为：

$$A_{cf} = b_e h_{c1} = 2674 \times 110 = 294140 \text{mm}^2$$

依据公式（1-21）得：

$$A_0 = \frac{A_{cf} A}{\alpha_E A + A_{cf}} = \frac{294140 \times 5254}{2 \times 6.87 \times 5254 + 294140} = 4218.63 \text{mm}^2$$

钢梁截面形心到混凝土翼板截面形心的距离为：

$$d_c = \frac{346}{2} + \frac{110}{2} = 228 \text{mm}$$

依据公式（1-22）得：

$$A_1 = \frac{I_0 + A_0 d_c^2}{A_0} = \frac{131585965.6 + 4218.63 \times 228^2}{4218.63} = 83175.63 \text{mm}^2$$

依据公式（1-20）得：

$$j = 0.81 \sqrt{\frac{n_s N_v^c A_1}{EI_0 p}} = 0.81 \times \sqrt{\frac{2 \times 50652 \times 83175.63}{2.06 \times 10^5 \times 131585965.6 \times 200}} = 1.00982 \times 10^{-3} \text{mm}^{-1}$$

依据公式（1-19）得：

$$\eta = \frac{36 E d_c p A_0}{n_s N_v^c h l^2} = \frac{36 \times 2.06 \times 10^5 \times 228 \times 200 \times 4218.63}{2 \times 50652 \times 456 \times 7500^2} = 0.549$$

刚度折减系数为：

$$\zeta = \eta \left[0.4 - \frac{3}{(jl)^2} \right] = 0.549 \times \left[0.4 - \frac{3}{(1.00982 \times 10^{-3} \times 7500)^2} \right] = 0.19089$$

组合梁考虑滑移效应的折减刚度为：

$$B = \frac{EI_{eq}}{1+\zeta} = \frac{1}{1+0.19089} EI_{eq} = 0.83971 EI_{eq}$$
$$= 0.83971 \times 206 \times 10^3 \times 350584219.5 = 6.064415 \times 10^{13} \text{N} \cdot \text{mm}^2$$

梁上线荷载准永久标准值（根据《建筑结构荷载规范》GB 50009—2012 表 5.1.1，办公楼准永久值系数 $\phi_q = 0.4$）为：

$$q_k = [(2.4 + 25 \times 0.11) \times 3.05 + 0.412] + 0.4 \times (2.0 \times 3.05) = 18.5595 \text{kN/m}$$

跨中最大挠度为：

$$v = \frac{5q_k l^4}{384B} = \frac{5 \times 18.5595 \times 7500^4}{384 \times 6.064415 \times 10^{13}} = 12.61\text{mm} < \frac{l}{250} = \frac{7500}{250} = 30\text{mm}$$

非组合梁与组合梁计算结果对比见表 1-6。可以看出，按照组合梁计算，承载能力及刚度均要高于非组合梁。

非组合梁与组合梁计算结果对比　　　　　　　　　　　　　　　表 1-6

梁的种类	抗弯			抗剪			挠度		
	荷载效应	抗力	荷载效应/抗力	荷载效应	抗力	荷载效应/抗力	计算挠度值	规范挠度限值	计算挠度值/规范挠度限值
非组合梁	313.39N/mm^2	305N/mm^2	1.03	49.45N/mm^2	175N/mm^2	0.28	40mm	30mm	1.33
组合梁	$209.94\text{kN} \cdot \text{m}$	$419.30\text{kN} \cdot \text{m}$	0.50	94.73kN	344.4kN	0.28	13.54mm	30mm	0.45

《钢结构设计规范》GB 50017—2003 与《钢结构设计标准》GB 50017—2017 对混凝土翼板的有效宽度 b_e 取值相差较大，但是对组合梁承载力和挠度计算的影响并不大。将两本规范计算结果列表见表 1-7。《钢结构设计规范》GB 50017—2003 计算结果详见《高层钢结构设计计算实例》（中国建筑工业出版社，2018 年 4 月）。

《钢结构设计规范》GB 50017—2003 与《钢结构设计标准》GB 50017—2017 组合梁计算结果对比

表 1-7

规范编号	混凝土翼板的有效宽度 b_e	组合梁抗弯能力	组合梁抗剪能力	完全抗剪需要的焊钉数量	标准组合挠度	准永久组合挠度
GB 50017—2003（①）	1494mm	$392.83\text{kN} \cdot \text{m}$	344.4kN	31.6	14.84mm	13.90mm
GB 50017—2017（②）	2674mm	$419.30\text{kN} \cdot \text{m}$	344.4kN	31.6	13.54mm	12.61mm
相差比例（②－①）/①	78.98%	6.74%	0%	0%	－8.76%	－9.28%

（6）组合梁纵向抗剪计算（图 1-14）

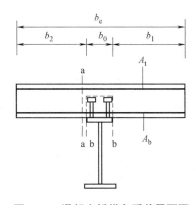

图 1-14　混凝土板纵向受剪界面图

A_t—混凝土板顶部附近单位长度内钢筋面积的总和（mm^2/mm），包括混凝土板内抗弯和构造钢筋；

A_b—混凝土板底部单位长度内钢筋面积的总和（mm^2/mm）

每个剪跨区段内钢梁与混凝土翼板交界面的纵向剪力为：

$$V_s = \min\{Af, b_e h_{c1} f_c\} = \min\{5245 \times 305, 2674 \times 110 \times 14.3\}$$
$$= \min\{1599.73\text{kN}, 4206.202\text{kN}\} = 1599.73\text{kN}$$

剪跨区段长度为：

$$m_i = 3750\text{mm}$$

混凝土翼板左右两侧挑出的宽度为：

$$b_1 = b_2 = l_e/6 = 7500/6 = 1250\text{mm}$$

混凝土翼板的有效宽度为：

$$b_e = b_0 + b_1 + b_2 = 174 + 1250 + 1250 = 2674\text{mm}$$

1）a-a 受剪界面验算

a-a 受剪界面的纵向剪力为：

$$v_{l,1} = \max\left(\frac{V_s}{m_i} \times \frac{b_1}{b_e}, \frac{V_s}{m_i} \times \frac{b_2}{b_e}\right) = \frac{1599.73 \times 10^3}{3750} \times \frac{1250}{2674} = 199.42\text{N/mm}$$

受剪界面的横向长度为：

$$b_f = 110\text{mm}$$

单位长度上横向钢筋的截面面积（楼板钢筋经计算，0.2%的构造钢筋即可满足承载力要求）为：

$$A_e = A_b + A_t = 220 + 220 = 440\text{mm}^2/\text{m} = 0.44\text{mm}^2/\text{mm}$$

横向钢筋的最小配筋率为：

$$A_e f_r/b_f = 0.44 \times 360/110 = 1.44\text{N/mm}^2 > 0.75\text{N/mm}^2$$

单位纵向长度内界面受剪承载力为：

$$v_{lu,1} = 0.7 f_t b_f + 0.8 A_e f_r = 0.7 \times 1.43 \times 110 + 0.8 \times 0.44 \times 360 = 236.83\text{N/mm}$$
$$v_{lu,1} = 0.25 b_f f_c = 0.25 \times 110 \times 14.3 = 393.25\text{N/mm}$$

以上两者取小值，则单位纵向长度内界面受剪承载力为：

$$v_{lu,1} = 236.83\text{N/mm}$$

满足 $v_{l,1} < v_{lu,1}$ 的要求。

2）b-b 受剪界面验算

b-b 受剪界面的纵向剪力为：

$$v_{l,1} = \frac{V_s}{m_i} = \frac{1599.73 \times 10^3}{3750} = 426.59\text{N/mm}$$

受剪界面的横向长度（取焊钉长度为 80mm，焊钉垂直于梁轴线方向间距为 120mm）为：

$$b_f = 120 + 80 \times 2 = 280\text{mm}$$

单位长度上横向钢筋的截面面积（楼板钢筋经计算，0.2%的构造钢筋即可满足承载力要求）为：

$$A_e = 2A_b = 2 \times 220 = 440\text{mm}^2/\text{m} = 0.44\text{mm}^2/\text{mm}$$

横向钢筋的最小配筋率为：

$$A_e f_r/b_f = 0.44 \times 360/280 = 0.57\text{N/mm}^2 < 0.75\text{N/mm}^2$$

需要加大楼板底部钢筋面积 A_b，使横向钢筋 A_e 的最小配筋率满足规范要求。

单位长度上横向钢筋的截面面积为：

$$A_e = 0.75 b_f / f_r = 0.75 \times 280/360 = 0.584 mm^2/mm$$

楼板底部钢筋面积为：

$$A_b = A_e/2 = 0.584/2 = 0.292 mm^2/mm$$

楼板底部钢筋配筋率达到了 0.266%，远大于计算要求，也大于《混凝土结构设计规范》GB 50010—2010（2015 年版）的最小配筋率要求。

单位纵向长度内界面受剪承载力为：

$$v_{lu,1} = 0.7 f_t b_f + 0.8 A_e f_r = 0.7 \times 1.43 \times 280 + 0.8 \times 0.584 \times 360 = 448.472 N/mm$$

$$v_{lu,1} = 0.25 b_f f_c = 0.25 \times 280 \times 14.3 = 1001 N/mm$$

以上两者取小值，则单位纵向长度内界面受剪承载力为：

$$v_{lu,1} = 448.472 N/mm$$

满足 $v_{l,1} < v_{lu,1}$ 的要求。

说明：

（1）如果仅按照楼板承载力计算及《混凝土结构设计规范》GB 50010—2010（2015 年版）的最小配筋率要求配置楼板底部钢筋，则楼板底部钢筋面积为：

$$A_b = 0.22 mm^2/mm$$

单位长度上横向钢筋的截面面积为：

$$A_e = 2A_b = 2 \times 220 = 440 mm^2/m = 0.44 mm^2/mm$$

单位纵向长度内界面受剪承载力为：

$$v_{lu,1} = 0.7 f_t b_f + 0.8 A_e f_r = 0.7 \times 1.43 \times 280 + 0.8 \times 0.44 \times 360 = 407 N/mm$$

$$v_{lu,1} = 0.25 b_f f_c = 0.25 \times 280 \times 14.3 = 1001 N/mm$$

以上两者取小值，则单位纵向长度内界面受剪承载力为：

$$v_{lu,1} = 407 N/mm$$

不满足 $v_{l,1} < v_{lu,1}$ 的要求，需要加大楼板底部钢筋面积。

（2）《钢结构设计标准》GB 50017—2017 第 14.6.4 条规定组合梁横向钢筋最小配筋率要求，是为了保证组合梁在达到承载力极限状态之前不发生纵向剪切破坏，并考虑到荷载长期效应和混凝土收缩等不利因素的影响。

（3）组合梁纵向抗剪计算是《钢结构设计标准》GB 50017—2017 新增的内容，可以有效防止在剪力连接件集中剪力作用下，组合梁混凝土板可能发生纵向开裂的现象。组合梁纵向抗剪能力与混凝土板尺寸及板内横向钢筋的配筋率等因素密切相关，作为组合梁设计最为特殊的一部分，组合梁纵向抗剪验算应引起足够的重视。提醒读者需要特别复核混凝土楼板底部钢筋面积。

第二节　钢柱的计算与设计

本节介绍钢结构柱的计算方法及设计，具体算例详见第四章 PKPM 的工程实例。

一、钢柱的构造要求

（一）钢框架柱板件宽厚比限值

1. 按照《建筑抗震设计规范》GB 50011—2010（2016 年版）、《高层民用建筑钢结构技术规程》JGJ 99—2015 设计时，钢框架柱板件宽厚比限值见表1-8。

钢框架柱板件宽厚比限值　　　　　　　　　　　　表1-8

板件名称	抗震等级			
	一级	二级	三级	四级
工字形截面翼缘外伸部分	10	11	12	13
工字形截面腹板	43	45	48	52
箱形截面壁板	33	36	38	40
冷成型方管壁板	32	35	37	40
圆管(径厚比)	50	55	60	70

注：1. 表列数值适用于 Q235 钢，采用其他牌号应乘以 $\sqrt{235/f_y}$，圆管应乘以 $235/f_y$；
　　2. 冷成型方管适用于 Q235GJ 或 Q355GJ 钢。

2.《钢结构设计标准》GB 50017—2017 规定的压弯构件截面板件宽厚比等级及限值见表1-9。

压弯构件的截面板件宽厚比等级及限值　　　　　　　表1-9

截面板件宽厚比等级	H 形截面		箱形截面	圆钢管截面
	翼缘 b/t	腹板 h_0/t_w	壁板(腹板)间翼缘 b_0/t	径厚比 D/t
S1 级	$9\varepsilon_k$	$(33+13\alpha_0^{1.3})\varepsilon_k$	$30\varepsilon_k$	$50\varepsilon_k^2$
S2 级	$11\varepsilon_k$	$(38+13\alpha_0^{1.39})\varepsilon_k$	$35\varepsilon_k$	$70\varepsilon_k^2$
S3 级	$13\varepsilon_k$	$(40+18\alpha_0^{1.5})\varepsilon_k$	$40\varepsilon_k$	$90\varepsilon_k^2$
S4 级	$15\varepsilon_k$	$(45+25\alpha_0^{1.66})\varepsilon_k$	$45\varepsilon_k$	$100\varepsilon_k^2$
S5 级	20	250	—	—

注：参数 α_0 应按下式计算：

$$\alpha_0 = \frac{\sigma_{max}-\sigma_{min}}{\sigma_{max}}$$

式中　σ_{max}——腹板计算边缘的最大压应力（N/mm²）；

　　　σ_{min}——腹板计算高度另一边缘相应的应力（N/mm²），压应力取正值，拉应力取负值。

（二）钢框架柱长细比限值

一级不应大于 $60\sqrt{235/f_y}$，二级不应大于 $70\sqrt{235/f_y}$，三级不应大于 $80\sqrt{235/f_y}$，四级不应大于 $100\sqrt{235/f_y}$。

当钢框架柱按照《钢结构设计标准》GB 50017—2017 第 17 章进行抗震性能化设计时，其长细比执行《钢结构设计标准》GB 50017—2017 第 17 章的规定。

（三）转换构件内力放大

进行多遇地震作用下构件承载力计算时，钢结构转换构件下的钢框架柱，地震作用产生的内力应乘以增大系数，其值可采用1.5。

（四）钢框架柱的"强柱弱梁"验算

钢框架柱的抗震承载力验算，应符合下列规定：

1. 除下列情况之一外，节点左右梁端和上下柱端的全塑性承载力应满足公式（1-24）、公式（1-25）的要求：

（1）柱所在楼层的受剪承载力比相邻上一层的受剪承载力高出 25%；

（2）柱轴压比不超过 0.4；

（3）柱轴力符合 $N_2 \leqslant \varphi A_c f$ 时（N_2 为 2 倍地震作用下的组合轴力设计值）；

（4）与支撑斜杆相连的节点。

2. 等截面梁与柱连接时：

$$\sum W_{pc}(f_{yc} - N/A_c) \geqslant \sum(\eta f_{yb} W_{pb}) \tag{1-24}$$

3. 梁端加强型连接或骨式连接的端部变截面梁与柱连接时：

$$\sum W_{pc}(f_{yc} - N/A_c) \geqslant \sum(\eta f_{yb} W_{pb1} + M_v) \tag{1-25}$$

式中　W_{pc}、W_{pb}——分别为计算平面内交汇于节点的柱和梁的塑性截面模量（mm³）；

$\quad\quad W_{pb1}$——梁塑性铰所在截面的梁塑性截面模量（mm³）；

$\quad\quad f_{yc}$、f_{yb}——分别为柱和梁钢材的屈服强度（N/mm²）；

$\quad\quad N$——按设计地震作用组合得出的柱轴力设计值（N）；

$\quad\quad A_c$——框架柱的截面面积（mm²）；

$\quad\quad \eta$——强柱系数，一级取 1.15，二级取 1.10，三级取 1.05，四级取 1.0；

$\quad\quad M_v$——梁塑性铰剪力对梁端产生的附加弯矩（N·mm），$M_v = V_{pb} \cdot x$；

$\quad\quad V_{pb}$——梁塑性铰剪力（N），$V_{pb} = 2M_{pb}/(l - 2x)$，$M_{pb} = f_y W_{pb}$；

$\quad\quad x$——塑性铰至柱面的距离（mm），塑性铰可取梁端部变截面翼缘的最小处。骨式连接取 $(0.5\sim0.75)b_f + (0.30\sim0.45)h_b$，$b_f$ 和 h_b 分别为梁翼缘宽度和梁截面高度。梁端加强型连接可取加强板的长度加四分之一梁高。如有试验依据时，也可按试验取值。

（五）钢框架柱轴压比限值

1. 框筒结构柱应满足下式要求：

$$\frac{N_c}{A_c f} \leqslant \beta \tag{1-26}$$

式中　N_c——框筒结构柱在地震作用组合下的最大轴向压力设计值（N）；

$\quad\quad A_c$——框筒结构柱截面面积（mm²）；

$\quad\quad f$——框筒结构柱钢材的强度设计值（N/mm²）；

$\quad\quad \beta$——系数，一、二、三级时取 0.75，四级时取 0.80。

2. 在实际工程中，特别是采用框筒结构时，"强柱弱梁"验算公式（1-24）、公式（1-25）往往难以普遍满足，若为此加大柱截面，使工程的用钢量增加较多，是很不经济的。此时允许改按公式（1-26）验算柱的轴压比。日本一般规定柱的轴压比不大于 0.6 时，不要求控制强柱弱梁，20 世纪 80 年代末，日本在北京京城大厦和京广中心的高层钢结构设计中，规定柱的轴压比不大于 0.67，不要求控制强柱弱梁。因日本无抗震承载力抗震调整系数 γ_{RE}，参考日本轴压比不大于 0.6 不要求控制强柱弱梁得到：

$$N_c \leqslant 0.6 A_c \frac{f}{\gamma_{RE}}$$

即

$$\frac{N_c}{A_c f} \leqslant \frac{0.6}{\gamma_{RE}} = \frac{0.6}{0.75} = 0.8$$

与结构的延性设计综合考虑，《高层民用建筑钢结构技术规程》JGJ 99—2015 第 7.3.4

条偏于安全地规定系数 β：一、二、三级时取 0.75，四级时取 0.80。

3. 根据规范的意图，支撑斜杆相连的节点未验算"强柱弱梁"，设计中均应按照公式（1-26）验算柱的轴压比。下面以笔者设计的中国石油乌鲁木齐大厦第八层某支撑节点（支撑节点见图 1-15）为例，比较"强柱弱梁"验算和柱轴压比验算，从而得出钢柱截面经济性的差别。

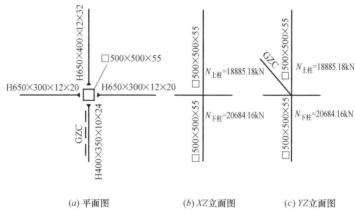

(a) 平面图　　　　(b) XZ立面图　　　　(c) YZ立面图

图 1-15　支撑节点图

钢梁塑性截面模量为：

$$W_{pb左} = W_{pb右} = Bt_f(H - t_f) + \frac{1}{4}(H - 2t_f)^2 t_w$$

$$= 300 \times 20 \times (650 - 20) + \frac{1}{4} \times (650 - 2 \times 20)^2 \times 12 = 4896300 mm^3$$

X 方向钢梁全塑性抵抗矩为：

$$\sum(\eta f_{yb}W_{pb}) = 2 \times 1.1 \times 335 \times 4896300 = 3608.57 kN \cdot m$$

$$W_{pb上} = Bt_f(H - t_f) + \frac{1}{4}(H - 2t_f)^2 t_w$$

$$= 400 \times 32 \times (650 - 32) + \frac{1}{4} \times (650 - 2 \times 32)^2 \times 12 = 8940588 mm^3$$

$$W_{pb下} = Bt_f(H - t_f) + \frac{1}{4}(H - 2t_f)^2 t_w$$

$$= 350 \times 24 \times (400 - 24) + \frac{1}{4} \times (400 - 2 \times 24)^2 \times 10 = 3468160 mm^3$$

Y 方向钢梁全塑性抵抗矩为：

$$\sum(\eta f_{yb}W_{pb}) = 1.1 \times 335 \times (8940588 + 3468160) = 4572.62 kN \cdot m$$

钢柱塑性截面模量为：

$$W_{pc} = Bt_f(H - t_f) + \frac{1}{2}(H - 2t_f)^2 t_w$$

$$= 500 \times 55 \times (500 - 55) + \frac{1}{2}(500 - 2 \times 55)^2 \times 55 = 16420250 mm^3$$

钢柱截面面积为：

$$A_c = 97900\text{mm}^2$$

钢柱轴力设计值为：

$$N_{\text{下柱}} = 20684.16\text{kN}, \quad N_{\text{上柱}} = 18885.18\text{kN}$$

钢柱全塑性抵抗矩为：

$$\sum W_{pc}(f_{yc} - N/A_c)$$
$$= 16420250 \times [(325 - 20684.16 \times 10^3/97900) + (325 - 18885.18 \times 10^3/97900)]$$
$$= 4036.41\text{kN} \cdot \text{m}$$

X 方向钢梁全塑性抵抗矩/钢柱全塑性抵抗矩 $= 3608.57/4036.41 = 0.89$，Y 方向钢梁全塑性抵抗矩/钢柱全塑性抵抗矩 $= 4572.62/4036.41 = 1.13$。很显然，Y 方向"强柱弱梁"验算不满足规范要求，需要调整柱截面。将柱截面调整为□500×500×60，重新验算"强柱弱梁"（假定柱轴力不变）。

钢柱塑性截面模量为：

$$W_{pc} = Bt_f(H - t_f) + \frac{1}{2}(H - 2t_f)^2 t_w$$

$$= 500 \times 60 \times (500 - 60) + \frac{1}{2}(500 - 2 \times 60)^2 \times 60 = 17532000\text{mm}^3$$

钢柱截面面积为：

$$A_c = 105600\text{mm}^2$$

钢柱轴力设计值为：

$$N_{\text{下柱}} = 20684.16\text{kN}, \quad N_{\text{上柱}} = 18885.18\text{kN}$$

钢柱全塑性抵抗矩为：

$$\sum W_{pc}(f_{yc} - N/A_c)$$
$$= 17532000 \times [(325 - 20684.16 \times 10^3/105600) + (325 - 18885.18 \times 10^3/105600)]$$
$$= 4826.39\text{kN} \cdot \text{m}$$

X 方向钢梁全塑性抵抗矩/钢柱全塑性抵抗矩 $= 3608.57/4826.39 = 0.75$，Y 方向钢梁全塑性抵抗矩/钢柱全塑性抵抗矩 $= 4572.62/4826.39 = 0.95$，满足"强柱弱梁"的验算要求。

本例题计算结果见表 1-10。由表 1-10 可以看出：若要满足"强柱弱梁"的验算要求，需要增大柱截面，增加型钢质量为 7.86%。但是根据规范规定，与支撑相连的柱不需要验算"强柱弱梁"，则可以节省钢材用量。

综合以上分析，规范规定框筒钢柱轴压比小于 0.75 和 0.80，其实是为了节省钢材的用量。但是规范在"强柱弱梁"验算以及框筒钢柱轴压比的规定上，显得有些逻辑混乱。正确的理解应该是：

（1）对于与支撑相连的节点，如果钢柱轴压比小于 0.75（一、二、三级抗震等级）、0.80（四级抗震等级），则可以不验算"强柱弱梁"；

（2）为节省钢材，与支撑相连的钢柱应满足轴压比小于 0.75（一、二、三级抗震等级）、0.80（四级抗震等级）；

（3）限制与支撑相连的钢柱轴压比，就是为了避免满足"强柱弱梁"而增大钢柱截面、浪费钢材；

（4）轴压比的限值不仅针对规范中的框筒钢柱，而应该针对所有与支撑相连的钢柱。

"强柱弱梁"验算结果　　　　　　　　　　表 1-10

钢柱截面	钢梁全塑性抵抗矩/钢柱全塑性抵抗矩		钢柱轴压比	钢柱质量	增加型钢质量百分比（%）
	X 方向	Y 方向			
□500×500×55	0.89	1.13	0.73<0.75	768.52kg/m	—
□500×500×60	0.75	0.95	0.68<0.75	829.96kg/m	7.86%

二、钢柱的计算

（一）钢柱的强度验算

弯矩作用在两个主平面内的拉弯构件和压弯构件，其截面强度应按下列规定计算：

$$\frac{N}{A_n} \pm \frac{M_x}{\gamma_x W_{nx}} \pm \frac{M_y}{\gamma_y W_{ny}} \leqslant f/\gamma_{RE} \tag{1-27}$$

式中　N——同一截面处轴心压力设计值（N）；

M_x、M_y——分别为同一截面处对 x 轴和 y 轴的弯矩设计值（N·mm）；

γ_x、γ_y——截面塑性发展系数，根据其受压板件的内力分布情况确定其截面板件宽厚比等级，当截面板件宽厚比等级不满足 S3 级要求时，取 1.0，满足 S3 级要求时，可按《钢结构设计标准》GB 50017—2017 表 8.1.1 采用；需要验算疲劳强度的拉弯构件和压弯构件，宜取 1.0；

A_n——构件的净截面面积（mm²）；

W_{ny}——构件的净截面模量（mm³）；

γ_{RE}——构件承载力抗震调整系数，取 0.75。

（二）钢柱的稳定性验算

1. 弯矩平面内稳定性验算

弯矩作用在对称轴平面内（绕 x 轴）的实腹式压弯构件，其弯矩作用平面内稳定性应按下列规定计算：

$$\frac{N}{\varphi_x A} + \frac{\beta_{mx} M_x}{\gamma_x W_{1x}(1-0.8N/N'_{Ex})} \leqslant f/\gamma_{RE} \tag{1-28}$$

式中　N——所计算构件范围内轴心压力设计值（N）；

N'_{Ex}——参数（N），$N'_{Ex} = \pi^2 EA/(1.1\lambda_x^2)$；

φ_x——弯矩作用平面内的轴心受压构件稳定系数；

M_x——所计算构件段范围内的最大弯矩设计值（N·mm）；

W_{ny}——在弯矩作用平面内对受压最大纤维的毛截面模量（mm³）；

γ_{RE}——构件承载力抗震调整系数，取 0.8；

β_{mx}——等效弯矩系数，按《钢结构设计标准》GB 50017—2017 第 8.2 节规定采用。

2. 弯矩平面外稳定性验算

弯矩作用在对称轴平面内（绕 x 轴）的实腹式压弯构件，其弯矩作用平面外稳定性应按下列规定计算：

$$\frac{N}{\varphi_y A} + \eta \frac{\beta_{tx} M_x}{\varphi_b W_{1x}} \leqslant f / \gamma_{RE} \tag{1-29}$$

式中　　φ_y——弯矩作用平面外的轴心受压构件稳定系数；

φ_b——均匀弯曲的受弯构件整体稳定系数，其中工字形（含 H 型钢）截面的非悬臂（悬伸）构件，可按《钢结构设计标准》GB 50017—2017 附录 C 第 C.0.5 条规定确定；对于闭口截面 $\varphi_b = 1.0$；

M_x——所计算构件段范围内的最大弯矩设计值（N·mm）；

η——截面影响系数，闭口截面 $\eta = 0.7$，其他截面 $\eta = 1.0$；

γ_{RE}——构件承载力抗震调整系数，取 0.8；

β_{tx}——等效弯矩系数，按《钢结构设计标准》GB 50017—2017 第 8.2 节规定采用。

3. 弯矩作用在两个主平面内的双轴对称实腹式工字形（含 H 型钢）和箱形（闭口）截面的压弯构件，其稳定性应按下列公式计算：

$$\frac{N}{\varphi_x A} + \frac{\beta_{mx} M_x}{\gamma_x W_x \left(1 - 0.8 \dfrac{N}{N'_{Ex}}\right)} + \eta \frac{\beta_{ty} M_y}{\varphi_{by} W_y} \leqslant f / \gamma_{RE} \tag{1-30}$$

$$\frac{N}{\varphi_y A} + \eta \frac{\beta_{tx} M_x}{\varphi_{bx} W_x} + \frac{\beta_{my} M_y}{\gamma_y W_y \left(1 - 0.8 \dfrac{N}{N'_{Ey}}\right)} \leqslant f / \gamma_{RE} \tag{1-31}$$

式中　　φ_x、φ_y——对强轴 $x\text{-}x$ 和弱轴 $y\text{-}y$ 的轴心受压构件整体稳定系数；

φ_{bx}、φ_{by}——均匀弯曲的受弯构件整体稳定系数，其中工字形（含 H 型钢）截面的非悬臂（悬伸）构件 φ_{bx} 可按《钢结构设计标准》GB 50017—2017 附录 C 第 C.0.5 条的规定确定，φ_{by} 可取为 1.0；对于闭口截面，取 $\varphi_{bx} = \varphi_{by} = 1.0$；

M_x、M_y——所计算构件段范围内对强轴和弱轴的最大弯矩设计值（N·mm）；

N'_{Ex}、N'_{Ey}——参数（N），$N'_{Ex} = \pi^2 EA / (1.1 \lambda_x^2)$，$N'_{Ey} = \pi^2 EA / (1.1 \lambda_y^2)$；

W_x、W_y——对强轴和弱轴的毛截面模量（mm³）；

β_{mx}、β_{my}、β_{tx}、β_{ty}——等效弯矩系数；

γ_{RE}——构件承载力抗震调整系数，取 0.8。

4. 轴心受压构件稳定系数 φ 应根据构件的长细比、钢材屈服强度、截面分类，按《钢结构设计标准》GB 50017—2017 附录 D 查表得到。

第三节　钢支撑的计算与设计

本节介绍钢支撑（中心支撑）的计算方法及设计，具体算例详见第四章 PKPM 的工程实例。

一、钢支撑的构造要求

（一）钢结构中心支撑板件宽厚比限值

1. 按照《建筑抗震设计规范》GB 50011—2010（2016 年版）、《高层民用建筑钢结构技术规程》JGJ 99—2015 设计时，钢结构中心支撑斜杆的板件宽厚比，不应大于表 1-11 规定的限值。

钢结构中心支撑板件宽厚比限值   表 1-11

板件名称	一级	二级	三级	四级
翼缘外伸部分	8	9	10	13
工字形截面腹板	25	26	27	33
箱形截面壁板	18	20	25	30
圆管外径与壁厚之比	38	40	40	42

注：表中数值适用于 Q235 钢，采用其他牌号钢材应乘以 $\sqrt{235/f_y}$，圆管应乘以 $235/f_y$。

2. 当按《钢结构设计标准》GB 50017—2017 第 17 章进行抗震性能化设计时，支撑截面板件宽厚比等级及限值应符合表 1-12 的规定。

支撑截面板件宽厚比等级及限值   表 1-12

截面板件宽厚比等级	H 形截面		箱形截面	角钢	圆钢管截面
	翼缘 b/t	腹板 h_0/t_w	壁板间翼缘 b_0/t	角钢肢宽厚比 w/t	径厚比 D/t
BS1 级	$8\varepsilon_k$	$30\varepsilon_k$	$25\varepsilon_k$	$8\varepsilon_k$	$40\varepsilon_k^2$
BS2 级	$9\varepsilon_k$	$35\varepsilon_k$	$28\varepsilon_k$	$9\varepsilon_k$	$56\varepsilon_k^2$
BS3 级	$10\varepsilon_k$	$42\varepsilon_k$	$32\varepsilon_k$	$10\varepsilon_k$	$72\varepsilon_k^2$

注：w 为角钢平直段长度。

（二）钢结构中心支撑长细比限值

中心支撑斜杆的长细比，按压杆设计时，不应大于 $120\sqrt{235/f_y}$，一、二、三级中心支撑斜杆不得采用拉杆设计，四级采用拉杆设计时，其长细比不应大于 180。

当框架柱按照《钢结构设计标准》GB 50017—2017 第 17 章进行抗震性能化设计时，其长细比执行《钢结构设计标准》GB 50017—2017 第 17 章的规定。

二、钢支撑的计算

中心支撑在多遇地震效应组合作用下，支撑斜杆的受压承载力应满足下式要求：

$$N/(\varphi A_{br}) \leqslant \psi f/\gamma_{RE} \tag{1-32}$$

$$\psi = 1/(1+0.35\lambda_n) \tag{1-33}$$

$$\lambda_n = (\lambda/\pi)\sqrt{f_y/E} \tag{1-34}$$

式中 N——支撑斜杆的轴压力设计值（N）；

     A_{br}——支撑斜杆的毛截面面积（mm^2）；

     φ——按支撑斜杆的长细比 λ 确定的轴心受压构件稳定系数，按《钢结构设计标准》GB 50017—2017 确定；

     ψ——受循环荷载时的强度降低系数；

   λ、λ_n——支撑斜杆的长细比和正则化长细比；

     E——支撑斜杆钢材的弹性模量（N/mm^2）；

   f、f_y——支撑斜杆钢材的抗压强度设计值（N/mm^2）和屈服强度（N/mm^2）；

γ_{RE}——中心支撑屈曲稳定承载力抗震调整系数，取 0.8。

第四节 钢结构节点设计

本节介绍钢结构的节点设计，本书节点设计的介绍侧重于计算，节点的具体构造请读者参见国标图集《多、高层民用建筑钢结构节点构造详图》16G519。

一、梁柱节点

(一)"强节点弱构件"验算

钢结构抗震设计时，构件按多遇地震作用下内力组合设计值选择截面；连接设计应符合构造措施要求，按弹塑性设计，连接的极限承载力应大于构件的全塑性承载力。规范作此规定的目的，就是为了保证在大震下节点不破坏。但是规范对于"强节点弱构件"的验算公式，一直在修改。下面以笔者设计的中国石油乌鲁木齐大厦第三十层某梁、柱节点为例，比较各本规范"强节点弱构件"验算公式的区别。

【例题 1-1】 柱截面箱形 $500 \times 700 \times 26 \times 26$，梁截面 H650×250×12×18，钢号均为 Q355。重力荷载代表值作用下简支梁梁端截面剪力设计值 $V_{Gb} = 64.62$kN，梁净跨 $l = 7000$mm。材料强度均按《高层民用建筑钢结构技术规程》JGJ 99—2015 中相关规定。采用 10.9 级扭剪型高强度螺栓连接。连接板尺寸为 $420 \times 195 \times 14$（图 1-16）。梁与柱采用翼缘焊接、腹板高强度螺栓连接的方式，采用三本不同的规范进行"强节点弱构件"的验算。

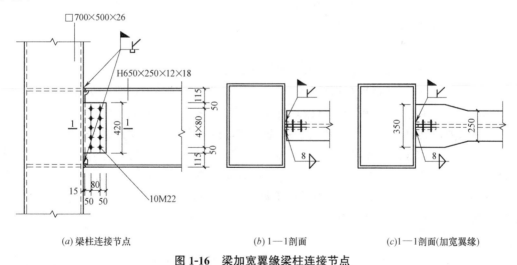

(a) 梁柱连接节点 (b) 1—1剖面 (c)1—1剖面(加宽翼缘)

图 1-16 梁加宽翼缘梁柱连接节点

1. 按照《高层民用建筑钢结构技术规程》JGJ 99—1998 验算"强节点弱构件"。

《高层民用建筑钢结构技术规程》JGJ 99—1998 第 8.1.3 条：梁与柱连接应满足下列公式要求：

$$M_u \geqslant 1.2M_p \tag{1-35}$$

$$V_u \geqslant 1.3(2M_p/l) \tag{1-36}$$

式中 M_u——基于极限强度最小值的节点连接最大受弯承载力（kN·m），仅由翼缘的连接承担；

V_u——基于极限强度最小值的节点连接最大受剪承载力（kN），仅由腹板的连接承担；

M_p——梁构件（梁贯通时为柱）的全塑性受弯承载力（kN·m）；

l——梁的净跨（m）。

在柱贯通型连接中，当梁翼缘采用全熔透焊缝与柱连接并采用引弧板时，公式（1-35）将自行满足。

根据以上条文，$M_u \geqslant 1.2M_p$ 不用验算，仅需要验算 $V_u \geqslant 1.3(2M_p/l)$。

（1）计算 V_u

V_u 的计算规范没有给出具体的公式，参考易方民等编著的《建筑抗震设计规范理解与应用（第二版）》，当梁腹板与柱采用角焊缝连接时，有：

$$V_u = 0.58A_f^w f_u \qquad (1-37)$$

式中　A_f^w——梁腹板与柱连接角焊缝的有效受力截面面积（mm²）；

f_u——被连接钢板的钢材极限抗拉强度最小值（N/mm²）。

当梁腹板与柱采用高强度螺栓连接时，梁腹板与柱面连接板之间高强度螺栓连接的极限受剪承载力 V_u，取按下列两式计算的较小值：

螺栓受剪　　　　　　　　$V_u = 0.58nn_f A_e^b f_u^b \qquad (1-38)$

钢板承压　　　　　　　　$V_u = nd(\sum t) f_{cu}^b \qquad (1-39)$

式中　n、n_f——分别为接头一侧的螺栓数量和一个螺栓的受剪面数量；

A_e^b——螺栓螺纹处的有效截面面积（mm²）；

f_u^b——螺栓钢材的极限抗拉强度最小值（N/mm²）；

d——螺栓杆的直径（mm）；

$\sum t$——被连接钢板同一受力方向的钢板厚度之和（mm）；

f_{cu}^b——被连接钢板在螺栓处的极限承压强度（N/mm²），取 $1.5f_u$；

f_u——被连接钢板的钢材极限抗拉强度最小值（N/mm²）。

本例题中，梁腹板与柱采用高强度螺栓连接，按照公式（1-38）、公式（1-39）计算螺栓受剪和钢板承压较小值即可。有些软件还计算两块连接板与柱焊缝连接的极限受剪承载力，这是没有必要的，因为一块连接板采用双面角焊缝、一块连接板采用单面坡口焊（图1-16中1—1剖面），焊缝的极限受剪承载力很大，远大于梁腹板与柱面连接板之间高强度螺栓连接的极限受剪承载力。

1）螺栓受剪

$$n=10，n_f=2，A_e^b=303\text{mm}^2，f_u^b=1040\text{N/mm}^2$$

故　　　　$V_u = 0.58nn_f A_e^b f_u^b = 0.58 \times 10 \times 2 \times 303 \times 1040 = 3655.39\text{kN}$

2）钢板承压

$n=10，d=22，\sum t = \min\{$梁腹板厚度，连接板厚度$\} = \min\{12，2 \times 14\} = 12\text{mm}$，

$f_{cu}^b = 1.5f_u = 1.5 \times 470 = 705\text{N/mm}^2$

故　　　　　　　　$V_u = nd(\sum t) f_{cu}^b = 10 \times 22 \times 12 \times 705 = 1861.2\text{kN}$

综上1）和2）：取 $V_u = 1861.2\text{kN}$。

（2）计算 M_p

$$M_p = W_p f_{ay} \tag{1-40}$$

式中　W_p——梁的塑性净截面模量（mm^3）；

　　　　f_{ay}——钢板的屈服强度（N/mm^2）。

$W_p = B t_f (H - t_f) + \frac{1}{4} (H - 2 t_f)^2 t_w = 250 \times 18 \times (650 - 18) + \frac{1}{4} \times (650 - 2 \times 18)^2 \times 12$

$\quad = 3974988 mm^3$

$$f_{ay} = 345 N/mm^2$$

故　　　　$M_p = W_p f_{ay} = 3974988 \times 345 = 1371.4 kN \cdot m$

$V_u = 1861.2 kN > 1.3(2 M_p / l) = 1.3 \times (2 \times 1371.4 / 7) = 509.38 kN$，可以满足"强节点弱构件"的验算。

2. 按照《建筑抗震设计规范》GB 50011—2001 验算"强节点弱构件"。

《建筑抗震设计规范》GB 50011—2001 第 8.2.8 条规定：梁与柱连接弹性设计时，梁上下翼缘的端截面应满足连接的弹性设计要求，梁腹板应计入剪力和弯矩。梁与柱连接的极限受弯、受剪承载力，应符合下列要求：

$$M_u \geqslant 1.2 M_p \tag{1-41}$$

$$V_u \geqslant 1.3(2 M_p / l_n) \text{且} V_u \geqslant 0.58 h_w t_w f_{ay} \tag{1-42}$$

式中　M_u——梁上下翼缘全熔透坡口焊缝的极限受弯承载力（$N \cdot mm$）；

　　　　V_u——梁腹板连接的极限受剪承载力（N），垂直于角焊缝受剪时，可提高 1.22 倍；

　　　　M_p——梁（梁贯通时为柱）的全塑性受弯承载力（$N \cdot mm$）；

　　　　l_n——梁的净跨（梁贯通时取该楼层柱的净高）（mm）；

　　　h_w、t_w——梁腹板的高度（mm）和厚度（mm）；

　　　　f_{ay}——钢材屈服强度（N/mm^2）。

（1）"$M_u \geqslant 1.2 M_p$"验算

参考《建筑抗震设计规范》GB 50011—2001 第 8.2.8 条的条文说明，梁上下翼缘全熔透坡口焊缝的极限受弯承载力 M_u，取梁的一个翼缘的截面面积 A_f、厚度 t_f、梁截面高度 h 和构件母材的抗拉强度最小值 f_u 按下式计算：

$$M_u = A_f (h - t_f) f_u \tag{1-43}$$

其中 $A_f = 250 \times 18 = 4500 mm^2$，$h = 650 mm$，$t_f = 18 mm$

故 $M_u = A_f (h - t_f) f_u = 4500 \times (650 - 18) \times 470 = 1336.68 kN \cdot m$

M_p 计算方法同 1，$M_p = W_p f_{ay} = 1371.4 kN \cdot m$

$\quad M_u = 1336.68 kN \cdot m < 1.2 M_p = 1.2 \times 1371.4 = 1645.68 kN \cdot m$

不满足规范"$M_u \geqslant 1.2 M_p$"的要求，需要采用加强措施。采用加宽翼缘宽度的方法，每边加宽 50mm，翼缘宽度变为 350mm。

则 $A_f = 350 \times 18 = 6300 mm^2$，$h = 650 mm$，$t_f = 18 mm$

$M_u = A_f (h - t_f) f_u = 6300 \times (650 - 18) \times 470 = 1871.35 kN \cdot m > 1.2 M_p = 1645.68 kN \cdot m$

（2）"$V_u \geqslant 1.3(2 M_p / l_n)$ 且 $V_u \geqslant 0.58 h_w t_w f_{ay}$"验算

$$V_u = 1861.2 \text{kN}$$

$$1.3(2M_p/l_n) = 1.3 \times (2 \times 1371.4/7) = 509.38 \text{kN}$$

$$0.58 h_w t_w f_{ay} = 0.58 \times (650 - 2 \times 18) \times 12 \times 345 = 1474.34 \text{kN}$$

满足 $V_u \geqslant 1.3(2M_p/l_n)$ 且 $V_u \geqslant 0.58 h_w t_w f_{ay}$。

3. 按照《高层民用建筑钢结构技术规程》JGJ 99—2015 验算"强节点弱构件"。

《高层民用建筑钢结构技术规程》JGJ 99—2015 第 8.2.1 条规定：梁与柱的刚性连接应按下列公式验算：

$$M_u^j \geqslant \alpha M_p \tag{1-44}$$

$$V_u^j \geqslant \alpha(\textstyle\sum M_p/l_n) + V_{Gb} \tag{1-45}$$

式中 M_u^j——梁与柱连接的极限受弯承载力（kN·m）；

M_p——梁的全塑性受弯承载力（kN·m）（加强型连接按未扩大的原截面计算）；

$\sum M_p$——梁两端截面的塑性受弯承载力之和（kN·m）；

V_u^j——梁与柱连接的极限受剪承载力（kN）；

V_{Gb}——梁在重力荷载代表值（9 度尚应包括竖向地震作用标准值）作用下，按简支梁分析的梁端截面剪力设计值（kN）；

l_n——梁的净跨（m）；

α——连接系数，按表 1-13 的规定采用。

钢构件连接的连接系数 α　　　　　表 1-13

母材牌号	梁柱连接		支撑连接、构件拼接		柱脚	
	母材破坏	高强度螺栓破坏	母材或连接板破坏	高强度螺栓破坏		
Q235	1.40	1.45	1.25	1.30	埋入式	1.2(1.0)
Q355	1.35	1.40	1.20	1.25	外包式	1.2(1.0)
Q355GJ	1.25	1.30	1.10	1.15	外露式	1.0

注：1. 屈服强度高于 Q355 的钢材，按 Q355 的规定采用；
　　2. 屈服强度高于 Q355GJ 的 GJ 钢材，按 Q355GJ 的规定采用；
　　3. 括号内的数字用于箱形柱和圆管柱；
　　4. 外露式柱脚是指刚接柱脚，只适用于房层高度 50m 以下。

需要注意的是：

（1）连接系数 α，《高层民用建筑钢结构技术规程》JGJ 99—2015 与《建筑抗震设计规范》GB 50011—2010（2016 年版）取值不同，遵循规范从新的原则，应该按照表 1-13 采用；

（2）表中的"母材破坏"应该对应《建筑抗震设计规范》GB 50011—2010（2016 年版）表 8.2.8 中的"焊接"；

（3）《建筑抗震设计规范》GB 50011—2010（2016 年版）表 8.2.8 中下注 3：翼缘焊接腹板栓接时，连接系数分别按表中连接形式取用。

M_u^j 的计算，《高层民用建筑钢结构技术规程》JGJ 99—2015 第 8.2.4 条规定：抗震设计时，梁与柱连接的极限受弯承载力应按下列规定计算（图 1-17）：

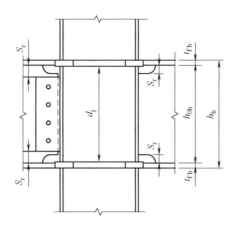

图 1-17　梁柱连接

梁端连接的极限受弯承载力：

$$M_{u}^{j}=M_{uf}^{j}+M_{uw}^{j} \tag{1-46}$$

梁翼缘连接的极限受弯承载力：

$$M_{uf}^{j}=A_{f}(h_{b}-t_{fb})f_{ub} \tag{1-47}$$

梁腹板连接的极限受弯承载力：

$$M_{uw}^{j}=mW_{wpe}f_{yw} \tag{1-48}$$

$$W_{wpe}=\frac{1}{4}(h_{b}-2t_{fb}-2S_{r})^{2}t_{wb} \tag{1-49}$$

梁腹板连接的受弯承载力系数 m 应按下列公式计算：

H 形柱（绕强轴）　　　　　　　$m=1$ $\tag{1-50}$

箱形柱　　　　　　$m=\min\left\{1,4\dfrac{t_{fc}}{d_{j}}\sqrt{\dfrac{b_{j}f_{yc}}{t_{wb}f_{yw}}}\right\}$ $\tag{1-51}$

圆管柱　　　$m=\min\left\{1,\dfrac{8}{\sqrt{3}k_{1}k_{2}r}\left[\sqrt{k_{2}\sqrt{\dfrac{3k_{1}}{2}}-4}+r\sqrt{\dfrac{k_{1}}{2}}\right]\right\}$ $\tag{1-52}$

式中　W_{wpe}——梁腹板有效截面的塑性截面模量（mm^{3}）；

$\qquad h_{b}$——梁截面高度（mm）；

$\qquad S_{r}$——梁腹板过焊孔高度，高强度螺栓连接时为剪力板与梁翼缘间间隙的距离（mm）；

$\qquad d_{j}$——柱上下水平加劲肋（横隔板）内侧之间的距离（mm）；

$\qquad b_{j}$——箱形柱壁板内侧的宽度或圆管柱内直径（mm），$b_{j}=b_{c}-2t_{fc}$；

$\qquad r$——圆钢管上下横隔板之间的距离与钢管内径的比值，$r=d_{j}/b_{j}$；

$\qquad t_{fc}$——箱形柱或圆管柱壁板的厚度（mm）；

$\qquad f_{yc}$——柱钢材屈服强度（N/mm^{2}）；

$\qquad f_{yw}$——梁腹板钢材的屈服强度（N/mm^{2}）；

t_{fb}、t_{wb}——分别为梁翼缘和梁腹板的厚度（mm）；

f_{ub}——梁翼缘钢材抗拉强度最小值（N/mm^2）。

（1）"$M_u^j \geqslant \alpha M_p$"验算

梁翼缘连接的极限受弯承载力为：

$$M_{uf}^j = A_f(h_b - t_{fb})f_{ub} = 250 \times 18 \times (650 - 18) \times 470 = 1336.68 \text{kN} \cdot \text{m}$$

梁腹板连接的受弯承载力系数为：

$$m = \min\left\{1,4\,\frac{t_{fc}}{d_j}\sqrt{\frac{b_j f_{yc}}{t_{wb} f_{yw}}}\right\} = \min\left\{1,4 \times \frac{26}{650-18\times2} \times \sqrt{\frac{(500-2\times26)\times335}{12\times345}}\right\}$$

$$= \min\{1,1.02\} = 1$$

梁腹板有效截面的塑性截面模量为：

$$W_{wpe} = \frac{1}{4}(h_b - 2t_{fb} - 2S_r)^2 t_{wb} = \frac{1}{4} \times (650 - 2\times18 - 2\times35)^2 \times 12 = 887808 \text{mm}^3$$

梁腹板连接的极限受弯承载力为：

$$M_{uw}^j = mW_{wpe}f_{yw} = 1.0 \times 887808 \times 345 = 306.3 \text{kN} \cdot \text{m}$$

梁端连接的极限受弯承载力为：

$$M_u^j = M_{uf}^j + M_{uw}^j = 1336.68 + 306.3 = 1642.98 \text{kN} \cdot \text{m}$$

梁的全塑性受弯承载力　$M_p = W_p f_{ay} = 1371.4 \text{kN} \cdot \text{m}$

连接系数 $\alpha = 1.35$

$$\alpha M_p = 1.35 \times 1371.4 = 1851.39 \text{kN} \cdot \text{m}$$

$$M_u^j = 1642.98 \text{kN} \cdot \text{m} < \alpha M_p = 1851.39 \text{kN} \cdot \text{m}$$

不满足规范"$M_u^j \geqslant \alpha M_p$"的要求，需要采用加强措施。采用加宽翼缘宽度的方法，每边加宽50mm，翼缘宽度变为350mm。

则梁翼缘连接的极限受弯承载力为：

$$M_{uf}^j = A_f(h_b - t_{fb})f_{ub} = 350 \times 18 \times (650 - 18) \times 470 = 1871.35 \text{kN} \cdot \text{m}$$

梁端连接的极限受弯承载力为：

$$M_u^j = M_{uf}^j + M_{uw}^j = 1871.35 + 306.3 = 2177.65 \text{kN} \cdot \text{m} > \alpha M_p = 1851.39 \text{kN} \cdot \text{m}$$

（2）"$V_u^j \geqslant \alpha(\sum M_p / l_n) + V_{Gb}$"验算

$$V_u^j = 1861.2 \text{kN}$$

$$\alpha(\sum M_p / l_n) + V_{Gb} = 1.4 \times (2 \times 1371.4/7) + 64.62 = 613.18 \text{kN}$$

满足 $V_u^j \geqslant \alpha(\sum M_p / l_n) + V_{Gb}$。

4. 三本规范"强节点弱构件"计算结果见表1-14。由表1-14可知，虽然《高层民用建筑钢结构技术规程》JGJ 99—2015引入了钢构件连接的连接系数 α 较以前的规范系数1.2大，但是以前的规范梁端连接的极限受弯承载力仅考虑梁翼缘连接的极限受弯承载力，《高层民用建筑钢结构技术规程》JGJ 99—2015梁端连接的极限受弯承载力考虑梁翼缘加梁腹板连接的极限受弯承载力。因此在验算"$M_u \geqslant 1.2M_p$ 或 $M_u^j \geqslant \alpha M_p$"时，《高层民用建筑钢结构技术规程》JGJ 99—2015更加容易验算通过。

"强节点弱构件"不同规范计算结果比较　　　　　　　　表 1-14

规范编号	$M_u\geqslant1.2M_p$ 或 $M_u^j\geqslant\alpha M_p$			$V_u\geqslant1.3(2M_p/l)$ 或 $V_u\geqslant1.3(2M_p/l_n)$ 且 $V_u\geqslant0.58h_wt_wf_{ay}$ 或 $V_u^j\geqslant\alpha(\sum M_p/l_n)+V_{Gb}$		
	M_u 或 M_u^j(①)	$1.2M_p$ 或 αM_p(②)	①/②	V_u 或 V_u^j(③)	$1.3(2M_p/l)$ 或 $0.58h_wt_wf_{ay}$ 或 $\alpha(\sum M_p/l_n)+V_{Gb}$(④)	③/④
JGJ 99—98	—	—	—	1861.2kN	509.38kN	3.65
GB 50011—2001	1871.35kN·m	1645.68kN·m	1.14	1861.2kN	1474.34kN	1.26
JGJ 99—2015	2177.65kN·m	1851.39kN·m	1.18	1861.2kN	613.18kN	3.04

5. 三本规范"强节点弱构件"验算公式的比较见表 1-15。

"强节点弱构件"不同规范验算公式比较　　　　　　　　表 1-15

规范编号		JGJ 99—1998	GB 50011—2001	JGJ 99—2015
"强节点弱构件"公式	极限抗弯	$M_u\geqslant1.2M_p$（在柱贯通型连接中，当梁翼缘用全熔透焊缝与柱连接并采用引弧板时自动满足）	$M_u\geqslant1.2M_p$	$M_u^j\geqslant\alpha M_p$
	极限抗剪	$V_u\geqslant1.3(2M_p/l)$	$V_u\geqslant1.3(2M_p/l_n)$ 且 $V_u\geqslant0.58h_wt_wf_{ay}$	$V_u^j\geqslant\alpha(\sum M_p/l_n)+V_{Gb}$
公式中承载力计算	极限抗弯承载力	规范未作说明	$M_u=A_f(h-t_f)f_u$	$M_u^j=M_{uf}^j+M_{uw}^j$ $M_{uf}^j=A_f(h_b-t_{fb})f_{ub}$ $M_{uw}^j=mW_{wpe}f_{yw}$
	极限抗剪承载力	规范未作说明	$V_u=0.58A_f^wf_u$	规范未作说明
"强节点弱构件"公式意义		节点连接的最大承载力要高于构件本身的全截面屈服承载力，是考虑构件的实际屈服强度可能高于屈服强度标准值，在罕遇地震作用下构件出现塑性铰时，结构仍能保持完整，继续发挥承载作用		
公式来源参考及公式说明		1. 参照美国加州规范。2. 抗弯中 1.2 是安全系数。3. 抗剪中 1.3 是考虑跨中荷载的影响比 1.2 增加 0.1	1. 根据赵熙元先生的意见，补充列入了应大于腹板全截面屈服时的剪力。2. 括号内 $2M_p/l_n$ 表示框架在水平力作用下，梁两端都出现塑性铰达到 M_p 时的柱面剪力。但国外研究表明，梁两端同时出现全塑性铰可能性很小，此点有待讨论	1. 将安全系数 1.2 修改为连接系数 α。连接系数的影响因素有很多，包括钢材类别、屈服强度、超强系数、应变硬化系数、连接类别（焊接、螺栓连接）、连接的部位、对塑性发展的要求等。2. 框架梁一般为弯矩控制，剪力控制的情况很少，其设计剪力应采用与梁屈服弯矩相应的剪力，2001 版规范规定采用腹板全截面屈服时的剪力，过于保守，删掉 $V_u\geqslant0.58h_wt_wf_{ay}$ 的规定。3. 日本早在 1998 年出版的日本建筑学会《钢结构极限状态设计指南》中，就提出了考虑将腹板连接分为两部分，外侧受弯、中部受剪。承载力计算时，连接的设计内力仍由弹性方法得出，但在核算连接的承载力时考虑其极限承载力。此时，梁的受弯承载力由翼缘部分和腹板部分组成

(二) 梁与柱刚性连接的计算

在高层钢框架抗震设计中，梁与柱刚性连接的计算一直是一个令人困扰的问题。梁柱连接有两种形式，在现场连接时，为了施工方便，采用翼缘焊接腹板栓接（图 1-18a）；在工厂将短悬臂与柱进行焊接，现场将梁与短悬臂拼接（图 1-18b）。后一种连接形式其实是梁的拼接，且《高层民用建筑钢结构技术规程》JGJ 99—2015 不推荐这一连接形式（本书后文会有详细解释），因此本书仅介绍前一种梁柱刚接连接方式的计算方法。

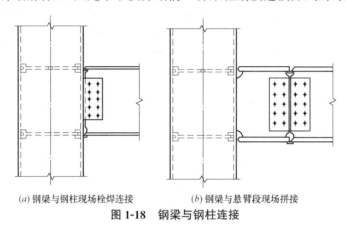

(a) 钢梁与钢柱现场栓焊连接　　(b) 钢梁与悬臂段现场拼接

图 1-18　钢梁与钢柱连接

1. 各版本规范对梁柱刚接计算方法的规定

(1)《高层民用建筑钢结构技术规程》JGJ 99—1998、《建筑抗震设计规范》GB 50011—2001

20 世纪 80 年代以来，美国加州规范规定，在梁-柱抗弯连接中，采用弯矩由翼缘连接承受、剪力由腹板连接承受的计算方法，但当 $W_{pf} \leqslant 0.7 W_p$（翼缘的塑性截面模量小于截面塑性抗弯模量的 0.7 倍）时，在梁腹板连接板的上下角增加角焊缝（图 1-19a），其承担的弯矩应相当于梁端弯矩的 20%。

日本采用类似方法，称之为"常用设计法"，但对腹板螺栓连接一律加强，规定腹板的螺栓连接应按保有耐力（连接的承载力大于构件的塑性承载力）设计，且螺栓不得少于 2～3 列（图 1-19b），但在设计标准中没有明文规定。

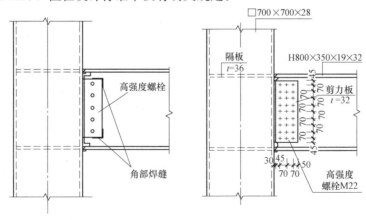

(a) 美国过去采用的梁柱混合连接　　(b) 日本过去采用的梁柱混合连接

图 1-19　美国和日本钢梁与钢柱连接

《建筑抗震设计规范》GB 50011—2001 第 8.3.4 条条文说明指出：美国加州 1994 年诺斯里奇地震和日本 1995 年阪神地震，钢框架梁柱节点受严重破坏。美国和日本这两种不同构造所遭受破坏的主要区别是，日本的节点震害仅出现在梁端，柱无损伤，而美国的节点震害是梁柱均遭受破坏。

我国《高层民用建筑钢结构技术规程》JGJ 99—1998 是在 1987 年底开始编制的，当时虽然看到了美国标准加强腹板连接的措施，却未看到日本有类似规定，对于日本用不同的方法处理腹板抗弯缺乏体会，对于加强腹板连接的必要性缺乏认识，因此未将加强措施列入。直到使用过程中，发现很高的梁腹板连接只有很少几个螺栓时，才感到不对头。在 2001 版抗震规范修订时，审查组建议当符合美国加州规范所述条件时，腹板用两列螺栓，且螺栓总数应比抗剪计算增加 50%。《建筑抗震设计规范》GB 50011—2001 第 8.3.4 条第 3 款规定：当梁翼缘的塑性截面模量小于梁全截面塑性截面模量的 70% 时，梁腹板与柱的连接螺栓不得少于二列；当计算仅需一列时，仍应布置二列，且此时螺栓总数不得少于计算值的 1.5 倍。规范此条的意思就是梁翼缘较弱时，需要腹板帮忙承受弯矩，但是腹板承担多少弯矩，规范没有说明，一些软件及参考书根据腹板惯性矩占全截面惯性矩的比例，将弯矩分配给腹板，腹板在弯矩和剪力共同作用下计算螺栓。连接处内力（弯矩和剪力）的取值，也有很多种取法，可以取构件的设计内力，也可以取构件的承载力。

（2）《建筑抗震设计规范》GB 50011—2010（2016 年版）

《建筑抗震设计规范》GB 50011—2010（2016 年版）第 8.2.8 条条文说明规定：需要对连接作二阶段设计。第一阶段，要求按构件承载力而不是设计内力进行连接计算，是考虑设计内力较小时将导致连接件型号和数量偏少，或焊缝的有效截面尺寸偏小，给第二阶段连接（极限承载力）设计带来困难。

（3）《高层民用建筑钢结构技术规程》JGJ 99—2015

钢框架梁柱连接，弯矩除由翼缘承受外，还可由腹板承受，但由于箱形柱壁板出现平面外变形，过去无法对腹板受弯提出对应的计算公式，采用弯矩由翼缘承受的方法，当弯矩超出翼缘抗弯能力时，只能采用加强腹板连接螺栓或采用螺栓连接和焊缝并用等构造措施，做到使其在大震下不坏。日本建筑学会于 1998 年在《钢结构极限状态设计规范》中提出，梁端弯矩可由翼缘和腹板连接的一部分承受的概念，于 2001 提出完整的设计方法，2006 年又将其扩大到圆管柱。新方法的特点可概括如下：①利用横隔板（加劲肋）对腹板的嵌固作用，发挥了壁板边缘区的抗弯潜能，解决了箱形柱和圆管柱壁板不能承受面外弯矩的问题；②腹板承受弯矩区和承受剪力区的划分思路合理，解决了腹板连接长期无法定量计算的难题；③梁与工形柱（绕强轴）的连接，以前虽可用内力合成方法解决，但计算繁琐，新方法使计算简化，并显著减少了螺栓用量，经济效果显著，值得推广。

因此，在《高层民用建筑钢结构技术规程》JGJ 99—2015 中，首次将腹板定量计算列入了规范。

《高层民用建筑钢结构技术规程》JGJ 99—2015 第 8.1.1 条、第 8.1.2 条规定：抗震设计时，构件按多遇地震作用下内力组合设计值选择截面；连接设计应符合构造措施要求，按弹塑性设计，连接的极限承载力应大于构件的全塑性承载力。梁与 H 形柱（绕强轴）刚性连接以及梁与箱形柱或圆管柱刚性连接时，弯矩由梁翼缘和腹板受弯区的连接承受，剪力由腹板受剪区的连接承受。梁与柱的连接宜采用翼缘焊接和腹板高强度螺栓连接的形式。梁腹板用高强度螺栓连接时，应先确定腹板受弯区的高度，并应对设置于连接板上的螺栓进行合理布置，再分别计算腹板连接的受弯承载力和受剪承载力。

《高层民用建筑钢结构技术规程》JGJ 99—2015 第 8.2.2 条给出了梁与柱连接的受弯承载力计算公式：

$$M_j = W_e^j f \tag{1-53}$$

梁与 H 形柱（绕强轴）连接时：

$$W_e^j = 2I_e / h_b \tag{1-54}$$

梁与箱形柱或圆管柱连接时：

$$W_e^j = \frac{2}{h_b} \left\{ I_e - \frac{1}{12} t_{wb} (h_{0b} - 2h_m)^3 \right\} \tag{1-55}$$

式中　M_j——梁与柱连接的受弯承载力（N·mm）；

　　　W_e^j——连接的有效截面模量（mm³）；

　　　I_e——扣除过焊孔的梁端有效截面惯性矩（mm⁴），当梁腹板用高强度螺栓连接时，为扣除螺栓孔和梁翼缘与连接板之间间隙后的截面惯性矩；

　　h_b、h_{0b}——分别为梁截面和梁腹板的高度（mm）；

　　　t_{wb}——梁腹板的厚度（mm）；

　　　f——梁的抗拉、抗压和抗弯强度设计值（N/mm²）；

　　　h_m——梁腹板的有效受弯高度（mm）。

《高层民用建筑钢结构技术规程》JGJ 99—2015 第 8.2.3 条给出了梁腹板的有效受弯高度 h_m 的计算公式：

H 形柱（绕强轴）　　　　　$$h_m = h_{0b} / 2 \tag{1-56}$$

箱形柱时　　　　$$h_m = \frac{b_j}{\sqrt{\dfrac{b_j t_{wb} f_{yb}}{t_{fc}^2 f_{yc}} - 4}} \tag{1-57}$$

圆管柱时　　　　$$h_m = \frac{b_j}{\sqrt{\dfrac{k_1}{2}} \sqrt{k_2 \sqrt{\dfrac{3k_1}{2}} - 4}} \tag{1-58}$$

当箱形柱、圆管柱 $h_m < S_r$ 时，取 $h_m = S_r$ $\tag{1-59}$

当箱形柱 $h_m > \dfrac{d_j}{2}$ 或 $\dfrac{b_j t_{wb} f_{yb}}{t_{fc}^2 f_{yc}} \leqslant 4$ 时，取 $h_m = \dfrac{d_j}{2}$ $\tag{1-60}$

当圆管柱 $h_m > \dfrac{d_j}{2}$ 或 $k_2 \sqrt{\dfrac{3k_1}{2}}$ 时，取 $h_m = \dfrac{d_j}{2}$ $\tag{1-61}$

式中　d_j——箱形柱壁板上下加劲肋内侧之间的距离（mm）；

　　　b_j——箱形柱壁板屈服区宽度（mm），$b_j = b_c - 2t_{fc}$；

　　　b_c——箱形柱壁板宽度或圆管柱的外径（mm）；

　　　h_m——与箱形柱或圆管柱连接时，梁腹板（一侧）的有效受弯高度（mm）；

　　　S_r——梁腹板过焊孔高度，高强度螺栓连接时为剪力板与梁翼缘间间隙的距离（mm）；

　　　h_{0b}——梁腹板高度（mm）；

f_{yb}——梁钢材的屈服强度（N/mm^2），当梁腹板用高强度螺栓连接时，为柱连接板钢材的屈服强度（N/mm^2）；

f_{yc}——柱钢材的屈服强度（N/mm^2）；

t_{fc}——箱形柱壁板厚度（mm）；

t_{wb}——梁腹板厚度（mm）；

k_1、k_2——圆管柱有关截面和承载力指标，$k_1 = b_i/t_{fc}$，$k_2 = t_{wb}f_{yb}/(t_{fc}f_{yc})$。

《高层民用建筑钢结构技术规程》JGJ 99—2015 第 8.2.5 条给出了梁柱刚接的具体计算方法：梁腹板与 H 形柱（绕强轴）、箱形柱或圆管柱的连接，采用高强度螺栓连接时，承受弯矩区和承受剪力区的螺栓数应按弯矩在受弯区梁腹板的螺栓连接引起的水平力和剪力作用在受剪区（图1-20）分别进行计算，计算时应考虑连接的不同破坏模式取较小值。

对承受弯矩区：

$$\alpha V_{um}^j \leq N_u^b = \min\{n_1 N_{vu}^b, n_1 N_{cu1}^b, N_{cu2}^b, N_{cu3}^b, N_{cu4}^b\} \tag{1-62}$$

对承受剪力区：

$$V_u^j \leq n_2 \cdot \min\{N_{vu}^b, N_{cu1}^b\} \tag{1-63}$$

式中　　　　　　　　　n_1、n_2——分别为承受弯矩区（一侧）和承受剪力区需要的螺栓数；

V_{um}^j——弯矩 M_{uw}^j 引起的承受弯矩区的水平剪力（kN）；

α——连接系数，按本书表 1-13 的规定采用；

N_{vu}^b、N_{cu1}^b、N_{cu2}^b、N_{cu3}^b、N_{cu4}^b——按本书公式（1-64）~公式（1-69）的规定计算。

需要提醒读者注意的是，公式（1-63）中的 V_u^j 并非公式（1-45）中的 V_u^j，而应该取 $V_u^j = \alpha(\sum M_p/l_n) + V_{Gb}$。这一点已得到《高层民用建筑钢结构技术规程》JGJ 99—2015 主要编制者的确认。

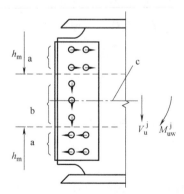

图 1-20　梁腹板与柱连接时高强度螺栓连接的内力分担

a—承受弯矩区；b—承受剪力区；c—梁轴线

《高层民用建筑钢结构技术规程》JGJ 99—2015 第 F.1.1 条：高强度螺栓连接的极限承载力应取下列公式计算得出的较小值：

$$N_{vu}^b = 0.58 n_f A_e^b f_u^b \tag{1-64}$$

$$N^b_{cu} = d \sum t f^b_{cu} \tag{1-65}$$

式中　N^b_{vu}——1个高强度螺栓的极限受剪承载力（N）；

$\quad\quad N^b_{cu}$——1个高强度螺栓对应的板件极限承载力（N）；

$\quad\quad n_f$——螺栓连接的剪切面数量；

$\quad\quad A^b_e$——螺栓螺纹处的有效截面面积（mm^2）；

$\quad\quad f^b_u$——螺栓钢材的抗拉强度最小值（N/mm^2）；

$\quad\quad f^b_{cu}$——螺栓连接板件的极限承压强度（N/mm^2），取 $1.5f_u$；

$\quad\quad f_u$——被连接钢板的钢材极限抗拉强度最小值（N/mm^2）；

$\quad\quad d$——螺栓杆直径（mm）；

$\quad\quad \sum t$——同一受力方向的钢板厚度之和（mm）。

《高层民用建筑钢结构技术规程》JGJ 99—2015 第 F.1.4 条：高强度螺栓连接的极限受剪承载力应按下列公式计算：

1）仅考虑螺栓受剪和板件承压时：

$$N^b_u = \min\{nN^b_{vu}, nN^b_{cu1}\} \tag{1-66}$$

2）单列高强度螺栓连接时：

$$N^b_u = \min\{nN^b_{vu}, nN^b_{cu1}, N^b_{cu2}, N^b_{cu3}\} \tag{1-67}$$

3）多列高强度螺栓连接时：

$$N^b_u = \min\{nN^b_{vu}, nN^b_{cu1}, N^b_{cu2}, N^b_{cu3}, N^b_{cu4}\} \tag{1-68}$$

4）连接板挤穿或拉脱时，承载力 $N^b_{cu2} \sim N^b_{cu4}$ 可按下式计算：

$$N^b_{cu} = (0.5A_{ns} + A_{nt})f_u \tag{1-69}$$

式中　N^b_u——螺栓连接的极限承载力（N）；

$\quad\quad N^b_{vu}$——螺栓连接的极限受剪承载力（N）；

$\quad\quad N^b_{cu1}$——螺栓连接同一受力方向的板件承压承载力之和（N）；

$\quad\quad N^b_{cu2}$——连接板边拉脱时的受剪承载力（N）（图 1-21b）；

$\quad\quad N^b_{cu3}$——连接板件沿螺栓中心线挤穿时的受剪承载力（N）（图 1-21c）；

$\quad\quad N^b_{cu4}$——连接板件中部拉脱时的受剪承载力（N）（图 1-21a）；

$\quad\quad f_u$——构件母材的抗拉强度最小值（N/mm^2）；

$\quad\quad A_{ns}$——板区拉脱时的受剪截面面积（mm^2）（图 1-21）；

$\quad\quad A_{nt}$——板区拉脱时的受拉截面面积（mm^2）（图 1-21）；

$\quad\quad n$——连接的螺栓数。

说明：《高层民用建筑钢结构技术规程》JGJ 99—2015 附录 F 中图 F.1.4（即本书图 1-21），为构件拼接时板件破坏形式示意。如果针对梁腹板的受弯区，应将图中"排"和"列"颠倒，即"n_1 排"改为"n_1 列"、"n_2 列"改为"n_2 排"。

蔡益燕在《〈钢结构设计规范〉修订的建议》（《建筑钢结构进展》2009 年 8 月）一文中给出，梁腹板与箱形截面柱连接时高强度螺栓连接的内力分担配图见图 1-22。由图 1-22 可以看出，A_{ns} 应为横向受剪截面面积（平行于剪力方向），A_{nt} 为纵向受拉截面面积（垂直于剪力方向）。

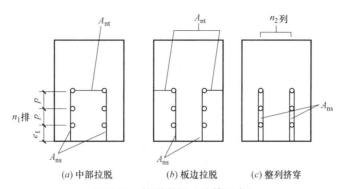

（a）中部拉脱　　　　　（b）板边拉脱　　　　（c）整列挤穿

图 1-21　拉脱举例（计算示意）

注：中部拉脱 $A_{ns}=2\{(n_1-1)p+e_1\}t$；板边拉脱 $A_{ns}=2\{(n_1-1)p+e_1\}t$；整列挤穿 $A_{ns}=2n_2\{(n_1-1)p+e_1\}t$。

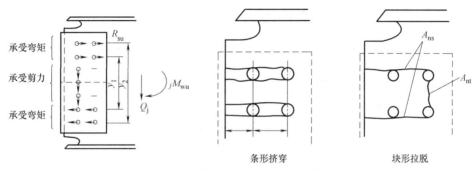

图 1-22　梁腹板与箱形截面柱连接时高强度螺栓连接的内力分担

　　蔡益燕在《〈高层民用建筑钢结构技术规程〉修订纪要》（《建筑钢结构进展》2012 年 12 月）一文中指出，高强度螺栓连接设计的原规定，只对单个螺栓连接的受剪和承压作计算，没有考虑螺栓群对板件撕裂可能在更低的荷载作用下出现。《钢结构设计规范》虽列出了板边拉脱的例子，但对计算方法未作规定，而且破坏形式也不完全。目前，美国 FEMA（FEMA-350，Recommended Seismic Design Criteria New Steel Moment-Frame Buildings，2000）和日本连接设计指南（日本建筑，钢构造接合部设计指针，2001）中均已列入有关设计规定。文中对高强度螺栓连接板件拉坏的几种情况进行了说明（图 1-23）。由图 1-23 也可以看出，《高层民用建筑钢结构技术规程》JGJ 99—2015 附录 F 中图 F. 1.4（即本书图 1-21），如果针对梁腹板的受弯区，应将图中"排"和"列"颠倒。

　　很多读者可能觉得《高层民用建筑钢结构技术规程》JGJ 99—2015 第 8.2.2 条的规定［即本书公式（1-53）～公式（1-55）］比较突兀，而且本条条文说明中指出：本条给出了新计算方法的梁柱连接弹性设计表达式。也就是说公式（1-53）～公式（1-55）给出的是梁与柱连接的弹性阶段受弯承载力。但是，《高层民用建筑钢结构技术规程》JGJ 99—2015 第 8.1.1 条明确连接设计按照弹塑性设计，公式（1-53）～公式（1-55）给出的梁与柱连接的弹性阶段受弯承载力有什么用处呢？

　　《高层民用建筑钢结构技术规程》JGJ 99—2015 第 8.2.2 条、第 8.2.3 条条文说明规定：01 抗规规定：当梁翼缘的塑性截面模量与梁全截面的塑性截面模量之比小于 70% 时，梁腹板与柱的连接螺栓不得少于二列；当计算仅需一列时，仍应布置二列，且此时螺

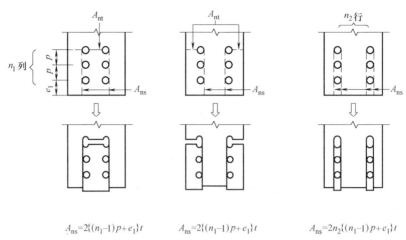

$$A_{ns}=2\{(n_1-1)p+e_1\}t \qquad A_{ns}=2\{(n_1-1)p+e_1\}t \qquad A_{ns}=2n_2\{(n_1-1)p+e_1\}t$$

图 1-23　高强度螺栓连接板件拉坏的几种情况

栓总数不得少于计算值的 1.5 倍。该法不能对腹板螺栓数进行定量计算，并导致螺栓用量增多。但 01 抗规规定的方法仍可采用。

从以上条文说明我们可以得知：2001 版抗规的连接计算方法仍然可以采用，但是连接处的内力应是构件的承载力而不是设计内力，也就是我们常说的等强计算。构件的受弯承载力就可以按照《高层民用建筑钢结构技术规程》JGJ 99—2015 第 8.2.2 条的规定［即本书公式（1-53）～公式（1-55）］进行计算。

各版本规范梁柱刚接计算方法见表 1-16。

各版本规范梁柱刚接计算方法　　　　　　　　　　　　　　　　表 1-16

规范编号	梁柱刚接计算方法
GB 50011—2001	当梁翼缘的塑性截面模量小于梁全截面塑性截面模量的 70% 时，梁腹板与柱的连接螺栓不得少于二列；当计算仅需一列时，仍应布置二列，且此时螺栓总数不得少于计算值的 1.5 倍
GB 50011—2010（2016 年版）	需要对连接作二阶段设计。第一阶段，要求按构件承载力而不是设计内力进行连接计算，是考虑设计内力较小时将导致连接件型号和数量偏少，或焊缝的有效截面尺寸偏小，给第二阶段连接（极限承载力）设计带来困难
JGJ 99—2015	1. 抗震设计时，构件按多遇地震作用下内力组合设计值选择截面；连接设计应符合构造措施要求，按弹塑性设计，连接的极限承载力应大于构件的全塑性承载力。 2.《建筑抗震设计规范》GB 50011—2001 方法仍然适用。当梁翼缘的塑性截面模量小于梁全截面塑性截面模量的 70% 时，梁腹板与柱的连接螺栓不得少于二列；当计算仅需一列时，仍应布置二列，且此时螺栓总数不得少于计算值的 1.5 倍

2. 梁柱刚接计算的例题

下面以两道例题为例，比较各本规范梁柱刚接计算方法的区别。

【例题 1-2】　柱截面箱形 $500\times700\times26\times26$，梁截面 H650$\times$250$\times$12$\times$18（图 1-24），钢号均为 Q355。梁端截面弯矩设计值 $M=443.5$kN·m，剪力设计值 $V=165.98$kN。重力荷载代表值作用下简支梁梁端截面剪力设计值 $V_{Gb}=64.62$kN，梁净跨 $l=7000$mm。材料强度均按《高层民用建筑钢结构技术规程》JGJ 99—2015 中相关规定。采用 10.9 级扭剪型高强度螺栓连接。梁与柱采用翼缘焊接、腹板高强度螺栓连接的方式，采用不同的规范方法进行梁柱刚接的计算。

（1）按照《建筑抗震设计规范》GB 50011—2001 的方法
计算梁柱刚接

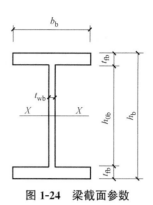

图 1-24　梁截面参数

梁翼缘的塑性截面模量为：

$$W_{pf}=2b_{b}t_{fb}\left(\frac{h_{b}}{2}-\frac{t_{fb}}{2}\right)=2\times250\times18\times\left(\frac{650}{2}-\frac{18}{2}\right)$$
$$=2844000\text{mm}^{3}$$

梁腹板的塑性截面模量为：

$$W_{pw}=2\left[\left(\frac{h_{0b}}{2}t_{wb}\right)\frac{h_{0b}}{4}\right]=2\times\left[\left(\frac{614}{2}\times12\right)\times\frac{614}{4}\right]$$
$$=1130988\text{mm}^{3}$$

梁翼缘的塑性截面模量占梁全截面塑性截面模量的比例为：

$$\frac{W_{pf}}{W_{pf}+W_{pw}}=\frac{2844000}{2844000+1130988}=0.716>0.7$$

因此，可以认为弯矩全部由梁翼缘承担，剪力全部由梁腹板承担。

梁与柱连接的受剪承载力（不是剪力设计值）为：

$$V_{j}=h_{0b}t_{wb}f_{v}=614\times12\times175=1289.4\text{kN}>V=141.44\text{kN}$$

10.9 级扭剪型高强度螺栓，在连接处构件接触面采用喷硬质石英砂的处理方法，标准孔型，每个高强度螺栓受剪承载力为：

$$N_{v}^{b}=0.9kn_{f}\mu P=0.9\times1\times2\times0.45\times190=153.9\text{kN}$$

则需要的螺栓数量为：

$$n=\frac{V_{j}}{N_{v}^{b}}=\frac{1289.4}{153.9}=8.38,\text{ 取 }n=9$$

考虑到翼缘焊接对螺栓预拉力的影响和螺栓排列需要，取为 10M22 高强度螺栓。

"强节点弱构件"验算过程详见【例题 1-1】。

说明：此处按构件受剪承载力而不是剪力设计值进行连接计算，就是为了第二阶段的"强节点弱构件"验算。如果按照梁端剪力设计值进行连接计算，计算过程如下：

需要的螺栓数量为：

$$n=\frac{V}{N_{v}^{b}}=\frac{165.98}{153.9}=1.08$$

取为 2M22 高强度螺栓。

梁与柱连接的极限承载力取下列两式的较小值：

螺栓受剪　$V_{u}^{j}=0.58nn_{f}A_{e}^{b}f_{u}^{b}=0.58\times2\times2\times303\times1040=731.08\text{kN}$

钢板承压　$\quad V_{u}^{j}=nd(\sum t)f_{cu}^{b}=2\times22\times12\times705=372.24\text{kN}$

故 $V_{u}^{j}=372.24\text{kN}$

而 $\alpha(\sum M_{p}/l_{n})+V_{Gb}=1.4\times(2\times1371.4/7)+64.62=613.18\text{kN}$

不满足 $V_{u}^{j}\geqslant\alpha(\sum M_{p}/l_{n})+V_{Gb}$。

从以上计算过程可以更好地理解《建筑抗震设计规范》GB 50011—2010（2016 年版）

第8.2.8条条文说明的规定：需要对连接作二阶段设计。第一阶段，要求按构件承载力而不是设计内力进行连接计算，是考虑设计内力较小时将导致连接件型号和数量偏少，或焊缝的有效截面尺寸偏小，给第二阶段连接（极限承载力）设计带来困难。

（2）按照《高层民用建筑钢结构技术规程》JGJ 99—2015 的方法计算梁柱刚接（图1-25）

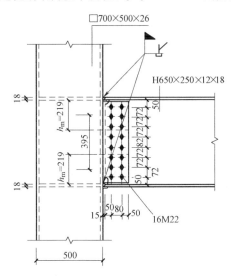

图1-25　梁柱连接节点

1）承受弯矩区螺栓计算

梁腹板连接的极限受弯承载力（计算过程详见【例题1-1】）为：

$$M_{uw}^{j}=mW_{wpe}f_{yw}=1.0\times887808\times345=306.3\text{kN}\cdot\text{m}$$

箱形柱壁板屈服区宽度为：

$$b_{j}=b_{c}-2t_{fc}=500-2\times26=448\text{mm}$$

箱形柱壁板上下加劲肋内侧之间的距离为：

$$d_{j}=650-2\times18=614\text{mm}$$

梁腹板的有效受弯高度为：

$$h_{m}=\frac{b_{j}}{\sqrt{\dfrac{b_{j}t_{wb}f_{yb}}{t_{fc}^{2}f_{yc}}-4}}=\frac{448}{\sqrt{\dfrac{448\times12\times345}{26^{2}\times335}-4}}=219\text{mm}<\frac{d_{j}}{2}=\frac{614}{2}=307\text{mm}$$

弯矩 M_{uw}^{j} 引起的承受弯矩区的水平剪力为：

$$V_{um}^{j}=\frac{M_{uw}^{j}}{395}=\frac{306.3\times10^{3}}{395}=775.44\text{kN}$$

$$\alpha V_{um}^{j}=1.4\times775.44=1085.62\text{kN}$$

螺栓连接的极限受剪承载力为：

$$N_{vu}^{b}=0.58n_{f}A_{e}^{b}f_{u}^{b}=0.58\times2\times303\times1040=365.54\text{kN}$$

螺栓连接同一受力方向的板件承压承载力之和为：

$$N_{cu1}^{b}=d\sum tf_{cu}^{b}=22\times12\times705=186.12\text{kN}$$

承受弯矩区螺栓数为：

$$n_1 = \frac{\alpha V_{um}^j}{\min\{N_{vu}^b, N_{cu1}^b\}} = \frac{1085.62}{186.12} = 5.83，取 n_1 = 6$$

下面验算连接板件不同形式的撕裂和挤穿（下面计算过程中，连接的螺栓数 n_1、n_2 仅为承受弯矩区的螺栓数，具体意义见图 1-21，但是要将图中"排"与"列"互换）。

板边拉脱时的受剪截面面积（图 1-21b）为：

$$A_{ns} = 2\{(n_1-1)p + e_1\}t = 2 \times \{(2-1) \times 80 + 50\} \times 12 = 3120 \text{mm}^2$$

板边拉脱时的受拉截面面积为：

$$A_{nt} = 100 \times 12 = 1200 \text{mm}^2$$

连接板边拉脱时的受剪承载力为：

$$N_{cu2}^b = (0.5A_{ns} + A_{nt})f_u = (0.5 \times 3120 + 1200) \times 470 = 1297.2 \text{kN}$$

整列挤穿时的受剪截面面积（图 1-21c）为：

$$A_{ns} = 2n_2\{(n_1-1)p + e_1\}t = 2 \times 3 \times \{(2-1) \times 80 + 50\} \times 12 = 9360 \text{mm}^2$$

整列挤穿时的受拉截面面积为：

$$A_{nt} = 0 \text{mm}^2$$

连接板件沿螺栓中心线挤穿时的受剪承载力为：

$$N_{cu3}^b = (0.5A_{ns} + A_{nt})f_u = (0.5 \times 9360 + 0) \times 470 = 2199.6 \text{kN}$$

中部拉脱时的受剪截面面积（图 1-21a）为：

$$A_{ns} = 2\{(n_1-1)p + e_1\}t = 2 \times \{(2-1) \times 80 + 50\} \times 12 = 3120 \text{mm}^2$$

中部拉脱时的受拉截面面积为：

$$A_{nt} = 72 \times 2 \times 12 = 1728 \text{mm}^2$$

连接板件沿螺栓中心线挤穿时的受剪承载力为：

$$N_{cu4}^b = (0.5A_{ns} + A_{nt})f_u = (0.5 \times 3120 + 1728) \times 470 = 1545.36 \text{kN}$$

$$N_u^b = \min\{n_1 N_{vu}^b, n_1 N_{cu1}^b, N_{cu2}^b, N_{cu3}^b, N_{cu4}^b\}$$
$$= \min\{6 \times 365.54, 6 \times 186.12, 1297.2, 2199.6, 1545.36\} = 1116.72 \text{kN}$$
$$\alpha V_{um}^j = 1085.62 \text{kN} \leqslant N_u^b = 1116.72 \text{kN}$$

2）承受剪力区螺栓计算

$$\min\{N_{vu}^b, N_{cu1}^b\} = 186.12 \text{kN}$$

梁与柱连接的极限受剪承载力为：

$$V_u^j = \alpha(\sum M_p / l_n) + V_{Gb} = 613.18 \text{kN}$$

代入公式 $V_u^j \leqslant n_2 \cdot \min\{N_{vu}^b, N_{cu1}^b\}$ 得：

$n_2 \geqslant 613.18/186.12 = 3.29$，取 $n_2 = 4$

总螺栓数量为 $2n_1 + n_2 = 2 \times 6 + 4 = 16$

【例题 1-3】　梁截面 H650×250×12×16，其余条件均同【例题 1-2】。

（1）按照《建筑抗震设计规范》GB 50011—2001 的方法计算梁柱刚接（图 1-26）

梁翼缘的塑性截面模量为：

$$W_{pf} = 2b_b t_{fb}\left(\frac{h_b}{2} - \frac{t_{fb}}{2}\right) = 2 \times 250 \times 16 \times \left(\frac{650}{2} - \frac{16}{2}\right) = 2536000 \text{mm}^3$$

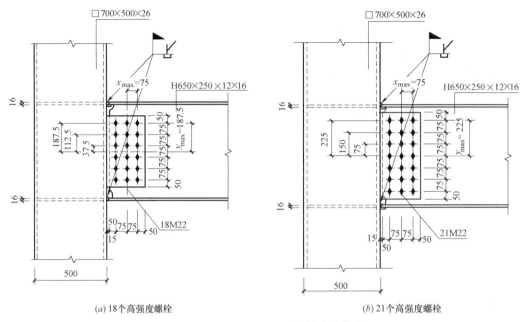

(a) 18个高强度螺栓　　　　　　　　　(b) 21个高强度螺栓

图 1-26　GB 50011—2001 梁柱连接节点

梁腹板的塑性截面模量为：

$$W_{pw} = 2\left[\left(\frac{h_{0b}}{2}t_{wb}\right)\frac{h_{0b}}{4}\right] = 2 \times \left[\left(\frac{618}{2} \times 12\right) \times \frac{618}{4}\right] = 1145772 \text{mm}^3$$

梁翼缘的塑性截面模量占梁全截面塑性截面模量的比例为：

$$\frac{W_{pf}}{W_{pf} + W_{pw}} = \frac{2536000}{2536000 + 1145772} = 0.689 < 0.7$$

弯矩由梁翼缘和梁腹板共同承担，剪力全部由梁腹板承担。

梁腹板惯性矩为：

$$I_w = \frac{1}{12}t_{wb}h_{0b}^3 = \frac{1}{12} \times 12 \times 618^3 = 236029032 \text{mm}^4$$

梁全截面惯性矩为：

$$I = 1040111600 \text{mm}^4$$

梁腹板惯性矩占梁全截面惯性矩的百分比为：

$$\frac{I_w}{I} = \frac{236029032}{1040111600} \times 100\% = 22.69\%$$

梁腹板的有效受弯高度为：

$$h_m = 219 \text{mm}$$

梁腹板的高度为：

$$h_{0b} = 650 - 2 \times 16 = 618 \text{mm}$$

梁端有效截面惯性矩为：

$I_e = 1040111600 \text{mm}^4$（偏于安全的不扣除过焊孔、螺栓孔、梁翼缘与连接板之间间隙）

梁与柱连接的有效截面模量为：

$$W_e^j = \frac{2}{h_b}\left\{I_e - \frac{1}{12}t_{wb}(h_{0b}-2h_m)^3\right\}$$

$$= \frac{2}{650}\left\{1040111600 - \frac{1}{12}\times 12\times(618-2\times 219)^3\right\} = 3182398.769\text{mm}^3$$

梁与柱连接的受弯承载力（不是弯矩设计值）为：

$$M_j = W_e^j f = 3182398.769\times 305 = 970.63\text{kN}\cdot\text{m} > M = 443.5\text{kN}\cdot\text{m}$$

梁腹板承担的弯矩为：

$$M_w = 22.69\%M_j = 22.69\%\times 970.63\text{kN}\cdot\text{m} = 220.24\text{kN}\cdot\text{m}$$

梁与柱连接的受剪承载力（不是剪力设计值）为：

$$V_j = h_{0b}t_{wb}f_v = 618\times 12\times 175 = 1297.8\text{kN} > V = 165.98\text{kN}$$

10.9 级扭剪型高强度螺栓，在连接处构件接触面采用喷硬质石英砂的处理方法，标准孔型，每个高强度螺栓受剪承载力为：

$$N_v^b = 0.9kn_f\mu P = 0.9\times 1\times 2\times 0.45\times 190 = 153.9\text{kN}$$

螺栓群受弯矩 $M_w = 220.24\text{kN}\cdot\text{m}$ 和竖向剪力 $V_j = 1297.8\text{kN}$，采用弹性分析法。

1）采用 18 个高强度螺栓（图 1-26a）

旋转中心在螺栓群形心处：

$$\sum x_i^2 = (75^2 + 75^2)\times 6 = 67500\text{mm}^2$$

$$\sum y_i^2 = (37.5^2 + 112.5^2 + 187.5^2)\times 2\times 3 = 295312.5\text{mm}^2$$

$$\sum x_i^2 + \sum y_i^2 = 67500 + 295312.5 = 362812.5\text{mm}^2$$

对最外排螺栓，弯矩产生的水平力为：

$$N_x^M = \frac{My_{max}}{\sum x_i^2 + \sum y_i^2} = \frac{220.24\times 10^3\times 187.5}{362812.5} = 113.82\text{kN}$$

对最外排螺栓，弯矩产生的竖向力为：

$$N_y^M = \frac{Mx_{max}}{\sum x_i^2 + \sum y_i^2} = \frac{220.24\times 10^3\times 75}{362812.5} = 45.53\text{kN}$$

剪力产生的竖向力为：

$$N_y^V = \frac{V}{18} = \frac{1297.8}{18} = 72.1\text{kN}$$

最外排螺栓所受剪力的合力为：

$$\sqrt{(N_x^M)^2 + (N_y^M + N_y^V)^2} = \sqrt{113.82^2 + (45.53 + 72.1)^2} = 163.68\text{kN} > N_v^b = 153.9\text{kN}$$

不满足要求，需增加螺栓数量。

2）采用 21 个高强度螺栓（图 1-26b）

旋转中心在螺栓群形心处：

$$\sum x_i^2 = (75^2 + 75^2)\times 7 = 78750\text{mm}^2$$

$$\sum y_i^2 = (75^2 + 150^2 + 225^2)\times 2\times 3 = 472500\text{mm}^2$$

$$\sum x_i^2 + \sum y_i^2 = 78750 + 472500 = 551250\text{mm}^2$$

对最外排螺栓，弯矩产生的水平力为：

$$N_x^M = \frac{My_{max}}{\sum x_i^2 + \sum y_i^2} = \frac{220.24\times 10^3\times 225}{551250} = 89.89\text{kN}$$

对最外排螺栓，弯矩产生的竖向力为：

$$N_y^M = \frac{Mx_{max}}{\sum x_i^2 + \sum y_i^2} = \frac{220.24 \times 10^3 \times 75}{551250} = 29.96 \text{kN}$$

剪力产生的竖向力为：

$$N_y^V = \frac{V}{21} = \frac{1297.8}{21} = 61.8 \text{kN}$$

最外排螺栓所受剪力的合力为：

$$\sqrt{(N_x^M)^2 + (N_y^M + N_y^V)^2} = \sqrt{89.89^2 + (29.96 + 61.8)^2} = 128.45 \text{kN} < N_v^b = 153.9 \text{kN}$$

（2）按照《高层民用建筑钢结构技术规程》JGJ 99—2015 的方法计算梁柱刚接（图 1-27）

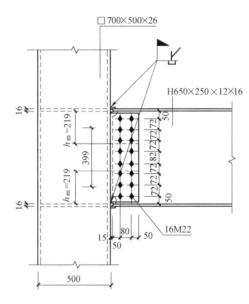

图 1-27　JGJ 99—2015 梁柱连接节点

1）承受弯矩区螺栓计算

梁腹板连接的受弯承载力系数为：

$$m = \min\left\{1, 4\frac{t_{fc}}{d_j}\sqrt{\frac{b_j f_{yc}}{t_{wb} f_{yw}}}\right\} = \min\left\{1, 4 \times \frac{26}{650 - 16 \times 2} \times \sqrt{\frac{(500 - 2 \times 26) \times 335}{12 \times 345}}\right\}$$
$$= \min\{1, 1.01\} = 1$$

梁腹板有效截面的塑性截面模量为：

$$W_{wpe} = \frac{1}{4}(h_b - 2t_{fb} - 2S_r)^2 t_{wb} = \frac{1}{4} \times (650 - 2 \times 16 - 2 \times 35)^2 \times 12 = 900912 \text{mm}^3$$

梁腹板连接的极限受弯承载力为：

$$M_{uw}^j = mW_{wpe} f_{yw} = 1.0 \times 900912 \times 345 = 310.81 \text{kN} \cdot \text{m}$$

箱形柱壁板屈服区宽度为：

$$b_j = b_c - 2t_{fc} = 500 - 2 \times 26 = 448 \text{mm}$$

箱形柱壁板上下加劲肋内侧之间的距离为：

$$d_j = 650 - 2 \times 16 = 618 \text{mm}$$

梁腹板的有效受弯高度为:

$$h_{\mathrm{m}}=\frac{b_{\mathrm{j}}}{\sqrt{\dfrac{b_{\mathrm{j}}t_{\mathrm{wb}}f_{\mathrm{yb}}}{t_{\mathrm{fc}}^2 f_{\mathrm{yc}}}-4}}=\frac{448}{\sqrt{\dfrac{448\times12\times345}{26^2\times335}-4}}=219\mathrm{mm}<\frac{d_{\mathrm{j}}}{2}=\frac{618}{2}=309\mathrm{mm}$$

弯矩 $M_{\mathrm{uw}}^{\mathrm{j}}$ 引起的承受弯矩区的水平剪力为:

$$V_{\mathrm{um}}^{\mathrm{j}}=\frac{M_{\mathrm{uw}}^{\mathrm{j}}}{399}=\frac{310.81\times10^3}{399}=778.97\mathrm{kN}$$

$$\alpha V_{\mathrm{um}}^{\mathrm{j}}=1.4\times778.97=1090.56\mathrm{kN}$$

螺栓连接的极限受剪承载力为:

$$N_{\mathrm{vu}}^{\mathrm{b}}=0.58 n_{\mathrm{f}} A_{\mathrm{e}}^{\mathrm{b}} f_{\mathrm{u}}^{\mathrm{b}}=0.58\times2\times303\times1040=365.54\mathrm{kN}$$

螺栓连接同一受力方向的板件承压承载力之和为:

$$N_{\mathrm{cu1}}^{\mathrm{b}}=d\sum t f_{\mathrm{cu}}^{\mathrm{b}}=22\times12\times705=186.12\mathrm{kN}$$

承受弯矩区螺栓数为:

$$n_1=\frac{\alpha V_{\mathrm{um}}^{\mathrm{j}}}{\min\{N_{\mathrm{vu}}^{\mathrm{b}},N_{\mathrm{cu1}}^{\mathrm{b}}\}}=\frac{1090.56}{186.12}=5.86, \quad 取 n_1=6$$

下面验算连接板件不同形式的撕裂和挤穿(下面计算过程中,连接的螺栓数 n_1、n_2 仅为承受弯矩区的螺栓数,具体意义见图 1-21,但是要将图中"排"与"列"互换)。

板边拉脱时的受剪截面面积(图 1-21b)为:

$$A_{\mathrm{ns}}=2\{(n_1-1)p+e_1\}t=2\times\{(2-1)\times80+50\}\times12=3120\mathrm{mm}^2$$

板边拉脱时的受拉截面面积为:

$$A_{\mathrm{nt}}=100\times12=1200\mathrm{mm}^2$$

连接板边拉脱时的受剪承载力为:

$$N_{\mathrm{cu2}}^{\mathrm{b}}=(0.5A_{\mathrm{ns}}+A_{\mathrm{nt}})f_{\mathrm{u}}=(0.5\times3120+1200)\times470=1297.2\mathrm{kN}$$

整列挤穿时的受剪截面面积(图 1-21c)为:

$$A_{\mathrm{ns}}=2n_2\{(n_1-1)p+e_1\}t=2\times3\times\{(2-1)\times80+50\}\times12=9360\mathrm{mm}^2$$

整列挤穿时的受拉截面面积为:

$$A_{\mathrm{nt}}=0\mathrm{mm}^2$$

连接板件沿螺栓中心线挤穿时的受剪承载力为:

$$N_{\mathrm{cu3}}^{\mathrm{b}}=(0.5A_{\mathrm{ns}}+A_{\mathrm{nt}})f_{\mathrm{u}}=(0.5\times9360+0)\times470=2199.6\mathrm{kN}$$

中部拉脱时的受剪截面面积(图 1-21a)为:

$$A_{\mathrm{ns}}=2\{(n_1-1)p+e_1\}t=2\times\{(2-1)\times80+50\}\times12=3120\mathrm{mm}^2$$

中部拉脱时的受拉截面面积为:

$$A_{\mathrm{nt}}=72\times2\times12=1728\mathrm{mm}^2$$

连接板件沿螺栓中心线挤穿时的受剪承载力为:

$$N_{\mathrm{cu4}}^{\mathrm{b}}=(0.5A_{\mathrm{ns}}+A_{\mathrm{nt}})f_{\mathrm{u}}=(0.5\times3120+1728)\times470=1545.36\mathrm{kN}$$

$$N_{\mathrm{u}}^{\mathrm{b}}=\min\{n_1 N_{\mathrm{vu}}^{\mathrm{b}},n_1 N_{\mathrm{cu1}}^{\mathrm{b}},N_{\mathrm{cu2}}^{\mathrm{b}},N_{\mathrm{cu3}}^{\mathrm{b}},N_{\mathrm{cu4}}^{\mathrm{b}}\}$$

$$=\min\{6\times365.54,6\times186.12,1297.2,2199.6,1545.36\}=1116.72\mathrm{kN}$$

$$\alpha V_{\mathrm{um}}^{\mathrm{j}}=1090.56\mathrm{kN}\leqslant N_{\mathrm{u}}^{\mathrm{b}}=1116.72\mathrm{kN}$$

2）承受剪力区螺栓计算

$$\min\{N_{vu}^b, N_{cu1}^b\} = 186.12kN$$

梁与柱连接的极限受剪承载力为：

$$V_u^j = \alpha(\sum M_p/l_n) + V_{Gb} = 613.18kN$$

代入公式 $V_u^j \leq n_2 \cdot \min\{N_{vu}^b, N_{cu1}^b\}$ 得：

$n_2 \geq 613.18/186.12 = 3.29$，取 $n_2 = 4$

总螺栓数量为 $2n_1 + n_2 = 2 \times 6 + 4 = 16$

结合【例题1-2】、【例题1-3】，不同规范计算梁柱刚接螺栓数量的区别见表1-17。由表1-17可以看出，《建筑抗震设计规范》GB 50011—2001以梁翼缘的塑性截面模量占梁全截面塑性截面模量的70%为界，大于70%，梁腹板不承担弯矩；小于70%，梁腹板按照梁腹板惯性矩占全截面惯性矩的比例承担弯矩。这个规定显然比较粗糙，仅将梁翼缘厚度由18mm修改为16mm，则梁翼缘的塑性截面模量占梁全截面塑性截面模量的比例由0.716变化为0.689，梁腹板承担弯矩由0变化为220.24kN·m，计算螺栓数量由9个变化为21个。按照《高层民用建筑钢结构技术规程》JGJ 99—2015，将梁翼缘厚度由18mm修改为16mm，螺栓的计算数量都是16个，很显然《高层民用建筑钢结构技术规程》JGJ 99—2015计算梁腹板有效受弯高度、承受弯矩区和承受剪力区的螺栓数量更科学一些。

不同规范计算梁柱刚接螺栓数量　　　　　　　表1-17

规范编号	计算项	梁截面 H650×250×12×18	梁截面 H650×250×12×16
GB 50011—2001	梁翼缘的塑性截面模量①(mm³)	2844000	2536000
	梁全截面塑性截面模量②(mm³)	3974988	3681772
	①/②	0.716>0.7	0.689<0.7
	梁腹板承担弯矩(kN·m)	0	220.24
	梁腹板承担剪力(kN)	1289.4	1297.8
	计算螺栓数量	9	21
JGJ 99—2015	梁腹板有效受弯高度(mm)	219	219
	梁腹板连接的极限受弯承载力 M_{uw}^j(kN·m)	306.3	310.81
	弯矩 M_{uw}^j 引起的承受弯矩区的水平剪力 V_{uw}^j	775.44	778.97
	承受弯矩区螺栓数 n_1	6	6
	承受剪力区的受剪承载力	613.18	613.18
	承受剪力区螺栓数 n_2	4	4
	总螺栓数量 $2n_1+n_2$	16	16

（三）梁与柱刚性连接的构造

梁柱连接主要有两种形式，在现场连接时，为了施工方便，采用翼缘焊接腹板栓接（图1-18a）；在工厂将短悬臂与柱进行焊接，现场将梁与短悬臂拼接（图1-18b）。

1. 关于悬臂段式梁柱连接（图1-18b），历年的规范和图集规定如下：

（1）《高层民用建筑钢结构技术规程》JGJ 99—1998 第 8.3.3 条：当框架梁与柱翼缘刚性连接时，梁翼缘与柱应采用全熔透焊缝连接，梁腹板与柱宜采用摩擦型高强度螺栓连接（图 1-28a），悬臂梁段与柱应采用全焊接连接（图 1-28b）。

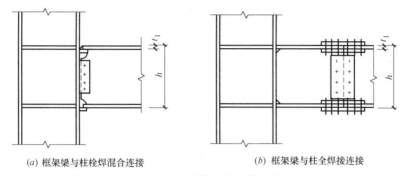

(a) 框架梁与柱栓焊混合连接　　　(b) 框架梁与柱全焊接连接

图 1-28　JGJ 99—1998 中框架梁与柱翼缘的刚性连接

（2）《高层民用建筑钢结构技术规程》JGJ 99—1998 第 8.1.6 条：钢框架安装单元的划分，在采用柱贯通型连接时，宜为三层一根，视具体情况也可为一层、两层或四层一根，工地接头设于主梁顶面以上 1.0～1.3m 处。梁的安装单元为每跨一根。采用带悬臂梁段的柱单元时，悬臂梁段的长度一般距柱轴线不超过 1.6m。框筒结构采用带悬臂梁段的柱安装单元时，梁的接头可设置在跨中。

（3）《建筑抗震设计规范》GB 50011—2001 第 8.3.4 条第 4 款：框架梁采用悬臂梁段与柱刚性连接时（图 1-29），悬臂梁段与柱应预先采用全焊接连接，梁的现场拼接可采用翼缘焊接腹板螺栓连接（图 1-29a）或全部螺栓连接（图 1-29b）。条文说明指出：本条规定了梁柱连接的构造要求。梁与柱刚性连接的两种方法，在工程中应用都很多。通过与柱焊接的梁悬臂段进行连接的方式对结构制作要求较高，可根据具体情况选用。

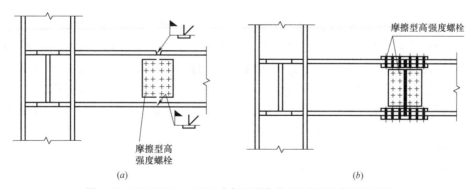

(a)　　　　　　　　　　　(b)

图 1-29　GB 50011—2001 中框架梁与柱通过梁悬臂段的连接

（4）国标图集《多、高层民用建筑钢结构节点构造详图》01（04）SG519 在第 21 页专门介绍了悬臂梁段与柱的工厂焊接和与中间梁段的工地拼接构造，部分构造见图 1-30。

（5）《高层建筑钢-混凝土混合结构设计规程》CECS 230：2008 第 7.2.2 条条文说明：参照日本做法，梁截面高度不超过 700mm，宜采用短悬臂形式，超过此值时宜在现场直接与柱连接，悬臂梁段在工厂与柱焊接时，梁端焊缝质量容易保证。

（6）《建筑抗震设计规范》GB 50011—2010（2016 年版）第 8.3.4 条第 4 款：框架梁

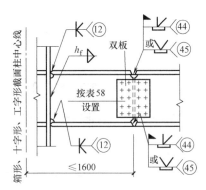

图1-30 国标图集01 (04) SG519 中框架梁与柱通过梁悬臂段的连接

采用悬臂梁段与柱刚性连接时 (图1-31),悬臂梁段与柱应采用全焊接连接,此时上下翼缘焊接孔的形式宜相同;梁的现场拼接可采用翼缘焊接腹板螺栓连接或全部螺栓连接。条文说明:日本在梁高小于700mm时,采用图1-31的悬臂梁段式连接。

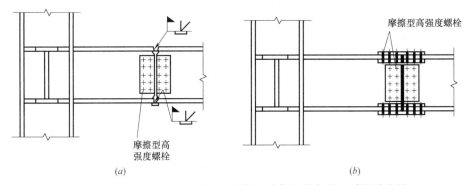

图1-31 GB 50011—2010 (2016年版) 中框架柱与梁悬臂段的连接

(7)《高层民用建筑钢结构技术规程》JGJ 99—2015 第8.1.2 条条文说明:钢框架梁柱连接设计的基本要求,与梁柱连接的新计算方法有关,详见计算方法规定。98规程提到的悬臂段式梁柱连接,根据日本2007年JASS 6的说明,此种连接形式的钢材和螺栓用量均偏高,影响工程造价,且运输和堆放不便;更重要的是梁端焊接影响抗震性能,1995年阪神地震表明,悬臂梁段式连接的梁端破坏率为梁腹板螺栓连接时的3倍,虽然其梁端内力传递性能较好和现场施工作业较方便,但综合考虑不宜作为主要连接形式之一推广采用。

笔者就《高层民用建筑钢结构技术规程》JGJ 99—2015 第8.1.2 条条文说明中"1995年阪神地震表明悬臂梁段式连接的梁端破坏率为梁腹板螺栓连接时的3倍"这句话,专门咨询过《高层民用建筑钢结构技术规程》JGJ 99—2015 的主要编制者。主要编制者解释,钢梁与悬臂段现场拼接 (图1-18b) 的抗震性能不如钢梁与钢柱现场栓焊连接 (图1-18a),引用日本阪神地震的震害数据尚不充分,下一步规范将做进一步的调查及试验研究。

(8) 国标图集《多、高层民用建筑钢结构节点构造详图》16G519 在第27页也专门介绍了悬臂梁段与柱的工厂焊接和与中间梁段的工地拼接构造,部分构造见图1-32。

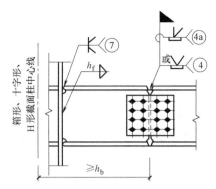

图 1-32　国标图集 16G519 中框架梁与柱通过梁悬臂段的连接

2. 历年规范及图集对于悬臂梁段式梁柱连接的规定，均参照了日本的相关做法。笔者在设计中国石油乌鲁木齐大厦时，就采取了柱带短悬臂的梁柱连接方式。当时采取这种连接方式的主要原因有以下几点：

（1）1995 年日本阪神地震中，一些方钢管混凝土框架柱的梁柱节点采用内隔板，而内隔板和梁翼缘在同一标高与柱腹板内外分别进行焊接，由于钢管腹板较薄，形成焊缝重叠，在地震中破坏较严重。因此，有的文献提出在 8 度及以上地区不适合采用内隔板，而应采用外隔板，然而此结构矩形钢管混凝土柱的截面较大，外隔板不容易设置，设置外隔板对建筑造型也不利。工程设计时，虽然钢柱腹板比方钢管混凝土柱的腹板厚，但是也会存在焊缝重叠的问题。

（2）本工程中，框架梁柱节点形式为柱贯通型。梁柱的刚接方式分别采用了柱不带短悬臂梁段和柱带短悬臂梁段两种形式。箱形钢柱在梁上下翼缘对应位置设置内隔板，而内隔板和梁翼缘分内外在同一标高与柱腹板焊接。若柱不带短悬臂梁段，梁与柱腹板之间的焊缝只能在现场焊接，而该焊缝在柱腹板内引起的残余应力会对内隔板与柱腹板的焊缝产生不利影响。这种梁柱节点现场焊接的不利影响到底有多大，目前尚无量化说明，且与施工单位所采取的施工措施有关。若柱带短悬臂梁段，因柱腹板两侧的焊缝均在工厂完成，有条件将焊缝的不利影响降至最低，而且探伤检验也容易完成。因此，本工程设计时，所有梁柱节点均采用柱带短悬臂梁段的方式，但在工程开始施工时，由于钢结构构件不在乌鲁木齐当地而在上海加工，若一根柱在四个方向均带短悬臂梁段，所占空间很大，则运输时一辆车一次所运的构件很少，而且短悬臂梁段会在长途运输中因颠簸、碰撞受到破坏。因此对梁柱连接方式进行了修改，仅在外框柱的一个方向（平行于框架平面方向）带短悬臂梁段，而在垂直于框架平面方向不带短悬臂梁段，这样为钢构件的长途运输提供了很大的便利。不过核心筒内带支撑的柱由于支撑连接的需要仍然带短悬臂梁段。

（3）本工程设计于 2007 年底～2008 年初，当时的规范及图集均推荐了柱带短悬臂的梁柱连接方式，所以工程设计时也采用了这种连接方式。

3. 当《高层民用建筑钢结构技术规程》JGJ 99—2015 颁布实施，且在第 8.1.2 条条文说明指出不推荐柱带短悬臂的梁柱连接方式时，笔者又对这一梁柱连接方式做了一些了解。

（1）蔡益燕在《〈高层民用建筑钢结构技术规程〉修订纪要》一文中介绍了日本最新的梁柱连接方式。文章指出，钢框架梁、柱连接有两种形式：一种是栓焊混合连接，另一种是先将梁悬臂段与柱单元焊接，现场进行梁拼接；当梁高小于或等于700mm时宜采用悬臂段式连接，对这些规定现在有新议。日本《钢结构工程施工技术指南（2007）》指出，腹板栓接的形式与带悬臂段的梁现场拼接相比，钢材用量较低，高强度螺栓数量较少，保管容易，运输费用较低，有造价较低的优点，且抗震性能好。1995年阪神地震，现场腹板螺栓连接的梁端破断发生率为工场焊接形式的1/3。但它也有缺点，表现在梁端塑性变形难以确保，因剪力板和梁腹板间有滑移，梁腹板的弯矩传递与工场焊接的形式相比有所降低，梁翼缘内力有所增大。悬臂梁段式连接，除节点构造复杂等情况外，日本用得不多。但权衡利弊，腹板栓接的优点较多。另外，国内的专业施工人员也一致推荐腹板螺栓连接。

（2）带悬臂梁段拼接的梁柱连接在美国和日本的多、高层房屋和工业厂房中应用较多，美国学者将采用这种连接形式的框架称为Column Tree Moment Resisting Frame（树状柱抗弯框架结构体系），可能是因为带悬臂梁段的柱的形状像树而得名。这种连接形式采用工厂制作，工地高强度螺栓拼接，克服了现场焊接对气候、焊工技术要求较高以及焊接质量不易控制等缺点，具有较好的耗能能力、变形能力以及施工速度快等优点。在美国加州1994年诺斯里奇地震和日本1995年阪神地震后，人们对工地焊接的刚性梁柱连接节点的抗震性能产生了怀疑，螺栓连接又得到了重视。但由于传统上一直按照与梁截面等强来进行拼接抗震设计，并认为其强度不低于梁截面，而没有进行较多的研究。李启才等为了解这种连接形式的抗震性能，在西安建筑科技大学结构与抗震实验室进行了4个试件的循环加载试验。

试验结果分析规律如下：

1）总体上讲，螺栓拼接的性能明显好于梁柱连接焊缝。各试件拼接设计时均未考虑梁柱连接处的加腋加强，且按拼接中心线处的实际受力计算，即拼接承载力远小于焊缝设计，而试验中没有出现一个拼接处破坏，反而有两个试件的最终破坏是由于梁柱焊接断裂，说明梁的拼接极限承载能力远比梁柱焊缝要高，抗震性能也要可靠得多。

2）螺栓的滑移是一种稳定的耗能机制，能起到减小地震能量向梁柱连接焊缝的输入，延缓梁柱连接焊缝脆性破坏的作用。

3）由于整个节点区的承载能力受梁柱连接焊缝的制约，适当减少拼接螺栓的数量对连接的弹性承载能力有一定的影响，但对极限承载能力并无明显影响，而连接的变形能力提高很多，表明拼接设计并不是越保守越好。其原因在于摩擦型高强度螺栓的极限承载能力远大于它的设计承载能力。

4）抗震设计时可以利用螺栓的滑移耗能，延缓结构的破坏。但螺栓在滑移时伴有剧烈的响声，试验时一个拼接节点的声音都使多数试验工作者心跳加速，在实际地震时，地震的声响及房屋晃动本来就使人们心理紧张，如果再加上数量庞大的螺栓滑动时的剧烈脆响，可能会使一部分人过度恐慌，超过心理承受能力。但若考虑能以一时的惊吓换取结构的"大震不倒"，应该还是值得的。

（3）李启才等在《树状柱钢梁拼接节点抗震设计改进》一文中给出的设计建议如下：

若在满足弹性设计阶段高强度螺栓不产生滑移的前提下，摒弃梁的全螺栓拼接按照与梁截面等强或比梁截面承载能力更强的设计方法，尽量将拼接设计得弱些，以利用整个拼接区的综合耗能优势，提高整个结构的抗震性能。按照这个思路，提出以下改进意见：

1）梁与柱连接处的工厂对接焊缝，其破坏是没有先兆的脆性破坏，后果比较严重，按照现行设计方法进行设计，甚至再加强一些，都是对的。但对于梁的拼接，在弹性阶段只要满足使用状态的要求就可以了，即高强度螺栓摩擦型连接不产生滑移，因而可按照拼接节点处的实际受力进行设计，不必要求达到等强或比构件更强；而在极限承载能力阶段，其抗弯承载能力也可以做些降低，只要求达到 $M_{u}^{j} \geqslant M_{pb}$，然后按照抗震规范的要求进行高强度螺栓的极限受剪承载力验算和对应板件的极限承压力验算，不致出现拼接区的断裂即可。

2）在设计承载能力阶段，翼缘和腹板的弯矩分配可以按照抗弯惯性矩的比例进行，在计算拼接区的净截面承载能力时，应该考虑螺栓的孔前传力。有些资料为了计算简单且偏于安全，不考虑孔前传力，这在螺栓用量较多的结构中影响不大，但在螺栓用量不多的结构中，增加了螺栓用量，反而不利于抗震耗能。

3）由于拼接采用的是摩擦型高强度螺栓连接，在设计承载能力阶段的计算中，抗滑移系数是一个重要参数，而在极限承载能力阶段是按照承压型连接计算的，与抗滑移系数无关。在一般设计中，极限承载能力阶段的验算容易满足，而设计承载能力的要求不容易满足。因此，提高接触面的抗滑移系数，可减少螺栓的使用数量，并可尽量多地利用滑移耗能，改善连接抗震性能。

4）翼缘对接焊接、腹板高强度螺栓拼接的梁柱连接，其翼缘焊接不能出现类似翼缘高强度螺栓拼接因滑移、挤压等较大的变形，其性能与没有进行梁拼接的梁柱连接的性能类似，在抗震区使用它不会形成耗能现象，建议不要采用。

综合以上分析，笔者建议，钢梁与钢柱现场栓焊连接（图 1-18a）、钢梁与悬臂段现场拼接（图 1-18b），两种梁柱连接方式均可以采用。

二、中心支撑与框架连接节点

中心支撑与框架连接和支撑拼接的设计承载力应符合下列规定：

1. 支撑在框架连接处和拼接处的受拉承载力应满足下式要求：

$$N_{ubr}^{j} \geqslant \alpha A_{br} f_{y} \tag{1-70}$$

式中　N_{ubr}^{j}——支撑连接的极限受拉承载力（N）；

　　　α——连接系数，按本书表 1-13 的规定采用；

　　　A_{br}——支撑斜杆的截面面积（mm^2）；

　　　f_{y}——支撑斜杆钢材的屈服强度（N/mm^2）。

为了安装方便，有时将支撑两端在工厂与框架构件焊接在一起，支撑中部设工地拼接（图 1-33），此时拼接应按公式（1-70）计算。当支撑在工地采用螺栓拼接时，支撑连接的极限受拉承载力 N_{ubr}^{j} 可按下列两式计算的较小值：

螺栓受剪　　　　　　　　$N_{ubr}^{j} = 0.58 n n_{f} A_{e}^{b} f_{u}^{b}$ 　　　　　　　　(1-71)

钢板承压　　　　　　　　$N_{ubr}^{j} = n d (\sum t) f_{cu}^{b}$ 　　　　　　　　(1-72)

式中　n、n_{f}——分别为接头一侧的螺栓数量和一个螺栓的受剪面数量；

　　　A_{e}^{b}——螺栓螺纹处的有效截面面积（mm^2）；

　　　f_{u}^{b}——螺栓钢材的极限抗拉强度最小值（N/mm^2）；

d——螺栓杆的直径（mm）；

$\sum t$——被连接钢板同一受力方向的钢板厚度之和（mm）；

f_{cu}^{b}——被连接钢板在螺栓处的极限承压强度（N/mm^2），取 $1.5f_u$；

f_u——被连接钢板的钢材极限抗拉强度最小值（N/mm^2）。

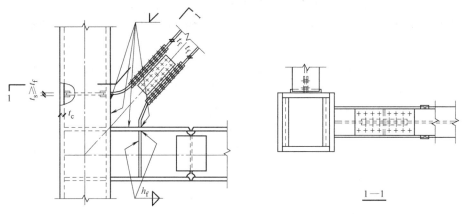

图 1-33 支撑工地拼接

2. 中心支撑的重心线应通过梁与柱轴线的交点，当受条件限制有不大于支撑杆件宽度的偏心时，节点设计应计入偏心造成的附加弯矩的影响。

三、节点域验算

（一）弹性阶段节点域的抗剪承载力验算

节点域的抗剪承载力应满足下式要求：

$$(M_{b1}+M_{b2})/V_p \leqslant (4/3)f_v/\gamma_{RE} \tag{1-73}$$

式中 M_{b1}、M_{b2}——分别为节点域左、右梁端作用的弯矩设计值（N·mm）；

V_p——节点域的有效体积（mm^3），可按下列公式确定：

工字形截面柱（绕强轴） $\qquad V_p=h_{b1}h_{c1}t_p \tag{1-74}$

工字形截面柱（绕弱轴） $\qquad V_p=2h_{b1}bt_f \tag{1-75}$

箱形截面柱 $\qquad V_p=(16/9)h_{b1}h_{c1}t_p \tag{1-76}$

圆管截面柱 $\qquad V_p=(\pi/2)h_{b1}h_{c1}t_p \tag{1-77}$

式中 h_{b1}——梁翼缘中心间的距离（mm）；

h_{c1}——工字形截面柱翼缘中心间的距离、箱形截面壁板中心间的距离和圆管截面柱管壁中线的直径（mm）；

t_p——柱腹板和节点域补强板厚度之和，或局部加厚时的节点域厚度（mm），箱形柱为一块腹板的厚度（mm），圆管柱为壁厚（mm）；

t_f——柱的翼缘厚度（mm）；

b——柱的翼缘宽度（mm）。

（二）弹塑性阶段节点域的抗剪承载力验算

节点域的屈服承载力应满足下式要求，当不满足时应进行补强或局部改用较厚柱腹板。

$$\phi(M_{pb1}+M_{pb2})/V_p \leqslant (4/3)f_{yv} \tag{1-78}$$

式中　　　　ϕ——折减系数，三、四级时取 0.75，一、二级时取 0.85；

M_{pb1}、M_{pb2}——分别为节点域两侧梁段截面的全塑性受弯承载力（N·mm）；

f_{yv}——钢材的屈服抗剪强度，取钢材屈服强度的 0.58 倍。

（三）节点域腹板厚度构造规定

柱与梁连接处，在梁上下翼缘对应位置应设置柱的水平加劲肋或隔板。加劲肋（隔板）与柱翼缘所包围的节点域的稳定性，应满足下式要求：

$$t_p \geqslant (h_{0b}+h_{0c})/90 \tag{1-79}$$

式中　t_p——柱节点域的腹板厚度（mm），箱形柱时为一块腹板的厚度（mm）；

h_{0b}、h_{0c}——分别为梁腹板、柱腹板的高度（mm）。

（四）特殊情况节点域的抗剪承载力验算

1. 对于边长不等的矩形箱形柱，其有效节点域体积如何计算？

《高层民用建筑钢结构技术规程》JGJ 99—2015 第 7.3.6 条条文说明指出：对于边长不等的矩形箱形柱，其有效节点域体积可参阅有关文献。蔡益燕在《关于钢框架节点域的计算》一文中给出了边长不等的矩形箱形柱有效节点域体积公式：

$$V_p = \frac{2h_{b1}h_{c1}t_p}{\dfrac{1}{\dfrac{2}{3}+\dfrac{4B_ct_f}{h_{c1}t_p}}+\dfrac{1}{1+\dfrac{h_{c1}t_p}{6B_ct_f}}} \tag{1-80}$$

2. 左右梁高度不等时的节点域如何计算？

《建筑抗震设计规范》GB 50011—2010（2016 年版）第 8.2.5 条条文说明指出：当两侧梁不等高时，节点域剪应力计算公式可参阅《钢结构设计规范》管理组编著的《钢结构设计计算示例》（中国计划出版社，2007 年 3 月）。《钢结构设计计算示例》指出，节点两侧框架梁截面高度不相同时节点域柱腹板抗剪强度验算建议采用如下公式：

$$\frac{\dfrac{M_{b1}}{h_{b1}}+\dfrac{M_{b2}}{h_{b2}}}{h_{c1}t_p} \leqslant (4/3)f_v/\gamma_{RE} \tag{1-81}$$

需要注意的是，公式（1-81）仅用于 H 形钢柱，箱形截面柱、圆管截面柱还需要考虑与受剪有关的节点域形状系数。

弹塑性阶段节点域的抗剪承载力验算公式经类比如下：

$$\phi\,\frac{\dfrac{M_{pb1}}{h_{b1}}+\dfrac{M_{pb2}}{h_{b2}}}{h_{c1}t_p} \leqslant (4/3)f_{yv} \tag{1-82}$$

研究表明，节点域既不能太厚也不能太薄，太厚了使节点域不能发挥其耗能作用，太薄了将使框架侧向位移太大。因此在满足规范的前提下，也不能将节点域板厚做得过厚。

说明：以上节点域验算内容，为《建筑抗震设计规范》GB 50011—2010（2016 年版）、《高层民用建筑钢结构技术规程》JGJ 99—2015 中规定的验算内容。《钢结构设计标准》GB 50017—2017 第 12.3 节也规定了节点域验算。在第四章 PKPM 的工程实例中，有按照《钢结构设计标准》GB 50017—2017 进行节点域验算的算例。

四、钢柱脚

钢柱脚包括外露式柱脚、外包式柱脚和埋入式柱脚三类（图 1-34）。因抗震的原因，宜优先采用埋入式柱脚；当有地下室时，也可采用外包式柱脚。本书仅介绍外包式柱脚和埋入式柱脚的计算。

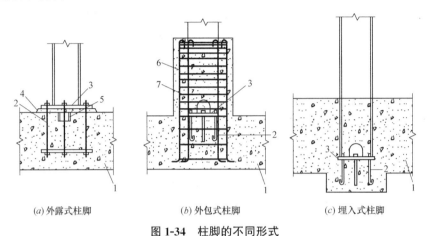

(a) 外露式柱脚   *(b)* 外包式柱脚   *(c)* 埋入式柱脚

图 1-34 柱脚的不同形式

1—基础；2—锚栓；3—底板；4—无收缩砂浆；5—抗剪键；6—主筋；7—箍筋

（一）外包式柱脚

1. 柱脚轴向压力由钢柱底板直接传给基础，按现行国家标准《混凝土结构设计规范》GB 50010—2010（2015 年版）验算柱脚底板下混凝土的局部承压，承压面积为底板面积。

2. 弯矩和剪力由外包混凝土和柱脚共同承担，按外包混凝土的有效面积计算（图 1-35）。柱脚的受弯承载力应按下式验算：

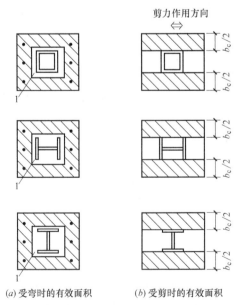

(a) 受弯时的有效面积   *(b)* 受剪时的有效面积

图 1-35 斜线部分为外包式钢筋混凝土的有效面积

1—底板

$$M \leqslant 0.9A_s f h_0 + M_1 \tag{1-83}$$

式中　M——柱脚的弯矩设计值（N·mm）；

A_s——外包混凝土中受拉侧的钢筋截面面积（mm²）；

f——受拉钢筋抗拉强度设计值（N/mm²）；

h_0——受拉钢筋合力点至混凝土受压区边缘的距离（mm）；

M_1——柱脚的受弯承载力（N·mm）。在轴力与弯矩作用下按钢筋混凝土压弯构件截面设计方法计算的柱脚受弯承载力。设截面为底板面积，由受拉边的锚栓单独承受拉力，混凝土基础单独承受压力，受压边的锚栓不参加工作，锚栓和混凝土的强度均取设计值。

3. 在外包混凝土顶部箍筋处，钢柱可能出现塑性铰的柱脚极限受弯承载力应大于钢柱的全塑性受弯承载力（图1-36）。柱脚的极限受弯承载力应按下列公式验算：

$$M_u \geqslant \alpha M_{pc} \tag{1-84}$$
$$M_u = \min\{M_{u1}, M_{u2}\} \tag{1-85}$$
$$M_{u1} = M_{pc}/(1 - l_r/l) \tag{1-86}$$
$$M_{u2} = 0.9A_s f_{yk} h_0 + M_{u3} \tag{1-87}$$

式中　M_u——柱脚连接的极限受弯承载力（N·mm）；

M_{pc}——考虑轴力时，钢柱截面的全塑性受弯承载力（N·mm），按《高层民用建筑钢结构技术规程》JGJ 99—2015 第8.1.5条计算；

M_{u1}——考虑轴力影响，外包混凝土顶部箍筋处钢柱弯矩达到全塑性受弯承载力M_{pc}时，按比例放大的外包混凝土底部弯矩（N·mm）；

l——钢柱底板到钢柱反弯点的距离（mm），可取柱脚所在层层高的2/3；

l_r——外包混凝土顶部箍筋到钢柱底板的距离（mm）；

M_{u2}——外包钢筋混凝土的抗弯承载力与M_{u3}之和（N·mm）；

α——连接系数，按本书表1-13的规定采用；

f_{yk}——钢筋的抗拉强度最小值（N/mm²）；

M_{u3}——柱脚的极限受弯承载力（N·mm）。在轴力与弯矩作用下按钢筋混凝土压弯构件截面设计方法计算的柱脚受弯承载力。设截面为底板面积，由受拉边的锚栓单独承受拉力，混凝土基础单独承受压力，受压边的锚栓不参加工作，锚栓和混凝土的强度均取标准值。

4. 外包混凝土截面的受剪承载力应满足下式要求：

$$V \leqslant b_e h_0 (0.7f_t + 0.5f_{yv}\rho_{sh}) \tag{1-88}$$

尚应满足下列公式要求：

$$V_u \geqslant M_u/l_r \tag{1-89}$$
$$V_u = b_e h_0 (0.7f_{tk} + 0.5f_{yvk}\rho_{sh}) + M_{u3}/l_r \tag{1-90}$$

式中　V——柱底截面的剪力设计值（N）；

V_u——外包式柱脚的极限受剪承载力（N）；

b_e——外包混凝土的截面有效宽度（mm）（图1-34b）；

f_{tk}——混凝土轴心抗拉强度标准值（N/mm²）；

f_t——混凝土轴心抗拉强度设计值（N/mm²）；

f_{yv}——箍筋的抗拉强度设计值（N/mm²）；

f_{yvk}——箍筋的抗拉强度标准值（N/mm²）；

ρ_{sh}——水平箍筋的配箍率；$\rho_{sh}=A_{sh}/(b_e s)$，当 $\rho_{sh}>1.2\%$ 时，取 1.2%；A_{sh} 为配置在同一截面内箍筋的截面面积（mm²）；s 为箍筋的间距（mm）。

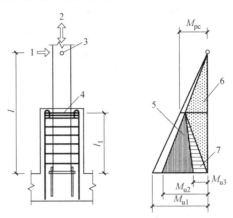

图 1-36　极限受弯承载力时外包式柱脚的受力状态

1—剪力；2—轴力；3—钢柱的反弯点；4—最上部箍筋；5—外包钢筋混凝土的弯矩；

6—钢柱的弯矩；7—作为外露式柱脚的弯矩

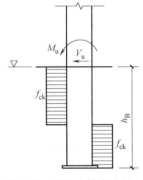

图 1-37　埋入式柱脚混凝土的侧向应力分布

（二）埋入式柱脚

1. 柱脚轴向压力由柱脚底板直接传给基础，应按现行国家标准《混凝土结构设计规范》GB 50010—2010（2015 年版）验算柱脚底板下混凝土的局部承压，承压面积为底板面积。

2. 在基础顶面处钢柱可能出现塑性铰的柱脚也应按埋入部分钢柱侧向应力分布（图 1-37）验算在轴力和弯矩作用下基础混凝土的侧向抗弯极限承载力。埋入式柱脚的极限受弯承载力不应小于钢柱的全塑性抗弯承载力；与极限受弯承载力对应的剪力不应大于钢柱的全塑性抗剪承载力，应按下列公式验算：

$$M_u \geqslant \alpha M_{pc} \tag{1-91}$$

$$V_u = M_u/l \leqslant 0.58 h_w t_w f_y \tag{1-92}$$

$$M_u = f_{ck} b_c l \left\{ \sqrt{(2l+h_B)^2 + h_B^2} - (2l+h_B) \right\} \tag{1-93}$$

式中　M_u——柱脚埋入部分承受的极限受弯承载力（N·mm）；

M_{pc}——考虑轴力影响时钢柱截面的全塑性受弯承载力（N·mm），按《高层民用建筑钢结构技术规程》JGJ 99—2015 第 8.1.5 条计算；

l——基础顶面到钢柱反弯点的距离（mm），可取柱脚所在层层高的 2/3；

b_c——与弯矩作用方向垂直的柱身宽度，对 H 形截面柱应取等效宽度（mm）；

h_B——柱脚埋置深度（mm）；

f_{ck}——基础混凝土抗压强度标准值（N/mm²）；

α——连接系数，按本书表 1-13 的规定采用。

3. 采用箱形柱和圆管柱时埋入式柱脚的构造应符合下列规定：

（1）截面宽厚比或径厚比较大的箱形柱和圆管柱，其埋入部分应采取措施防止在混凝土侧压力下被压坏。常用方法是填充混凝土（图 1-38b），或在基础顶面附近设置内隔板或外隔板（图 1-38c、d）。

（2）隔板的厚度应按计算确定，外隔板的外伸长度不应小于柱边长（或管径）的 1/10。对于有抗拔要求的埋入式柱脚，可在埋入部分设置栓钉（图 1-38a）。

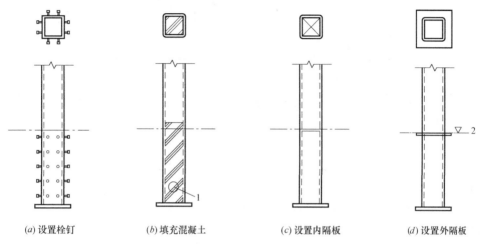

(a) 设置栓钉　　(b) 填充混凝土　　(c) 设置内隔板　　(d) 设置外隔板

图 1-38　埋入式柱脚的抗压和抗拔构造
1—灌注孔；2—基础顶面

4. 在基础顶面处钢柱可能出现塑性铰的边（角）柱的柱脚埋入混凝土基础部分的上、下部位均需布置 U 形钢筋加强，可按下列公式验算 U 形钢筋数量。

（1）当柱脚受到由内向外作用的剪力时（图 1-39a）：

$$M_u \leqslant f_{ck}b_c l\left\{\frac{T_y}{f_{ck}b_c}-l-h_B+\sqrt{(l+h_B)^2-\frac{2T_y(l+a)}{f_{ck}b_c}}\right\} \tag{1-94}$$

（2）当柱脚受到由外向内作用的剪力时（图 1-39b）：

$$M_u \leqslant -(f_{ck}b_c l^2+T_y l)+f_{ck}b_c l\sqrt{l^2+\frac{2T_y(l+h_B-a)}{f_{ck}b_c}} \tag{1-95}$$

式中　M_u——柱脚埋入部分由 U 形加强筋提供的侧向极限受弯承载力（N·mm），可取 M_{pc}；

T_y——U 形加强筋的受拉承载力（N/mm²），$T_y=A_t f_{yk}$，A_t 为 U 形加强筋的截面面积（mm²）之和，f_{yk} 为 U 形加强筋的强度标准值（N/mm²）；

f_{ck}——基础混凝土的受压强度标准值（N/mm²）；

a——U 形加强筋合力点到基础上表面或到钢柱底板下表面的距离（mm）（图 1-39）；

l——基础顶面到钢柱反弯点的高度（mm），可取柱脚所在层层高的 2/3；

h_B——柱脚埋置深度（mm）；

b_c——与弯矩作用方向垂直的柱身尺寸（mm）。

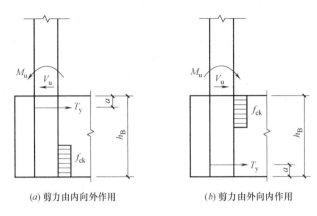

(a) 剪力由内向外作用　　　　*(b)* 剪力由外向内作用

图 1-39　埋入式柱脚 U 形加强筋计算简图

第五节　钢结构楼板设计

本节以笔者设计的中国石油乌鲁木齐大厦为例，介绍这一高层钢结构，选用不同楼板形式的计算方法。

选取标准层的楼板，梁、板布置见图 1-40，以中间板跨 3050mm 板为例进行计算。楼面恒载 1.7kN/m²，活载 2.0kN/m²。楼板混凝土强度等级 C30。

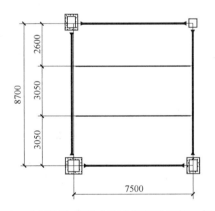

图 1-40　中国石油乌鲁木齐大厦标准层梁、板布置

一、压型钢板（闭口型）现浇钢筋混凝土组合楼板

选用《组合楼板设计与施工规范》CECS 273：2010 附录 A 条文说明中的 DWYX65-170-510（即国标图集《钢与混凝土组合楼（屋）盖结构构造》05SG522 中的 YXB65-170-510（B）），考虑 170mm 宽度范围（图 1-41）。钢材材质为 Q355，$f_a = 300\text{N/mm}^2$。1.2mm 压型钢板，压型钢板重 18.47kg/m²，$I_{ae} = 147.90\text{cm}^4/\text{m}$，$W_{ae} = 33.61\text{cm}^3/\text{m}$。楼板厚 150mm。对组合楼板进行防火保护，型钢充当板底受拉钢筋参与结构受力。

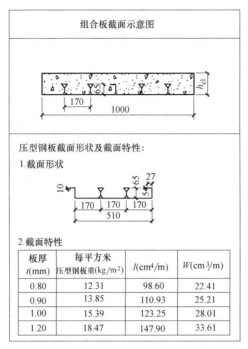

组合板截面示意图

压型钢板截面形状及截面特性：
1. 截面形状
2. 截面特性

板厚 t(mm)	每平方米压型钢板重(kg/m²)	I(cm⁴/m)	W(cm³/m)
0.80	12.31	98.60	22.41
0.90	13.85	110.93	25.21
1.00	15.39	123.25	28.01
1.20	18.47	147.90	33.61

图 1-41　YXB65-170-510（B）基本参数

1. 施工阶段验算

《组合楼板设计与施工规范》CECS 273：2010 第 4.1.5 条规定施工可变荷载为 1.0kN/m²，第 4.1.7 条规定施工阶段承载能力极限状态为：

$$q=(1.2\times0.1847+1.4\times25\times0.15+1.4\times1.0)\times0.17=1.17\text{kN/m}$$

$$M=\frac{1}{8}ql^2=\frac{1}{8}\times1.17\times3.05^2=1.36\text{kN}\cdot\text{m}$$

取计算宽度 b 为一个波距，即 $b=170.0$mm，计算宽度内施工阶段受弯承载力：

$$[M]=\frac{f_a W_{ae}b}{\gamma_0}=\frac{300\times33.61\times170}{0.9}=1.90\times10^6\text{N}\cdot\text{mm}=1.90\text{kN}\cdot\text{m}$$

$[M]=1.90\text{kN}\cdot\text{m}>M=1.36\text{kN}\cdot\text{m}$，满足要求。

压型钢板跨中挠度 $\delta=\dfrac{5q_k l^4}{384E_s I_{ae}}=\dfrac{5\times(0.1847+25\times0.15+1.0)\times3050^4}{384\times2.06\times10^5\times147.90\times10^4}=18.25$mm

《组合楼板设计与施工规范》CECS 273：2010 第 4.2.2 条规定：楼承板施工阶段挠度不应大于板跨的 1/180，且不大于 20mm。

$\delta=18.25\text{mm}>3050/180=16.94\text{mm}$，需设置临时支撑才能满足挠度要求。

2. 使用阶段验算

$$q=\max\{[1.3\times(0.1847+25\times0.15+1.7)+1.5\times2.0]\times0.17,$$
$$[1.35\times(0.1847+25\times0.15+1.7)+0.98\times2.0]\times0.17\}=1.76\text{kN/m}$$

$$M=\frac{1}{8}ql^2=\frac{1}{8}\times1.76\times3.05^2=2.05\text{kN}\cdot\text{m}$$

$$V=\frac{1}{2}ql=\frac{1}{2}\times1.76\times3.05=2.68\text{kN}$$

（1）正截面受弯承载力验算

以下根据《组合楼板设计与施工规范》CECS 273：2010 第 5.3 节规定计算受弯。

一个波距内的压型钢板面积 $A_a = \dfrac{t \times B}{n} = \dfrac{1.2 \times 1000}{3} = 400 \text{mm}^2$

有效截面高度 $h_0 = 150 - 65/2 = 117.5 \text{mm}$

相对界限受压区高度 $\xi_b = \dfrac{\beta_1}{1 + \dfrac{f_a}{E_a \varepsilon_{cu}}} = \dfrac{0.8}{1 + \dfrac{300}{2.06 \times 10^5 \times 0.0033}} = 0.56$

混凝土受压区高度 $x = \dfrac{A_a f_a}{f_c b} = \dfrac{400 \times 300}{14.3 \times 170} = 49.4 \text{mm} < \xi_b h_0 = 0.56 \times 117.5 = 65.8 \text{mm}$

受弯承载力 $[M] = f_c b x \left(h_0 - \dfrac{x}{2} \right) = 14.3 \times 170 \times 49.4 \times \left(117.5 - \dfrac{49.4}{2} \right) = 11.14 \times$

$10^6 \text{N} \cdot \text{mm} = 11.14 \text{kN} \cdot \text{m} > M = 2.05 \text{kN} \cdot \text{m}$，满足要求。

（2）剪切粘结受剪承载力验算

以下根据《组合楼板设计与施工规范》CECS 273：2010 第 5.4 节规定计算受剪（m、k 值见此规范附录 A 的条文说明）。

剪切粘结受剪承载力验算：

$$[V] = m \dfrac{A_a h_0}{1.25 a} + k f_t b h_0 = 182.25 \times \dfrac{400 \times 117.5}{1.25 \times 3050/4} + 0.1061 \times 1.43 \times 170 \times 117.5 =$$

$12018 \text{N} = 12.018 \text{kN} > V = 2.68 \text{kN}$，满足要求。

（3）斜截面受剪承载力验算

换算腹板宽度 $b_{\min}$，根据《组合楼板设计与施工规范》CECS 273：2010 第 5.3.3 条，计算宽度内组合楼板换算腹板宽度为：$b_{\min} = \dfrac{b}{c_s} b_{l,\min} = \dfrac{170}{170} \times 170 = 170 \text{mm}$。

斜截面受剪承载力 $[V] = 0.7 f_t b_{\min} h_0 = 0.7 \times 1.43 \times 170 \times 117.5 = 19994.975 \text{N} =$
$19.995 \text{kN} > V = 2.68 \text{kN}$，满足要求。

（4）使用阶段挠度验算

1）以下根据《组合楼板设计与施工规范》CECS 273：2010 第 5.5 节规定计算短期刚度。

钢与混凝土的弹性模量比值为：

$$\alpha_E = E_a / E_c = 2.06 \times 10^5 / (3.0 \times 10^4) = 6.87$$

截面中和轴到混凝土顶面的距离为：

$$y_{cc} = \dfrac{0.5 b h_c^2 + \alpha_E A_a h_0 + b_{l,m} h_s (h - 0.5 h_s) b/c_s}{b h_c + \alpha_E A_a + b_{l,m} h_s b/c_s}$$

$$= \dfrac{0.5 \times 170 \times 85^2 + 6.87 \times 400 \times 117.5 + 140 \times 65 \times (150 - 0.5 \times 65) \times 170/170}{170 \times 85 + 6.87 \times 400 + 140 \times 65 \times 170/170}$$

$= 76.3 \text{mm}$

截面中和轴距压型钢板截面重心轴的距离为：

$y_{cs} = h_0 - y_{cc} = 117.5 - 76.3 = 41.2 \text{mm}$

未开裂截面的换算截面惯性矩为：

$$I_u^s = \frac{bh_c^3}{12} + bh_c(y_{cc}-0.5h_c)^2 + \alpha_E I_a + \alpha_E A_a y_{cs}^2 + \frac{b_{l,m}bh_s}{c_s}\left[\frac{h_s^2}{12}+(h-y_{cc}-0.5h_s)^2\right]$$

$$= \frac{170\times85^3}{12} + 170\times85\times(76.3-0.5\times85)^2 + 6.87\times147.9 + 6.87\times400\times41.2^2$$

$$+ \frac{140\times170\times65}{170}\times\left[\frac{65^2}{12}+(150-76.3-0.5\times65)^2\right] = 4.852\times10^7\,\text{mm}^4$$

计算宽度内组合楼板截面中压型钢板的含钢率为:

$$\rho_a = A_a/(bh_0) = 400/(170\times117.5) = 0.02$$

截面中和轴到混凝土顶面的距离为:

$$y_{cc} = (\sqrt{2\rho_a\alpha_E+(\rho_a\alpha_E)^2}-\rho_a\alpha_E)h_0$$

$$= (\sqrt{2\times0.02\times6.87+(0.02\times6.87)^2}-0.02\times6.87)\times117.5 = 47.5\,\text{mm}$$

截面中和轴距压型钢板截面重心轴的距离为:

$$y_{cs} = h_0-y_{cc} = 117.5-47.5 = 70.0\,\text{mm}$$

开裂截面的换算截面惯性矩为:

$$I_c^s = \frac{by_{cc}^3}{3}+\alpha_E A_a y_{cs}^2+\alpha_E I_a = \frac{170\times47.5^3}{3}+6.87\times400\times70.0^2+6.87\times147.9$$

$$= 1.954\times10^7\,\text{mm}^4$$

平均换算截面惯性矩为:

$$I_{eq}^s = \frac{I_u^s+I_c^s}{2} = \frac{4.852\times10^7+1.954\times10^7}{2} = 3.403\times10^7\,\text{mm}^4$$

短期截面抗弯刚度为:

$$B_s = E_c I_{eq}^s = 3.0\times10^4\times3.403\times10^7 = 1.021\times10^{12}\,\text{N}\cdot\text{mm}^4$$

2) 以下根据《组合楼板设计与施工规范》CECS 273:2010 第 5.5 节规定计算长期刚度。

将短期刚度计算公式中 α_E 改用 $2\alpha_E$ 计算截面长期抗弯刚度:$2\alpha_E = 2\times2.06\times10^5/(3.0\times10^4) = 13.73$。

截面中和轴到混凝土顶面的距离为:

$$y_{cc} = \frac{0.5bh_c^2+2\alpha_E A_a h_0+b_{l,m}h_s(h-0.5h_s)b/c_s}{bh_c+2\alpha_E A_a+b_{l,m}h_s b/c_s}$$

$$= \frac{0.5\times170\times85^2+13.73\times400\times117.5+140\times65\times(150-0.5\times65)\times170/170}{170\times85+13.73\times400+140\times65\times170/170}$$

$$= 80.2\,\text{mm}$$

截面中和轴距压型钢板截面重心轴的距离为:

$$y_{cs} = h_0-y_{cc} = 117.5-80.2 = 37.3\,\text{mm}$$

未开裂截面的换算截面惯性矩为:

$$I_u^l = \frac{bh_c^3}{12}+bh_c(y_{cc}-0.5h_c)^2+2\alpha_E I_a+2\alpha_E A_a y_{cs}^2+\frac{b_{l,m}bh_s}{c_s}\left[\frac{h_s^2}{12}+(h-y_{cc}-0.5h_s)^2\right]$$

$$= \frac{170\times85^3}{12}+170\times85\times(80.2-0.5\times85)^2+13.73\times147.9+13.73\times400\times37.3^2$$

$$+\frac{140\times170\times65}{170}\times\left[\frac{65^2}{12}+(150-80.2-0.5\times65)^2\right]=5.275\times10^7\,\text{mm}^4$$

计算宽度内组合楼板截面中压型钢板的含钢率为：

$$\rho_a=A_a/(bh_0)=400/(170\times117.5)=0.02$$

截面中和轴到混凝土顶面的距离为：

$$y_{cc}=(\sqrt{2\rho_a\times2\alpha_E+(\rho_a\times2\alpha_E)^2}-\rho_a\times2\alpha_E)h_0$$

$$=(\sqrt{2\times0.02\times13.73+(0.02\times13.73)^2}-0.02\times13.73)\times117.5=60.6\text{mm}$$

截面中和轴距压型钢板截面重心轴的距离为：

$$y_{cs}=h_0-y_{cc}=117.5-60.6=56.9\text{mm}$$

开裂截面的换算截面惯性矩为：

$$I_c^l=\frac{by_{cc}^3}{3}+2\alpha_EA_ay_{cs}^2+2\alpha_EI_a=\frac{170\times60.6^3}{3}+13.73\times400\times56.9^2+13.73\times147.9$$

$$=3.039\times10^7\,\text{mm}^4$$

平均换算截面惯性矩为：

$$I_{eq}^l=\frac{I_u^l+I_c^l}{2}=\frac{5.275\times10^7+3.039\times10^7}{2}=4.157\times10^7\,\text{mm}^4$$

长期截面抗弯刚度为：

$$B_l=0.5E_cI_{eq}^l=0.5\times3.0\times10^4\times4.157\times10^7=6.236\times10^{11}\,\text{N}\cdot\text{mm}^4$$

考虑长期刚度的挠度为：

$$\delta=\frac{5q_kl^4}{384B_l}=\frac{5\times(0.1847+25\times0.15+1.7+2.0)\times3050^4}{384\times6.236\times10^{11}}=13.8\text{mm}<3050/200$$

$$=15.25\text{mm}$$

满足挠度的要求。

二、现浇钢筋桁架混凝土楼板压型钢板

选用《钢筋桁架楼承板》JG/T 368—2012 中的 HB2-100（图1-42），楼板厚130mm，混凝土强度等级C30，钢板厚0.5mm，弦杆钢筋HPB300，现场不增设板钢筋。

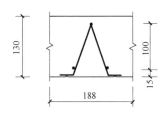

图1-42　HB2-100 基本参数

1. 施工阶段验算

《组合楼板设计与施工规范》CECS 273：2010 第4.1.5条规定施工可变荷载为1.0kN/m²，第4.1.7条规定钢筋桁架板一个单元宽度为188mm，施工阶段承载能力极限状态为：

$$q=(1.4\times25\times0.13+1.4\times1.0)\times0.188=1.12\text{kN/m}$$

$$M=\frac{1}{8}ql^2=\frac{1}{8}\times1.12\times3.05^2=1.3\text{kN}\cdot\text{m}$$

（1）强度验算

上下弦轴心距为：

$$h_{t0}=h_t-\frac{D_1}{2}-\frac{D_2}{2}=100-\frac{10}{2}-\frac{10}{2}=90\text{mm}$$

弦杆轴力为：

$$N = \frac{M}{h_{t0}} = \frac{1.3}{0.09} = 14.444\text{kN}$$

根据《组合楼板设计与施工规范》CECS 273：2010 第 6.2.2 条：

$$\frac{\gamma_0 N}{A_s} \leqslant 0.9 f_y$$

上弦钢筋受压应力为：

$$\frac{\gamma_0 N}{A_s} = \frac{0.9 \times 14444}{79} = 164.552\text{N/mm}^2 < 0.9 f_y' = 243\text{N/mm}^2，验算满足要求。$$

下弦钢筋受拉应力为：

$$\frac{\gamma_0 N}{A_s} = \frac{0.9 \times 14444}{157} = 82.8\text{N/mm}^2 < 0.9 f_y = 243\text{N/mm}^2，验算满足要求。$$

（2）稳定性验算

弦杆计算长度 $l_0 = 0.9a = 0.9 \times 200 = 180\text{mm}$

回转半径 $i = D_1/4 = 10/4 = 2.5\text{mm}$

长细比 $\lambda = l_0/i = 180/2.5 = 72$，$\lambda/\varepsilon_k = \lambda/\sqrt{235/f_y} = 72/\sqrt{235/270} = 77.2$，查《钢结构设计标准》GB 50017—2017 附录 D 中的公式计算得轴心受压构件稳定系数 $\varphi = 0.8$。

根据《组合楼板设计与施工规范》CECS 273：2010 第 6.2.3 条：

$$\frac{\gamma_0 N}{\varphi A_s} \leqslant f_y'$$

上弦杆稳定性验算：

$$\frac{\gamma_0 N}{\varphi A_s} = \frac{0.9 \times 14444}{0.8 \times 79} = 205.7\text{N/mm}^2 < f_y' = 270\text{N/mm}^2，验算满足要求。$$

（3）底模与钢筋桁架焊点受剪承载力验算

计算单元：200mm×188mm，4 个电阻电焊连接点。

根据《组合楼板设计与施工规范》CECS 273：2010 第 6.2.4 条：

$$V \leqslant \sum_1^n N_v$$

电阻焊点剪力设计值 $V = 1.4V_c + 1.4V_q = (1.4 \times 25 \times 0.13 + 1.4 \times 1) \times 0.188 \times 0.2 = 224\text{N}$

钢板厚 0.5mm，根据《组合楼板设计与施工规范》CECS 273：2010 第 3.5.3 条：

$$N_v = 500\text{N}$$

单元电阻焊点抗剪承载力设计值：$\sum_1^n N_v = 500 \times 4 = 2000\text{N} > V = 224\text{N}$，验算满足要求。

2. 使用阶段验算

$q = \max\{[1.3 \times (25 \times 0.13 + 1.7) + 1.5 \times 2.0] \times 0.188,$

$[1.35 \times (25 \times 0.13 + 1.7) + 0.98 \times 2.0] \times 0.17\} = 1.77\text{kN/m}$

$$M = \frac{1}{8}ql^2 = \frac{1}{8} \times 1.77 \times 3.05^2 = 2.06\text{kN} \cdot \text{m}$$

$$V = \frac{1}{2}ql = \frac{1}{2} \times 1.77 \times 3.05 = 2.70\text{kN}$$

（1）受弯承载力验算

依据《混凝土结构设计规范》GB 50010—2010（2015 年版）公式（6.2.7-1），相对界限受压区高度为：

$$\xi_b = \frac{\beta_1}{1+\dfrac{f_y}{E_s \varepsilon_{cu}}} = \frac{0.8}{1+\dfrac{270}{210000 \times 0.0033}} = 0.576$$

依据《混凝土结构设计规范》GB 50010—2010（2015 年版）公式（6.2.10-2），板截面有效高度为：

$$h_0 = h - a_s = 130 - 20 = 110 \text{mm}$$

$$x = \frac{f_y A_s}{\alpha_1 f_c b} = \frac{270 \times 157}{1.0 \times 14.3 \times 188} = 15.768 \text{mm}$$

$\xi = x/h_0 = 15.768/110 = 0.143 < \xi_b = 0.576$，满足要求。

单筋计算按《混凝土结构设计规范》GB 50010—2010（2015 年版）公式（6.2.10-1）进行：

$$\alpha_1 f_c bx \left(h_0 - \frac{x}{2}\right) = 1.0 \times 14.3 \times 188 \times 15.768 \times \left(110 - \frac{15.768}{2}\right) = 4.329 \text{kN} \cdot \text{m} > M = 2.06 \text{kN} \cdot \text{m}$$，满足要求。

（2）受剪承载力验算

截面受剪承载力应符合《混凝土结构设计规范》GB 50010—2010（2015 年版）公式（6.3.3）的规定：

$$V \leqslant 0.7 \beta_h f_t b h_0$$

h_0 小于 800mm 时取为 800mm，因此：

$$\beta_h = \left(\frac{800}{h_0}\right)^{1/4} = \left(\frac{800}{800}\right)^{1/4} = 1$$

$0.7 \beta_h f_t b h_0 = 0.7 \times 1 \times 1.43 \times 188 \times 110 = 20.701 \text{kN} > V = 2.70 \text{kN}$，满足要求。

三、现浇钢筋混凝土楼板

中国石油乌鲁木齐大厦设计于 2007 年，当时乌鲁木齐地区钢结构大都选用现浇钢筋混凝土楼板，审图专家说之前有一些项目选用压型钢板、钢筋桁架楼承板，但是因为压型钢板、钢筋桁架楼承板在乌鲁木齐当地都不能生产，需要从内陆城市运输到乌鲁木齐，因路途遥远，很多压型钢板、钢筋桁架楼承板在运输过程中损坏，因此乌鲁木齐当地在钢结构项目中都不选用压型钢板、钢筋桁架楼承板。因此，中国石油乌鲁木齐大厦最终根据专家建议，选用了现浇钢筋混凝土楼板。下面介绍一下钢结构选用现浇钢筋混凝土楼板，在设计中应注意的事项。

1. 边界支承位移对楼板内力的影响

目前钢筋混凝土结构现浇楼板计算时，不管采用弹性或塑性理论，均假定作为支承的主梁和次梁没有竖向位移。但实际不管主梁还是次梁都产生挠曲，这对板来说就是支座沉降。特别是次梁，主梁的挠曲加上次梁的变形，周边为次梁的板块其支座沉降就相当大了。

曹永红等利用 ANSYS 软件将一个剪力墙结构（图 1-43）的梁、板和剪力墙整体建模，对楼板内力进行分析，得到考虑梁挠曲变形对板内力影响的结果，并与常用设计软件 PMCAD 得到的楼板内力结果进行对比。在 ANSYS 软件中，板和墙采用 shell63 单元模拟，梁采用 beam4 单元模拟。在传统方法（PMCAD 计算）中，板周边的支承不论是梁或剪力墙，也不论梁是主梁或次梁，均不考虑竖向变形。这样计算的结果就是，支承处肯定有负弯矩，板跨中弯矩一般也是最大的正弯矩。但是有限元方法（ANSYS 计算）的结果表明，板周边的梁能否约束住板，使其产生负弯矩，取决于梁的竖向位移，即其自身的挠曲和支承该梁的主梁的挠曲之和，且后者影响更大。有些板上方的梁是截面很小的次梁，竖向位移很大，梁对板的约束作用很小，产生不了负弯矩。具体结果见表 1-18。

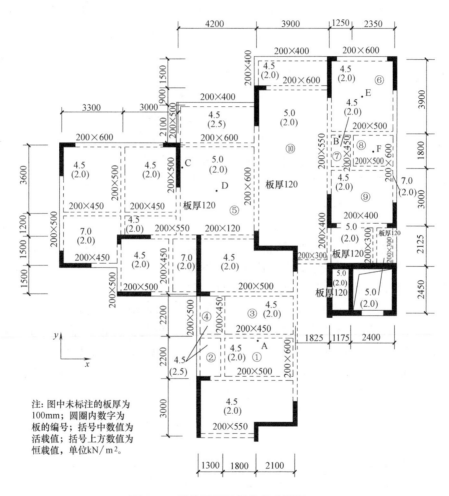

图 1-43 结构平面及板荷载布置图

板弯矩计算结果（kN·m）　　　　　　　　　　　　　　　　　表 1-18

计算方法	A_y	B_y	C_x	D_x	D_y	E_x	E_y	F_x	F_y
PMCAD	−3.20	−7.50	−9.40	4.80	3.80	3.80	3.40	0.90	1.40
ANSYS	2.61	2.67	−11.23	5.13	4.01	4.03	0.92	2.72	2.88

注：1. 下标 x 和 y 分别表示 x 和 y 轴方向的弯矩，坐标参见结构平面图；
　　2. 弯矩为正表示板底受拉，弯矩为负表示板顶受拉。

由上可知，传统的 PMCAD 计算方法在某些情况下得到的结果与实际是完全不符的，依此为楼板配置钢筋当然是不合适的。尽管如此，按照传统方法设计的大量实际结构并未出现较严重的破坏。究其原因，可能有以下几点：楼盖的塑性内力重分布、实际的可变荷载分布情况、最小配筋率的限制、构造钢筋帮助受力、实际配筋拉通或偏大、规范的安全储备（荷载实际值与设计值的差值、材料实际强度与设计强度的差值）等。

《混凝土结构设计规范》GB 50010—2010（2015 年版）第 5.3.5 条规定：当边界支承位移对双向板的内力及变形有较大影响时，在分析中宜考虑边界支承竖向变形及扭转等的影响。而这条规定，在旧版的《混凝土结构设计规范》GB 50010—2002 中并未作规定。

钢梁上铺钢筋混凝土楼板，钢梁的挠度一般较混凝土梁更大，尤其是采用组合梁设计的钢次梁，其挠度更大。钢梁对楼板的竖向约束较小，采用传统计算方法（PMCAD）不考虑钢梁挠度，楼板的配筋会与实际相差较大，这也是很多钢结构房屋楼板产生裂缝的主要原因。因此，适当加大钢次梁截面（不按照组合梁设计）、采用有限元方法计算楼板是钢结构房屋楼板计算的可行方法。《高层建筑混凝土结构技术规程》JGJ 3—2010 第 11.3.1 条条文说明中更是明确指出：在弹性阶段，楼板对钢梁刚度的加强作用不可忽视。框架梁承载力设计时一般不按组合梁设计。次梁设计一般由变形要求控制，其承载力有较大富余，故一般也不按组合梁设计，但次梁及楼板作为直接受力构件的设计应有足够的安全储备，以适应不同使用功能的要求，其设计采用的活载宜适当放大。

2. 考虑边界支承位移的楼板配筋设计

中国石油乌鲁木齐大厦平面布置图见图 1-44（a），其中钢次梁 HN350×175×7×11 上有均布线荷载 5.6kN/m，钢框架梁 H650×350×12×24 上有均布线荷载 5.2kN/m。图 1-44（b）、（c）分别为楼板弯矩、楼板配筋，括号外数字为 PMCAD 计算结果，括号内数字为 ETABS 软件考虑楼板边界支承位移的计算结果，其中楼板采用 Shell-Thin（薄壳）单元模拟。从计算结果可以看出，考虑钢次梁的挠度后，钢次梁对楼板的约束作用减弱，Y 方向楼板支座弯矩明显减小、跨中弯矩略有增大。但是因为楼板最小配筋率为 0.2%，对应楼板钢筋为 200mm^2/m，所以即使 ETABS 软件考虑楼板边界支承位移的计算结果仍小于最小配筋率对应的楼板钢筋。因此，一般按照 PMCAD 计算的楼板配筋，即使没有考虑楼板边界支承位移也不会存在安全隐患。

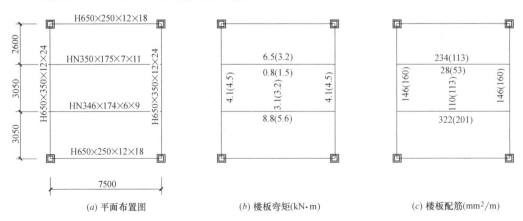

(a) 平面布置图　　　　(b) 楼板弯矩(kN·m)　　　　(c) 楼板配筋(mm²/m)

图 1-44　平面布置图及楼板计算结果（括号内数字为 ETABS 软件考虑楼板边界支承位移的计算结果）

第六节　钢结构楼板舒适度设计

由于钢结构质量和阻尼较小，其楼板体系的竖向自振频率较低，在人的正常活动下，楼板体系很容易发生振动，这种振动达到一定程度时，会让生活和工作在楼中的人感觉不舒适。本节为读者介绍楼板舒适度设计。

一、规范中楼板舒适度的规定

1. 《高层民用建筑钢结构技术规程》JGJ 99—2015 第 3.5.7 条规定：楼盖结构应具有适宜的舒适度。楼盖结构的竖向振动频率不宜小于 3Hz，竖向振动加速度峰值不应大于表 1-19 的限值。楼盖结构竖向振动加速度可按现行行业标准《高层建筑混凝土结构技术规程》JGJ 3 的有关规定计算。

楼盖竖向振动加速度限值　　　　　　　　　　表 1-19

人员活动环境	峰值加速度限值(m/s^2)	
	竖向自振频率不大于 2Hz	竖向自振频率不小于 4Hz
住宅、办公	0.07	0.05
商场及室内连廊	0.22	0.15

注：楼盖结构竖向频率为 2～4Hz 时，峰值加速度限值可按线性插值选取。

2. 《高层建筑混凝土结构技术规程》JGJ 3—2010 附录 A 给出了楼盖结构竖向振动加速度的计算方法，具体方法如下：

（1）楼盖结构的竖向振动加速度宜采用时程分析方法计算。

（2）人行走引起的楼盖振动峰值加速度可按下列公式近似计算：

$$a_p = \frac{F_p}{\beta w} g \tag{1-96}$$

$$F_p = p_0 e^{-0.35 f_n} \tag{1-97}$$

式中　a_p——楼盖振动峰值加速度（m/s^2）；

F_p——接近楼盖结构自振频率时人行走产生的作用力（kN）；

p_0——人行走产生的作用力（kN），按表 1-20 采用；

f_n——楼盖结构竖向自振频率（Hz）；

β——楼盖结构阻尼比，按表 1-20 采用；

w——楼盖结构阻抗有效重量（kN），可按以下第（3）条计算；

g——重力加速度，取 9.8m/s^2。

人行走作用力及楼盖结构阻尼比　　　　　　　表 1-20

人员活动环境	人行走作用力 p_0(kN)	楼盖结构阻尼比 β
住宅、办公、教堂	0.3	0.02～0.05
商场	0.3	0.02
室内人行天桥	0.42	0.01～0.02
室外人行天桥	0.42	0.01

注：1. 表中阻尼比用于钢筋混凝土楼盖结构和钢-混凝土组合楼盖结构；
　　2. 对住宅、办公、教堂建筑，阻尼比 0.02 可用于无家具和非结构构件情况，如无纸化电子办公区、开敞办公区和教堂；阻尼比 0.03 可用于有家具、非结构构件，带少量可拆卸隔断的情况；阻尼比 0.05 可用于含全高填充墙的情况；
　　3. 对室内人行天桥，阻尼比 0.02 可用于天桥带干挂吊顶的情况。

（3）楼盖结构的阻抗有效重量 w 可按下列公式计算：

$$w = \overline{w}BL \tag{1-98}$$

$$B = CL \tag{1-99}$$

式中 $\overline{w}$——楼盖单位面积有效重量（kN/m^2），取恒载和有效分布活荷载之和；楼层有效分布活荷载；对办公建筑可取 $0.55kN/m^2$，对住宅可取 $0.3kN/m^2$；

    L——梁跨度（m）；

    B——楼盖阻抗有效重量的分布宽度（m）；

    C——垂直于梁跨度方向的楼盖受弯连续性影响系数，对边梁取 1，对中间梁取 2。

3. 《混凝土结构设计规范》GB 50010—2010（2015 年版）第 3.4.6 条规定：对混凝土楼盖结构应根据使用功能的要求进行竖向自振频率验算，并宜符合下列要求：

（1）住宅和公寓不宜低于 5Hz；

（2）办公楼和旅馆不宜低于 4Hz；

（3）大跨度公共建筑不宜低于 3Hz。

4. 《组合楼板设计与施工规范》CECS 273：2010 第 4.2.4 条规定：组合楼盖在正常使用时，其自振频率 f_n 不宜小于 3Hz，亦不宜大于 8Hz，且振动峰值加速度 a_p 与重力加速度 g 之比不宜大于表 1-21 中的限值。

振动峰值加速度限值   表 1-21

房屋功能	住宅、办公	商场、餐饮
a_p/g	0.005	0.015

注：1. 舞厅、健身房、手术室等其他功能房屋应做专门研究论证；

    2. 当 f_n 小于 3Hz 或大于 8Hz 时，应做专门研究论证。

其条文说明指出：试验和理论分析表明，楼板对舒适度的贡献较小，而梁布置的疏密、刚度的大小对舒适度贡献较大，也就是说舒适度取决于楼盖。试验还表明，楼盖自振频率在 4～8Hz 时，相同自振频率的楼盖，人们对楼盖的舒适程度的感觉并不一样，而是对峰值加速度相同的楼盖则感觉相同，因此，舒适度并不取决于自振频率的大小，而主要取决于楼盖的峰值加速度。目前包括日本在内的国外发达国家均采用在限制组合楼盖自振频率的基础上，验算楼盖的峰值加速度。当楼盖自振频率小于 3Hz 时，频率过低、周期过长，人会有不舒适的感觉；当自振频率超过 9Hz 时，虽然不会与人步行频率重合而产生明显的共振现象，但步行产生的振动仍然令人不安。

5. 《组合结构设计规范》JGJ 138—2016 第 13.3.4 条规定：组合楼盖应进行舒适度验算，舒适度验算可采用动力时程分析方法，也可采用本规范附录 B 的方法；对高层建筑也可按现行行业标准《高层建筑混凝土结构技术规程》JGJ 3 的方法验算。

《组合结构设计规范》JGJ 138—2016 附录 B 的方法，与下文介绍的简化计算法基本一致，本书就不做介绍。

二、楼板舒适度设计的简化计算法

1. 楼盖结构竖向自振频率计算方法

楼盖结构竖向自振频率计算一般采用简化计算法。本书仅介绍主次梁式楼板自振频率计算方法，其余形式楼板（双向板、单向梁式楼板）自振频率计算方法读者可以参阅《楼板体系振动舒适度设计》一书。

普通主次梁式楼板结构自振频率计算公式为：

$$f_n = \frac{C}{\sqrt{\Delta_j + \Delta_g}} \tag{1-100}$$

其中

$$C = \gamma_1 \sqrt{C_s g} \tag{1-101}$$

式中　Δ_j——次梁的最大挠度（mm）；

　　　Δ_g——主梁的最大挠度（mm）；

　　　f_n——第一阶竖向自振频率（Hz）；

　　　C——频率系数；

　　　γ_1——模态系数；

　　　C_s——挠度系数；

　　　g——重力加速度。

梁的模态系数 γ_1 与边界约束条件有关，取值见表 1-22。

不同支座条件下梁的模态系数　　　　　　　　表 1-22

支座条件	两端简支	两端固支	一端固定、一端简支	一端固定、一端悬臂
模态系数	1.57	3.56	2.45	0.56

梁的挠度系数 C_s 与边界约束条件有关，取值见表 1-23。

不同支座条件下梁的挠度系数　　　　　　　　表 1-23

支座条件	两端简支	两端固支	一端固定、一端简支	一端固定、一端悬臂
挠度系数	5/384	1/384	1/184	1/8

当位移单位采用 mm 时，$g = 9810 \text{mm/s}^2$，将不同支座条件下的模态系数 γ_1 和挠度系数 C_s 代入公式（1-101），可得频率系数 C 如表 1-24 所示。

不同支座条件下梁的频率系数　　　　　　　　表 1-24

支座条件	两端简支	两端固支	一端固定、一端简支	一端固定、一端悬臂
频率系数	17.7	18.0	17.9	19.6

根据表 1-24，普通主次梁式楼板结构自振频率计算公式为：

$$f_n = \frac{18}{\sqrt{\Delta_j + \Delta_g}} \tag{1-102}$$

主次梁式楼板一般板的跨度较小、刚度较大，板的挠度可以忽略不计。因此仅需要计算次梁和主梁的挠度。

当主次梁式楼板中柱的变形较大不能忽略时，在自振频率计算中，挠度要计入柱变形的影响，自振频率计算公式变为：

$$f_n = \frac{18}{\sqrt{\Delta_j + \Delta_g + \Delta_c}} \tag{1-103}$$

式中　Δ_c——柱的最大挠度（mm）。

以上为楼板结构自振频率的近似计算方法，随着计算手段的进步，可以对整体结构建模，利用计算软件计算楼板结构的自振频率，得到更精确的结果。

2. 楼盖结构阻抗有效重量计算方法

对于楼盖结构阻抗有效重量的计算，《高层建筑混凝土结构技术规程》JGJ 3—2010 给出的公式不太容易计算，本书参照《楼板体系振动舒适度设计》一书给出楼盖结构阻抗有效重量的计算公式。本书仅介绍主次梁式楼板结构阻抗有效重量计算方法，单向梁式楼板阻抗有效重量计算方法读者可以参阅《楼板体系振动舒适度设计》一书。

主次梁式楼板（图 1-45）可按照主次梁的计算模型分为主梁楼板体系和次梁楼板体系，楼盖结构阻抗有效重量可用以下公式近似计算。

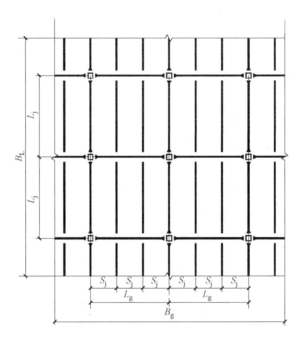

图 1-45　主次梁式楼板结构

$$w = \frac{\Delta_j}{\Delta_j + \Delta_g} w_j + \frac{\Delta_g}{\Delta_j + \Delta_g} w_g \tag{1-104}$$

其中：

$$w_j = \delta w_{jk} B_j L_j \tag{1-105}$$

$$w_g = w_{gk} B_g L_g \tag{1-106}$$

式中　w_j——次梁楼板体系的振动有效重量（kN）；

w_g——主梁楼板体系的振动有效重量（kN）；

δ——连续性系数，当次梁跨度方向的楼板连续时 $\delta = 1.5$，其他情况 $\delta = 1.0$；

w_{jk}——次梁分担的均布荷载标准值（kN/m²）；

L_j——次梁的跨度（m）；

B_j——次梁楼板体系的有效宽度（m），由公式（1-107）计算；

w_{gk}——主梁分担的均布荷载标准值（kN/m²）；

L_g——主梁的跨度（m）；

B_g——主梁楼板体系的有效宽度（m），边跨可取 $B_g=\dfrac{2}{3}L_j$，中间跨由公式（1-108）计算。

$$B_j=C_j\left(\frac{D_s}{D_j}\right)^{0.25}L_j\leqslant\frac{2}{3}B_w \tag{1-107}$$

式中　C_j——次梁楼板体系的边界条件影响系数，沿次梁跨度方向的楼板连续时取 2.0，其他情况取 1.0；

D_s——单位宽度的楼板惯性矩（mm^3），$D_s=d^3/12$，其中 d 为楼板厚度（mm）；

D_j——单位宽度的次梁惯性矩（mm^3），$D_j=I_j/S_j$，其中 I_j 为次梁的惯性矩（mm^4），S_j 为次梁的间距（mm）；

B_w——垂直次梁跨度方向的楼板宽度（mm）。

$$B_g=C_g\left(\frac{D_j}{D_g}\right)^{0.25}L_g\leqslant\frac{2}{3}B_L \tag{1-108}$$

式中　C_g——主次梁连接节点的影响系数，铰接取 1.8，其他情况取 1.6；

D_g——单位宽度的主梁惯性矩（mm^3），$D_g=I_g/L_j$，其中 I_g 为主梁的惯性矩（mm^4）；

B_L——垂直主梁跨度方向的楼板宽度（mm）。

楼盖结构的恒载一般指楼板自重、面层、隔墙、吊挂和装修等，这里采用的恒载应取用实际楼盖结构上的荷载。当面层材料、隔墙位置或装修形式尚未确定时，面层、隔墙或装修等荷载取值不能超过实际荷载的取值。当某项荷载数值很小时，该项荷载可取为 0。

有效均布活荷载指楼板上随机摆放的家具、桌椅等的均布重量。就办公楼来说，主要考虑桌椅、文件柜、档案柜等的重量；就居民楼来说，主要考虑家具等的重量。而对于商场、餐厅和教堂等大空间建筑来说，由于空间大，家具等较少，有效均布活荷载的数值较小，建议取为 0。

恒载取值要比结构设计的恒载设计值小，有效均布活荷载也不同于结构设计的活荷载设计值，数值也要小很多，这些均布荷载的取值直接影响楼板结构的自振频率，并进而影响楼板振动的加速度响应，因此需要慎重取用。

三、楼板舒适度设计的有限元分析法

当楼盖结构平面布置复杂、竖向自振频率较密集，不能采用简化计算法计算其动力响应时，可采用有限元分析法进行楼板振动舒适度设计。本书简单介绍如下：

1. 计算模型的选取

采用有限元分析法进行楼板振动舒适度分析时，可以采用单层计算模型，对不同楼层分别进行计算。

2. 不利振动点的选取

楼板的面积较大，不可能对每点均进行舒适度计算分析，通常根据结构平面布置情况，选取几个不利振动点进行计算分析。不利振动点可选择次梁最大挠度处。

3. 稳态分析

进行舒适度设计首先要分析楼板结构自身的振动特性，确定楼板结构的竖向自振频率、阻尼比和参与振动的楼板重量。对于不同的不利振动点，竖向自振频率是不同的，为了准确计算楼板结构中选定点的竖向自振频率，需要进行频域的稳态分析，根据稳态分析得到的位移谱曲线找出该点的竖向自振频率。比较各不利振动点的位移谱，根据频率分布情况和位移值的大小，选取 2～3 个最不利振动点进行时程分析。

4. 人行荷载模型的选取

人行荷载可以考虑前三阶荷载频率的影响，荷载函数可采用下式：

$$F(t) = \sum_{i=1}^{3} \alpha_i P_0 \cos(2\pi \overline{f_i} t + \varphi_i) \tag{1-109}$$

式中　P_0——人的重量，一般取 0.7kN；

　　　α_i——第 i 阶荷载频率的动力因子；

　　　$\overline{f_i}$——第 i 阶荷载频率；

　　　t——时间；

　　　φ_i——第 i 阶荷载频率的相位角。

公式（1-109）中各参数取值如表 1-25 所示。

人行走简谐波的模型参数　　　　　　　　　　　表 1-25

荷载频率阶数 i	人的行走		
	$\overline{f_i}$(Hz)	α_i	φ_i
1	1.6～2.2	0.5	0
2	3.2～4.4	0.2	$\pi/2$
3	4.8～6.6	0.1	$\pi/2$
4	6.4～8.8	0.05	$\pi/2$

将表 1-25 中的参数代入到公式（1-109），可得：

$$F(t) = P_0 \left[\alpha_1 \cos(2\pi \overline{f_1} t) + \alpha_2 \cos\left(4\pi \overline{f_1} t + \frac{\pi}{2}\right) + \alpha_3 \cos\left(6\pi \overline{f_1} t + \frac{\pi}{2}\right) \right] \tag{1-110}$$

由于振动响应要考虑折减系数 0.5，且动力因子可用公式 $\alpha = 0.83 \mathrm{e}^{-0.35 f_1}$ 表示，代入公式（1-110）可得时程分析时采用的荷载函数如下：

$$F(t) = 0.29 \left[\mathrm{e}^{-0.35 \overline{f_1}} \cos(2\pi \overline{f_1} t) + \mathrm{e}^{-0.70 \overline{f_1}} \cos\left(4\pi \overline{f_1} t + \frac{\pi}{2}\right) + \mathrm{e}^{-1.05 \overline{f_1}} \cos\left(6\pi \overline{f_1} t + \frac{\pi}{2}\right) \right]$$

$$\tag{1-111}$$

当荷载频率与楼板竖向自振频率 f_1 相同或为整数倍关系时，楼板振动能量最大，因此可取第一阶荷载频率 $\overline{f_1} = f_1/n$，n 为整数，且 $1.6\mathrm{Hz} \leqslant \overline{f_1} \leqslant 3.2\mathrm{Hz}$。

时程分析采用的荷载函数不宜少于 5 个周期，时间间隔宜取 $1/(72 \overline{f_1})$ 或更小。

5. 时程分析

将公式（1-111）分别作用于各个最不利振动点，进行时程分析，得到各点的振动加速度，与表 1-19 进行比较，判断楼板结构是否满足人行走的舒适度要求。

四、楼板舒适度分析算例

其钢框架办公楼，一层层高 3.3m，平面尺寸及构件截面如图 1-46 所示。钢柱截面为 □400×400×16×16，钢柱、钢梁钢号均为 Q355。楼板采用钢筋混凝土楼板，厚度 100mm，混凝土标号 C30。

进行楼板舒适度设计时，楼盖附加恒载仅考虑面层荷载 1.0kN/m²，有效均布活荷载办公建筑取 0.55kN/m²，楼板结构阻尼比根据表 1-20 取 0.03。

1. 简化计算法

（1）楼板自振频率计算

次梁的最大挠度 $\Delta_j = 30.82$mm

主梁的最大挠度 $\Delta_g = 13.44$mm

主次梁式楼板结构自振频率为：

$$f_1 = \frac{18}{\sqrt{\Delta_j + \Delta_g}} = \frac{18}{\sqrt{30.82 + 13.44}} = 2.71\text{Hz} < 3.0\text{Hz}$$

需调整构件截面，将钢次梁 HN400×150×8×13 截面调整为 HN500×200×10×16。

次梁的最大挠度 $\Delta_j = 12.64$mm

主梁的最大挠度 $\Delta_g = 14.44$mm

主次梁式楼板结构自振频率为：

$$f_1 = \frac{18}{\sqrt{\Delta_j + \Delta_g}} = \frac{18}{\sqrt{12.64 + 14.44}} = 3.46\text{Hz} > 3.0\text{Hz}$$

（2）次梁楼板体系计算

次梁的均布荷载为：

$$w_{jk} = 2.5 + 1.0 + 0.55 + 0.881/3.5 = 4.3\text{kN/m}^2$$

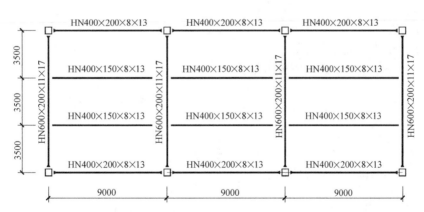

图 1-46　某钢框架办公楼主次梁式楼板结构

（次梁均布荷载包含楼板自重、楼板恒载、楼板活载、次梁自重）

单位宽度的楼板惯性矩为：

$$D_s = d^3/12 = 100^3/12 = 83333.33\text{mm}^3$$

单位宽度的次梁惯性矩为：

$$D_j = I_j/S_j = 46800 \times 10^4/3500 = 133714.29 \text{mm}^3$$

沿次梁跨度方向的楼板连续，故次梁楼板体系的边界条件影响系数为：

$$C_j = 2.0$$

次梁楼板体系的有效宽度为：

$$B_j = C_j \left(\frac{D_s}{D_j}\right)^{0.25} L_j = 2.0 \times \left(\frac{83333.33}{133714.29}\right)^{0.25} \times 9000 = 15993.1 \text{mm} > \frac{2}{3}B_w = \frac{2}{3} \times 10500$$
$$= 7000 \text{mm}$$

取 $B_j = 7000 \text{mm}$

次梁跨度方向的楼板连续，故连续性系数 $\delta = 1.5$。

次梁楼板体系的振动有效重量为：

$$w_j = \delta w_{jk} B_j L_j = 1.5 \times 4.3 \times 7 \times 9 = 406.35 \text{kN}$$

（3）主梁楼板体系计算

主梁的均布荷载为：

$$w_{gk} = 2.5 + 1.0 + 0.55 + 0.881/3.5 + 1.03/10.5 = 4.4 \text{kN/m}^2$$

（主梁均布荷载包含楼板自重、楼板恒载、楼板活载、次梁自重、主梁自重）

单位宽度的主梁惯性矩为：

$$D_g = I_g/L_j = 75600 \times 10^4/9000 = 84000 \text{mm}^3$$

主次梁铰接，主梁连接节点的影响系数 $C_g = 1.8$。

主梁楼板体系的有效宽度（中间跨）为：

$$B_g = C_g \left(\frac{D_j}{D_g}\right)^{0.25} L_g = 1.8 \times \left(\frac{133714.29}{84000}\right)^{0.25} \times 10500 = 21229.34 \text{mm} > \frac{2}{3}B_L = \frac{2}{3} \times 27000$$
$$= 18000 \text{mm}$$

取 $B_g = 18000 \text{mm}$

主梁楼板体系的振动有效重量为：

$$w_g = w_{gk} B_g L_g = 4.4 \times 18 \times 10.5 = 831.6 \text{kN}$$

（4）主次梁式楼板体系计算

主次梁式楼板结构的阻抗有效重量为：

$$w = \frac{\Delta_j}{\Delta_j + \Delta_g} w_j + \frac{\Delta_g}{\Delta_j + \Delta_g} w_g = \frac{12.64}{12.64 + 14.44} \times 406.35 + \frac{14.44}{12.64 + 14.44} \times 831.6$$
$$= 633.11 \text{kN}$$

（5）峰值加速度计算

人行走引起的楼盖振动峰值加速度为：

$$a_p = \frac{F_p}{\beta w} g = \frac{p_0 e^{-0.35 f_n}}{\beta w} g = \frac{0.3 \times e^{-0.35 \times 3.46}}{0.03 \times 633.11} \times 9.8 = 0.0460 \text{m/s}^2$$

峰值加速度限值由表 1-19 插值求得 0.0554m/s^2，满足楼板舒适度要求。

（6）如果将有效布活荷载按照结构设计的活荷载标准值取值，根据《建筑结构荷载规范》GB 50009—2012，办公楼活荷载标准值为 2.0kN/m^2。下面再按照有效均布活荷载 2.0kN/m^2 计算楼盖振动峰值加速度。

次梁的最大挠度 $\Delta_j = 16.78 \text{mm}$

主梁的最大挠度 $\Delta_g = 18.23\text{mm}$

主次梁式楼板结构自振频率为：

$$f_1 = \frac{18}{\sqrt{\Delta_j + \Delta_g}} = \frac{18}{\sqrt{16.78 + 18.23}} = 3.04\text{Hz} > 3.0\text{Hz}$$

次梁的均布荷载为：

$$w_{jk} = 2.5 + 1.0 + 2.0 + 0.881/3.5 = 5.75\text{kN/m}^2$$

（次梁均布荷载包含楼板自重、楼板恒载、楼板活载、次梁自重）

次梁楼板体系的振动有效重量为：

$$w_j = \delta w_{jk} B_j L_j = 1.5 \times 5.75 \times 7 \times 9 = 543.375\text{kN}$$

主梁的均布荷载为：

$$w_{gk} = 2.5 + 1.0 + 2.0 + 0.881/3.5 + 1.03/10.5 = 5.85\text{kN/m}^2$$

（主梁均布荷载包含楼板自重、楼板恒载、楼板活载、次梁自重、主梁自重）

主梁楼板体系的振动有效重量为：

$$w_g = w_{gk} B_g L_g = 5.85 \times 18 \times 10.5 = 1105.65\text{kN}$$

主次梁式楼板结构的阻抗有效重量为：

$$w = \frac{\Delta_j}{\Delta_j + \Delta_g} w_j + \frac{\Delta_g}{\Delta_j + \Delta_g} w_g = \frac{16.78}{16.78 + 18.23} \times 543.375 + \frac{18.23}{16.78 + 18.23} \times 1105.65$$
$$= 836.16\text{kN}$$

人行走引起的楼盖振动峰值加速度为：

$$a_p = \frac{F_p}{\beta w} g = \frac{p_0 e^{-0.35 f_n}}{\beta w} g = \frac{0.3 \times e^{-0.35 \times 3.04}}{0.03 \times 836.16} \times 9.8 = 0.0404\text{m/s}^2$$

峰值加速度限值由表 1-19 插值求得 0.0596m/s^2，满足楼板舒适度要求。

有效均布活荷载分别取 0.55kN/m^2、2.0kN/m^2 时楼盖振动峰值加速度计算结果见表 1-26。

不同有效均布活荷载楼盖振动峰值加速度　　　　　　表 1-26

有效均布活荷载 （kN/m²）	楼板结构自振频率 （Hz）	楼板结构阻抗 有效重量 （kN）	楼盖振动 峰值加速度 （m/s²）	楼盖峰值 加速度限值 （m/s²）	安全系数(楼盖峰值 加速度限值/楼盖 振动峰值加速度)
0.55	3.46	633.11	0.0460	0.0554	1.204
2.0	3.04	836.16	0.0404	0.0596	1.475

由表 1-26 可以看出，计算楼板舒适度时，不能盲目加大荷载，加大荷载会导致楼盖振动峰值加速度计算值偏小，带来安全隐患。在使用结构软件计算楼板舒适度时，尤其应当注意，构件计算时荷载取值按照结构设计的荷载取值；楼板舒适度计算时，楼盖结构的恒载一般指已经确定的恒载，有效均布活荷载按照办公建筑 0.55kN/m^2、住宅 0.3kN/m^2 取值，不能随意加大。

2. 有限元计算法

采用 SAP2000 软件（版本 V19）进行楼板舒适度设计的有限元计算。

（1）模态分析

在计算分析选项里，设置自由度为平面网轴即 XY 平面，仅分析结构在 Z 方向的竖向振动形式。楼板前六阶频率分析结果见表 1-27。第一阶频率 $f_1 = 4.3332$Hz。

（2）最不利振动点的选取

根据平面的结构布置，在计算模型上选取不利荷载作用点 6 个，如图 1-47 所示。

楼板前六阶频率分析结果 　　　　　　　　　　　　　　　　　　　　　表 1-27

模态阶数	频率(Hz)	模态参与系数	累计参与系数
1	4.3332	0.71	0.71
2	4.5701	8.793×10^{-16}	0.71
3	5.1632	0.01947	0.73
4	5.5833	3.665×10^{-14}	0.73
5	5.6561	2.197×10^{-14}	0.73
6	7.3315	9.534×10^{-18}	0.73

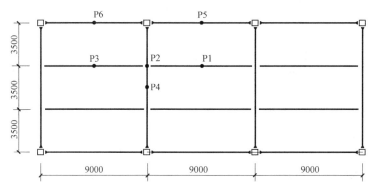

图 1-47　人行激励计算点布置图

（3）稳态分析

为了得到 P1～P6 这 6 个点处楼板的自振频率，需要对各点进行稳态分析。

首先需要定义稳态分析的函数，稳态分析属于频域分析，函数的横坐标 X 定义为需要分析的频域范围。根据模态分析的结果，结构的自振频率在 4Hz 左右，取频率范围为 0～10Hz。纵坐标 Y 为对结构施加单位动力荷载的系数，这个系数的大小影响的是稳态分析后结构的位移峰值而并不影响结构的频谱分布，可以取 Y 的值为 1.0。稳态分析函数图像如图 1-48 所示。稳态分析工况定义为 STEADY，将稳态函数定义为 OTHER 类型，频率范围选择 0～10Hz，分析步数 100 步，以每 0.1Hz 为一步进行分析。

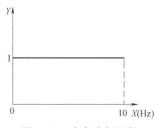

图 1-48　稳态分析函数

6个计算点的竖向自振频率和位移谱的峰值如表 1-28 所示。由表 1-28 可以看出，P1点和 P3 点振动较大。因此选取 P1 点和 P3 点进行时程分析。稳态分析得到的 P1 点和 P3点位移谱曲线如图 1-49 所示。

各点的竖向自振频率和位移谱的峰值　　　　　　　　　　　　　表 1-28

节点序号	频率(Hz)	位移谱的峰值($\times10^{-3}$mm)
P1	4.3	235.9
P2	4.3	102.2
P3	4.4	287.6
P4	4.3	141.1
P5	7.4	56.49
P6	7.4	59.01

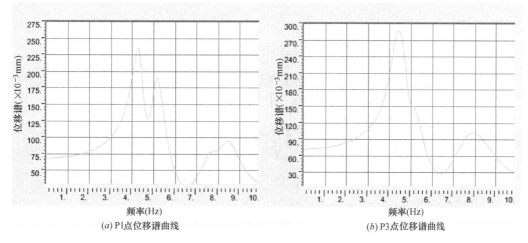

(a) P1点位移谱曲线　　　　　　　　　　(b) P3点位移谱曲线

图 1-49　P1 点和 P3 点位移谱曲线

（4）时程分析

选择 P1、P3 两点作为结构在步行荷载作用下的最不利振动点进行时程分析。

时程分析时采用的人行荷载函数如下：

$$F(t)=0.29\left[\mathrm{e}^{-0.35\overline{f_1}}\cos(2\pi\overline{f_1}t)+\mathrm{e}^{-0.70\overline{f_1}}\cos\left(4\pi\overline{f_1}t+\frac{\pi}{2}\right)+\mathrm{e}^{-1.05\overline{f_1}}\cos\left(6\pi\overline{f_1}t+\frac{\pi}{2}\right)\right]$$

当人行荷载频率与楼板竖向自振频率 f_1 相同或为整数倍关系时，楼板振动能量最大，因此对 P1 点可取第一阶荷载频率 $\overline{f_1}=f_1/n=4.3/2=2.15$Hz，满足 1.6Hz$\leqslant\overline{f_1}\leqslant$ 3.2Hz。时间间隔取 $1/(72\overline{f_1})=1/(72\times2.15)=6.46\times10^{-3}\approx6.0\times10^{-3}$s，总持续时间取为 3.0s；P3 点可取第一阶荷载频率 $\overline{f_1}=f_1/n=4.4/2=2.2$Hz，满足 1.6Hz$\leqslant\overline{f_1}\leqslant$ 3.2Hz。时间间隔取 $1/(72\overline{f_1})=1/(72\times2.2)=6.31\times10^{-3}\approx6.0\times10^{-3}$s，总持续时间取为 3.0s。

因此，P1 点人行荷载函数变为（$F(t)$ 单位为 kN）：

$$F_1(t)=0.29\left[\mathrm{e}^{-0.7525}\cos(4.3\pi t)+\mathrm{e}^{-1.505}\cos\left(8.6\pi t+\frac{\pi}{2}\right)+\mathrm{e}^{-2.2575}\cos\left(12.9\pi t+\frac{\pi}{2}\right)\right]$$

$$=0.29\left[0.4712\cos(4.3\pi t)+0.222\cos\left(8.6\pi t+\frac{\pi}{2}\right)+0.1046\cos\left(12.9\pi t+\frac{\pi}{2}\right)\right]$$

P3 点人行荷载函数变为（$F(t)$ 单位为 kN）：

$$F_3(t)=0.29\left[\mathrm{e}^{-0.77}\cos(4.4\pi t)+\mathrm{e}^{-1.54}\cos\left(8.8\pi t+\frac{\pi}{2}\right)+\mathrm{e}^{-2.31}\cos\left(13.2\pi t+\frac{\pi}{2}\right)\right]$$

$$=0.29\left[0.463\cos(4.4\pi t)+0.2144\cos\left(8.8\pi t+\frac{\pi}{2}\right)+0.0993\cos\left(13.2\pi t+\frac{\pi}{2}\right)\right]$$

人行荷载函数 $F_1(t)$、$F_3(t)$ 曲线如图 1-50 所示，将其分别作用于 P1 点和 P3 点，并进行时程分析。

时程分析选用统一的振型阻尼 0.03。时程动力荷载的加载方式为对 P1 点和 P3 点分别加载其最大响应函数荷载。选择点后指定节点荷载，在荷载名称中选择已经定义的时程荷载工况，加载方向为 Z 轴负方向。

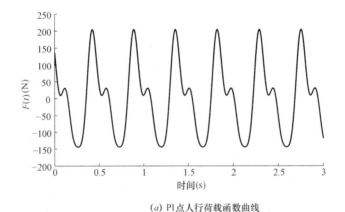

(*a*) P1点人行荷载函数曲线

(*b*) P3点人行荷载函数曲线

图 1-50　P1 点和 P3 点人行荷载函数曲线

经过时程分析后，P1 点和 P3 点加速度时程曲线如图 1-51 所示，P3 点最大峰值加速度为 0.03783m/s² ，与简化算法计算出来的 0.0460m/s² 相差 17.76%。

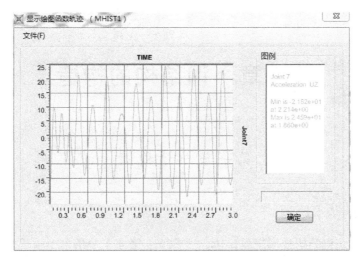

(a) P1点加速度时程曲线

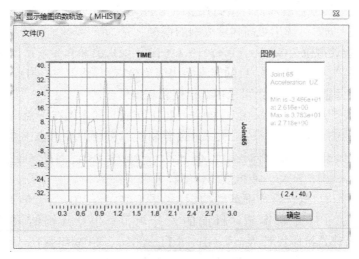

(b) P3点加速度时程曲线

图 1-51　P1 点和 P3 点加速度时程曲线

第二章 钢结构的构造

第一节 结构钢

一、选用钢材的基本原则

《高层民用建筑钢结构技术规程》JGJ 99—2015 第 4.1.2 条第 1 款规定：主要承重构件所用钢材的牌号宜选用 Q355 钢、Q390 钢，一般构件宜选用 Q235 钢，其材质和材料性能应分别符合现行国家标准《低合金高强度结构钢》GB/T 1591 或《碳素结构钢》GB/T 700 的规定。有依据时可选用更高强度级别的钢材。

《建筑抗震设计规范》GB 50011—2010（2016 年版）第 3.9.3 条第 3 款规定：钢结构的钢材宜采用 Q235 等级 B、C、D 的碳素结构钢及 Q355 等级 B、C、D、E 的低合金高强度结构钢；当有可靠依据时，尚可采用其他钢种和钢号。

《建筑抗震设计规范》GB 50011—2010（2016 年版）的意图在于说明抗震结构用钢材牌号不宜高于 Q355。因 Q390、Q420、Q469 钢材，厚钢板伸长率小于 20%，即使 Q355 级钢，钢板厚度大于 40mm 时伸长率也小于 20%（见表 2-1，摘自《低合金高强度结构钢》GB/T 1591—2018 表 8），故抗震结构不宜采用。

需要说明的是，《低合金高强度结构钢》GB/T 1591—2018 于 2018 年 5 月 14 日发布、2019 年 2 月 1 日开始实施，目前的设计规范，包括《钢结构设计标准》GB 50017—2017、《建筑抗震设计规范》GB 50011—2010（2016 年版）、《高层民用建筑钢结构技术规程》JGJ 99—2015，均没有包含 Q355 钢材的内容，但是本书还是按照 Q355 钢材进行编写。

低合金高强度结构钢断后伸长率　　　　　　　　　　　　　　　　表 2-1

牌号（质量等级）	试样方向	断后伸长率 A（%）					
		公称厚度（直径，边长）					
		≤40mm	>40~63mm	>63~100mm	>100~150mm	>150~250mm	>250~400mm
Q355（B,C,D）	纵向	≥22	≥21	≥20	≥18	≥17	≥17（只适用于质量等级为 D 的钢板）
	横向	≥20	≥19	≥18	≥18	≥17	
Q390（B,C,D）	纵向	≥21	≥20	≥20	≥19	—	—
	横向	≥20	≥19	≥19	≥18	—	—
Q420（B,C）	纵向	≥20	≥19	≥19	≥19	—	—
Q460（C）	纵向	≥18	≥17	≥17	≥17	—	—

当需要使用 Q390、Q420 时可选用《建筑结构用钢板》GB/T 19879—2015 规定的优质建筑钢板，即我们常说的 GJ 钢。GJ 钢是我国建筑用的高性能钢材，它等同于日本的 SN 系列钢。与通用的碳素结构钢、低合金高强度结构钢的主要差异一是规定了屈强比和屈服强度波动范围，二是降低了硫、磷的含量，同时 GJ 钢还具有良好的伸长率，即使是 Q620GJ 钢，其最小伸长率都大于 20％（见表 2-2，摘自《建筑结构用钢板》GB/T 19879—2015 表 4、表 5）。所以 GJ 钢有好的延性，是理想的抗震钢材。但是 GJ 钢的价格也高于碳素结构钢、低合金高强度结构钢。

建筑结构用钢板（GJ 钢）力学性能　　　　　　　　表 2-2

牌号	质量等级	屈服强度(N/mm²)					抗拉强度 f_u (N/mm²)	伸长率 A (％)	屈强比 不大于
		钢板厚度(mm)							
		6～16	＞16～50	＞50～100	＞100～150	＞150～200			
Q235GJ	B、C、D、E	≥235	235～345	225～335	215～325	—	380～510	≥23	0.80
Q345GJ	B、C、D、E	≥345	345～455	335～445	325～435	305～415	470～610	≥22	0.80
Q390GJ	B、C、D、E	≥390	390～510	380～500	370～490	—	490～660	≥20	0.83
Q420GJ	B、C、D、E	≥420	420～550	410～540	400～530	—	510～680	≥20	0.83
Q460GJ	B、C、D、E	≥460	460～600	450～590	440～580	—	550～720	≥18	0.83

牌号	质量等级	屈服强度(N/mm²)		抗拉强度 f_u (N/mm²)	伸长率 A (％)	屈强比 不大于
		钢板厚度(mm)				
		12～20	＞20～40			
Q500GJ	C、D、E	≥500	500～640	610～770	≥17	0.85
Q550GJ	C、D、E	≥550	550～690	670～830	≥17	0.85
Q620GJ	C、D、E	≥620	620～770	730～900	≥17	0.85
Q690GJ	C、D、E	≥690	690～860	770～940	≥14	0.85

注：伸长率按有关标准进行换算时，表中伸长率 $A = 17\%$ 与 $A_{50mm} = 20\%$ 相当。

二、钢材的延性要求

《高层民用建筑钢结构技术规程》JGJ 99—2015 第 4.1.4 条规定：高层民用建筑中按抗震设计的框架梁、柱和抗侧力支撑等主要抗侧力构件，其钢材性能要求尚应符合下列规定：

（1）钢材抗拉性能应有明显的屈服台阶，其断后伸长率 A 不应小于 20％；

（2）钢材屈服强度波动范围不应大于 120N/mm² 时，钢材实物的实测屈强比不应大于 0.85；

（3）抗震等级为三级及以上的高层民用建筑钢结构，其主要抗侧力构件所用钢材应具有与其工作温度相应的冲击韧性合格保证。

《建筑抗震设计规范》GB 50011—2010（2016 年版）第 3.9.2 条第 3 款更是以强制性条文形式规定，钢结构的钢材应符合下列规定：

（1）钢材的屈服强度实测值与抗拉强度实测值的比值不应大于 0.85；

（2）钢材应有明显的屈服台阶，且伸长率不应小于 20％；

（3）钢材应有良好的焊接性和合格的冲击韧性。

以上两本规范都对钢材的延性提出了要求，原因就在于在强烈的交变地震作用下，承重钢结构的工作条件与失效模式与静载作用下的结构是完全不同的。罕遇地震作用时，较大的频率一般为1~3Hz,造成建筑物破坏的循环周次通常在100~200周以内,因而使结构带有高应变低周疲劳工作的特点,并进入非弹性工作状态。这就要求结构钢材在具有较高强度的同时,还应具有适应更大应变与塑性变形的延性和韧性性能,从而实现地震作用能量与结构变形能量的转换,有效地减小地震作用,达到结构大震不倒的设防目标。这一对钢材延性的要求,目前已作为一个基本准则列入美国、加拿大、日本等国的相关技术标准中。因此规范提出了对钢材伸长率和屈强比限值的规定。同时为了保证钢材实物产品的屈强比限值不会有较大的波动,参照GJ钢板标准对Q345GJ、Q390GJ性能指标的规定,补充提出了钢材的屈服强度波动范围不应大于120N/mm^{2}的要求。

笔者经常看到有结构工程师选用Q420、Q460的钢材用于抗震结构,其实Q420、Q460的伸长率均不满足伸长率≥20%的要求,是违反《建筑抗震设计规范》GB 50011—2010(2016年版)第3.9.2条第3款强制性条文规定的。如果需要选用Q420、Q460的钢材用于抗震结构,可以选用Q420GJ、Q460GJ钢材。

三、钢材质量等级A、B、C、D、E如何选用

钢材的质量等级从低到高分为A、B、C、D、E五级,钢材质量等级主要体现了其韧性(冲击吸收功)和化学成分优化方面的差异,质量等级越高则冲击吸收功保证值越高,而有害元素(硫、磷)含量限值则越低,因而是一个材质综合评定的指标,不同质量等级的钢材价格也有差别。笔者经常看到有结构工程师选用很高质量等级的钢材,其实对于高层民用建筑钢结构,钢材的质量等级没有必要很高。选用过高质量等级的钢材会造成浪费。合理选用钢材的质量等级,其经济价值是十分可观的。如钢材的质量等级从A到E,每提高一级,每吨价格常高出1000元以上,如用钢材千吨,其差价将在100万元以上,而且质量等级越高,越不容易订货,需提前较长时间,给工程建设进度安排带来不便。

1. 不同质量等级钢材冲击吸收能量要求

不同质量等级钢材,在不同试验温度下冲击吸收能量要求见表2-3。

不同质量等级钢材冲击吸收能量要求

表2-3

牌　　　号	质量等级	试验温度(℃)	冲击吸收能量(kV$_2$/J)
Q235	A	—	—
	B	20	≥27
	C	0	
	D	−20	
Q355	B	20	纵向≥34,横向≥27
	C	0	
	D	−20	
	E(Q355N、Q355M)	−40	纵向≥31,横向≥20
Q390	B	20	纵向≥34,横向≥27
	C	0	
	D	−20	
	E(Q390N、Q390M)	−40	纵向≥31,横向≥20

牌　号	质量等级	试验温度(℃)	冲击吸收能量(kV_2/J)
Q420	B	20	纵向≥34,横向≥27
	C	0	
	D(Q420N、Q420M)	−20	纵向≥40,横向≥20
	E(Q420N、Q420M)	−40	纵向≥31,横向≥20
Q460	C	0	纵向≥34,横向≥27
	D(Q460N、Q460M)	−20	纵向≥40,横向≥20
	E(Q460N、Q460M)	−40	纵向≥31,横向≥20
Q500M、Q550M、Q620M、Q690M	C	0	纵向≥55,横向≥34
	D	−20	纵向≥47,横向≥27
	E	−40	纵向≥31,横向≥20
Q235GJ、Q355GJ、Q390GJ、Q420GJ、Q460GJ	B	20	≥47
	C	0	
	D	−20	
	E	−40	
Q500GJ、Q550GJ、Q620GJ、Q690GJ	C	0	≥55
	D	−20	≥47
	E	−40	≥31

注：冲击试验取纵向试样。

2. 一般结构如何选用钢材质量等级

一般结构选用钢材质量等级可以参见表 2-4。

钢材质量等级选用　　　　　　　表 2-4

钢材类型		工作温度(℃)		
		$T>0$	$-20<T\leqslant0$	$-40<T\leqslant-20$
不需验算疲劳	非焊接结构	B(允许用 A)	B	受拉构件及承重结构的受拉板件： 1. 板厚或直径小于 40mm：C； 2. 板厚或直径不小于 40mm：D； 3. 重要承重结构的受拉板材宜选建筑结构用钢板(GJ 钢)
	焊接结构	B(允许用 Q355A～Q420A)		
需验算疲劳	非焊接结构	B	Q235B　Q390C Q355GJC Q420C Q355B　Q460C	Q235C　Q390D Q355GJC Q420D Q355C　Q460D
	焊接结构	B	Q235C　Q390D Q355GJC Q420D Q355C　Q460D	Q235D　Q390E Q355GJD Q420E Q355D　Q460E

注：需验算疲劳的钢结构为直接承受动力荷载重复作用的钢结构（例如工业厂房吊车梁、有悬挂吊车的屋盖结构、桥梁、海洋钻井平台、风力发电机结构、大型旋转游乐设施等），当其荷载产生的应力变化的循环次数 $n\geqslant5\times10^4$ 时按高周疲劳计算。

严格地说，结构工作环境温度的取值与可靠度相关。为便于使用，在室外工作的构件，结构工作环境温度可按《民用建筑供暖通风与空气调节设计规范》GB 50736—2012

的最低日平均气温采用，见表 2-5。

最低日平均气温（℃）

表 2-5

城市名称	最低日气温	城市名称	最低日气温	城市名称	最低日气温	城市名称	最低日气温
北京	−18.3	连云港	−13.8	济南	−14.9	北海	2.0
天津	−17.8	南京	−13.1	青岛	−14.3	成都	−5.9
唐山	−22.7	杭州	−8.6	洛阳	−15.0	重庆	−1.8
石家庄	−19.3	宁波	−8.5	郑州	−17.9	贵阳	−7.3
太原	−22.7	温州	−3.9	武汉	−18.1	昆明	−7.8
呼和浩特	−30.5	蚌埠	−13.0	长沙	−11.3	拉萨	−16.5
沈阳	−29.4	合肥	−13.5	汕头	0.3	西安	−12.8
吉林	−40.3	福州	−1.7	广州	0.0	兰州	−19.7
长春	−33.0	厦门	1.5	湛江	2.8	西宁	−24.9
齐齐哈尔	−36.4	九江	−7.0	海口	4.9	银川	−27.7
哈尔滨	−37.7	南昌	−9.7	桂林	−3.6	乌鲁木齐	−32.8
上海	−10.1	烟台	−12.8	南宁	−1.9	吐鲁番	−25.2

注：对于在室内工作的构件，如能确保始终在某一温度以上，可将其作为工作环境温度，如采暖房间的工作环境温度可视为 0℃ 以上；否则可按上表数值增加 5℃ 采用。

因此，对于需要验算疲劳的焊接结构的钢材（室外无保温措施），在广州、厦门、北海、海口等城市可以选择 Q235B、Q355B、Q390B、Q420B；在北京、兰州、合肥、西安、武汉、拉萨、南京、上海、杭州、贵阳、成都等城市可以选择 Q235C、Q355C、Q390D、Q420D；在乌鲁木齐、哈尔滨、长春、沈阳、银川、西宁等城市可以选择 Q235D、Q355D、Q390E、Q420E。

3. 抗震结构如何选用钢材质量等级

抗震结构除满足表 2-4 外，《高层民用建筑钢结构技术规程》JGJ 99—2015 第 4.1.2 条规定承重构件所用钢材的质量等级不宜低于 B 级；抗震等级为二级及以上的高层民用建筑钢结构，其框架梁、柱和抗侧力支撑等主要抗侧力构件钢材的质量等级不宜低于 C 级。

四、钢材 Z 向性能选用

《建筑抗震设计规范》GB 50011—2010（2016 年版）第 3.9.5 条规定：采用焊接连接的钢结构，当接头的焊接拘束度较大、钢板厚度不小于 40mm 且承受沿板厚方向的拉力时，钢板厚度方向截面收缩率不应小于国家标准《厚度方向性能钢板》GB/T 5313 关于 Z15 级规定的容许值。

《高层民用建筑钢结构技术规程》JGJ 99—2015 第 4.1.5 条规定：焊接节点区 T 形或十字形焊接接头中的钢板，当板厚不小于 40mm 且沿板厚方向承受较大拉力作用（含较高焊接约束拉应力作用）时，该部分钢板应具有厚度方向抗撕裂性能（Z 向性能）的合格保证。其沿板厚方向的断面收缩率不应小于现行国家标准《厚度方向性能钢板》GB/T 5313 规定的 Z15 级允许限值。

厚度较大的钢板在轧制过程中存在各向异性，由于在焊缝附近常形成约束，焊接时容易引起层状撕裂。因此规范对于钢材板厚大于或等于 40mm 时，规定至少应符合 Z15 级规定的受拉试件截面收缩率。

需要特别提醒读者的是，规范并未规定钢板厚度不小于 40mm 就需要满足 Z 向性能的要求，而是钢板厚度不小于 40mm 且沿板厚方向受拉的钢板，才需要满足 Z 向性能的要求。

1.《厚度方向性能钢板》GB/T 5313—2010 中对不同厚度方向性能级别钢板硫含量及断面收缩率的规定见表 2-6、表 2-7。由表 2-6、表 2-7 可以看出，厚度方向性能级别越高，硫含量越低，断面收缩率越大。

硫含量（熔炼分析）　　　　　　　　　　　　　　　　　　　　　表 2-6

厚度方向性能级别	硫含量（质量分数）（%）
Z15	≤0.010
Z25	≤0.007
Z35	≤0.005

厚度方向性能级别及断面收缩率值　　　　　　　　　　　　　　表 2-7

厚度方向性能级别	断面收缩率 Z（%）	
	三个试样的最小平均值	单个试样最小值
Z15	15	10
Z25	25	15
Z35	35	25

《厚度方向性能钢板》GB/T 5313—2010 主要针对造船、海上采油平台、锅炉和压力容器等重要焊接构件，适用于厚度为 15～400mm 的镇静钢钢板。高层民用建筑钢结构构件的钢板厚度一般不大于 100mm，但是有些工程对于钢板厚度 80～100mm 就要求厚度方向性能级别为 Z35。那对于造船、海上采油平台、锅炉和压力容器使用 100～400mm 厚钢板，其厚度方向性能级别都是 Z35，很明显厚度变化范围过宽。因此对于民用建筑钢结构，Z35 级别要求过严。

2. 由于要求 Z 向性能会大幅度增加钢材成本（约 15%～20%），而国内有关规范对如何合理选用 Z 向性能等级缺乏专门研究与相应规定，致使目前工程设计中随意扩大或提高要求 Z 向性能的情况时有发生。实际上在高层民用建筑钢结构中有较大撕裂作用的典型部位是厚壁箱形柱与梁的焊接节点区，而高额拉应力主要是焊接约束应力。欧洲钢结构规范 Eurcode3 根据研究成果，已在相关条文中提出了量化确定 Z 向等级的计算方法，表明影响 Z 向性能指标的因素主要是：节点处因钢材收缩而受拉的焊脚厚度、焊接接头形式（T 字形、十字形）、约束焊缝收缩的钢材厚度、焊后部分结构的间接约束以及焊前预热等，可见抗撕裂性能问题实质上是焊接问题，而结构使用阶段的外拉力并非主要因素。《高层民用建筑钢结构技术规程》JGJ 99—2015 第 4.1.5 条条文说明指出：合理的解决方法首先是节点设计应有合理的构造，焊接时采取有效的焊接措施，减少接头区的焊接约束应力等，而不应随意要求并提高 Z 向性能的等级，在采取相应措施后不宜再提出 Z35 抗撕裂性能的要求。

3. 采取合理的节点构造、有效的焊接措施可以减小在厚度方向出现层状撕裂的情况。《高层民用建筑钢结构技术规程》JGJ 99—2015 第 9.6.14 条：30mm 以上厚板的焊接，为防止在厚度方向出现层状撕裂，宜采取下列措施：

（1）将易发生层状撕裂部位的接头设计成拘束度小、能减小层状撕裂的构造形式（图 2-1）；

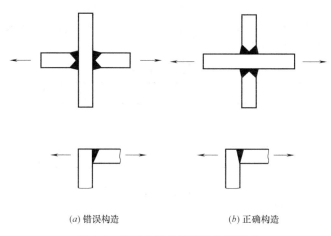

（a）错误构造　　　　　　　　（b）正确构造

图 2-1　能减少层状撕裂的构造形式

（2）焊接前，对母材焊道中心线两侧各 2 倍板厚加 30mm 的区域内进行超声波探伤检查，母材中不得有裂纹、夹层及分层等缺陷存在；

（3）严格控制焊接顺序，尽可能减小垂直于板面方向的拘束；

（4）根据母材的 C_{eq}（碳当量）和 P_{cm}（焊接裂纹敏感性指数）值选择正确的预热温度和必要的后热处理；

（5）采用低氢型焊条施焊，必要时可采用超低氢型焊条。在满足设计强度要求的前提下，采用屈服强度较低的焊条。

4. 考虑采用 Z 向性能的厚钢板时，一方面考虑钢板焊接质量，但也不宜扩大使用范围，应将其使用在需要的部位。例如图 2-2 节点连接部位（带斜线的板件）的厚钢板应提出 Z 向性能要求（参见《钢骨混凝土结构技术规程》YB 9082—2006 第 3.0.3 条条文说明），这些部位沿板厚方向存在拉力。

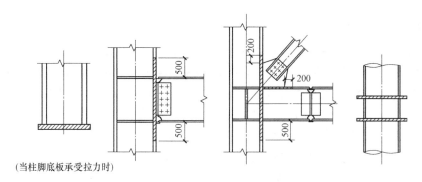

（当柱脚底板承受拉力时）

图 2-2　节点区应使用 Z 向性能要求钢材的部位

五、钢材的设计指标

（一）钢材强度

《高层民用建筑钢结构技术规程》JGJ 99—2015、《钢结构设计标准》GB 50017—2017规定了各牌号钢材的设计用强度值，见表 2-8。

设计用钢材强度值（N/mm²）　　　　　　　　　　表 2-8

钢材牌号		钢材厚度（mm）	钢材强度		钢材强度设计值		
			抗拉强度最小值 f_u	屈服强度最小值 f_y	抗拉、抗压、抗弯 f	抗剪 f_v	端面承压（刨平顶紧）f_{ce}
碳素结构钢	Q235	≤16	370	235	215	125	320
		>16,≤40		225	205	120	
		>40,≤100		215	200	115	
低合金高强度结构钢	Q355	≤16	470	345	305	175	400
		>16,≤40		335	295	170	
		>40,≤63		325	290	165	
		>63,≤80		315	280	160	
		>80,≤100		305	270	155	
	Q390	≤16	490	390	345	200	415
		>16,≤40		370	330	190	
		>40,≤63		350	310	180	
		>63,≤100		330	295	170	
	Q420	≤16	520	420	375	215	440
		>16,≤40		400	355	205	
		>40,≤63		380	320	185	
		>63,≤100		360	305	175	
	Q460	≤16	550	460	410	235	470
		>16,≤40		440	390	225	
		>40,≤63		420	355	205	
		>63,≤100		400	340	195	
建筑结构用钢板	Q355GJ	>16,≤50	490	345	325	190	415
		>50,≤100		335	300	175	

注：表中厚度系指计算点的钢材厚度，对轴心受拉和轴心受压构件系指截面中较厚板件的厚度。

　　需要说明的是对于规范中出现的 $\sqrt{235/f_y}$、$\sqrt{f_y/235}$、$235/f_y$，式中 f_y 为钢材牌号所指屈服点，如 Q355 的 $f_y=345\text{N/mm}^2$，而与钢板厚度无关。《钢结构设计标准》GB 50017—2017 增加了钢号修正系数 $\varepsilon_k=\sqrt{235/f_y}$，并将钢号修正系数 ε_k 取值列表（表 2-9）在第 2.2 条条文说明，进一步说明 f_y 为钢材牌号所指屈服点，而与钢板厚度无关。

钢号修正系数 ε_k 取值　　　　　　　　　　　表 2-9

钢材牌号	Q235	Q345	Q390	Q420	Q460
ε_k	1	0.825	0.776	0.748	0.715

（二）钢材物理性能

　　钢材的物理性能指标按表 2-10 的规定采用。

钢材的物理性能指标　　　　　表 2-10

弹性模量 E （N/mm²）	剪变模量 G （N/mm²）	线膨胀系数 α （以每℃计）	质量密度 ρ （kg/m³）
206×10^3	79×10^3	12×10^{-6}	7850

六、常用的型钢

（一）建筑结构用冷弯矩形钢管

《高层民用建筑钢结构技术规程》JGJ 99—2015 第 4.1.6 条规定：钢框架柱采用箱形截面且壁厚不大于 20mm 时，宜选用直接成方工艺成型的冷弯方（矩）形焊接钢管，其材质和材料性能应符合现行行业标准《建筑结构用冷弯矩形钢管》JG/T 178 中Ⅰ级产品的规定。

工程经验表明，当四块钢板组合箱形截面壁厚小于 16mm 时，不仅加工成本高、工效低，而且焊接变形大，导致截面板件平整度差，反而不如采用方（矩）钢管更为合理可行。因此规范规定，钢框架柱采用箱形截面且壁厚不大于 20mm 时，宜选用直接成方工艺成型的冷弯方（矩）形焊接钢管。

《建筑结构用冷弯矩形钢管》JG/T 178—2005 中，建筑结构用冷弯矩形钢管的冷成型方法可分为"直接成方"与"先圆后方"两类。"直接成方"指对冷轧或热轧钢带直接进行连续弯角变形，经高频焊接后形成矩形钢管的成型方式，也称为方变方成型。"先圆后方"指对冷轧或热轧钢带进行连续弯曲变形，经高频焊接后成圆管，通过整形最终形成矩形钢管的成型方式，也称为圆变方成型。"先圆后方"方式因二次冷加工，成管后残余应力及硬化影响要比"直接成方"明显增高，延性有明显降低。故承重构件选材宜明确提出选用直接成方的矩形钢管。

建筑结构用冷弯矩形钢管按产品性能和质量要求等级分为Ⅰ级（较高级）和Ⅱ级（普通级）。Ⅰ级在提供原料的化学性能和产品的机械性能前提下，还必须保证原料的碳当量，产品的低温冲击性能、疲劳性能及焊缝无损检测可作为协议条款；Ⅱ级仅提供原料的化学性能和机械性能。因此规范规定高层民用建筑钢结构选用冷弯方（矩）形焊接钢管时，其材质和材料性能应符合现行行业标准《建筑结构用冷弯矩形钢管》JG/T 178—2005 中Ⅰ级产品的规定。

需要提醒读者注意以下两点：

1. 建筑结构用冷弯矩形钢管不可以设置内隔板，因此一般采用梁贯通式连接或柱外环加劲式连接，见图 2-3（a）、（b）。

2. 建筑结构用冷弯矩形钢管板件宽厚比不一定满足规范板件宽厚比的限值，读者在选用建筑结构用冷弯矩形钢管时一定要注意。

常用的冷弯方（矩）形焊接钢管规格见表 2-11、表 2-12。表 2-11、表 2-12 仅列出了截面边长及壁厚，具体截面特性（理论重量、截面面积、惯性矩、惯性半径、截面模数、扭转常数）读者可以查阅《建筑结构用冷弯矩形钢管》JG/T 178—2005 中表 8、表 9。

（二）建筑结构用冷成型焊接圆钢管

《高层民用建筑钢结构技术规程》JGJ 99—2015 第 4.1.6 条规定：框架柱采用圆钢管

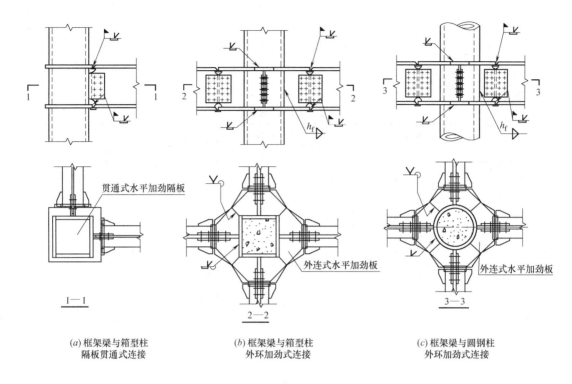

(a) 框架梁与箱型柱　　　　　　(b) 框架梁与箱型柱　　　　　　(c) 框架梁与圆钢柱
　　隔板贯通式连接　　　　　　　　外环加劲式连接　　　　　　　　外环加劲式连接

图 2-3　梁与框架柱的连接构造

时，宜选用直缝焊接圆钢管，其材质和材料性能应符合现行行业标准《建筑结构用冷成型焊接圆钢管》JG/T 381 的规定，其截面规格的径厚比不宜过小。

冷弯正方形钢管规格　　　　　　　　　　　　　　　　　表 2-11

边长(mm)	壁厚(mm)	边长(mm)	壁厚(mm)
100、110、120	4、5、6、8、10	300、320	6、8、10、12、14、16、19
130	4、5、6、8、10、12	350	6、7、8、10、12、14、16、19
135、140	4、5、6、8、10、12、13	380	8、10、12、14、16、19、22
150、160、170、180、190	4、5、6、8、10、12、14	400	8、9、10、12、14、16、19、22
200	4、5、6、8、10、12、14、16	450、480、500	9、10、12、14、16、19、22
220、250、280	5、6、8、10、12、14、16		

　　《高层民用建筑钢结构技术规程》JGJ 99—2015 第 4.1.6 条条文说明：由于热轧无缝钢管价格较高，产品规格较小（直径一般小于 500mm）且壁厚公差较大，其 Q355 钢管的屈服强度和 40℃冲击功低于 Q355 钢板的相应值。故高层民用建筑钢结构工程中选用较大截面圆钢管时，宜选用直缝焊接圆钢管，并要求其原板和成管后管材的材质性能均符合设计要求或相应标准的规定。还应注意选用时为避免过大的冷作硬化效应降低钢管的延性，其截面规格的径厚比不应过小，根据现有的应用经验，对主要承重构件用铜管不宜小于 20（Q235 钢）或 25（Q355 钢）。

　　冷成型直缝焊接圆钢管，是指将钢板（带）冷弯成型，并经直缝对接焊接制成的圆钢管。按照规格分为系列 1 钢管规格和系列 2 钢管规格。系列 1 钢管规格指钢管直径尺寸按 50mm 或 100mm 进级并且序度尺寸按旌数进级的钢管规格。系列 2 钢管规格指按《焊接钢管尺寸及单位长度重量》GB/T 21835—2008 规定的系列 1 钢管直径与厚度规格，《焊接钢管尺寸及单位长度重量》GB/T 21835—2008 规定了焊接圆钢管的公称尺寸及单位长度重量，其通用系列规格（$D \times t$）可由 48.3×2～2540×65。

冷弯长方形钢管规格 　　　　　　　　表 2-12

长(mm)×宽(mm)	壁厚(mm)	长(mm)×宽(mm)	壁厚(mm)	长(mm)×宽(mm)	壁厚(mm)	长(mm)×宽(mm)	壁厚(mm)
120×80	4,5,6,7,8	200×120	4,5,6,8,10	350×300	7,8,10,12,14,16,19	500×200,500×250	9,10,12,14,16
140×80	4,5,6,8	200×150	4,5,6,8,10,12,14	400×200	6,8,10,12,14,16	500×300	10,12,14,16,19
150×100	4,5,6,8,10	220×140	4,5,6,8,10,12,13	400×250	5,6,8,10,12,14,16	500×400	9,10,12,14,16,19,22
160×60	4,4.5,6	250×150	4,5,6,8,10,12,14	400×300	7,8,10,12,14,16,19	500×450,500×480	10,12,14,16,19,22
160×80	4,5,6,8	250×200	5,6,8,10,12,14,16	450×250	6,8,10,12,14,16		
180×65	4,4.5,6	260×180	5,6,8,10,12,14	450×350	7,8,10,12,14,16,19		
180×100,200×100	4,5,6,8,10	300×200,350×200,350×250	5,6,8,10,12,14,16	450×400	9,10,12,14,16,19,22		

需要提醒读者注意以下两点：

1. 冷成型直缝焊接圆钢管，直径较小时不可以设置内隔板，因此一般采用柱外环加劲式连接，见图 2-3（c）。

2. 冷成型直缝焊接圆钢管，其圆管径厚比不一定满足规范规定的圆管径厚比限值，读者在选用冷成型直缝焊接圆钢管时一定要注意。

常用的冷成型直缝焊接圆钢管规格见表 2-13、表 2-14。表 2-13、表 2-14 仅列出了外径及壁厚，具体截面特性（理论重量、截面面积、惯性矩、惯性半径、截面模数、表面面积）读者可以查阅《建筑结构用冷成型焊接圆钢管》JG/T 381—2012 中表 B.3、《焊接钢管尺寸及单位长度重量》GB/T 21835—2008 中表 1。

系列 1 钢管规格 　　　　　　　　表 2-13

外径 D (mm)	壁厚(mm)																										
	3	4	5	6	8	10	12	14	16	18	20	22	25	28	30	32	36	40	45	50	55	60	65	70	80	90	100
200	•	•	•	•	•	•																					
250	•	•	•	•	•	•	•																				
300		•	•	•	•	•	•																				
350		•	•	•	•	•	•	•	•	•																	
400			•	•	•	•	•	•	•	•	•																

续表

外径D	壁厚(mm)																										
(mm)	3	4	5	6	8	10	12	14	16	18	20	22	25	28	30	32	36	40	45	50	55	60	65	70	80	90	100
450				•	•	•	•	•	•	•	•	•															
500				•	•	•	•	•	•	•	•	•	•														
550				•	•	•	•	•	•	•	•	•															
600				•	•	•	•	•	•	•	•	•	•	•	•												
650					•	•	•	•	•	•	•	•	•	•	•												
700					•	•	•	•	•	•	•	•	•	•	•	•											
750					•	•	•	•	•	•	•	•	•	•	•	•	•										
800					•	•	•	•	•	•	•	•	•	•	•	•	•	•									
850						•	•	•	•	•	•	•	•	•	•	•	•	•									
900						•	•	•	•	•	•	•	•	•	•	•	•	•	•								
950						•	•	•	•	•	•	•	•	•	•	•	•	•	•								
1000						•	•	•	•	•	•	•	•	•	•	•	•	•	•	•							
1100							•	•	•	•	•	•	•	•	•	•	•	•	•	•							
1200							•	•	•	•	•	•	•	•	•	•	•	•	•	•	•						
1300								•	•	•	•	•	•	•	•	•	•	•	•	•	•	•					
1400								•	•	•	•	•	•	•	•	•	•	•	•	•	•	•	•				
1500									•	•	•	•	•	•	•	•	•	•	•	•	•	•	•	•			
1600									•	•	•	•	•	•	•	•	•	•	•	•	•	•	•	•	•		
1700										•	•	•	•	•	•	•	•	•	•	•	•	•	•	•	•		
1800											•	•	•	•	•	•	•	•	•	•	•	•	•	•	•	•	
1900												•	•	•	•	•	•	•	•	•	•	•	•	•	•	•	
2000												•	•	•	•	•	•	•	•	•	•	•	•	•	•	•	•
2200													•	•	•	•	•	•	•	•	•	•	•	•	•	•	•
2500														•	•	•	•	•	•	•	•	•	•	•	•	•	•
2800															•	•	•	•	•	•	•	•	•	•	•	•	•
3000																•	•	•	•	•	•	•	•	•	•	•	•

系列2钢管规格　　　　表2-14

外径D	壁厚(mm)																						
(mm)	3.2	4	5	6.3	8	10	12.5	14.2	16	17.5	20	22.2	25	28	30	32	36	40	45	50	55	60	65
48.3	•																						
60.3	•	•																					
76.1	•	•																					
88.9	•	•	•																				
114.3	•	•	•	•																			

续表

外径D (mm)	壁厚(mm)																						
	3.2	4	5	6.3	8	10	12.5	14.2	16	17.5	20	22.2	25	28	30	32	36	40	45	50	55	60	65
139.7	•	•	•	•																			
168.3	•	•	•	•	•																		
219.1		•	•	•	•	•																	
273.1		•	•	•	•	•	•																
323.9		•	•	•	•	•	•		•														
355.6		•	•	•	•	•	•			•	•												
406.4			•	•	•	•	•	•	•		•												
457				•	•	•	•	•	•			•											
508				•	•	•	•	•	•				•										
610				•	•	•	•	•	•		•			•									
711				•	•	•	•	•	•		•		•		•								
813				•	•	•	•	•	•		•		•		•	•	•	•					
914					•	•	•	•	•		•		•		•	•	•	•					
1016					•	•	•	•	•	•	•	•	•	•	•	•	•	•	•	•			
1067							•	•	•	•	•	•	•	•	•	•	•	•	•	•			
1118							•	•	•	•	•	•	•	•	•	•	•	•	•	•	•	•	
1219								•	•	•	•	•	•	•	•	•	•	•	•	•	•	•	
1422									•	•	•	•	•	•	•	•	•	•	•	•	•	•	•
1626									•	•	•	•	•	•	•	•	•	•	•	•	•	•	•
1829											•	•	•	•	•	•	•	•	•	•	•	•	•
2032												•	•	•	•	•	•	•	•	•	•	•	•
2235													•	•	•	•	•	•	•	•	•	•	
2540														•	•	•	•	•	•	•	•	•	•

注：压弯工艺生产的钢管规格范围为直径406～1829mm，壁厚为6.4～50mm。

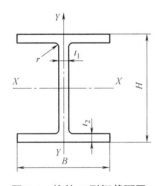

图 2-4　热轧 H 型钢截面图

H—高度；B—宽度；t_1—腹板厚度；

t_2—翼缘厚度；r—圆角半径

（三）热轧 H 型钢

《热轧 H 型钢和剖分 T 型钢》GB/T 11263—2017 给出了热轧 H 型钢和剖分 T 型钢的规格，热轧 H 型钢分为宽翼缘（HW）、中翼缘（HM）、窄翼缘（HN）、薄壁（HT）四个类别。热轧 H 型钢相对于焊接 H 型钢而言，具有焊接工作量小的优点。但是热轧 H 型钢壁厚一般不大，不太适合用于钢框架梁，但是非常适合用于钢次梁。如果钢框架梁采用热轧 H 型钢，需要验算翼缘、腹板板件的宽厚比是否满足规范要求。

常用的热轧 H 型钢规格见表 2-15。热轧 H 型钢截面图见图 2-4。

热轧 H 型钢截面尺寸、截面面积、理论重量及截面特性　　　　　表 2-15

类别	型号(高度×宽度)(mm×mm)	截面尺寸(mm)					截面面积(cm²)	理论重量(kg/m)	表面积(m²/m)	惯性矩(cm⁴)		惯性半径(cm)		截面模数(cm³)	
		H	B	t_1	t_2	r				I_x	I_y	i_x	i_y	W_1	W_2
HW	100×100	100	100	6	8	8	21.58	16.9	0.574	378	134	4.18	2.48	75.6	26.7
	125×125	125	125	6.5	9	8	30.00	23.6	0.723	839	293	5.28	3.12	134	46.9
	150×150	150	150	7	10	8	39.64	31.1	0.872	1620	563	6.39	3.76	216	75.1
	175×175	175	175	7.5	11	13	51.42	40.4	1.01	2900	984	7.50	4.37	331	112
	200×200	200	200	8	12	13	63.53	49.9	1.16	4720	1600	8.61	5.02	472	160
		*200	204	12	12	13	71.53	56.2	1.17	4980	1700	8.34	4.87	498	167
	250×250	*244	252	11	11	13	81.31	63.8	1.45	8700	2940	10.3	6.01	713	233
		250	250	14	14	13	91.43	71.8	1.46	10700	3650	10.8	6.31	860	292
		*250	255	14	14	13	103.9	81.6	1.47	11400	3880	10.5	6.10	912	304
	300×300	*294	302	12	12	13	106.3	83.5	1.75	16600	5510	12.5	7.20	1130	365
		300	300	10	15	13	118.5	93.0	1.76	20200	6750	13.1	7.55	1350	450
		*300	305	15	15	13	133.5	105	1.77	21300	7100	12.5	7.29	1420	466
	350×350	*338	351	13	13	13	133.3	105	2.03	27700	9380	14.4	8.38	1640	534
		*344	248	10	16	13	144.0	113	2.04	32800	11200	15.1	8.83	1910	646
		*344	354	16	16	13	164.7	129	2.05	34900	11800	14.6	8.48	2030	669
		350	350	12	19	13	171.9	135	2.05	39800	13600	15.2	8.88	2280	775
		*350	357	19	19	13	196.4	154	2.07	42300	14400	14.7	8.57	2420	808
	400×400	*388	402	15	15	22	178.5	140	2.32	49000	16300	16.6	9.54	2520	809
		*394	398	11	18	22	186.8	147	2.32	56100	18900	17.3	10.1	2850	951
		*394	405	18	18	22	214.4	168	2.33	59700	20000	16.7	9.64	3030	985
		400	400	13	21	22	218.7	172	2.34	66600	22400	17.5	10.1	3330	1120
		*400	408	21	21	22	250.7	197	2.35	70900	23800	16.8	9.74	3540	1170
		*414	405	18	28	22	295.4	232	2.37	92800	31000	17.7	10.2	4480	1530
		*428	407	20	35	22	360.7	283	2.41	119000	39400	18.2	10.4	5570	1930
		*458	417	30	50	22	528.6	415	2.49	187000	60500	18.8	10.7	8170	2900
		*498	432	45	70	22	770.1	604	2.60	298000	94400	19.7	11.1	12000	4370
	500×500	*492	465	15	20	22	258.0	202	2.78	117000	33500	21.3	11.4	4770	1404
		*502	465	15	25	22	304.5	239	2.80	146000	41900	21.9	11.7	5810	1800
		*502	470	20	25	22	329.6	259	2.81	151000	43300	21.4	11.5	6020	1840
HM	150×100	148	100	6	9	8	26.34	20.7	0.670	1000	150	6.16	2.38	135	30.1
	200×150	194	150	6	9	8	38.10	29.9	0.962	2630	507	8.30	3.64	271	67.6
	250×175	244	175	7	11	13	55.49	43.6	1.15	6040	984	10.4	4.21	495	112
	300×200	294	200	8	12	13	71.05	55.8	1.35	11100	1600	12.5	4.74	756	160
		*298	201	9	14	13	82.03	64.4	1.35	13100	1900	12.6	4.80	878	189

类别	型号 （高度×宽度） (mm×mm)	截面尺寸(mm)					截面面积 (cm²)	理论重量 (kg/m)	表面积 (m²/m)	惯性矩 (cm⁴)		惯性半径 (cm)		截面模数 (cm³)	
		H	B	t_1	t_2	r				I_x	I_y	i_x	i_y	W_1	W_2
HM	350×250	340	250	9	14	13	99.53	78.1	1.64	21200	3650	14.6	6.05	1250	292
	400×300	390	300	10	16	13	133.3	105	1.94	37900	7200	16.9	7.35	1940	480
	450×300	440	300	11	18	13	153.9	121	2.04	54700	8110	18.9	7.25	2490	540
	500×300	*482	300	11	15	13	141.2	111	2.12	58300	6760	20.3	6.91	2420	450
		488	300	11	18	13	159.2	125	2.13	68900	8110	20.8	7.13	2820	540
	550×300	*544	300	11	15	13	148.0	116	2.24	76400	6760	22.7	6.75	2810	450
		*550	300	11	18	13	166.0	130	2.26	89800	8110	23.3	6.98	3270	540
	600×300	*582	300	12	17	13	169.2	133	2.32	98900	7660	24.2	6.72	3400	511
		588	300	12	20	13	187.2	147	2.33	114000	9010	24.7	6.93	3890	601
		*594	302	14	23	13	217.1	170	2.35	134000	10600	24.8	6.97	4500	700
HN	*100×50	100	50	5	7	8	11.84	9.30	0.376	187	14.8	3.97	1.11	37.5	5.91
	*125×50	125	60	6	8	8	16.68	13.1	0.464	409	29.1	4.95	1.32	65.4	9.71
	150×75	150	75	5	7	8	17.84	14.0	0.576	656	19.5	6.10	1.66	88.8	13.2
	175×90	175	90	5	8	8	22.89	18.0	0.686	1210	97.5	7.25	2.06	138	21.7
	200×100	*198	99	4.5	7	8	22.68	17.8	0.769	1540	113	8.24	2.23	156	22.9
		200	100	5.5	8	8	26.66	20.9	0.775	1810	134	8.22	2.23	181	26.7
	250×125	*248	124	5	8	8	31.98	25.1	0.968	3450	255	10.4	2.82	278	41.1
		250	125	6	9	8	36.96	29.0	0.974	3960	294	10.4	2.81	317	47.0
	300×150	*298	149	5.5	8	13	40.80	32.0	1.16	6320	442	12.4	3.29	424	59.3
		300	150	6.5	9	13	46.78	36.7	1.16	7210	508	12.4	3.29	481	67.7
	350×175	*346	174	6	9	13	52.45	41.2	1.35	11000	791	14.5	3.88	638	91.0
		350	175	7	11	13	62.91	49.4	1.36	13500	984	14.6	3.95	771	112
	400×150	400	150	8	13	13	70.37	55.2	1.36	18600	734	16.3	3.22	929	97.8
	400×200	*396	199	7	11	13	71.41	56.1	1.55	19800	1450	16.6	4.50	999	145
		400	200	8	13	13	83.37	65.4	1.56	23500	1740	16.8	4.56	1170	174
	450×150	*446	150	7	12	13	66.99	52.6	1.46	22000	677	18.1	3.17	985	90.3
		450	151	8	14	13	77.49	60.8	1.47	25700	806	18.2	3.22	1140	107
	450×200	*446	199	8	12	13	82.97	65.1	1.65	28100	1580	18.4	4.36	1260	159
		450	200	9	14	13	95.43	74.9	1.66	32900	1870	18.6	4.42	1460	187
	475×150	*470	150	7	13	13	71.53	56.2	1.50	26200	733	19.1	3.20	1110	97.8
		*475	151.5	8.5	15.5	13	86.15	67.6	1.52	31700	901	19.2	3.23	1330	119
		482	153.5	10.5	19	13	106.4	83.5	1.53	39600	1150	19.3	3.28	1640	150
	500×150	*492	150	7	12	13	70.21	55.1	1.55	27500	677	19.8	3.10	1120	90.3
		*500	152	9	16	13	92.21	72.4	1.57	37000	940	20.0	3.19	1480	124

类别	型号 (高度×宽度) (mm×mm)	截面尺寸(mm)					截面 面积 (cm²)	理论 重量 (kg/m)	表面积 (m²/m)	惯性矩 (cm⁴)		惯性半径 (cm)		截面模数 (cm³)	
		H	B	t_1	t_2	r				I_x	I_y	i_x	i_y	W_1	W_2
HN	500×150	504	153	10	18	13	103.3	81.1	1.58	41900	1080	20.1	3.23	1660	141
	500×200	＊496	199	9	14	13	99.29	77.9	1.75	40800	1840	20.3	4.30	1650	185
		500	200	10	16	13	112.3	88.1	1.76	46800	2140	20.4	4.35	1870	214
		＊506	201	11	19	13	129.3	102	1.77	55500	2580	20.7	4.46	2190	257
	550×200	＊546	199	9	14	13	103.8	81.5	1.85	50800	1840	22.1	4.21	1860	185
		550	200	10	15	13	117.3	92.0	1.86	58200	2140	22.3	4.27	2120	214
	600×200	＊596	199	10	15	13	117.8	92.4	1.95	66600	1980	23.8	4.09	2240	199
		600	200	11	17	13	131.7	103	1.96	75600	2270	24.0	4.15	2520	227
		＊606	201	12	20	13	149.8	118	1.97	88300	2720	24.3	4.25	2910	270
	625×200	＊625	198.5	13.5	17.5	13	150.6	118	1.99	88500	2300	24.2	3.90	2830	231
		630	200	15	20	13	170.0	133	2.01	101000	2690	24.4	3.97	3220	268
		＊638	202	17	24	13	198.7	156	2.03	122000	3320	24.8	4.09	3820	329
	650×300	＊646	299	12	13	18	183.6	144	2.43	131000	8030	26.7	6.61	4080	537
		＊650	300	13	20	18	202.1	159	2.44	146000	9010	26.9	6.67	4500	601
		＊654	301	14	22	18	220.6	173	2.45	161000	10000	27.4	6.81	4930	666
	700×300	＊692	300	13	20	18	207.5	163	2.53	168000	9020	28.5	6.59	4870	601
		700	300	13	24	18	231.5	182	2.54	19700	10800	29.2	6.83	5640	721
	750×300	＊734	299	12	16	18	182.7	143	2.61	161000	7140	29.7	6.25	4390	478
		＊742	300	13	20	18	214.0	168	2.63	19700	9020	30.4	6.49	5320	601
		＊750	300	13	24	18	238.0	187	2.64	231000	10800	31.1	6.74	6150	721
		＊758	303	16	28	18	284.8	224	2.67	276000	13000	31.1	6.75	7270	859
	800×300	＊792	300	14	22	18	239.5	188	2.73	248000	9920	32.2	6.43	6270	661
		800	300	14	26	18	263.5	207	2.74	286000	11700	33.0	6.66	7160	781
	850×300	＊834	298	14	19	18	227.5	179	2.80	251000	8400	33.2	6.07	6020	564
		＊842	299	15	23	18	259.7	204	2.82	298000	10300	33.9	6.28	7080	687
		＊850	300	16	27	18	292.1	229	2.84	346000	12200	34.4	6.45	8140	812
		＊858	301	17	31	18	324.7	255	2.86	395000	14100	34.9	6.59	9210	939
	900×300	＊890	299	15	23	18	266.9	210	2.92	339000	10300	35.6	6.20	7610	687
		900	300	16	28	18	305.8	240	2.94	404000	12600	36.4	6.42	8990	842
		＊912	302	18	34	18	360.1	283	2.97	491000	15700	36.9	6.69	10800	1040
	1000×300	＊970	297	16	21	18	276.0	217	3.07	393000	9210	37.8	5.77	8110	620
		＊980	298	17	26	18	315.5	248	3.09	472000	11500	38.7	6.04	9630	772
		＊990	298	17	31	18	345.3	271	3.11	544000	13700	39.7	6.30	11000	921
		＊1000	300	19	36	18	395.1	310	3.13	634000	16300	40.1	6.41	12700	1080
		＊1008	302	21	40	18	439.3	345	3.15	712000	18400	40.3	6.47	14100	1220

第二节　钢结构的连接材料

一、钢结构的焊接材料

（一）钢结构所用焊接材料选用的基本规定

《高层民用建筑钢结构技术规程》JGJ 99—2015 第 4.1.10 条规定：钢结构所用焊接材料的选用应符合下列规定：

1. 手工焊焊条或自动焊焊丝和焊剂的性能应与构件钢材性能相匹配，其熔敷金属的力学性能不应低于母材的性能。当两种强度级别的钢材焊接时，宜选用与强度较低钢材相匹配的焊接材料。

2. 焊条的材质和性能应符合现行国家标准《非合金钢及细晶粒钢焊条》GB/T 5117、《热强钢焊条》GB/T 5118 的有关规定。框架梁、柱节点和抗侧力支撑连接节点等重要连接或拼接节点的焊缝宜采用低氢型焊条。

3. 焊丝的材质和性能应符合现行国家标准《熔化焊用钢丝》GB/T 14957、《气体保护电弧焊用碳钢、低合金钢焊丝》GB/T 8110、《碳钢药芯焊丝》GB/T 10045 及《低合金钢药芯焊丝》GB/T 17493 的有关规定。

4. 埋弧焊用焊丝和焊剂的材质和性能应符合现行国家标准《埋弧焊用碳钢焊丝和焊剂》GB/T 5293、《埋弧焊用低合金钢焊丝和焊剂》GB/T 12470 的有关规定。

（二）焊接材料与结构钢材的匹配

各类焊接材料与结构钢材的合理匹配关系见表 2-16（摘自《高层民用建筑钢结构技术规程》JGJ 99—2015 第 4.1.10 条条文说明表 2 及《钢结构焊接规范》GB 50661—2011 表 7.2.7）。

焊接材料与结构钢材的匹配　　　　　　　　表 2-16

结构钢材		焊接材料		
《碳素结构钢》GB/T 700、《低合金高强度结构钢》GB/T 1591	《建筑结构用钢板》GB/T 19879	焊条电弧焊	埋弧焊焊剂-焊丝	实芯焊丝气体保护焊
Q235	Q235GJ	GB/T 5117 E43XX	GB/T 5293 F4XX-H08A	GB/T 8110 ER49-X
Q355 Q390	Q355GJ Q390GJ	GB/T 5117 E50XX GB/T 5118 E5015、16-X	GB/T 5293 F5XX-H08MnA F5XX-H10Mn2 GB/T 12470 F48XX-H08MnA F48XX-H10Mn2 F48XX-H10Mn2A	GB/T 8110 ER50-X ER55-X
Q420	Q420GJ	GB/T 5118 E5515、16-X	GB/T 12470 F55XX-H10Mn2A F55XX-H08MnMoA	GB/T 8110 ER55-X

结构钢材		焊接材料		
《碳素结构钢》 GB/T 700、 《低合金高强度结构钢》 GB/T 1591	《建筑结构用钢板》 GB/T 19879	焊条电弧焊	埋弧焊焊剂-焊丝	实芯焊丝气体保护焊
Q460	Q460GJ	GB/T 5118 E5515、16-X	GB/T 12470 F55XX-H08MnMoA F55XX-H08Mn2MoVA	GB/T 8110 ER55-X

（三）焊接材料型号示例

1. 焊条电弧焊型号示例

（1）《非合金钢及细晶粒钢焊条》GB/T 5117

E4303：E 表示焊条（Electrodes）；43 表示熔敷金属抗拉强度最小值为 430MPa；03 表示药皮类型为钛型，适用于全位置焊接，采用交流和直流正、反接。

E5015：E 表示焊条（Electrodes）；50 表示熔敷金属抗拉强度最小值为 490MPa；15 表示药皮类型为碱性，适用于全位置焊接，采用直流反接。

熔敷金属抗拉强度代号见表 2-17，药皮类型代号见表 2-18。

熔敷金属抗拉强度代号（GB/T 5117）　　　　　　　　　　表 2-17

抗拉强度代号	最小抗拉强度值（MPa）
43	430
50	490
55	550
57	570

药皮类型代号（GB/T 5117）　　　　　　　　　　表 2-18

药皮类型代号	药皮类型	焊接位置[a]	电流类型
03	钛型	全位置[b]	交流和直流正、反接
10	纤维素	全位置	直流反接
11	纤维素	全位置	交流和直流反接
12	金红石	全位置[b]	交流和直流正接
13	金红石	全位置[b]	交流和直流正、反接
14	金红石＋铁粉	全位置[b]	交流和直流正、反接
15	碱性	全位置[b]	直流反接
16	碱性	全位置[b]	交流和直流反接
18	碱性＋铁粉	全位置[b]	交流和直流反接
19	钛铁矿	全位置[b]	交流和直流正、反接
20	氧化铁	PA、PB	交流和直流正接
24	金红石＋铁粉	PA、PB	交流和直流正、反接
27	氧化铁＋铁粉	PA、PB	交流和直流正、反接
28	碱性＋铁粉	PA、PB、PC	交流和直流反接
40	不作规定	由制造商确定	
45	碱性	全位置	直流反接
48	碱性	全位置	交流和直流反接

a　焊接位置见 GB/T 16672，其中 PA=平焊、PB=平角焊、PC=横焊、PG=向下立焊；

b　此处"全位置"并不一定包含向下立焊，由制造商确定。

（2）《热强钢焊条》GB/T 5118

E5515：E 表示焊条（Electrodes）；55 表示熔敷金属抗拉强度最小值为 550MPa；15 表示药皮类型为碱性，适用于全位置焊接，采用直流反接。

熔敷金属抗拉强度代号见表 2-19，药皮类型代号见表 2-20。

熔敷金属抗拉强度代号（GB/T 5118） 表 2-19

抗拉强度代号	最小抗拉强度值（MPa）
50	490
52	520
55	550
62	620

药皮类型代号（GB/T 5118） 表 2-20

药皮类型代号	药皮类型	焊接位置[a]	电流类型
03	钛型	全位置[c]	交流和直流正、反接
10[b]	纤维素	全位置	直流反接
11[b]	纤维素	全位置	交流和直流反接
13	金红石	全位置[c]	交流和直流正、反接
15	碱性	全位置[c]	直流反接
16	碱性	全位置[c]	交流和直流反接
18	碱性＋铁粉	全位置（PG 除外）	交流和直流反接
19[b]	钛铁矿	全位置[c]	交流和直流正、反接
20[b]	氧化铁	PA、PB	交流和直流正接
27[b]	氧化铁＋铁粉	PA、PB	交流和直流正接
40	不做规定	由制造商确定	

a 焊接位置见 GB/T 16672，其中 PA＝平焊、PB＝平角焊、PC＝横焊、PG＝向下立焊；

b 仅限于熔敷金属化学成分代号 1M3；

c 此处"全位置"并不一定包含向下立焊，由制造商确定。

2. 埋弧焊焊剂、焊丝型号示例

（1）《埋弧焊用碳钢焊丝和焊剂》GB/T 5293

F4A2-H08A：F 表示焊剂；4 表示熔敷金属抗拉强度的最小值为 415MPa；A 表示试件为焊态，A 为焊态下测试的力学性能，P 为热处理后测试的力学性能；2 表示熔敷金属冲击吸收功不小于 27J 的试验温度，0、－20℃、－30℃、－40℃、－50℃、－60℃的代表值分别为 0、2、3、4、5、6；H08A 为焊丝牌号。

熔敷金属抗拉强度代号见表 2-21。

熔敷金属抗拉强度代号（GB/T 5293） 表 2-21

焊剂型号	抗拉强度 σ_b（MPa）
F4XX-HXXX	415～550
F5XX-HXXX	480～650

（2）《埋弧焊用低合金钢焊丝和焊剂》GB/T 12470

F48A0-H08MnMoA：48 表示熔敷金属抗拉强度的最小值为 480MPa；A 表示试件为焊态，A 为焊态下测试的力学性能，P 为热处理后测试的力学性能；0 表示熔敷金属冲击吸收功不小于 27J 的试验温度，0、−20℃、−30℃、−40℃、−50℃、−60℃、−70℃、−100℃的代表值分别为 0、2、3、4、5、6、7、10；H08MnMoA 为焊丝牌号。

熔敷金属抗拉强度代号见表 2-22。

熔敷金属抗拉强度代号（GB/T 12470）　　　　　　　　　　　表 2-22

焊剂型号	抗拉强度 σ_b（MPa）
F48XX-HXXX	480～660
F55XX-HXXX	550～700
F62XX-HXXX	620～760
F69XX-HXXX	690～830
F76XX-HXXX	760～900
F83XX-HXXX	830～970

3. 实芯焊丝气体保护焊型号示例

ER50-2：ER 表示焊丝；50 表示熔敷金属抗拉强度的最小值为 500MPa，55 表示熔敷金属抗拉强度的最小值为 550MPa，49 表示熔敷金属抗拉强度的最小值为 490MPa；2 表示焊丝化学成分分类代号。

（四）焊接材料选用举例

一般情况下，焊接材料的屈服强度要比母材高出较多。为使焊缝具有较好的延性，在满足承载力要求的前提下，宜尽量选用屈服强度较低的焊接材料。也就是说，在满足熔敷金属抗拉强度不小于母材抗拉强度的前提下，应尽可能选用低强度的焊接材料。这是焊接材料选用的一个最基本准则。根据这一基本准则，下面解释表 2-16，并对其中部分不合适的焊接材料进行修订。

钢材母材抗拉强度最小值、焊接材料熔敷金属抗拉强度最小值分别见表 2-23 和表 2-24 根据。

钢材母材抗拉强度最小值（MPa）　　　　　　　　　　　表 2-23

Q235	Q235GJ	Q355	Q355GJ	Q390	Q390GJ	Q420	Q420GJ	Q460	Q460GJ
370	380	470	470	490	490	520	510	550	550

焊接材料熔敷金属抗拉强度最小值（MPa）　　　　　　　　　　　表 2-24

F4XX	E43XX	F5XX	F48XX	ER49-X	E50XX	ER50-X	E55XX	F55XX	ER55-X
415	430	480	480	490	490	500	550	550	550

将钢材母材抗拉强度最小值、焊接材料熔敷金属抗拉强度最小值从低到高排列，见表 2-25。根据"在满足熔敷金属抗拉强度不小于母材抗拉强度的前提下，应尽可能选用低强度的焊接材料"这一基本准则，Q235、Q235GJ 可选用 F4XX、E43XX、ER49-X；Q355 可选用 F5XX、F48XX、ER49-X、E50XX；Q355GJ、Q390、Q390GJ 可选用 ER49-X、E50XX、F55XX；Q420、Q420GJ、Q460、Q460GJ 可选用 E55XX、F55XX、ER55-X。

钢材母材、焊接材料熔敷金属抗拉强度最小值（MPa）　　　　表 2-25

钢材	焊接材料	钢材	焊接材料	钢材	焊接材料		钢材		焊接材料
Q235	Q235GJ F4XX E43XX	Q355、Q355GJ	F5XX F48XX	Q390、Q390GJ	ER49-X、E50XX	ER50-X	Q420GJ	Q420	Q460、Q460GJ	E55XX、F55XX、ER55-X
370	380　　415　　430	470	480	490	490	500	·510	520	550	550

（五）设计用焊缝强度值

《高层民用建筑钢结构技术规程》JGJ 99—2015 第 4.2.4 条规定，设计用焊缝的强度值应按表 2-26 采用。

设计用焊缝强度值（N/mm²）　　　　表 2-26

焊接方法和焊条型号	构件钢材		对接焊缝抗拉强度最小值 f_u	对接焊缝强度设计值				角焊缝强度设计值
	钢材牌号	厚度或直径（mm）		抗压 f_c^w	焊缝质量为下列等级时抗拉、抗弯 f_t^w		抗剪 f_v^w	抗拉、抗压和抗剪 f_f^w
					一、二级	三级		
F4XX-H08A 焊剂-焊丝自动焊、半自动焊，E43 型焊条手工焊	Q235	≤16	370	215	215	185	125	160
		>16,≤40		205	205	175	120	
		>40,≤100		200	200	170	115	
F48XX-H08MnA 或 F48XX H10Mn2 焊剂-焊丝自动焊、半自动焊，E50 型焊条手工焊	Q355	≤16	470	305	305	260	175	200
		>16,≤40		295	295	250	170	
		>40,≤63		290	290	245	165	
		>63,≤80		280	280	240	160	
		>80,≤100		270	270	230	155	
F55XX-Hl0Mn2 或 F55XX-H08MnMoA 焊剂-焊丝自动焊、半自动焊，E55 型焊条手工焊	Q390	≤16	490	345	345	295	200	220
		>16,≤40		330	330	280	190	
		>40,≤63		310	310	265	180	
		>63,≤100		295	295	250	170	
	Q420	≤16	520	375	375	320	215	220
		>16,≤40		355	355	300	205	
		>40,≤63		320	320	270	185	
		>63,≤100		305	305	260	175	
	Q355 GJ	>16,≤50	490	325	325	275	185	200
		>50,≤100		300	300	255	170	

注：1. 焊缝质量等级应符合现行国家标准《钢结构焊接规范》GB 50661 的规定，其检验方法应符合现行国家标准《钢结构工程施工质量验收标准》GB 50205 的规定。其中厚度小于 8mm 钢材的对接焊缝，不应采用超声波探伤确定焊缝质量等级（规范此条规定值得商榷，具体详见第二章第四节论述）；

2. 对接焊缝在受压区的抗弯强度设计值取 f_c^w，在受拉区的抗弯强度设计值取 f_t^w；

3. 表中厚度系指计算点的钢材厚度，对轴心受拉和轴心受压构件系指截面中较厚板件的厚度；

4. 进行无垫板的单面施焊对接焊缝的连接计算时，上表规定的强度设计值应乘折减系数 0.85；

5. Q355GJ 钢与 Q355 钢焊接时，焊缝强度设计值按较低者采用；

6. 当抗震设计需进行焊接连接极限承载力验算时，其对接焊缝极限强度可按表中 f_u 取值，角焊缝可按 $0.58f_u$ 取值。本书第一章角焊缝连接极限承载力计算公式 $V_u = 0.58A_f^w f_u$ 就是由此得到的。

二、钢结构用螺栓

(一) 普通螺栓

《高层民用建筑钢结构技术规程》JGJ 99—2015 第 4.1.11 条第 1 款规定：普通螺栓宜采用 4.6 或 4.8 级 C 级螺栓，其性能与尺寸规格应符合现行国家标准《紧固件机械性能 螺栓、螺钉和螺柱》GB/T 3098.1、《六角头螺栓 C 级》GB/T 5780 和《六角头螺栓》GB/T 5782 的规定。

普通螺栓根据加工精度不同分为 A、B、C 共 3 级，A、B 级为精加工。A、B 级普通螺栓的螺杆与孔径相同，精加工，螺杆只允许有 $-0.18\sim-0.25$mm 的偏差，孔只允许有 $+0.18\sim+0.25$mm 的偏差，均为 I 类孔。C 级普通螺栓为粗加工，II 类孔，一般孔径比杆径大 1~2mm。再加上允许偏差 1mm 以及圆度、垂直度偏差，造成连接易松动，仅适用于安装及次要连接。A、B 级普通螺栓应符合《六角头螺栓》GB/T 5782—2016 的规定，C 级普通螺栓应符合《六角头螺栓 C 级》GB/T 5780—2016 的规定。对建筑结构而言，A、B 级普通螺栓精度偏高，其抗剪、抗拉性能良好，但制造和安装复杂，故很少使用（《高层建筑钢-混凝土混合结构设计规程》CECS 230：2008 在螺栓连接的强度设计值一表中，A、B 级普通螺栓已经不被列入）。C 级普通螺栓使用虽多，但仅用于安装及次要连接，最常用于杆轴方向受拉连接。

普通螺栓的表示方法采用螺栓杆强度级别，其性能等级中位于小数点之前的一位数字表示热处理后的抗拉强度（N/cm^2）；小数点及其后面的数字表示屈强比。例如，4.6 级表示螺栓杆的抗拉强度≥400MPa，且屈强比为 0.6。

(二) 高强度螺栓

《高层民用建筑钢结构技术规程》JGJ 99—2015 第 4.1.11 条第 2 款规定：高强度螺栓可选用大六角高强度螺栓或扭剪型高强度螺栓。高强度螺栓的材质、材料性能、级别和规格应分别符合现行国家标准《钢结构用高强度大六角头螺栓》GB/T 1228、《钢结构用高强度大六角螺母》GB/T 1229、《钢结构用高强度垫圈》GB/T 1230、《钢结构用高强度大六角头螺栓、大六角螺母、垫圈技术条件》GB/T 1231 和《钢结构用扭剪型高强度螺栓连接副》GB/T 3632 的规定。

1. 螺栓类型

高强度螺栓按照产品分类，分为大六角头型和扭剪型。大六角头高强度螺栓应符合现行国家标准《钢结构用高强度大六角头螺栓》GB/T 1228—2006、《钢结构用高强度大六角螺母》GB/T 1229—2006、《钢结构用高强度垫圈》GB/T 1230—2006、《钢结构用高强度大六角头螺栓、大六角螺母、垫圈技术条件》GB/T 1231—2006 的规定，高强度大六角头螺栓连接副是指由一个高强度大六角头螺栓、一个高强度大六角螺母和两个高强度平垫圈组成一副的连接紧固件；扭剪型高强度螺栓应符合现行国家标准《钢结构用扭剪型高强度螺栓连接副》GB/T 3632—2008 的规定，扭剪型高强度螺栓连接副是指由一个扭剪型高强度螺栓、一个高强度大六角螺母和一个高强度平垫圈组成一副的连接紧固件。大六角头高强度螺栓有 8.8 级和 10.9 级两个强度级别，扭剪型高强度螺栓仅有 10.9 级。

2. 摩擦型和承压型高强度螺栓

高强度螺栓按照连接分类，分为摩擦型和承压型。

（1）摩擦型

高强度螺栓摩擦型连接，利用高强度螺栓的预拉力，使被连接钢板的层间产生抗滑力（摩擦阻力），以传递剪力。采用高强度螺栓摩擦型连接的节点变形小，在使用荷载作用下不会产生滑移。用于不允许有滑移现象的连接，它能承受连接处的应力交变和应力急剧变化。适用于重要结构、承受动力荷载的结构，以及可能出现反向内力的构件连接。

高强度螺栓摩擦型连接，每个高强度螺栓受剪承载力按下式计算：

$$N_v^b = 0.9 k n_f \mu P \qquad (2-1)$$

式中　k——孔型系数，标准孔取 1.0；大圆孔取 0.85；内力与槽孔长向垂直时取 0.7；
内力与槽孔长向平行时取 0.6；

　　　n_f——传力摩擦面数目；

　　　μ——摩擦面的抗滑移系数，应按表 2-27 采用；

　　　P——一个高强度螺栓的预拉力（kN），应按表 2-28 采用。

摩擦面的抗滑移系数　　　　　　　　　　　　　　表 2-27

在连接处构件接触面的处理方法	构件的钢号		
	Q235 钢	Q355 钢或 Q390 钢	Q420 钢或 Q460 钢
喷硬质石英砂或铸钢棱角砂	0.45	0.45	0.45
抛丸(喷砂)	0.40	0.40	0.40
钢丝刷清除浮锈或未经处理的干净轧制表面	0.30	0.35	—

注：1. 钢丝刷除锈方向应与受力方向垂直；

　　2. 当连接构件采用不同钢材牌号时，μ 按相应较低强度者取值；

　　3. 采用其他方法处理时，其处理工艺及抗滑移系数值均需经试验确定。

一个高强度螺栓的预拉力 P（kN）　　　　　　　　表 2-28

螺栓的性能等级	螺栓公称直径(mm)					
	M16	M20	M22	M24	M27	M30
8.8 级	80	125	·150	175	230	280
10.9 级	100	155	190	225	290	355

（2）承压型

高强度螺栓承压型连接，是以高强度螺栓的螺杆抗剪强度或被连接钢板的螺栓孔壁抗压强度来传递剪力。其制孔及预拉力施加等要求，均与高强度螺栓摩擦型连接的做法相同，但杆件连接处的板件接触面仅需清除油污及浮锈。高强度螺栓承压型连接抗剪、承压的工作条件较差，类似于普通螺栓，被连接组合的构件承受荷载时所产生的变形大于高强度螺栓摩擦型连接的变形，所以不得用于直接承受动力荷载的构件、承受反复荷载作用的构件、抗震设防的结构。一般来说，高强度螺栓承压型连接的承载能力要高于高强度螺栓摩擦型连接，而且施工更为方便。

高强度螺栓承压型连接的计算方法和构造要求与普通螺栓连接相同，但当剪切面在螺纹处时，其受剪承载力设计值应按螺纹处的有效面积进行计算。高强度螺栓承压型连接，每个高强度螺栓受剪承载力按下式计算：

$$N_v^b = n_v \frac{\pi d^2}{4} f_v^b \qquad (2-2)$$

式中　n_v——受剪面数目；

　　　d——高强度螺栓公称直径（mm），当剪切面在螺纹处时，应按螺纹处的有效面积 A_{eff}（mm²）计算受剪承载力设计值，螺纹处的有效面积 A_{eff} 按照表 2-29 取值；

　　　f_v^b——高强度螺栓的抗剪强度设计值（N/mm²）。

螺栓在设计螺纹处的有效面积 A_{eff}、$\frac{\pi d^2}{4}$（mm²）　　　表 2-29

螺栓规格	M16	M20	M22	M24	M27	M30
A_{eff}	157	245	303	353	459	561
$\frac{\pi d^2}{4}$	201	314	380	452	572	707

表 2-29 中螺纹处的有效面积 A_{eff} 摘自《钢结构高强度螺栓连接技术规程》JGJ 82—2011 表 4.2.3。从表 2-29 可以看出，螺纹处的有效面积小于按照螺栓公称直径计算出来的面积。

（3）摩擦型与承压型高强度螺栓受剪承载力比较

M22 高强度螺栓，10.9 级，双剪，连接处构件接触面的处理方法为钢丝刷清除浮锈，标准孔，钢材钢号为 Q355。分别计算摩擦型、承压型高强度螺栓受剪承载力。

高强度螺栓摩擦型连接，受剪承载力为：

$N_v^b = 0.9kn_f\mu P = 0.9 \times 1 \times 2 \times 0.35 \times 190 = 119.7kN$

高强度螺栓承压型连接，受剪承载力为：

$N_v^b = n_v A_{eff} f_v^b = 2 \times 303 \times 310 = 187860N = 187.86kN$

（说明：f_v^b 取自本书表 2-32。）

可以看出，承压型高强度螺栓受剪承载力远高于摩擦型高强度螺栓。

（4）摩擦型与承压型高强度螺栓的选用

高强度螺栓连接分为摩擦型和承压型。《钢结构设计规范》GB 50017—2003 指出：目前制造厂生产供应的高强度螺栓并无用于摩擦型和承压型连接之分，因高强度螺栓承压型连接的剪切变形比摩擦型的大，所以只适用于承受静力荷载和间接承受动力荷载的结构。因为承压型连接的承载力取决于钉杆剪断或同一受力方向的钢板被压坏，其承载力较之摩擦型要高出很多。最近有人提出，摩擦面滑移量不大，因螺栓孔隙仅为 1.5～2mm，而且不可能都偏向一侧，所以可以用承压型连接的承载力代替摩擦型连接的承载力，对结构构件定位影响不大，可以节省很多螺栓，这算一项技术创新。

蔡益燕对"可以用承压型连接的承载力代替摩擦型连接的承载力"这一观点进行了驳斥，他认为：在抗震设计中，主要承重结构的高强度螺栓连接一律采用摩擦型。连接设计分为两个阶段：第一阶段按设计内力进行弹性设计，要求摩擦面不滑移；第二阶段进行极限承载力计算，此时考虑摩擦面已滑移，摩擦型连接成为承压型连接，要求连接的极限承载力大于构件的塑性承载力，其最终目标是保证房屋大震不倒。如果在设计内力下就按承压型连接设计，虽然螺栓用量省了，但是设计荷载下承载力已用尽。如果发生地震，螺栓连接注定要破坏，房屋将不再成为整体，势必倒塌。虽然大部分地区的设防烈度很低，但地震的发生目前仍无法准确预报，低烈度区发生较高烈度地震的概率虽然不大，但不能排除。而且钢结构的尺寸是以 mm 计的，现代技术设备要求精度极高，超高层建筑的安装精度要求也很高，结构按弹性设计允许摩擦面滑移，简直不可思议，只有摩擦型连接才能准确地控制结构尺寸。

《高层民用建筑钢结构技术规程》JGJ 99—2015 第 8.1.6 条规定：高层民用建筑钢结构承重构件的螺栓连接，应采用高强度螺栓摩擦型连接。考虑罕遇地震时连接滑移，螺栓杆与孔壁接触，极限承载力按承压型连接计算。

综上论述，抗震设计弹性阶段高强度螺栓承载力均应按照摩擦型计算。

3. 大六角头和扭剪型高强度螺栓

（1）大六角头高强度螺栓

大六角头高强度螺栓机械性能见表 2-30。

大六角头高强度螺栓机械性能 表 2-30

性能等级	抗拉强度（MPa）	规定非比例延伸强度(MPa)	断后伸长率（%）	断后收缩率（%）	冲击吸收功（J）
			不小于		
10.9S	1040～1240	940	10	42	47
8.8S	830～1030	660	12	45	63

大六角头高强度螺栓的表示方法是采用螺栓杆强度级别，其性能等级中位于小数点之前的一位或两位数字表示抗拉强度（N/cm^2）；小数点及其后面的数字表示屈强比。例如，10.9 级表示螺栓杆的抗拉强度≥1000N/mm^2，且屈强比为 0.9；8.8 级表示螺栓杆的抗拉强度≥800N/mm^2，且屈强比为 0.8。

大六角头高强度螺栓螺纹规格为 M12、M16、M20、（M22）、M24、（M27）、M30，其中括号内为第二选择系列，不属于常用规格，应优先选用第一系列（不带括号）。

（2）扭剪型高强度螺栓

扭剪型高强度螺栓机械性能见表 2-31。

扭剪型高强度螺栓机械性能 表 2-31

性能等级	抗拉强度（MPa）	规定非比例延伸强度(MPa)	断后伸长率（%）	断后收缩率（%）	冲击吸收功(J)（−20℃）
			不小于		
10.9S	1040～1240	940	10	42	27

扭剪型高强度螺栓的表示方法是采用螺栓杆强度级别，其性能等级中位于小数点之前的一位或两位数字表示抗拉强度（N/cm^2）；小数点及其后面的数字表示屈强比。例如，10.9 级表示螺栓杆的抗拉强度≥1000N/mm^2，且屈强比为 0.9。

扭剪型高强度螺栓螺纹规格为 M16、M20、（M22）、M24、（M27）、M30，其中括号内为第二选择系列，不属于常用规格，应优先选用第一系列（不带括号）。

（3）大六角头高强度螺栓与扭剪型高强度螺栓的区别

1）高强度大六角头螺栓连接副是指由一个高强度大六角头螺栓、一个高强度大六角螺母和两个高强度平垫圈组成一副的连接紧固件，即"两垫一母"；扭剪型高强度螺栓连接副是指由一个扭剪型高强度螺栓、一个高强度大六角螺母和一个高强度平垫圈组成一副的连接紧固件，即"一垫一母"。

2）大六角头高强度螺栓有 8.8 级和 10.9 级两个强度级别；扭剪型高强度螺栓仅有 10.9 级。

3）大六角头高强度螺栓的螺帽为正六角形，便于使用扳手固定的需要；扭剪型高强度螺栓的螺帽为圆形，不需要使用扳手固定。

4）扭剪型高强度螺栓价格一般高于大六角头高强度螺栓。

5）大六角头高强度螺栓和扭剪型高强度螺栓都是以扭矩大小确定螺栓预拉力的大小，不同的是大六角头高强度螺栓的扭矩是由施工工具来控制的。而扭剪型高强度螺栓属于自标量型螺栓，其施工紧固扭矩是由螺杆与螺栓尾部梅花头之间的切口直径决定的，即靠其扭断力矩来控制，施工时要采用专用电动扳手，该电动扳手配有内外两个套筒，外套筒扭螺母，对螺栓施加扭矩，内套筒反向扭梅花头，两个扭矩大小相等、方向相反，至尾部梅花头拧掉，读出预拉力值。两者相比，扭剪型高强度螺栓更具有施工方便、检查直观、受力良好、保证质量等优点，在高层钢结构工程上绝大部分都采用这种形式。

（4）大六角头高强度螺栓与扭剪型高强度螺栓的选用

《钢结构高强度螺栓连接技术规程》JGJ 82—2011 第 3.1.2 条规定：高强度螺栓连接设计，宜符合连接强度不低于构件的原则。在钢结构设计文件中，应注明选用高强度螺栓连接副性能等级、规格、连接类型及摩擦型连接摩擦面抗滑移系数值等要求。

《钢结构高强度螺栓连接技术规程》JGJ 82—2011 第 3.1.2 条条文说明：目前国内只有高强度大六角头螺栓连接副（10.9S、8.8S）和扭剪型高强度螺栓连接副（10.9S）两种产品，从设计计算角度上没有区别，仅施工方法和构造上稍有差别。因此设计可以不选定产品类型，由施工单位根据工程实际及施工经验选定产品类型。

规范要求钢结构设计文件中，应注明选用高强度螺栓连接副性能等级（10.9S、8.8S）、规格（MXX）、连接类型（摩擦型、承压型）及摩擦型连接摩擦面抗滑移系数值（μ），而不需要指定产品（大六角头高强度螺栓、扭剪型高强度螺栓）。但是笔者认为，扭剪型高强度螺栓在保证预拉力这一点上，比大六角头高强度螺栓更能保证质量，因此，在高层钢结构设计中，应尽可能选用扭剪型高强度螺栓。

（三）圆柱头焊钉（栓钉）

组合结构所用圆柱头焊钉（栓钉）连接件的材料应符合现行国家标准《电弧螺柱焊用圆柱头焊钉》GB/T 10433—2012 的规定。其屈服强度不应小于 $320N/mm^2$，抗拉强度不应小于 $400N/mm^2$，伸长率不应小于 14%。

焊钉直径规格有 10mm、13mm、16mm、19mm、22mm、25mm 共六种。

（四）锚栓

锚栓钢材可采用现行国家标准《碳素结构钢》GB/T 700—2006 规定的 Q235 钢，或《低合金高强度结构钢》GB/T 1591—2018 中规定的 Q355 钢、Q390 钢或强度更高的钢材。

锚栓一般按其承受拉力计算选择截面，故宜选用 Q355、Q390 等牌号钢。为了增加柱脚刚度或为构造用时，也可选用 Q235 钢。

（五）设计用螺栓的强度值

设计用螺栓的强度值应按表 2-32 采用。

设计用螺栓的强度值（N/mm²）　　　　表 2-32

螺栓的钢材牌号（或性能等级）和连接构件的钢材牌号		螺栓的强度设计值											锚栓、高强度螺栓钢材的抗拉强度最小值 f_u^b
		普通螺栓						锚栓		承压型连接的高强度螺栓			
		C 级螺栓			A、B 级螺栓								
		抗拉 f_t^b	抗剪 f_v^b	承压 f_c^b	抗拉 f_t^b	抗剪 f_v^b	承压 f_c^b	抗拉 f_t^a	抗剪 f_v^a	抗拉 f_t^b	抗剪 f_v^b	承压 f_c^b	
普通螺栓	4.6 级 4.8 级	170	140	—	—	—	—	—	—	—	—	—	—
	5.6 级	—	—	—	210	190	—	—	—	—	—	—	
	8.8 级	—	—	—	400	320	—	—	—	—	—	—	
锚栓	Q235 钢	—	—	—	—	—	—	140	80	—	—	—	370
	Q355 钢	—	—	—	—	—	—	180	105	—	—	—	470
	Q390 钢	—	—	—	—	—	—	185	110	—	—	—	490
承压型连接的高强度螺栓	8.8 级	—	—	—	—	—	—	—	—	400	250	—	830
	10.9 级	—	—	—	—	—	—	—	—	500	310	—	1040
所连接构件钢材牌号	Q235 钢	—	—	305	—	—	405	—	—	—	—	470	—
	Q355 钢	—	—	385	—	—	510	—	—	—	—	590	
	Q390 钢	—	—	400	—	—	530	—	—	—	—	615	
	Q420 钢	—	—	425	—	—	560	—	—	—	—	655	
	Q355GJ 钢	—	—	400	—	—	530	—	—	—	—	615	

注：1. A 级螺栓用于 $d \leqslant 24$mm 和 $l \leqslant 10d$ 或 $l \leqslant 150$mm（按较小值）的螺栓；B 级螺栓用于 $d > 24$mm 或 $l > 10d$ 或 $l > 150$mm（按较小值）的螺栓；d 为公称直径，l 为螺杆公称长度；

2. B 级螺栓孔的精度和孔壁表面粗糙度及 C 级螺栓孔的允许偏差和孔壁表面粗糙度，均应符合现行国家标准《钢结构工程施工质量验收标准》GB 50205—2020 的规定；

3. 摩擦型连接的高强度螺栓钢材的抗拉强度最小值与表中承压型连接的高强度螺栓相应值相同。

（六）螺栓的间距要求

螺栓的距离应符合表 2-33 的要求。

螺栓的最大、最小容许距离　　　　表 2-33

名称	位置和方向			最大容许距离（取两者的较小值）	最小容许距离
中心间距	外排（垂直内力方向或顺内力方向）			$8d_0$ 或 $12t$	$3d_0$
	中间排	垂直内力方向		$16d_0$ 或 $24t$	
		顺内力方向	构件受压力	$12d_0$ 或 $18t$	
			构件受拉力	$16d_0$ 或 $24t$	
	沿对角线方向				

续表

名称	位置和方向			最大容许距离 （取两者的较小值）	最小容许距离
中心至构件 边缘距离	顺内力方向			4d_0 或 8t	2d_0
	垂直内力方向	剪切边或手工切割边			1.5d_0
		轧制边、自动气割 或锯割边	高强度螺栓		
			其他螺栓		1.2d_0

注：1. d_0 为螺栓的孔径，t 为外层较薄板件的厚度；

2. 钢板边缘与刚性构件（如角钢、槽钢）相连的螺栓的最大间距，可按中间排的数值采用；

3. 高强度螺栓孔应采用钻成孔，高强度螺栓的孔径（标准孔）d_0 比螺栓公称直径 d 大 1.5～3.0mm（详见《钢结构设计标准》GB 50017—2017 表 11.5.1）；

4. 计算螺栓孔引起的截面削弱时可取 $d+4$mm 和 d_0 的较大者。

第三节　钢结构防锈和防腐蚀材料

《钢结构设计标准》GB 50017—2017 第 18.2.7 条规定：在钢结构设计文件中应注明防腐蚀方案，如采用涂（镀）层方案，须注明所要求的钢材除锈等级和所要用的涂料（或镀层）及涂（镀）层厚度，并注明使用单位在使用过程中对钢结构防腐蚀进行定期检查和维修的要求，建议制定防腐蚀维护计划。

一、钢材除锈等级

（一）钢结构除锈的几种方式及其除锈等级

《涂覆涂料前钢材表面处理表面清洁度的目视评定 第 1 部分：未涂覆过的钢材表面和全面清除原有涂层后的钢材表面的锈蚀等级和处理等级》GB/T 8923.1—2011 规定了钢结构除锈的几种方式及其除锈等级。每一除锈等级用代表相应除锈方法类型的字母"Sa"、"St" 或 "Fl" 表示，字母后面的数字表示清除氧化皮、铁锈和原有涂层的程度。

1. 喷射清理，Sa

对喷射清理的表面处理，用字母"Sa"表示。喷射清理等级描述见表 2-34。喷射清理前应铲除全部厚锈层，可见的油、脂和污物也应清除掉。喷射清理后，应清除表面的浮灰和碎屑。

喷射清理等级　　　　　　　　　　　　　　　　　　　　　　表 2-34

喷射清理等级	等级描述
Sa1 轻度的喷射清理	在不放大的情况下观察时，表面应无可见的油、脂和污物，并且没有附着不牢的氧化皮、铁锈、涂层和外来杂质[a]
Sa2 彻底的喷射清理	在不放大的情况下观察时，表面应无可见的油、脂和污物，并且几乎没有氧化皮、铁锈、涂层和外来杂质。任何残留污染物应附着牢固[b]
Sa2$\frac{1}{2}$非常彻底的喷射清理	在不放大的情况下观察时，表面应无可见的油、脂和污物，并且没有氧化皮、铁锈、涂层和外来杂质。任何污染物的残留痕迹应仅呈现为点状或条纹状的轻微色斑

续表

喷射清理等级	等级描述
Sa3 使钢材表观洁净的喷射清理	在不放大的情况下观察时,表面应无可见的油、脂和污物,并且应无氧化皮、铁锈、涂层和外来杂质。该表面应具有均匀的金属色泽

a "外来杂质"可能包括水溶性盐类和焊接残留物,这些污染物采用干法喷射清理、手工和动力工具清理或火焰清理,不可能从表面完全清除,可采用湿法喷射清理或水喷射清理;

b 若氧化皮、铁锈或涂层可用钝的铲刀刮掉,则视为附着不牢。

2. 手工和动力工具清理,St

对手工和动力工具清理,例如刮、手工刷、机械刷和打磨等表面处理,用字母"St"表示。手工和动力工具清理等级描述见表 2-35。手工和动力工具清理前应铲除全部厚锈层,可见的油、脂和污物也应清除掉。手工和动力工具清理后,应清除表面的浮灰和碎屑。

手工和动力工具清理等级 表 2-35

手工和动力工具清理等级	等级描述
St2 彻底的手工和动力工具清理	在不放大的情况下观察时,表面应无可见的油、脂和污物,并且没有附着不牢的氧化皮、铁锈、涂层和外来杂质
St3 非常彻底的手工和动力工具清理	同 St2,但表面处理应彻底得多,表面应具有金属底材的光泽

3. 火焰清理,Fl

对火焰清理的表面处理,用字母"Fl"表示。火焰清理等级描述见表 2-36。火焰清理前应铲除全部厚锈层。火焰清理后,表面应以动力钢丝刷清理。

火焰清理等级 表 2-36

火焰清理等级	等级描述
Fl 火焰清理	在不放大的情况下观察时,表面应无氧化皮、铁锈、涂层和外来杂质。任何残留的痕迹应仅为表面变色

(二)钢结构除锈等级的确定

钢材表面除锈等级的确定,是涂装设计的主要内容。确定等级过高,无疑会造成人力、财力的浪费;确定等级过低会降低涂装质量,起不到应有的防护作用。从除锈等级标准来看,Sa3 级标准质量最高,但它需要的条件和费用也最高。按消耗的工时计算,若以 Sa2 级为 100,Sa2 $\frac{1}{2}$ 级为 130,则 Sa3 级为 200。设计时应对除锈等级提出要求,但不宜盲目追求过高标准。随着除锈等级的提高,除锈费用急剧增加。有资料表明,钢材表面处理的费用(相当于 Sa2 级)约占钢结构总造价的 1.8%。除锈等级一般应根据钢材表面的原始状态、选用的底漆、可能采用的除锈方法、工程造价及要求的涂装围护周期等因素确定。

1. 《工业建筑防腐蚀设计标准》GB/T 50046—2018 除锈等级的规定

《工业建筑防腐蚀设计标准》GB/T 50046—2018 第 5.2.4 条规定:钢铁基层的除锈等级应符合表 2-37 的规定。并且明确指出新建工程重要构件的除锈等级不应低于 Sa2 $\frac{1}{2}$ 级。

钢铁基层的除锈等级　　　　　　　　　　表 2-37

项　目	最低除锈等级
富锌底涂料	$Sa2\frac{1}{2}$
乙烯磷化底涂料、氯化橡胶	
环氧或乙烯基酯玻璃鳞片底涂料	Sa2
聚氨酯、环氧、聚氯乙烯萤丹、高氯化聚乙烯、氯磺化聚乙烯、醇酸、丙烯酸环氧、丙烯酸聚氨酯等底涂料	Sa2 或 St3
环氧沥青、聚氨酯沥青底涂料	St2
喷铝及其合金	Sa3
喷锌及其合金	$Sa2\frac{1}{2}$
热镀浸锌	Be

2.《高层民用建筑钢结构技术规程》JGJ 99—2015 除锈等级的规定

《高层民用建筑钢结构技术规程》JGJ 99—2015 第 9.10.2 条根据《钢结构工程施工质量验收标准》GB 50205，作出以下规定：钢材的除锈等级应符合表 2-38 的规定。

除锈质量等级　　　　　　　　　　表 2-38

涂料品种	除锈等级
油性酚醛、醇酸等底漆或防锈漆	St2
高氯化聚乙烯、氯化橡胶、氯磺化聚乙烯、环氧树脂、聚氨酯等底漆或防锈漆	Sa2
无机富锌、有机硅、过氯乙烯等底漆	$Sa2\frac{1}{2}$

综合以上规范，高层钢结构设计文件中，一般选用除锈等级为 $Sa2\frac{1}{2}$ 级。

二、钢材防锈和防腐蚀材料选用

钢结构防锈和防腐蚀材料，规范一直没有明确的规定。设计一般参考各种设计手册及相关参考书。2011 年，《建筑钢结构防腐蚀技术规程》JGJ/T 251—2011 发布，对钢结构防锈和防腐蚀材料有比较详细的规定。

(一) 大气环境对建筑钢结构长期作用下的腐蚀性等级

大气环境对建筑钢结构长期作用下的腐蚀性等级可按表 2-39 进行确定。

大气环境对建筑钢结构长期作用下的腐蚀性等级　　　　　表 2-39

腐蚀类型		腐蚀速率 (mm/a)	腐蚀环境		
腐蚀性等级	名称		大气环境气体类型	年平均环境相对湿度(%)	大气环境
Ⅰ	无腐蚀	<0.001	A	<60	乡村大气
Ⅱ	弱腐蚀	0.001~0.025	A	60~75	乡村大气
			B	<60	城市大气
Ⅲ	轻腐蚀	0.025~0.05	A	>75	乡村大气
			B	60~75	城市大气
			C	<60	工业大气

续表

腐蚀类型		腐蚀速率(mm/a)	腐蚀环境		
腐蚀性等级	名称		大气环境气体类型	年平均环境相对湿度(%)	大气环境
IV	中腐蚀	0.05～0.2	B	>75	城市大气
			C	60～75	工业大气
			D	<60	海洋大气
V	较强腐蚀	0.2～1.0	C	>75	工业大气
			D	60～75	海洋大气
VI	强腐蚀	1.0～5.0	D	>75	海洋大气

注：1. 在特殊场合与额外腐蚀负荷作用下，应将腐蚀类型提高等级；
  2. 处于潮湿状态或不可避免结露的部位，环境相对湿度应取大于75%；
  3. 大气环境气体类型可根据本书表2-40进行划分；
  4. mm/a指每年腐蚀的毫米数值。

大气环境气体类型   表 2-40

大气环境气体类型	腐蚀性物质名称	腐蚀性物质含量(kg/m^3)
A	二氧化碳	$<2\times10^{-3}$
	二氧化硫	$<5\times10^{-7}$
	氟化氢	$<5\times10^{-8}$
	硫化氢	$<1\times10^{-8}$
	氮的氧化物	$<1\times10^{-7}$
	氯	$<1\times10^{-7}$
	氯化氢	$<5\times10^{-8}$
B	二氧化碳	$>2\times10^{-3}$
	二氧化硫	$5\times10^{-7}\sim1\times10^{-5}$
	氟化氢	$5\times10^{-8}\sim5\times10^{-6}$
	硫化氢	$1\times10^{-8}\sim5\times10^{-6}$
	氮的氧化物	$1\times10^{-7}\sim5\times10^{-6}$
	氯	$1\times10^{-7}\sim1\times10^{-6}$
	氯化氢	$5\times10^{-8}\sim5\times10^{-6}$
C	二氧化硫	$1\times10^{-5}\sim2\times10^{-4}$
	氟化氢	$5\times10^{-6}\sim1\times10^{-5}$
	硫化氢	$5\times10^{-6}\sim1\times10^{-4}$
	氮的氧化物	$5\times10^{-6}\sim2.5\times10^{-5}$
	氯	$1\times10^{-6}\sim5\times10^{-6}$
	氯化氢	$5\times10^{-6}\sim1\times10^{-5}$
D	二氧化硫	$2\times10^{-4}\sim1\times10^{-3}$
	氟化氢	$1\times10^{-5}\sim1\times10^{-4}$
	硫化氢	$>1\times10^{-4}$
	氮的氧化物	$2.5\times10^{-5}\sim1\times10^{-4}$
	氯	$5\times10^{-6}\sim1\times10^{-5}$
	氯化氢	$1\times10^{-5}\sim1\times10^{-4}$

注：当大气中同时含有多种腐蚀性气体时，腐蚀级别应取最高的一种或几种为基准。

（二）常用防腐蚀保护层配套

常用防腐蚀保护层配套，见表2-41。

各类构件的物理除锈方法与等级　　　　　　　　　表2-41

除锈等级	涂层构造 底层			涂层构造 中间层			涂层构造 面层			涂层总厚度（μm）	使用年限(a) 较强腐蚀、强腐蚀	中腐蚀	轻腐蚀、弱腐蚀
	涂料名称	遍数	厚度（μm）	涂料名称	遍数	厚度（μm）	涂料名称	遍数	厚度（μm）				
Sa2 或 St3	醇酸底涂料	2	60	—	—	—	醇酸面涂料	2	60	120	—	—	2~5
								3	100	160	—	2~5	5~10
	与面层同品种的底涂料	2	60	—	—	—	氯化橡胶、高氯化聚乙烯、氯磺化聚乙烯等面涂料	2	60	120	—	—	2~5
		2	60					3	100	160	—	2~5	5~10
		3	100					3	100	200	2~5	5~10	10~15
Sa2 $\frac{1}{2}$	环氧铁红底涂料	2	60	环氧云铁中间涂料	1	70	环氧、聚氨酯、丙烯酸环氧、丙烯酸聚氨酯等面涂料	2	70	200	2~5	5~10	10~15
		2	60		1	80		3	100	240	5~10	10~11	>15
		2	60		1	70		2	70	200	2~5	5~10	10~15
		2	60		1	80		3	100	240	5~10	10~11	>15
		2	60		2	120		3	100	280	10~15	>15	>15
		2	60		1	70	环氧、聚氨酯、丙烯酸环氧、丙烯酸聚氨酯等厚膜型面涂料	2	150	280	10~15	>15	>15
		2	60	—	—	—	环氧、聚氨酯等玻璃鳞片面涂料	3	260	320	>15	>15	>15
							乙烯基酯玻璃鳞片面涂料	2					

续表

除锈等级	涂层构造									涂层总厚度(μm)	使用年限(a)		
	底层			中间层			面层				较强腐蚀、强腐蚀	中腐蚀	轻腐蚀、弱腐蚀
	涂料名称	遍数	厚度(μm)	涂料名称	遍数	厚度(μm)	涂料名称	遍数	厚度(μm)				
Sa2 或 St3	聚氯乙烯萤丹底涂料	3	100	—	—	—	聚氯乙烯萤丹面涂料	2	60	160	5~10	10~11	>15
Sa2 1/2		3	100					3	100	200	10~11	>15	>15
		2	80				聚氯乙烯含氟萤丹面涂料	2	60	140	5~10	10~15	>15
		3	110					2	60	170	10~11	>15	>15
		3	100					3	100	200	>15	>15	>15
Sa2 1/2	富锌底涂料	见表注	70	环氧云铁中间涂料	1	60	环氧、聚氨酯、丙烯酸	2	70	200	5~10	10~15	>15
			70		1	70	环氧、丙烯酸聚氨酯等面涂料	3	100	240	10~11	>15	>15
			70		2	110		3	100	280	>15	>15	>15
			70		1	60	环氧、丙烯酸聚氨酯等厚膜型面涂料	2	150	280	>15	>15	>15
Sa3（用于铝层）、Sa2 1/2（用于锌层）	喷涂锌、铝及其合金的金属覆盖层120μm,其上再涂环氧密封底涂料20μm			环氧云铁中间涂料	1	40	环氧、聚氨酯、丙烯酸	2	60	240	10~15	>15	>15
							环氧、丙烯酸聚氨酯等面涂料	3	100	280	>15	>15	>15
							环氧、聚氨酯、丙烯酸 环氧、丙烯酸聚氨酯等厚膜型面涂料	1	100	280	>15	>15	>15

注：1. 涂层厚度系指干膜厚度；
　　2. 富锌底涂料的遍数与品种有关，当采用正硅酸乙酯富锌底涂料、硅酸锂富锌底涂料、硅酸钾富锌底涂料时，宜为1遍；当采用环氧富锌底涂料、聚氨酯富锌底涂料、硅酸钠富锌底涂料和冷涂锌底涂料时，宜为2遍。

(三) 防锈和防腐涂料选用举例

以笔者设计的中国石油乌鲁木齐大厦高层钢结构为例，说明如何选用防锈和防腐涂料。

1. 确定除锈等级

根据《工业建筑防腐蚀设计规范》GB 50046—2008 第 5.2.4 条规定：新建工程重要构件的除锈等级不应低于 $Sa2\frac{1}{2}$ 级。本工程除锈等级为 $Sa2\frac{1}{2}$ 级。

2. 确定腐蚀性等级

乌鲁木齐年平均环境相对湿度小于 60%，大气环境为城市大气。根据表 2-39，本工程腐蚀性等级为弱腐蚀。

3. 确定防锈和防腐涂料

使用年限大于 15 年，根据表 2-41，环氧富锌底漆 2 遍，干膜厚度 $70\mu m$；环氧云铁中间漆 1 遍，干膜厚度 $60\mu m$；聚氨酯面漆 2 遍，干膜厚度 $70\mu m$；干膜总厚度 $200\mu m$。

在实际工程中，环氧富锌底漆＋环氧云铁中间漆＋聚氨酯面漆为最常用的防锈和防腐涂料。

(四) 防锈和防腐涂料与防火涂料的关系

邱鹤年指出：有防火涂层的钢结构，如防火涂料起防锈作用，则可不涂各层油漆，在防锈钢材面上直接涂防火涂料。有防火要求者，如所用防火涂料不起防锈作用，则应先涂不与防火涂料起化学反应的防锈底漆，不必涂面漆、中间漆，再涂防火涂料。

陈富生等指出：当采用厚涂型防火涂料时，钢结构表面可以仅涂 2 遍防锈底漆，干膜总厚度应在 $75\sim100\mu m$。然后在其表面涂装防火涂料，起防火作用，也可保护底漆。

《钢结构设计手册》（上册）（第三版）中指出：需作防火涂料的钢材表面，可除锈后只作底漆涂层。

因此，当采用厚涂型防火涂料时，钢结构表面可以仅涂防锈底漆，而不需要中间漆和面漆。笔者设计的中国石油乌鲁木齐大厦，有防火要求的钢结构，涂环氧富锌底漆 2 遍，干膜厚度 $70\mu m$，再涂厚涂型防火涂料。

(五) 防锈和防腐涂料最小厚度

当设计图纸没有指定涂层厚度时，《钢结构工程施工质量验收标准》GB 50205—2020 第 13.2.3 条规定：防腐涂料、涂装遍数、涂装间隔、涂层厚度均应满足设计文件、涂料产品标准的要求。当设计对涂层厚度无要求时，涂层干漆膜总厚度：室外不应小于 $150\mu m$，室内不应小于 $125\mu m$。漆膜厚度的允许偏差应为 $-25\mu m$。

第四节　钢结构设计中常见构造问题解析

一、焊缝质量等级的确定

(一) 规范中焊缝质量等级的规定

1. 《钢结构设计标准》GB 50017—2017 中焊缝质量等级的规定

《钢结构设计标准》GB 50017—2017 第 11.1.6 条规定：焊缝的质量等级应根据结构

的重要性、荷载特性、焊缝形式、工作环境以及应力状态等情况，按下列原则选用：

（1）在承受动荷载且需要进行疲劳验算的构件中，凡要求与母材等强连接的焊缝应焊透，其质量等级应符合下列规定：

1）作用力垂直于焊缝长度方向的横向对接焊缝或 T 形对接与角接组合焊缝，受拉时应为一级，受压时不应低于二级；

2）作用力平行于焊缝长度方向的纵向对接焊缝不应低于二级；

3）重级工作制（A6～A8）和起重量 $Q \geqslant 50t$ 的中级工作制（A4、A5）吊车梁的腹板与上翼缘之间以及吊车桁架上弦杆与节点板之间的 T 形连接部位焊缝应焊透，焊缝形式宜为对接与角接的组合焊缝，其质量等级不应低于二级。

（2）在工作温度等于或低于 −20℃ 的地区，构件对接焊缝的质量不得低于二级。

（3）不需要疲劳验算的构件中，凡要求与母材等强的对接焊缝宜焊透，其质量受拉时不应低于二级，受压时不宜低于二级。

（4）部分焊透的对接焊缝、采用角焊缝或部分焊透的对接与角接组合焊缝的 T 形连接部位，以及搭接连接角焊缝，其质量等级应符合下列规定：

1）直接承受动荷载且需要疲劳验算的结构和吊车起重量等于或大于 50t 的中级工作制吊车梁以及梁柱、牛腿等重要节点不应低于二级；

2）其他结构可为三级。

从规范条文可以看出，承受动荷载且需要进行疲劳验算的构件中，凡要求与母材等强连接的焊缝应焊透，作用力垂直于焊缝长度方向的横向对接焊缝或 T 形对接与角接组合焊缝，受拉时，焊缝质量等级才规定为一级。一般民用建筑，构件不需要计算疲劳，其焊缝质量等级最高也只需要二级。

2.《高层民用建筑钢结构技术规程》JGJ 99—2015 中焊缝质量等级的规定

《高层民用建筑钢结构技术规程》JGJ 99—2015 第 8.1.4 条规定：梁与柱刚性连接时，梁翼缘与柱的连接、框架柱的拼接、外露式柱脚的柱身与底板的连接以及伸臂桁架等重要受拉构件的拼接，均应采用一级全熔透焊缝，其他全熔透焊缝为二级。非熔透的角焊缝和部分熔透的对接与角接组合焊缝的外观质量标准应为二级。现场一级焊缝宜采用气体保护焊。

从规范条文可以看出，并非所有的全熔透焊缝都是一级焊缝，仅梁与柱刚性连接时，梁翼缘与柱的连接、框架柱的拼接、外露式柱脚的柱身与底板的连接以及伸臂桁架等重要受拉构件的拼接才是一级焊缝，其他的全熔透焊缝质量等级均为二级。

3. 胡天兵等指出：在实际工程中，除大跨度重级工作制吊车梁的下翼缘对接，以及大跨度钢桥的受拉构件的对接要求一级焊缝外，一般都要求二级。对于角焊缝除了要求熔透的情况，其质量等级一般都用三级。但是设计要求全焊透的二级焊缝应采用超声波探伤进行内部缺陷的检验。建筑钢结构选择合适的焊缝质量等级是非常重要的，不恰当地提高焊缝的质量等级将提高工程造价且难以做到。

（二）不同焊缝质量等级的检测要求

《钢结构焊接规范》GB 50661—2011 中对结构焊接质量的检验提出了以下规定（本书仅列出承受静荷载结构焊接质量的检验，需疲劳验算结构的焊缝质量检验未列出）：

1. 焊缝首先应进行外观检测，包括焊缝外观质量检测和焊缝外观几何尺寸测量两部分。具体检测要求读者可以参考《钢结构焊接规范》GB 50661—2011 第 8.2.1 条、第

8.2.2 条。

2. 当外观检测发现裂纹时，应对该批中同类焊缝进行 100% 的表面检测；外观检测怀疑有裂纹缺陷时，应对怀疑的部位进行表面检测。表面检测主要是作为外观检测的一种补充手段，其目的主要是为了检查焊接裂纹。表面检测可采用磁粉探伤和渗透探伤，一般来说磁粉探伤的灵敏度要比渗透探伤高，且渗透探伤难度较大、费用高。因此，为了提高表面缺陷检出率，铁磁性材料制作的工件应尽可能采用磁粉探伤方法进行检测。只有在因结构形状的原因（如探伤空间狭小）或材料的原因（如材质为奥氏体不锈钢）不能采用磁粉探伤时，才采用渗透探伤。

3. 设计要求全焊透的焊缝，其内部缺欠的检测应符合下列规定：

（1）一级焊缝应进行 100% 的检测；

（2）二级焊缝应进行抽检，抽检比例不应小于 20%。

内部缺欠采用无损检测，无损检测必须在外观检测合格后进行。内部缺欠的无损检测一般可采用超声波探伤和射线探伤。射线探伤具有直观性、一致性好的优点，但其成本高、操作程序复杂、检测周期长，尤其是 T 形接头和角接头，射线探伤的效果差，且射线探伤对裂纹、未熔合等危害性缺陷的检测率低。超声波探伤则正好相反，操作程序简单、快速，对各种接头形式的适应性好，对裂纹、未熔合的检测灵敏度高。因此钢结构焊缝内部缺欠的检测宜采用超声波探伤，对超声波探伤结果有疑义时，可采用射线探伤验证。

规范将二级焊缝的局部检验定为抽样检验。这一方面是基于钢结构焊缝的特殊性；另一方面，目前我国推行全面质量管理已有多年经验，采用抽样检验是可行的，在某种程度上更有利于提高产品质量。

综上所述，一级焊缝应进行 100% 的超声波探伤检测，二级焊缝应进行 20% 的超声波探伤抽检。

（三）《高层民用建筑钢结构技术规程》JGJ 99—2015 中超声波探伤检查的规定

《高层民用建筑钢结构技术规程》JGJ 99—2015 第 9.6.19 条对超声波探伤检查作了如下规定：

1. 图纸和技术文件要求全熔透的焊缝，应进行超声波探伤检查。

2. 超声波探伤检查应在焊缝外观检查合格后进行。焊缝表面不规则及有关部位不清洁的程度，应不妨碍探伤的进行和缺陷的辨认，不满足上述要求时事前应对需探伤的焊缝区域进行铲磨和修整。

3. 全熔透焊缝的超声波探伤检查数量，应由设计文件确定。设计文件无明确要求时，应根据构件的受力情况确定；受拉焊缝应 100% 检查；受压焊缝可抽查 50%，当发现有超过标准的缺陷时，应全部进行超声波检查。

4. 超声波探伤检查应根据设计文件规定的标准进行。设计文件无规定时，超声波探伤的检查等级按现行国家标准《焊缝无损检测 超声检测 技术、检测等级和评定》GB/T 11345 中规定的 B 级要求执行，受拉焊缝的评定等级为 B 检查等级中的 Ⅰ 级，受压焊缝的评定等级为 B 检查等级中的 Ⅱ 级。

5. 超声波检查应做详细记录，并应写出检查报告。

很显然，规范给出的超声波检查数量和等级标准，仅限于设计文件无规定时使用。而且对于超声波探伤检查数量不是按照焊缝质量等级（一级 100% 检查、二级 20% 抽检）予以区分，而是按照焊缝受力状况（受拉100%检查、受压50%抽检）予以区分。但是钢结构施工单位一般无法区分哪些焊缝是受压焊缝、哪些焊缝是受拉焊缝，因此，笔者建议，在设计图纸中还是注明焊缝质量等级为宜。

《高层民用建筑钢结构技术规程》JGJ 99—2015 表4.2.4下"注1"指出，厚度小于8mm钢材的对接焊缝，不应采用超声波探伤确定焊缝质量等级。《钢结构设计标准》GB 50017—2017第4.4.5条指出，厚度小于6mm钢材的对接焊缝，不应采用超声波探伤确定焊缝质量等级。

对于厚度小于8mm的钢材的对接焊缝，不得采用超声波探伤，依据就是《焊缝无损检测 超声检测 技术、检测等级和评定》GB/T 11345—2013只适用于母材厚度不小于8mm的钢材焊缝超声波探伤。但是《钢结构焊接规范》GB 50661—2011第8.2.4条第3款规定：当检测板厚在3.5～8mm范围时，其超声波检测的技术参数应按现行行业标准《钢结构超声波探伤及质量分级法》JG/T 203执行。《钢结构超声波探伤及质量分级法》JG/T 203—2007明确规定，本标准适用于母材厚度不小于4mm碳素结构钢和低合金高强度结构钢的钢板对接全焊透接头、箱形构件的电渣焊接头、T形接头、搭接角接接头等焊接接头以及钢结构用板材、锻件、铸钢件的超声波检测。因此，超声波探伤适用于板材厚度不小于4mm的钢材焊缝，而不仅限于厚度大于等于8mm或6mm的钢材焊缝。

（四）规范对全熔透焊缝的规定

1. 《高层民用建筑钢结构技术规程》JGJ 99—2015第9.6.13条规定：要求全熔透的两面焊焊缝，正面焊完成后在焊背面之前，应认真清除焊缝根部的熔渣、焊瘤和未焊透部分，直至露出正面焊缝金属时方可进行背面的焊接。

高层民用建筑钢结构的主要受力节点中，要求全熔透的焊缝较多，清根则是保证焊缝熔透的措施之一。清根方法以碳弧气刨为宜，清根工作应由培训合格的人员进行，以保证清根质量。

2. 哪些焊缝需要采用全熔透焊缝

（1）《高层民用建筑钢结构技术规程》JGJ 99—2015第8.7.3条规定：抗震设计时，中心支撑宜采用H形钢制作，在构造上两端应刚接。当采用焊接组合截面时，其翼缘和腹板应采用坡口全熔透焊缝连接。

（2）《高层民用建筑钢结构技术规程》JGJ 99—2015第8.1.4条规定：梁与柱刚性连接时，梁翼缘与柱的连接、框架柱的拼接、外露式柱脚的柱身与底板的连接以及伸臂桁架等重要受拉构件的拼接，均应采用全熔透焊缝，且焊缝质量等级为一级。

（3）笔者曾经见到有图纸要求钢框架梁（民用建筑，不需要考虑疲劳）翼缘与腹板的焊接采用坡口全熔透焊缝，且焊缝质量等级为一级。这是完全没有必要的。

《高层民用建筑钢结构技术规程》JGJ 99—98第8.2.2条规定：节点的焊接连接，根据受力情况可采用全熔透或部分熔透焊缝，遇下列情况之一时应采用全熔透焊缝：1）要求与母材等强的焊接连接；2）框架节点塑性区段的焊接连接。

因此对于不考虑疲劳的民用建筑钢框架梁，当采用焊接组合截面时，塑性区段内（梁端算起的1/10梁跨度或两倍梁截面高度范围）翼缘与腹板采用坡口全熔透焊缝，焊缝质量等级可取二级；其余范围，翼缘与腹板采用角焊缝即可，焊缝质量等级可取三级。对于钢次梁，当采用焊接组合截面时，翼缘与腹板采用角焊缝，焊缝质量等级取三级。

(五) 高层民用建筑焊缝实例

根据规范中焊缝的相关规定,对笔者设计的中国石油乌鲁木齐大厦焊缝进行说明,见表 2-42。

中国石油乌鲁木齐大厦焊接质量等级、检测要求　　　　　　　　　表 2-42

部位		焊缝形式	焊缝质量等级	检测要求		图例
				外观检测比例	超声波探伤检测比例	
梁翼缘与柱的刚性连接 框架柱的拼接 柱脚的柱身与底板的连接 支撑翼缘与梁柱的焊接连接 伸臂桁架受拉构件的拼接		全熔透焊缝	一级	100%	100%	
箱形柱角部组装焊缝	框架梁翼缘上、下 500mm 范围内;柱宽大于 600mm,框架梁翼缘上、下 600mm 范围内	全熔透焊缝	二级	100%	20%	
	其余范围	部分熔透焊缝	二级	100%	20%	
十字形柱的组装焊缝		部分熔透焊缝	二级	100%	20%	
支撑翼缘与腹板连接		全熔透焊缝	二级	100%	20%	
钢框架梁翼缘与腹板连接	梁端算起的 1/10 梁跨度或两倍梁截面高度范围	全熔透焊缝	二级	100%	20%	
	其余范围	角焊缝	三级	100%		
钢次梁翼缘与腹板连接		角焊缝	三级	100%		

说明:

1. 部分熔透焊缝和其余未说明的全熔透焊缝,其焊缝质量等级均为二级,外观检测比例 100%,超声波探伤检测比例 20%;

2. 焊缝质量的外观检查按《高层民用建筑钢结构技术规程》JGJ 99—2015 表 9.6.18-1 及表 9.6.18-2 的规定执行;

3. 当外观检查发现裂纹时,应对该批中同类焊缝进行 100% 的表面检测;外观检查怀疑有裂纹缺陷时,应对怀疑的部位进行表面检测。表面检测宜采用磁粉探伤,因结构形状的原因或材料的原因不能采用磁粉探伤时,也可采用着色渗透探伤;

4. 超声波探伤检测时,一级焊缝合格等级不低于《钢结构焊接规范》GB 50661—2011 第 8.2.4 条中 B 级检验的 Ⅱ 级要求,二级焊缝合格等级不低于《钢结构焊接规范》GB 50661—2011 第 8.2.4 条中 B 级检验的 Ⅲ 级要求;

5. 当检测板厚在 3.5～8mm 范围时,其超声波检测的技术参数应按现行行业标准《钢结构超声波探伤及质量分级法》JG/T 203—2007 执行;

6. 对超声波检测结果有疑义时,可采用射线检测验证。

二、顶层钢柱与框架梁连接构造

国标图集《多、高层民用建筑钢结构节点构造详图》01SG519 中，顶层框架梁与柱刚性连接构造见图 2-5（a），顶层钢柱凸出钢梁上翼缘 60mm。然而 2016 年修订后的国标图集《多、高层民用建筑钢结构节点构造详图》16G519 中，顶层框架梁与柱刚性连接构造修改了，顶层钢柱平于钢梁上翼缘，见图 2-5（b）。

钢结构设计时，是否应该按照修订后的 16G519 即图 2-5（b）执行呢？

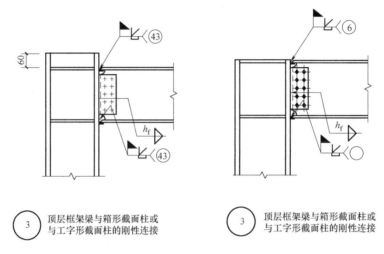

（a）01SG519顶层框架梁柱刚性连接构造　　　　（b）16G519顶层框架梁柱刚性连接构造

图 2-5　顶层框架梁柱刚性连接构造

《钢结构焊接规范》GB 50661—2011 第 5.5.1 条规定：在 T 形、十字形、角接接头设计中，当翼缘板厚度不小于 20mm 时，应避免或减少使母材板厚方向承受较大的焊接收缩应力，并宜采取相应的节点构造设计。在第 4 款中规定，在 T 形或角接接头中，板厚方向承受焊接拉应力的板材端头宜伸出接头焊接区，具体见图 2-6。

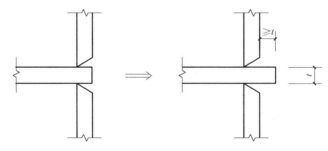

图 2-6　T 形、角接接头防止层状撕裂的节点构造设计

为了防止层状撕裂，笔者建议顶层框架梁与柱刚性连接时，钢柱宜伸出梁上翼缘一倍的钢柱壁厚。

三、箱形截面梁与柱刚接构造

国标图集《多、高层民用建筑钢结构节点构造详图》16G519 中，箱形梁与箱形柱的连接构造见图 2-7。在箱形钢梁上翼缘开一个孔，就是为了让焊接工人的手伸进这个孔里面，将钢梁下翼缘与钢牛腿下翼缘进行焊接，而且这样焊接工人就可以在现场俯焊，因为下翼缘仰焊连接不能保证焊接质量（图 2-8a）。

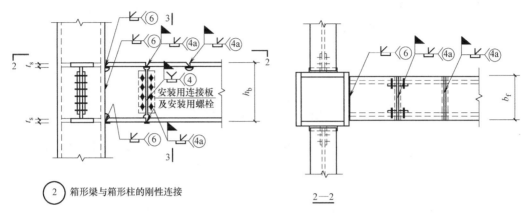

$$②\quad 箱形梁与箱形柱的刚性连接$$

图 2-7　箱形梁与箱形柱的刚性连接构造

但是当钢箱梁截面很高而且翼缘比较窄的时候，焊接工人的手根本不可能够到下翼缘，更谈不上将钢梁下翼缘与钢牛腿下翼缘进行焊接。这个时候该怎么办呢？

这个时候可以在箱形钢梁腹板靠近下翼缘的地方开孔，保证焊接工人的手可以伸进孔里面，对钢梁下翼缘与钢牛腿进行焊接（图 2-8b）。

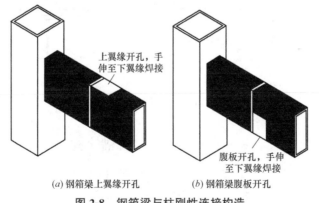

(a) 钢箱梁上翼缘开孔　　　　(b) 钢箱梁腹板开孔

图 2-8　钢箱梁与柱刚性连接构造

四、隅撑设置

《高层民用建筑钢结构技术规程》JGJ 99—2015 第 8.5.5 条规定：抗震设计时，框架梁受压翼缘根据需要设置侧向支承，在出现塑性铰的截面上、下翼缘均应设置侧向支承。当梁上翼缘与楼板有可靠连接时，固端梁下翼缘在梁端 0.15 倍梁跨附近均宜设置隅撑（图 2-9a）；梁端采用加强型连接或骨式连接时，应在塑性区外设置竖向加劲肋，隅撑与偏置 45°的竖向加劲肋在梁下翼缘附近相连（图 2-9b），该竖向加劲肋不应与翼缘焊接。

《建筑抗震设计规范》GB 50011—2010（2016 年版）第 8.3.3 条第 2 款规定：梁柱构件在出现塑性铰的截面，上下翼缘均应设置侧向支承。

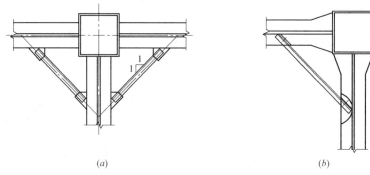

图 2-9　梁的隅撑设置

框架梁在竖向荷载作用下，上翼缘受拉、下翼缘受压，因此应该在下翼缘设置侧向支承以防止下翼缘受压失稳。但是在地震作用下，框架梁端塑性铰弯矩可能反向，钢梁上、下翼缘交替受压，因此，要求在可能出现塑性铰的部位，梁的上、下翼缘均应设置侧向支承。钢梁上翼缘有楼板时，可以作为其侧向支承。因此，一般仅在梁下翼缘设置隅撑。

在实际工程中，很多工程师将中柱梁下翼缘隅撑设计成图 2-10（a）所示。其实仅需按照图 2-10（b）或图 2-10（c）设置隅撑即可，这样就已经可以保证中柱周边四根梁下翼缘在地震作用下不失稳，而且可以节省两根隅撑。

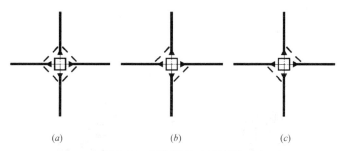

图 2-10　框架梁的水平隅撑

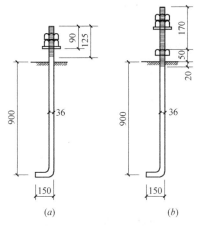

图 2-11　柱脚锚栓构造

五、柱脚锚栓构造

柱脚锚栓的构造，一般参照《钢结构设计手册》（上册）（第三版）表 10-6 钢锚栓选用。以 M36 双螺母锚栓为例，其构造见图 2-11（a）。但在实际工程安装时，下面会再加一个螺母，其目的就是为了安装时调平用，因此其车丝长度一般按照图 2-11（b）来做。

六、电渣焊的构造

《高层民用建筑钢结构技术规程》JGJ 99—2015 第 8.3.1 条指出，框架梁与柱的连接宜采用柱贯通型。在互相垂直的两个方向都与梁刚性连接时，宜采用箱形柱。箱形柱壁板厚度小于 16mm 时，不宜采用电渣焊焊接隔板。其条文说明指出，采用电渣焊时箱形柱壁板最小厚度取 16mm 是经专家论证的，更薄时将难以保证焊件质量。当箱形柱壁板小于该值时，可改用 H 形柱、冷成型柱或其他形式柱截面。

我国多、高层钢结构设计中，通常采用柱贯通型，其中箱形柱隔板采用电渣焊，制作安装比较方便。《高层民用建筑钢结构技术规程》JGJ 99—1998 编制时由于缺少经验，对电渣焊柱壁板最小厚度未作规定。实践中，有的电渣焊柱壁板用到 14mm；个别工程柱宽较小，仅 300～400mm，因《高层民用建筑钢结构技术规程》JGJ 99—1998 建议梁与柱双向刚接时宜采用箱形柱，柱隔板可用电渣焊，结果有的柱壁板厚度仅 10mm 甚至 8mm，但仍要求用电渣焊。加工厂在按图施工时，常因壁板太薄导致柱壁板融化。因此，对电渣焊的最小板厚度缺少规定，不但影响制作，更影响工程质量。高钢规程修订时了解到，日本规定的电渣焊壁板最小厚度是 28mm，这对我国来说未必适合。对于最薄可做到多厚的问题与日本焊接专家进行了讨论分析，认为不能比 16mm 更薄。因此，《高层民用建筑钢结构技术规程》JGJ 99—2015 作了相应规定。

很多工程师对于电渣焊不太了解，导致一些箱形柱内隔板与柱壁板焊缝设计错误。比如有些钢结构加工详图，仅将内隔板的三面与箱形柱壁板焊接，第四面不焊接。下面简要介绍电渣焊。

电渣焊是利用电流通过熔渣所产生的电阻热作为热源，将填充金属和母材熔化，凝固后形成金属原子间的牢固连接。在开始焊接时，使焊丝与起焊槽短路起弧，不断加入少量固体焊剂，利用电弧的热量使之熔化，形成液态熔渣，待熔渣达到一定深度时，增加焊丝的送进速度，并降低电压，使焊丝插入渣池，电弧熄灭，从而转入电渣焊焊接过程。

箱形钢柱有四块壁板（图 2-12），首先将 1 号壁板、2 号壁板与内隔板 5 通过双面坡口焊（⑪号焊缝，表 2-43）连接起来。图 2-12 中 3 号壁板、4 号壁板垂直方向各焊接了两块 50mm 长、28mm 厚的钢板（也叫挡板，表 2-43）。然后与已经焊接好的 1

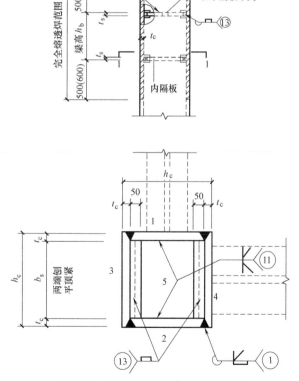

图 2-12　箱形截面柱设置内隔板构造

号壁板、2 号壁板及内隔板 5 拼在一起。在两块 50mm 长、28mm 厚的钢板之间，留有一个 G 宽、t 厚的空隙，空隙里面采用电渣焊（⑬号焊缝，表 2-43）。

焊缝图例

表 2-43

焊缝代号	坡口形状示意图	标注样式	焊接方法	板厚 t(mm)	坡口尺寸(mm)
⑪			部分焊透对接 与角接 组合焊缝	≥10	$H_1>t/3$
⑬			埋弧焊	≤22	$G=22$
				≥25	$G=25$

第三章 钢结构分析与稳定性设计

《钢结构设计标准》GB 50017—2017 参考欧洲钢结构设计规范 Eurocode 3（Design of Steel Structures）和美国钢结构设计规范 AISC 360-16（Specification for Structural Steel Buildings），首次将直接分析设计法（美国规范称为 Direct Analysis Method，简称 DM 方法）引入规范。香港理工大学的陈绍礼教授是较早研究直接分析法的学者，其编制的 NI-DA 软件可进行钢结构直接分析，有着强大的非线性分析功能。

本章将介绍钢结构分析与稳定性设计，包括一阶弹性分析法、二阶 P-Δ 弹性分析法、直接分析设计法。

第一节 钢结构内力分析方法

一、最大二阶效应系数

（一）最大二阶效应系数与钢结构内力分析方法

钢结构内力分析可采用一阶弹性分析、二阶 P-Δ 弹性分析或直接分析，应根据下列公式计算的最大二阶效应系数 $\theta_{i,\max}^{\mathrm{II}}$ 选用适当的分析方法。当 $\theta_{i,\max}^{\mathrm{II}} \leqslant 0.1$ 时，可采用一阶弹性分析；当 $0.1 < \theta_{i,\max}^{\mathrm{II}} \leqslant 0.25$ 时，宜采用二阶 P-Δ 弹性分析或采用直接分析；当 $\theta_{i,\max}^{\mathrm{II}} > 0.25$ 时，应增大结构的侧移刚度或采用直接分析。

1. 规则框架结构的二阶效应系数可按下式计算：

$$\theta_i^{\mathrm{II}} = \frac{\sum N_i \cdot \Delta u_i}{\sum H_{\mathrm{k}i} \cdot h_i} \qquad (3\text{-}1)$$

式中　$\sum N_i$——所计算 i 楼层各柱轴心压力设计值之和（N）；

　　　$\sum H_{\mathrm{k}i}$——产生层间侧移 Δu 的计算楼层及以上各层的水平力标准值之和（N）；

　　　h_i——所计算 i 楼层的层高（mm）；

　　　Δu_i——$\sum H_{\mathrm{k}i}$ 作用下按一阶弹性分析求得的计算楼层的层间侧移（mm）。

2. 一般结构的二阶效应系数可按下式计算：

$$\theta_i^{\mathrm{II}} = \frac{1}{\eta_{\mathrm{cr}}} \qquad (3\text{-}2)$$

式中　η_{cr}——整体结构最低阶弹性临界荷载与荷载设计值的比值。

钢结构根据抗侧力构件在水平力作用下的变形形态，可分为剪切型（框架结构）、弯曲型（如高跨比为 6 以上的支撑架）和弯剪型。公式（3-1）只适用于剪切型结构，对于弯曲型和弯剪型结构，采用公式（3-2）计算二阶效应系数。强调整体屈曲模态，是要排除可能出现的一些最薄弱构件的屈曲模态。

二阶效应系数也可以采用下式计算：

$$\theta_i^{\mathrm{II}} = 1 - \frac{\Delta u_i}{\Delta u_i^{\mathrm{II}}} \tag{3-3}$$

式中　Δu_i^{II}——按二阶弹性分析求得的计算 i 楼层的层间侧移；

　　　Δu_i——按一阶弹性分析求得的计算 i 楼层的层间侧移。

(二) 二阶效应系数计算实例

《高层民用建筑钢结构技术规程》JGJ 99—2015、《钢结构设计标准》GB 50017—2017 中框架结构二阶效应系数的公式（公式（3-1））与《建筑抗震设计规范》GB 50011—2010（2016 年版）第 3.6.3 条条文说明中二阶效应系数的公式完全一致，《建筑抗震设计规范》GB 50011—2010（2016 年版）没有说这个公式仅用于框架结构，但是《高层民用建筑钢结构技术规程》JGJ 99—2015 和《钢结构设计标准》GB 50017—2017 均指出：二阶效应系数公式 $\theta_i^{\mathrm{II}} = \dfrac{\sum N_i \cdot \Delta u_i}{\sum H_{ki} \cdot h_i}$ 只适用于剪切型结构（框架结构），不适用于弯剪型和弯曲型结构。

下面用 PMSAP 软件，以《高层钢结构设计计算实例》一书（中国建筑工业出版社，2018 年 4 月）第二章第五节第四小节的中心支撑工程为例，仅将原结构的 10 层框架-支撑结构修改为 20 层框架-支撑结构，目的是为了让二阶效应明显一些。分别采用公式 $\theta_i^{\mathrm{II}} = \dfrac{\sum N_i \cdot \Delta u_i}{\sum H_{ki} \cdot h_i}$ 和 $\theta_i^{\mathrm{II}} = \dfrac{1}{\eta_{cr}}$ 计算结构的二阶效应系数。

1. 采用公式 $\theta_i^{\mathrm{II}} = \dfrac{\sum N_i \cdot \Delta u_i}{\sum H_{ki} \cdot h_i}$ 计算二阶效应系数

PMSAP 输出的结构二阶效应系数见表 3-1。

PMSAP 输出的结构二阶效应系数　　　　　　　　表 3-1

层号	塔号	X 向刚度 (kN/m)	Y 向刚度 (kN/m)	层高 (m)	楼层轴压力 (kN)	X 向二阶效应系数	Y 向二阶效应系数
1	1	1.19×10^6	1.19×10^6	4	72176	0.015	0.015
2	1	6.81×10^5	6.81×10^5	4	68565	0.025	0.025
3	1	5.03×10^5	5.03×10^5	4	64955	0.032	0.032
4	1	4.06×10^5	4.06×10^5	4	61345	0.038	0.038
5	1	3.45×10^5	3.45×10^5	4	57735	0.042	0.042
6	1	3.02×10^5	3.02×10^5	4	54126	0.045	0.045
7	1	2.71×10^5	2.71×10^5	4	50516	0.047	0.047
8	1	2.47×10^5	2.47×10^5	4	46906	0.048	0.048
9	1	2.28×10^5	2.28×10^5	4	43297	0.047	0.047
10	1	2.13×10^5	2.13×10^5	4	39687	0.047	0.047
11	1	2.01×10^5	2.01×10^5	4	36078	0.045	0.045
12	1	1.90×10^5	1.90×10^5	4	32468	0.043	0.043
13	1	1.81×10^5	1.81×10^5	4	28858	0.040	0.040
14	1	1.73×10^5	1.73×10^5	4	25249	0.037	0.037

层号	塔号	X 向刚度 (kN/m)	Y 向刚度 (kN/m)	层高 (m)	楼层轴压力 (kN)	X 向二阶效应系数	Y 向二阶效应系数
15	1	1.66×10^5	1.66×10^5	4	21639	0.033	0.033
16	1	1.58×10^5	1.58×10^5	4	18030	0.029	0.029
17	1	1.48×10^5	1.48×10^5	4	14420	0.024	0.024
18	1	1.32×10^5	1.32×10^5	4	10811	0.020	0.020
19	1	1.07×10^5	1.07×10^5	4	7201	0.017	0.017
20	1	6.64×10^4	6.64×10^4	4	3591	0.014	0.014

由表 3-1 可以看出，结构 X、Y 向的最大二阶效应系数均为 0.048。

2. 采用公式 $\theta_i^{\text{II}} = \dfrac{1}{\eta_{\text{cr}}}$ 计算二阶效应系数

η_{cr} 是整体结构最低阶弹性临界荷载与荷载设计值的比值。强调整体屈曲模态，是要排除可能出现的一些最薄弱构件的屈曲模态。因此，计算 η_{cr} 实质就是对整体结构进行屈曲分析。下面简单介绍一下屈曲分析的过程。

结构失稳（屈曲）是指在外力作用下结构的平衡状态开始丧失，稍有扰动变形便迅速增大，最后使结构破坏。稳定问题一般分为两类，第一类是理想化的情况，即达到某种荷载时，除结构原来的平衡状态存在外，还可能出现第二个平衡状态，所以又称平衡分叉失稳或分支点失稳，在数学处理上是求解特征值问题，故又称特征值屈曲。此类结构失稳时相应的荷载称为屈曲荷载。第二类是结构失稳时，变形迅速增大，而不会出现新的变形形式，即平衡状态不发生质变，也称极值点失稳。本书只讨论第一类失稳，即特征值屈曲。

结构的第一类失稳问题，在数学上归结为广义特征值问题。屈曲分析的计算软件也是通过对特征值方程的求解，来确定结构屈曲时的极限荷载和破坏形态。屈曲特征方程为：

$$[K - \lambda G(r)]\psi = 0 \tag{3-4}$$

式中 K——刚度矩阵；

$G(r)$——荷载向量 r 作用下的几何刚度；

λ——特征值对角矩阵；

ψ——对应的特征向量矩阵。

求解特征方程，得到对应的特征值和特征向量，用以确定屈曲荷载及其对应的变形形态。特征值 λ 称为屈曲因子。在给定的模式中，它必须乘以 r 中的荷载才能引起屈曲。即屈曲荷载为屈曲因子与给定荷载的乘积。有时，也可以将 λ 视为安全系数：如果屈曲因子大于 1，给定荷载必须增大以引起屈曲；如果屈曲因子小于 1，给定荷载必须减小以防止屈曲。当然屈曲因子也可以为负值，这说明荷载反向时会发生屈曲。

下面介绍 PMSAP 屈曲分析的过程。

首先在"工况组合"菜单下增加名称为"buckling"的工况组合，因 η_{cr} 指整体结构最低阶弹性临界荷载与荷载设计值的比值，规范强调设计值，所以考虑 1.2DL＋1.4LL（图 3-1）。至于是否执行《建筑结构可靠性设计统一标准》GB 50068—2018 中 1.3DL＋

1.5LL？《高层建筑混凝土结构技术规程》JGJ 3—2010、《高层民用建筑钢结构技术规程》JGJ 99—2015 使用了"重力荷载设计值"的说法，并直接进行了定义："取 1.2 倍的永久荷载标准值与 1.4 倍的楼面可变荷载标准值的组合值"，即 1.2DL＋1.4LL，而别的规范均未予以明确。《建筑结构可靠性设计统一标准》GB 50068—2018 出台后，《高层建筑混凝土结构技术规程》JGJ 3—2010 规范编制组进行了讨论，认为本条编制时考虑的系数即为 1.2 和 1.4，在规范相应修改之前，仍可按"取 1.2 倍的永久荷载标准值与 1.4 倍的楼面可变荷载标准值的组合值"执行。因此笔者也建议荷载设计值暂取为 1.2DL＋1.4LL，待相关设计类规范修改后，再根据修改后的规范执行。随后在"活荷载"菜单下勾选"考虑 Buckling 分析"，并且填写"屈曲模态数"和"屈曲分析误差"。因为前几个屈曲模态可能有非常小的屈曲因子，所以一般需要寻找超过一个的屈曲模态，软件缺省值为 6 个屈曲模态，本例题选择 20 个屈曲模态（图 3-2）。

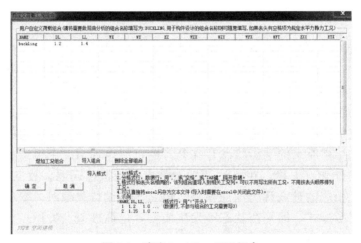

图 3-1　定义 buckling 工况组合

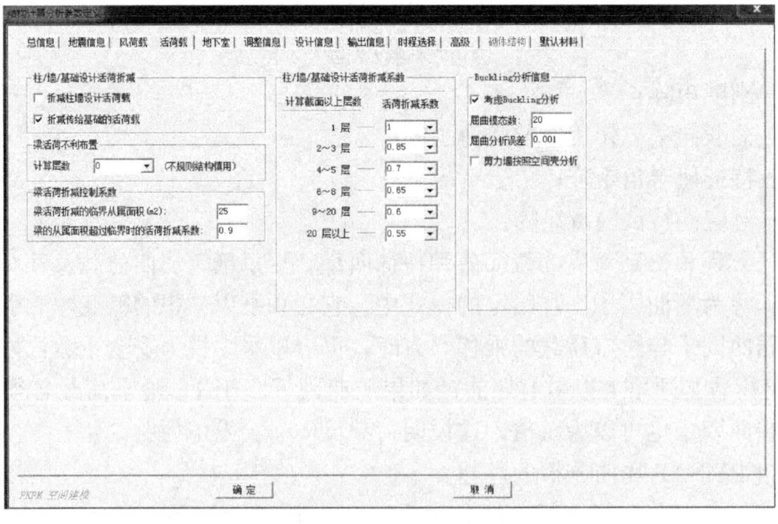

图 3-2　活荷载菜单下勾选考虑 Buckling 分析

计算分析完成后，软件输出结果见表 3-2。

表 3-2

PMSAP 屈曲分析输出的屈曲因子

稳定荷载工况	第 n 阶屈曲荷载	屈曲因子
1	$n=1$	14.88
1	$n=2$	14.88
1	$n=3$	21.24
1	$n=4$	21.27
1	$n=5$	21.27
1	$n=6$	21.30
1	$n=7$	25.60
1	$n=8$	25.64
1	$n=9$	25.64
1	$n=10$	25.67
1	$n=11$	25.81
1	$n=12$	25.89
1	$n=13$	25.89
1	$n=14$	26.00
1	$n=15$	29.97
1	$n=16$	30.00
1	$n=17$	30.00
1	$n=18$	30.03
1	$n=19$	30.51
1	$n=20$	30.57

通过查看屈曲模态，前两阶屈曲模态分别对应 X 向平动、Y 向平动模态。由表 3-2 可以知道，前两阶屈曲模态的屈曲因子均为 14.88，因此 X 向、Y 向二阶效应系数均为 $\theta_i^{\mathrm{II}}=\dfrac{1}{\eta_{\mathrm{cr}}}=\dfrac{1}{14.88}=0.067$，很显然大于按照公式 $\theta_i^{\mathrm{II}}=\dfrac{\sum N_i \cdot \Delta u_i}{\sum H_{ki} \cdot h_i}$ 计算出来的楼层最大二阶效应系数 0.048。

二、一阶弹性分析法

（一）一阶弹性分析与设计的基本规定

1. 钢结构的内力和位移计算采用一阶弹性分析时，应按《钢结构设计标准》GB 50017—2017 第 6 章～第 8 章的有关规定进行构件设计，并应按《钢结构设计标准》GB 50017—2017 有关规定进行连接和节点设计。

2. 对于形式和受力复杂的结构，当采用一阶弹性分析法进行结构分析与设计时，应按结构弹性稳定理论确定构件的计算长度系数，并应按《钢结构设计标准》GB 50017—2017 第 6 章～第 8 章的有关规定进行构件设计。

（二）轴心受压构件的稳定系数 φ

钢柱的稳定性计算公式如下：

轴心受压构件的稳定性计算公式：

$$\frac{N}{\varphi A f} \leqslant 1.0 \tag{3-5}$$

压弯构件弯矩平面内稳定性计算公式：

$$\frac{N}{\varphi_x A f} + \frac{\beta_{mx} M_x}{\gamma_x W_{1x}(1-0.8N/N'_{Ex})f} \leqslant 1.0 \tag{3-6}$$

压弯构件弯矩平面外稳定性计算公式：

$$\frac{N}{\varphi_y A f} + \eta \frac{\beta_{tx} M_x}{\varphi_b W_{1x} f} \leqslant 1.0 \tag{3-7}$$

弯矩作用在两个主平面内的双轴对称实腹式工字形（含 H 型钢）和箱形（闭口）截面的压弯构件，其稳定性计算公式如下：

$$\frac{N}{\varphi_x A f} + \frac{\beta_{mx} M_x}{\gamma_x W_x\left(1-0.8\dfrac{N}{N'_{Ex}}\right)f} + \eta \frac{\beta_{ty} M_y}{\varphi_{by} W_y f} \leqslant 1.0 \tag{3-8}$$

$$\frac{N}{\varphi_y A f} + \eta \frac{\beta_{tx} M_x}{\varphi_{bx} W_x f} + \frac{\beta_{my} M_y}{\gamma_y W_y\left(1-0.8\dfrac{N}{N'_{Ey}}\right)f} \leqslant 1.0 \tag{3-9}$$

公式中各参数的意义详见《钢结构设计标准》GB 50017—2017。所有公式中都含有一个重要参数——轴心受压构件的稳定系数 φ，其值按照《钢结构设计标准》GB 50017—2017 附录 D 确定。下面对轴心受压构件的稳定系数 φ 的物理意义做如下介绍：

1. 轴心受压构件的稳定系数 φ，是按柱的最大强度理论用数值方法算出大量 φ-λ（长细比）曲线（柱子曲线）归纳确定的。进行理论计算时，考虑了截面的不同形式和尺寸（表 3-3、表 3-4）、不同的加工条件（轧制、焊接、焰切等）及相应的残余应力，并考虑了 1/1000 杆长的初弯曲。在制定规范时，根据大量数据和曲线，选择其中常用的 96 条曲线作为确定 φ 值的依据。由于这 96 条曲线的分布较为离散，若用一条曲线来代表这 96 条曲线，显然不合理，所以进行了分类，把承载能力相近的截面及其弯曲失稳对应轴合为一类，归纳为 a、b、c 三类。每类柱子曲线的平均值（即 50% 分位值）作为代表曲线。

关于轴心受压杆件的计算理论和算出的各曲线值，参见李开禧、肖允徽等写的《逆算单元长度法计算单轴失稳时钢压杆的临界力》和《钢压柱的柱子曲线》两篇文章（分别刊载于《重庆建筑工程学院学报》，1982 年 4 期和 1985 年 1 期）。

当时计算的柱子曲线都是针对组成板件厚度 $t<40mm$ 的截面进行的，表 3-3 的截面分类表就是按照上述依据略加调整确定的。

轴心受压构件的截面分类（板厚 $t<40mm$）　　　　　　表 3-3

截面形式		对 x 轴	对 y 轴
⊕ 轧制		a 类	a 类

续表

截面形式		对 x 轴	对 y 轴
轧制	$b/h \leqslant 0.8$	a 类	b 类
	$b/h > 0.8$	a^* 类	b^* 类
轧制等边角钢		a^* 类	a^* 类
焊接、翼缘为焰切边　　焊接		b 类	b 类
轧制			
轧制、焊接(板件宽厚比 >20)　　轧制或焊接			
焊接	轧制截面和翼缘为焰切边的焊接截面		
格构式	焊接，板件边缘焰切		

续表

截面形式	对 x 轴	对 y 轴
 焊接，翼缘为轧制或剪切边	b 类	c 类
 焊接，板件边缘轧制或剪切　　　 轧制、焊接(板件宽厚比≤20)	c 类	c 类

注：1. a* 类含义为 Q235 钢取 b 类，Q345、Q390、Q420 和 Q460 钢取 a 类；b* 类含义为 Q235 钢取 c 类，Q345、Q390、Q420 和 Q460 钢取 b 类；

　　2. 无对称轴且剪心和形心不重合的截面，其截面分类可按有对称轴的类似截面确定，如不等边角钢采用等边角钢的类别；当无类似截面时，可取 c 类。

2. 组成板件厚度 $t \geqslant 40\text{mm}$ 的构件，残余应力不但沿板宽度方向变化，在板厚度方向的变化也比较显著。板件外表面往往以残余应力为主，对构件稳定性的影响较大。经西安建筑科技大学等单位研究，对组成板件厚度 $t \geqslant 40\text{mm}$ 的工字形、H 形截面和箱形截面的类别作了专门规定，并增加了 d 类截面的 φ 值，具体见表 3-4。我国的《高层民用建筑钢结构技术规程》JGJ 99—1998 和上海市的同类规程都已经在研究工作的基础上制定了 40mm 厚度以上的稳定系数。前者计算了四种焊接 H 形厚壁截面的稳定系数曲线，并取一条中间偏低的曲线作为 d 类系数。后者计算了三种截面的稳定系数曲线，并取其平均值作为 d 类系数。两者所取截面只有一种是相同的，因而两曲线有些区别，不过在常用的长细比范围内差别不大。

轴心受压构件的截面分类（板厚 $t \geqslant 40\text{mm}$）　　　　　　表 3-4

截面形式		对 x 轴	对 y 轴
 轧制工字形或H形截面	$t < 80\text{mm}$	b 类	c 类
	$t \geqslant 80\text{mm}$	c 类	d 类
 焊接工字形截面	翼缘为焰切边	b 类	b 类
	翼缘为轧制或剪切边	c 类	d 类

续表

截面形式		对 x 轴	对 y 轴
	板件宽厚比>20	b 类	b 类
焊接箱形截面	板件宽厚比≤20	c 类	c 类

3. 为了便于使用电算，采用非线性函数的最小二乘法将各类截面的理论 φ 值拟合为 Perry 公式形式的表达式。

当 $\lambda_n \leqslant 0.215$ 时：

$$\varphi = 1 - \alpha_1 \lambda_n^2 \tag{3-10}$$

$$\lambda_n = \frac{\lambda}{\pi} \sqrt{f_y / E} \tag{3-11}$$

当 $\lambda_n > 0.215$ 时：

$$\varphi = \frac{1}{2\lambda_n^2} \left[(\alpha_2 + \alpha_3 \lambda_n + \lambda_n^2) - \sqrt{(\alpha_2 + \alpha_3 \lambda_n + \lambda_n^2)^2 - 4\lambda_n^2} \right] \tag{3-12}$$

式中　α_1、α_2、α_3——系数，应根据表 3-3、表 3-4 的截面分类，按表 3-5 采用。

《钢结构设计标准》GB 50017—2017 附录 D 表中数值就是按公式（3-10）~公式（3-12）计算得到的。

系数 α_1、α_2、α_3　　　　　　　　　表 3-5

截面类别		α_1	α_2	α_3
a 类		0.41	0.986	0.152
b 类		0.65	0.965	0.300
c 类	$\lambda_n \leqslant 1.05$	0.73	0.906	0.595
	$\lambda_n > 1.05$		1.216	0.302
d 类	$\lambda_n \leqslant 1.05$	1.35	0.868	0.915
	$\lambda_n > 1.05$		1.375	0.432

（三）长细比 λ

由公式（3-10）~公式（3-12）可知，要得到轴心受压构件的稳定系数 φ，必须先得到构件的长细比 λ，长细比定义如下：

$$\lambda = \frac{l_0}{i} \tag{3-13}$$

式中　l_0——构件计算长度（mm）；

i——构件回转半径（mm）。

从公式（3-13）可知，要得出构件的长细比，必须得到构件计算长度。

（四）框架柱的计算长度 l_0

等截面柱，在框架平面内的计算长度应等于该层柱的高度乘以计算长度系数 μ，即：

$$l_0 = \mu h \qquad (3\text{-}14)$$

式中　μ——计算长度系数；

　　　h——柱的高度（mm）。

框架应分为无支撑框架和有支撑框架。当采用一阶弹性分析法计算内力时，框架柱的计算长度系数应按下列规定确定：

1. 无支撑框架

（1）框架柱的计算长度系数应按《钢结构设计标准》GB 50017—2017 附录 E 表 E.0.2 有侧移框架柱的计算长度系数确定，也可按下列简化公式计算：

$$\mu = \sqrt{\frac{7.5K_1 K_2 + 4(K_1 + K_2) + 1.52}{7.5K_1 K_2 + K_1 + K_2}} \qquad (3\text{-}15)$$

式中　K_1、K_2——分别为相交于柱上端、柱下端的横梁线刚度之和与柱线刚度之和的比值，K_1、K_2 的修正应按《钢结构设计标准》GB 50017—2017 附录 E 表 E.0.2 注确定。

（2）计算单层框架和多层框架底层的计算长度系数时，K 值宜按柱脚的实际约束情况进行计算，也可按理想情况（铰接或刚接）确定 K 值，并对计算出的系数 μ 进行修正。

2. 有支撑框架

当支撑结构（支撑桁架、剪力墙等）满足公式（3-16）要求时，为强支撑框架，框架柱的计算长度系数 μ 可按《钢结构设计标准》GB 50017—2017 附录 E 表 E.0.1 无侧移框架柱的计算长度系数确定，也可按公式（3-17）计算。

$$S_b \geqslant 4.4 \left[\left(1 + \frac{100}{f_y} \right) \sum N_{bi} - \sum N_{0i} \right] \qquad (3\text{-}16)$$

$$\mu = \sqrt{\frac{(1 + 0.41K_1)(1 + 0.41K_2)}{(1 + 0.82K_1)(1 + 0.82K_2)}} \qquad (3\text{-}17)$$

式中　$\sum N_{bi}$、$\sum N_{0i}$——分别为第 i 层层间所有框架柱用无侧移框架和有侧移框架柱计算长度系数算得的轴压杆稳定承载力之和（N）；

　　　　　　S_b——支撑结构层侧移刚度，即施加于结构上的水平力与其产生的层间位移角的比值（N）；

　　　K_1、K_2——分别为相交于柱上端、柱下端的横梁线刚度之和与柱线刚度之和的比值，K_1、K_2 的修正应按《钢结构设计标准》GB 50017—2017 附录 E 表 E.0.1 注确定。

对于规范中框架柱计算长度系数，作以下几点说明：

（1）公式（3-17）为 Newmark 教授在 20 世纪 40 年代提出的公式，与稳定理论的七杆模型的精确结果比较，最大误差仅 1%。

（2）《钢结构设计标准》GB 50017—2017 改进了《钢结构设计规范》GB 50017—2003 强弱支撑框架的分界准则和强支撑框架柱稳定系数计算公式，考虑到不推荐采用弱支撑框架，因此取消了弱支撑框架柱稳定系数的计算公式。

（3）《高层民用建筑钢结构技术规程》JGJ 99—2015 第 7.3.2 条第 4 款规定：当框架柱的计算长度系数取 1.0，或取无侧移失稳对应的计算长度系数时，应保证支撑能对框架的侧向稳定提供支承作用，支撑构件的应力比应满足 $\rho \leqslant 1 - 3\theta_i$（$\rho$ 为支撑构件的应力比，

θ_i 为二阶效应系数，即公式（3-1）、公式（3-2）中的 θ_i^{II}。

《高层民用建筑钢结构技术规程》JGJ 99—2015 第 7.3.2 条第 4 款条文说明对公式 $\rho \leqslant 1-3\theta_i$ 进行了推导，摘录如下：

框架-支撑（含延性墙板）结构体系，存在两种相互作用，第 1 种是线性的，在内力分析的层面上得到自动的考虑，第 2 种是稳定性方面的，例如一个没有承受水平力的结构，其中框架部分发生失稳，必然带动支撑架一起失稳，或者在当支撑架足够刚强时，框架首先发生无侧移失稳。

水平力使支撑受拉屈服，则它不再有刚度为框架提供稳定性方面的支持，此时框架柱的稳定性，按无支撑框架考虑。

但是，如果希望支撑架对框架提供稳定性支持，则对支撑架的要求就是两个方面的叠加：既要承担水平力，还要承担对框架柱提供支撑，使框架柱的承载力从有侧移失稳的承载力增加到无侧移失稳的承载力。

研究表明，这两种要求是叠加的，用公式表达是：

$$\frac{S_{i\mathrm{th}}}{S_i} + \frac{Q_i}{Q_{iy}} \leqslant 1 \tag{3-18}$$

$$S_{i\mathrm{th}} = \frac{3}{h_i}\left(1.2\sum_{j=1}^{m} N_{j\mathrm{b}} - \sum_{j=1}^{m} N_{j\mathrm{u}}\right) \quad i=1,2,\cdots,n \tag{3-19}$$

式中 Q_i——第 i 层承受的总水平力（kN）；

Q_{iy}——第 i 层支撑能够承受的总水平力（kN）；

S_i——支撑架在第 i 层的层抗侧刚度（kN/mm）；

$S_{i\mathrm{th}}$——为使框架柱从有侧移失稳转化为无侧移失稳所需要的支撑架的最小刚度（kN/mm）；

$N_{j\mathrm{b}}$——框架柱按照无侧移失稳的计算长度系数决定的压杆承载力（kN）；

$N_{j\mathrm{u}}$——框架柱按照有侧移失稳的计算长度系数决定的压杆承载力（kN）；

h_i——所计算楼层的层高（mm）；

m——本层的柱子数量，含摇摆柱。

《钢结构设计规范》GB 50017—2003 采用了表达式 $S_{\mathrm{b}} \geqslant 3(1.2\sum N_{\mathrm{b}i} - \sum N_{0i})$，其中，侧移刚度 S_{b} 是产生单位侧移倾角的水平力。当改用单位位移的水平力表示时，应除以所计算楼层高度 h_i，因此采用公式（3-19）。

为了方便应用，公式（3-19）进行如下简化：

1）公式（3-19）括号中的有侧移承载力略去，同时 1.2 也改为 1.0，这样得到

$$S_{i\mathrm{th}} = \frac{3}{h_i}\sum_{j=1}^{m} N_{j\mathrm{b}} \tag{3-20}$$

2）将上式的无侧移失稳承载力用各个柱子的轴力代替，代入公式（3-18）得到

$$3\frac{\sum N_i}{S_i h_i} + \frac{Q_i}{Q_{iy}} \leqslant 1 \tag{3-21}$$

而 $\dfrac{\sum N_i}{S_i h_i}$ 就是二阶效应系数 θ，$\dfrac{Q_i}{Q_{iy}}$ 就是支撑构件的承载力被利用的百分比，简称利用比，俗称应力比。

对于弯曲型支撑架，也有类似于公式（3-18）的公式，因此式 $\rho \leqslant 1 - 3\theta_i$ 适用于任何的支撑架。

其实《高层民用建筑钢结构技术规程》JGJ 99—2015 以上推导过程是有问题的。理由如下：

①《高层民用建筑钢结构技术规程》JGJ 99—2015 第 7.3.2 条第 1 款条文说明指出：公式 $\theta_i = \dfrac{\sum N \cdot \Delta u}{\sum H \cdot h_i}$ 只适用于剪切型结构（框架结构），弯剪型和弯曲型计算公式复杂，采用计算机分析更加方便。《钢结构设计标准》GB 50017—2017 也有此规定，对于弯剪型和弯曲型结构，二阶效应系数应按公式 $\theta_i = \dfrac{1}{\eta_{cr}}$ 计算。但是《高层民用建筑钢结构技术规程》JGJ 99—2015 第 7.3.2 条第 4 款条文说明在推导框架-支撑结构公式 $\rho \leqslant 1 - 3\theta_i$ 时指出：$\dfrac{\sum N_i}{S_i h_i}$（与公式 $\dfrac{\sum N \cdot \Delta u}{\sum H \cdot h_i}$ 相同）就是二阶效应系数 θ。很明显就是将 $\theta_i = \dfrac{\sum N \cdot \Delta u}{\sum H \cdot h_i}$ 也用于了框架-支撑结构。这是不合理的。

②《钢结构设计标准》GB 50017—2017 已经将《钢结构设计规范》GB 50017—2003 强支撑判别式由 $S_b \geqslant 3(1.2\sum N_{bi} - \sum N_{0i})$ 修改为了 $S_b \geqslant 4.4\left[\left(1 + \dfrac{100}{f_y}\right)\sum N_{bi} - \sum N_{0i}\right]$。还利用《钢结构设计规范》GB 50017—2003 强支撑判别式不适合。

三、二阶 P-Δ 弹性分析法

（一）二阶 P-Δ 弹性分析与设计的基本规定

1. 采用仅考虑 P-Δ 效应的二阶弹性分析时，应考虑结构整体初始几何缺陷影响，计算结构在各种荷载或作用设计值下的内力和标准值下的位移，并应按《钢结构设计标准》GB 50017—2017 第 6 章~第 8 章的有关规定进行各结构构件的设计，同时应按《钢结构设计标准》GB 50017—2017 的有关规定进行连接和节点设计。计算构件轴心受压稳定承载力时，构件计算长度系数 μ 可取 1.0 或其他认可的值。

初始几何缺陷是结构或者构件失稳的诱因，故采用二阶 P-Δ 弹性分析时应考虑结构整体初始几何缺陷。二阶 P-Δ 弹性分析法考虑了结构在荷载作用下产生的变形（P-Δ）、结构整体初始几何缺陷（P-Δ₀）、节点刚度等对结构和构件变形和内力产生的影响。进行计算分析时，可直接建立带有初始整体几何缺陷的结构，也可把此类缺陷的影响用等效水平荷载来代替，并应考虑假想力与设计荷载的最不利组合。

采用仅考虑 P-Δ 效应的二阶弹性分析法只考虑了结构整体层面上的二阶效应的影响，并未涉及构件对结构整体变形和内力的影响，因此这部分的影响还应通过稳定系数来进行考虑，此时的构件计算长度系数应取 1.0 或其他认可的值。当结构无侧移影响时，如近似一端固接、一端铰接的柱子，其计算长度系数小于 1.0。

《钢结构设计标准》GB 50017—2017 第 5.4.1 条条文说明指出：采用本方法进行设计时，不能采用荷载效应的组合，而应采用荷载组合进行非线性求解。本方法作为一种全过程的非线性分析法，不允许进行荷载、效应的迭加。后面提到的直接分析设计法，规范也有类似的规定。对规范的这个条文说明解释如下：

对于一阶弹性分析法，有多种荷载、多个荷载时，内力与加载顺序无关，荷载组合和效应组合结果相同。为了提高计算效率，一阶弹性分析一般采用效应组合（迭加），即先按荷载类别，如永久荷载、楼面活荷载、风荷载和地震作用等几种或十几种荷载分别算出单工况效应，再考虑结构可能遇到的各种设计工况，对每种工况进行多种可能的不利组合，一般进行几十种或上百种组合，得出各种组合工况的效应。例如，1.2D＋1.4L＋0.6×1.4W 实际是用 D（恒）、L（活）、W（风）的效应进行代数和。但是，对于非线性分析（二阶分析、弹塑性分析），效应与荷载不是线性关系，每个荷载组合必须把荷载组合好加在结构上，程序用增量步实现加载。效应与加载顺序有关，有先后次序的荷载采用荷载步模拟。

2. 二阶 P-Δ 效应可按近似的二阶理论对一阶弯矩进行放大来考虑。对于无支撑框架结构，杆件杆端的弯矩 M_Δ^{II} 也可采用下列近似公式进行计算：

$$M_\Delta^{II}=M_q+\alpha_i^{II}M_H \tag{3-22}$$

$$\alpha_i^{II}=\frac{1}{1-\theta_i^{II}} \tag{3-23}$$

式中　M_q——结构在竖向荷载作用下的一阶弹性弯矩（N·mm）；

M_Δ^{II}——仅考虑 P-Δ 效应的二阶弯矩（N·mm）；

M_H——结构在水平荷载作用下的一阶弹性弯矩（N·mm）；

θ_i^{II}——二阶效应系数；

α_i^{II}——第 i 层杆件的弯矩增大系数，当 $\alpha_i^{II}>1.33$ 时，宜增大结构的侧移刚度。

上述二阶弹性分析法与国外的规定基本相同。经西安建筑科技大学陈绍蕃教授提出，湖南大学舒兴平教授以单跨 1～3 层无支撑纯框架为例，用二阶弹性分析精确法进行验证。需要注意的是，此方法仅适用于纯框架结构，至于框架-支撑结构，此方法不适用。

（二）结构整体初始几何缺陷

1. 结构整体初始几何缺陷模式可按最低阶整体屈曲模态采用。框架及支撑结构整体初始几何缺陷代表值的最大值 Δ_0（图 3-3）可取为 $H/250$，为结构总高度。框架及支撑结构整体初始几何缺陷代表值也可按公式（3-24）确定（图 3-3）；或可通过在每层柱顶施加假想水平力等效考虑，假想水平力可按公式（3-25）计算，施加方向应考虑荷载的最不利组合（图 3-4）。

$$\Delta_i=\frac{h_i}{250}\sqrt{0.2+\frac{1}{n_s}} \tag{3-24}$$

$$H_{ni}=\frac{G_i}{250}\sqrt{0.2+\frac{1}{n_s}} \tag{3-25}$$

式中　Δ_i——所计算第 i 楼层的初始几何缺陷代表值（mm）；

n_s——结构总层数，当 $\sqrt{0.2+\frac{1}{n_s}}<\frac{2}{3}$ 时取此根号值为 $\frac{2}{3}$；当 $\sqrt{0.2+\frac{1}{n_s}}>1.0$ 时，

取此根号值为 1.0；

h_i——所计算楼层的高度（mm）；

G_i——第 i 楼层的总重力荷载设计值（N）。

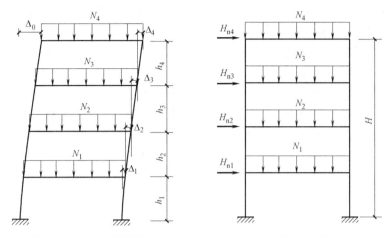

(a) 框架结构整体初始几何缺陷代表值　　　　(b) 框架结构等效水平力

图 3-3　框架结构整体初始几何缺陷代表值及等效水平力

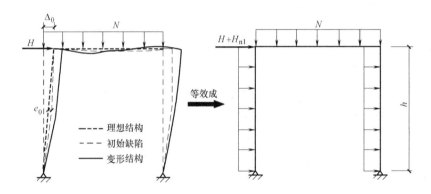

图 3-4　框架结构计算模型

h—层高；H—水平力；H_{n1}—假想水平力；e_0—构件中点处的初始变形值

2. 结构整体初始几何缺陷的几点说明

（1）结构整体初始几何缺陷包括节点位置的安装偏差、杆件的初弯曲、杆件对节点的偏心等。一般，结构整体初始几何缺陷的最大值可根据施工验收规范所规定的最大允许安装偏差取值，按最低阶屈曲模态分布，但由于不同的结构形式对缺陷的敏感程度不同，所以各规范可根据各自结构体系的特点规定其整体缺陷值，如现行行业标准《空间网格结构技术规程》JGJ 7—2010 规定：网壳缺陷最大计算值可按网壳跨度的 1/300 取值。

（2）经国内外规范对比分析，显示框架结构的初始几何缺陷值不仅与结构层间高度有关，而且也与结构层数的多少有关，公式（3-24）是从公式（3-25）推导而来，即：

$$\Delta_i = \frac{H_{ni} h_i}{G_i} = \frac{h_i}{250} \sqrt{0.2 + \frac{1}{n_s}} \tag{3-26}$$

按照现行国家标准《钢结构工程施工质量验收标准》GB 50205—2020 的有关要求，结构的最大水平安装误差不大于 $h_i/1000$。综合各种因素，框架结构的初始几何缺陷代表

值取为 Δ_i 和 $h_i/1000$ 的较大值。根据规定，$\sqrt{0.2+\dfrac{1}{n_s}}$ 不小于 $2/3$，可知 $\Delta_i = \dfrac{H_{ni}h_i}{G_i} =$

$\dfrac{h_i}{250}\sqrt{0.2+\dfrac{1}{n_s}} \geqslant \dfrac{h_i}{250} \times \dfrac{2}{3} = \dfrac{h_i}{375} > \dfrac{h_i}{1000}$，因此规定框架结构的初始几何缺陷代表值取

为 Δ_i。

当采用二阶 P-Δ 弹性分析时，因初始几何缺陷不可避免地存在，且有可能对结构的整体稳定性起很大作用，故应在此类分析中充分考虑其对结构变形和内力的影响。对于框架结构也可通过在框架每层柱的柱顶作用附加的假想水平力 H_{ni} 来替代整体初始几何缺陷。研究表明，框架的层数越多，构件的缺陷影响越小，且每层柱数的影响亦不大。需要注意的是，采用假想水平力法时，应施加在最不利的方向，即假想水平力不能起到抵消外荷载（作用）的效果。

（3）《钢结构设计标准》GB 50017—2017 第 5.2.1 条条文说明指出：采用假想水平力的方法来替代初始侧移时，假想水平力取值大小即是使得结构侧向变形为初始侧移值时所对应的水平力，与钢材强度没有直接关系，因此本次修订取消了原规范式（3.2.8-1）中钢材强度影响系数。

钢材强度影响系数即《钢结构设计规范》GB 50017—2003 公式（3.2.8-1）中的 α_y，也就是《高层民用建筑钢结构技术规程》JGJ 99—2015 公式（7.3.2-2）中的 $\sqrt{f_y/235}$。《钢结构设计规范》GB 50017—2003 公式（3.2.8-1）中的 α_y、《高层民用建筑钢结构技术规程》JGJ 99—2015 公式（7.3.2-2）中的 $\sqrt{f_y/235}$ 是否应该取消？蔡益燕、郁银泉在《对〈钢结构"强节点弱构件"抗震设计方法对比分析〉一文的商榷》（《建筑结构》2008年 12 期）中指出：GB 50017—2003 第 3.2.8 条规定，在用一阶弹性分析时假想水平力考虑了钢材强度的影响，Q235 为 1.0，Q355 为 1.1，Q390 为 1.2，Q420 为 1.25。曾就此规定请教过王国周先生，他的解释是：强度越高结构的截面越小，构件刚度也相应减小，对几何缺陷的敏感性增大，假想水平力是考虑对结构稳定性影响的，故作此规定。

因此，在计算假想水平力时，我们可以保守地按照《高层民用建筑钢结构技术规程》

JGJ 99—2015 公式（7.3.2-2）规定的假想水平力取值，即 $H_{ni} = \dfrac{G_i}{250}\sqrt{\dfrac{f_y}{235}}\sqrt{0.2+\dfrac{1}{n_s}}$。

（4）《钢结构设计标准》GB 50017—2017 第 5.2.1 条条文说明已经明确，结构的整体

初始几何缺陷代表值 $\Delta_i = \dfrac{h_i}{250}\sqrt{0.2+\dfrac{1}{n_s}}$ 仅适用于框架结构，但是第 5.2.1 条又说结构的

整体初始几何缺陷代表值 $\Delta_i = \dfrac{h_i}{250}\sqrt{0.2+\dfrac{1}{n_s}}$ 既适用于框架结构又适用于支撑结构。前后表述存在矛盾。《高层民用建筑钢结构技术规程》JGJ 99—2015 第 7.3.2 条第 2 款也将附加假想水平力的方法既用于框架结构又用于支撑结构。

其实，附加假想水平力这一方法最早由 Bridge 等学者于 1994 年提出，就是为了避免复杂的计算长度的确定，在结构上加上假想荷载，进行二阶弹性内力分析，计算长度就可以取几何长度。但目前算例中还没有出现在支撑框架上使用该方法，而假想荷载法是否适用于有支撑的框架？传统上认为，设置支撑架后，框架柱计算长度系数可以按无侧移屈曲

模式确定，那么，将假想荷载法推广到这里是否显得多余？童根树等提出了应用于剪切型支撑框架的假想荷载法。通过分析单层单跨和 5 跨的框架，考虑材料弹塑性和各种初始缺陷，提出了多种荷载条件下通用的假想荷载近似公式 $Q_n = 0.45\% \sqrt{f_y/235} \sum P_{ui}$，其中 P_{ui} 为取规范公式得到的无侧移屈曲极限荷载。

因此，《钢结构设计标准》GB 50017—2017、《高层民用建筑钢结构技术规程》JGJ 99—2015 中施加假想水平力针对所有结构，是不科学的。但是除框架结构以外的结构形式，如何施加假想水平力，仍然是一个需要研究的问题。需要读者注意的是，国内主流的结构设计软件 PKPM，对框架结构、框架-支撑结构，均采取了施加假想水平力的方法。

（三）二阶 P-Δ 弹性分析的几点讨论

1. 为什么考虑二阶弹性分析还需要考虑假想水平力？

蔡益燕等指出：二阶分析有两种方法，一种是考虑 P-Δ 效应对结构进行严格的二阶分析，另一种是将一阶分析得出的结构内力和位移乘以放大系数 $1/(1-\theta_i^{II})$，研究表明，后者尽管简单，但也有较好的精度。由于上述两种方法都不是专门用来研究柱稳定性的，并未考虑几何缺陷等对稳定性的不利影响，如要考虑则应施加假想水平力。也就是说，二阶 P-Δ 弹性分析法既要考虑结构在荷载作用下产生的变形（P-Δ），还要考虑结构整体初始几何缺陷（P-Δ₀）即附加假想水平力。

童根树等指出：二阶分析为什么要施加假想荷载？因为二阶弹性分析后仍然采用下式计算构件平面内稳定性：

$$\frac{N}{\varphi_x A} + \frac{\beta_{mx} M_x}{\gamma_x W_{1x} \left(1 - 0.8 \dfrac{N}{N'_{Ex}}\right)} \leqslant f \tag{3-27}$$

只是此时的柱子计算长度系数为 1 而已。设想，如果构件无弯矩，二阶分析后仍然无弯矩（例如承受对称恒载的结构），那么一阶分析和二阶分析对这个柱子的设计验算会产生不同的结果，因为此时计算长度系数不同，二阶分析验算的应力偏小。为了使二阶分析和一阶分析产生相同的应力，则二阶分析时必须施加假想水平力，使得公式（3-27）第 2 项不为零。确定假想水平力的方法是：二阶分析设计的柱子与一阶分析设计的柱子具有相同的承载力，即二阶分析设计的柱子基本上不能小于一阶分析设计的柱子。公式（3-27）见《钢结构设计标准》GB 50017—2017 公式（8.2.1-1）。

2. 为什么二阶弹性分析并考虑假想水平力，计算长度系数取 1.0？

根据童根树等对稳定系数 φ 的推导可以知道，稳定系数 φ 可以近似地看作由以下三个步骤得到：（1）考虑初始缺陷；（2）进行二阶内力分析；（3）进行最不利截面的强度计算。因此如果内力采用二阶分析法确定，又考虑了初始缺陷（即规范中的假想水平力），那么只要进行强度校核就可以了，无需再进行稳定性验算。为什么还有计算长度系数取 1.0 的规定呢？

这是因为考虑目前的二阶分析法是近似的，仅考虑了有侧移的 P-Δ 效应，而没有考虑无侧移的 P-Δ 效应；而且初始缺陷的影响也无法真实模拟，为了安全起见，规范仍然规定取计算长度系数为 1.0 进行稳定性计算。

3. 内力放大系数法近似考虑二阶效应，国内外一般采用将一阶弹性分析的内力和位移乘以放大系数 $1/(1-\theta_i^{II})$。对于剪切型结构（框架结构），公式 $1/(1-\theta_i^{II})$ 是合适的。

但对于弯曲型结构，公式 $1/(1-\theta_i^{\mathrm{II}})$ 是不合适的。因为弯曲型结构的截面剪切刚度大。如果按照公式 $1/(1-\theta_i^{\mathrm{II}})$，则弯曲型结构的顶部层间侧移大，底部的层间侧移小，顶部和底部的弯矩放大系数相差较大，而实际上悬臂柱的二阶弯矩与一阶弯矩的比值沿高度变化不大。所以公式 $1/(1-\theta_i^{\mathrm{II}})$ 不宜被推广应用到弯曲型结构。

4. 考虑 P-Δ 效应，除了规范推荐的内力放大系数法，还可以采用基于几何刚度的有限元方法（具体见第三章第三节论述）。基于几何刚度的有限元方法与结构形式无关，也不像内力放大系数法对非剪切型结构（非框架结构）那样采用等截面悬臂受弯构件的假定。因此，基于几何刚度的有限元方法是一种考虑 P-Δ 效应的通用方法。PKPM 软件采用了这种基于几何刚度的有限元方法，目前的 ETABS 软件也提供这种方法。

四、直接分析设计法

（一）直接分析设计法的基本规定

1. 直接分析设计法应考虑二阶 P-Δ 和 P-δ 效应，同时考虑结构整体初始几何缺陷和构件的初始缺陷、节点连接刚度和其他对结构稳定性有显著影响的因素，允许材料的弹塑性发展和内力重分布，获得各种荷载设计值（作用）下的内力和标准值（作用）下的位移，同时在分析的所有阶段，各结构构件的设计均应符合《钢结构设计标准》GB 50017—2017 第 6 章～第 8 章的有关规定，但不需要按计算长度法进行构件受压稳定承载力验算（此处仅针对柱和支撑，不包括梁的弯扭稳定应力验算）。初始几何缺陷是结构或者构件失稳的诱因，残余应力则会降低构件的刚度，故采用二阶 P-Δ 弹性分析时考虑结构整体初始几何缺陷的影响，采用直接分析时考虑初始几何缺陷和残余应力的影响。

当采用直接分析设计法时，可以直接建立带有初始几何缺陷的结构和构件单元模型，也可以用等效荷载来替代。在直接分析设计法中，应能充分考虑各种对结构刚度有贡献的因素，如初始缺陷、二阶效应、材料弹塑性、节点半刚性等，以便能准确预测结构行为。

采用直接分析设计法时，分析和设计是不可分割的（一阶弹性、二阶 P-Δ 弹性，设计与分析是分开的）。两者既有同时进行的部分（如初始缺陷应在分析的时候引入），也有分开进行的部分（如分析得到应力状态，再采用设计准则判断是否塑性）。两者在非线性迭代中不断进行修正、相互影响，直至达到设计荷载水平下的平衡为止。这也是直接分析设计法区别于一般非线性分析法之处，传统的非线性分析法强调了分析却忽略了设计上的很多要求，因而其结果是不可以"直接"作为设计依据的。

由于直接分析设计法已经在分析过程中考虑了一阶弹性设计中计算长度所要考虑的因素，故不再需要进行基于计算长度的稳定性验算了。

直接分析设计法作为一种全过程的非线性分析方法，不允许进行荷载效应的迭加，而应采用荷载组合进行非线性求解。

2. 直接分析设计法有以下两种方式：

（1）不考虑材料弹塑性发展

不考虑材料弹塑性发展时，结构分析应限于第一个塑性铰的形成，对应的荷载水平不应低于荷载设计值，不允许进行内力重分布。

二阶 P-Δ-δ 弹性分析是直接分析的一种特例，也是一种常用的分析手段。该方法不考虑材料非线性，只考虑几何非线性（P-Δ 效应、P-δ 效应），以第一塑性铰为准则，不允许进行内力重分布。

PKPM 软件中的"弹性直接分析设计方法"就属于这一种方法。

（2）按二阶弹塑性分析

直接分析设计法按二阶弹塑性分析时宜采用塑性铰法或塑性区法。塑性铰形成的区域，构件和节点应有足够的延性保证以便内力重分布，允许一个或者多个塑性铰产生，构件的极限状态应根据设计目标及构件在整个结构中的作用来确定。

1）采用塑性铰法进行直接分析设计时，除考虑结构整体初始几何缺陷和构件的初始缺陷外，当受压构件所受轴力大于 $0.5Af$ 时，其弯曲刚度还应乘以刚度折减系数 0.8。因塑性铰法一般只将塑性集中在构件两端，而假定构件的中段保持弹性，当轴力较大时通常高估其刚度，为考虑该效应，故需折减其刚度。

2）采用塑性区法进行直接分析设计时，应按不小于 1/1000 的出厂加工精度考虑构件的初始几何缺陷，并考虑初始残余应力。

3. 二阶弹塑性分析的几点说明

（1）二阶弹塑性分析作为一种设计工具，虽然在学术界和工程界仍有争议，但世界各主流规范均将其纳入其中，以便适应各种需要考虑材料弹塑性发展的情况。

工程界常采用一维梁柱单元来进行弹塑性分析，二维的板壳元和三维的实体元因涉及大量计算一般仅在学术界中采用，塑性铰法和塑性区法是基于梁柱单元的两种常用的考虑材料非线性的方法。

规范规定针对给定的设计目标，二阶弹塑性分析可生成多个塑性铰，直至达到设计荷载水平为止。

（2）直接分析设计法按二阶弹塑性分析时，钢材的应力-应变关系可为理想弹塑性，屈服强度可取《钢结构设计标准》GB 50017—2017 规定的强度设计值，弹性模量可按《钢结构设计标准》GB 50017—2017 第 4.4.8 条采用。

（3）直接分析设计法按二阶弹塑性分析时，钢结构构件截面应为双轴对称截面或单轴对称截面，塑性铰处截面板件宽厚比等级应为 S1 级或 S2 级，其出现的截面或区域应保证有足够的转动能力。

（4）直接分析设计法按二阶弹塑性分析时，应输出下列计算结果以验证是否符合设计要求：

1）荷载标准组合效应设计值作用下的挠度和侧移；

2）各塑性铰的曲率；

3）没有出现塑性变形的部位，应输出应力比。

（二）构件的初始缺陷

构件的初始缺陷代表值可按公式（3-28）计算确定，该缺陷代表值包括了残余应力的影响（图 3-5a）。构件的初始缺陷也可采用假想均布荷载进行等效简化计算，假想均布荷载可按公式（3-29）确定（图 3-5b）。

$$\delta_0 = e_0 \sin \frac{\pi x}{l} \tag{3-28}$$

$$q_0 = \frac{8Ne_0}{l^2} \tag{3-29}$$

式中　δ_0——离构件端部 x 处的初始变形值（mm）；

　　　　e_0——构件中点处的初始变形值（mm）；

　　　　x——离构件端部的距离（mm）；

　　　　l——构件的总长度（mm）；

　　　　q_0——等效分布荷载（N/mm）；

　　　　N——构件承受的轴力设计值（N）。

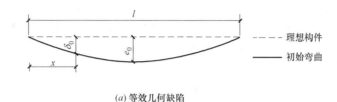

(a) 等效几何缺陷

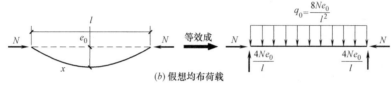

(b) 假想均布荷载

图 3-5　构件的初始缺陷

构件初始弯曲缺陷值 e_0/l，当采用直接分析不考虑材料弹塑性发展时（即二阶 P-Δ-δ 弹性分析，不考虑材料非线性，只考虑几何非线性），可按表 3-6 取构件综合缺陷代表值；当采用直接分析考虑材料弹塑性发展时，应满足塑性铰法和塑性区法的要求。

构件的初始几何缺陷形状可用正弦波来模拟，构件的初始几何缺陷代表值由柱子失稳曲线拟合而来，故《钢结构设计标准》GB 50017—2017 针对不同的截面和主轴，给出了4 个值，分别对应 a、b、c、d 四条柱子失稳曲线。为了便于计算，构件的初始几何缺陷也可用均布荷载和支座反力代替。

构件综合缺陷代表值　　　　　　　　　　　　　　　　　　　　　表 3-6

对应于表 3-3 和表 3-4 中的柱子曲线	二阶分析采用的 e_0/l 值
a 类	1/400
b 类	1/350
c 类	1/300
d 类	1/250

（三）直接分析设计法的公式表达

1. 《钢结构设计标准》GB 50017—2017 第 5.5.7 条条文说明的公式

结构和构件采用直接分析设计法进行分析和设计时，计算结果可直接作为承载能力极限状态和正常使用极限状态下的设计依据。直接分析设计法是一种全过程二阶非线性弹塑性分析设计方法，可以全面考虑结构和构件的初始缺陷、几何非线性、材料非线性等对结构和构件内力的影响，其分析设计过程可用公式（3-30）来表达。用直接分析设计法求得的构件的内力可以直接作为校核构件的依据，进行如下的截面验算即可：

$$\frac{N}{Af}+\frac{M_x+N(\Delta_x+\Delta_{xi}+\delta_x+\delta_{x0})}{M_{cx}}+\frac{M_y+N(\Delta_y+\Delta_{yi}+\delta_y+\delta_{y0})}{M_{cy}}\leqslant1.0 \quad (3\text{-}30)$$

式中　N——构件的轴力设计值（N）；

A——构件的毛截面面积（mm^2）；

M_x、M_y——绕着构件 x 轴、y 轴的一阶弯矩承载力设计值（N·mm）；

Δ_x、Δ_y——由于结构在荷载作用下的变形所产生的构件两端相对位移值（mm），即 P-Δ 效应，可采用内力放大法（仅用于框架结构）或几何刚度有限元法；

Δ_{xi}、Δ_{yi}——由于结构整体初始几何缺陷所产生的构件两端相对位移值（mm），即 P-Δ_0 效应，可采用附加假想水平力的方法；

δ_x、δ_y——荷载作用下构件在 x 轴、y 轴方向的变形值（mm），即 P-δ 效应，可通过单元细分模拟单元自身挠曲变形引起的 P-δ 效应；

δ_{x0}、δ_{y0}——构件在 x 轴、y 轴方向的初始缺陷值（mm），即 P-δ_0 效应，可采用附加假想均布荷载的方法；

M_{cx}、M_{cy}——分别为绕 x 轴、y 轴的受弯承载力设计值（N·mm）。

M_{cx}、M_{cy} 的计算方法如下：

（1）直接分析设计法不考虑材料弹塑性发展（即二阶 P-Δ-δ 弹性分析，不考虑材料非线性，只考虑几何非线性），或按弹塑性分析截面板件宽厚比等级不符合 S2 级要求时：

$$M_{cx}=\gamma_x W_x f \quad (3\text{-}31)$$
$$M_{cy}=\gamma_y W_y f \quad (3\text{-}32)$$

式中　γ_x、γ_y——截面塑性发展系数，详见《钢结构设计标准》GB 50017—2017 第 6.1.2 条规定；

W_x、W_y——当构件板件宽厚比等级为 S3 级或 S4 级时，为绕着构件 x 轴、y 轴毛截面模量（mm^3）；当构件板件宽厚比等级为 S5 级时，为绕着构件 x 轴、y 轴有效截面模量（mm^3）。

（2）按弹塑性分析（考虑材料非线性，采用塑性铰法和塑性区法），截面板件宽厚比等级符合 S2 级要求时：

$$M_{cx}=W_{px}f \quad (3\text{-}33)$$
$$M_{cy}=W_{py}f \quad (3\text{-}34)$$

式中　W_{px}、W_{py}——绕着构件 x 轴、y 轴毛截面塑性模量（mm^3）。

2.《钢结构设计标准》GB 50017—2017 第 5.5.7 条的公式

结构和构件采用直接分析设计法进行分析和设计时，计算结果可直接作为承载能力极限状态和正常使用极限状态下的设计依据，应按下列公式进行构件截面承载力验算：

（1）构件有足够侧向支撑以防止侧向失稳时：

$$\frac{N}{Af}+\frac{M_x^{II}}{M_{cx}}+\frac{M_y^{II}}{M_{cy}}\leqslant1.0 \quad (3\text{-}35)$$

（2）当构件可能产生侧向失稳时：

$$\frac{N}{Af}+\frac{M_x^{II}}{\varphi_b W_x f}+\frac{M_y^{II}}{M_{cy}}\leqslant1.0 \quad (3\text{-}36)$$

式中　M_x^{II}、M_y^{II}——分别为绕 x 轴、y 轴的二阶弯矩设计值（N·mm），可由结构分析直接得到；

φ_b——梁的整体稳定系数，应按《钢结构设计标准》GB 50017—2017 附录 C 确定。

五、钢结构分析与稳定性设计方法总结

（一）一阶弹性分析法、二阶 P-Δ 弹性分析法、直接分析设计法对比

一阶弹性分析法、二阶 P-Δ 弹性分析法、直接分析设计法异同点对比见表 3-7。

一阶弹性分析法、二阶 P-Δ 弹性分析法、直接分析设计法对比　　　表 3-7

分析设计方法		分析阶段				设计阶段		
		结构整体初始几何缺陷（P-Δ_0）	P-Δ	构件初始缺陷（P-δ_0）	P-δ	计算长度系数 μ	稳定系数 φ	设计弯矩
一阶弹性分析法		无	无	无	无	附录 E	附录 D	分析弯矩 I
二阶 P-Δ 弹性分析法	内力放大法	假想水平力	对一阶弯矩放大	无	无	≤1.0	附录 D	分析弯矩 II
	几何刚度有限元法	假想水平力	几何刚度有限元法	无	无	≤1.0	附录 D	分析弯矩 II
直接分析设计法		假想水平力	几何刚度有限元法	假想均布荷载	构件细分	无	1.0	分析弯矩 II ＋ 假想均布荷载引起的弯矩

注：1. 内力放大法仅适用于框架结构；
2. 附录 D、附录 E 均指《钢结构设计标准》GB 50017—2017；
3. 采用二阶 P-Δ 弹性分析法时，构件计算长度系数一般取 1.0；但是当结构无侧移影响时，如近似一端固接、一端铰接的柱子，其计算长度系数小于 1.0；
4. P-Δ 效应通常指重力荷载在节点的侧向位移下产生的附加效应；P-δ 效应指轴向压力在挠曲杆件中产生的二阶效应，是偏压杆件中由轴向压力在产生了挠曲变形的杆件内引起的曲率和弯矩增量，如图 3-6 所示。对于承受轴力的柱或梁，当柱或梁上作用有跨间荷载时，构件的 P-δ 效应将不可忽略。常用的 SAP2000 软件需要在已考虑 P-Δ 效应的前提下，对构件进行细分模拟单元自身挠曲变形引起的 P-δ 效应；
5. 采用一阶弹性分析法时，虽然没有在分析阶段考虑 P-Δ 效应、P-δ 效应、结构整体初始几何缺陷（P-Δ_0）、构件初始缺陷（P-δ_0）等因素，但在构件设计阶段予以考虑。比如压弯构件的验算，通过计算长度系数、稳定系数、等效弯矩系数等考虑这些因素的影响。

图 3-6　二阶效应分析

（二）钢结构分析与稳定性设计方法规范演变过程

钢结构分析与稳定性设计方法规范演变过程见表 3-8。

钢结构分析与稳定性设计方法规范演变过程

表 3-8

项目	《高层民用建筑钢结构技术规程》JGJ 99—1998	《钢结构设计规范》GB 50017—2003	《高层民用建筑钢结构技术规程》JGJ 99—2015	《钢结构设计标准》GB 50017—2017
框架结构	1. 重力作用下稳定性验算，按现行国家标准《钢结构设计规范》GBJ 17 附表 4.1.2(有侧移)的 μ 系数确定，也可以按照近似公式计算： $$\mu=\sqrt{\frac{1.6+4(K_1+K_2)+7.5K_1K_2}{K_1+K_2+7.5K_1K_2}}\quad(3\text{-}37)$$ 2. 重力稳定性验算，层间位移角小于 0.001h 计算(h 为楼层层高)时，也可按公式(3-38)计算框架柱的计算长度系数	1. 当采用一阶弹性分析法计算内力时，按附表 D-2 有侧移框架柱的计算长度系数确定。 2. 当采用二阶弹性分析法计算内力且在每层柱顶考虑假想水平力 $H_{ni}=\dfrac{\alpha_y Q_i}{250}\sqrt{0.2+\dfrac{1}{n_s}}$ 时，框架柱计算长度系数可取 1.0	一阶弹性分析时，框架柱的计算长度系数为： $$\mu=\sqrt{\frac{7.5K_1K_2+4(K_1+K_2)+1.6}{7.5K_1K_2+K_1+K_2}}\quad(3\text{-}39)$$	1. 当采用一阶弹性分析法计算内力时，按附表 E 0.2 有侧移框架柱的计算长度系数确定。 2. 当采用二阶弹性分析法计算内力且在每层柱顶考虑假想水平力 $H_{ni}=\dfrac{G_i}{250}\sqrt{0.2+\dfrac{1}{n_s}}$ 时，框架柱计算长度系数可取 1.0
框架-支撑结构	1. 重力作用下稳定性验算，当 $\Delta u/h\le 1/1000$ 时，框架柱应按现行国家标准《钢结构设计规范》GBJ 17 附表 4.1(无侧移)的 μ 系数确定，也可以按照近似公式计算： $$\mu=\sqrt{\frac{3+1.4(K_1+K_2)+0.64K_1K_2}{3+2(K_1+K_2)+1.28K_1K_2}}\quad(3\text{-}38)$$ 2. 重力和风力或多遇地震作用组合下的稳定性验算，当层间位移角小于 1/250 时，柱计算长度系数可取 1.0	1. 当支撑结构的侧移刚度（产生单位倾角的水平力）$S_b\ge 3(1.2\sum N_{bi}-\sum N_{0i})$ 满足时，为弱支撑结构，框架柱的轴心受压稳定系数为： $$\varphi=\varphi_0+(\varphi_1-\varphi_0)\frac{S_b}{3(1.2\sum N_{bi}-\sum N_{0i})}$$	1. 当不考虑支撑对框架稳定的支承作用时，框架柱的计算长度按公式(3-39)计算。 2. 当框架柱的计算长度系数取 1.0，或取无侧移柱对应的计算长度系数时，应保证无侧移支撑对框架的侧向支承作用，支撑结构的应力比应满足 $\rho\le 1-3\theta_i$ 的要求。 3. 当框架按无侧移失稳模式设计时框架柱的计算长度为： $$\mu=\sqrt{\frac{(1+0.41K_1)(1+0.41K_2)}{(1+0.82K_1)(1+0.82K_2)}}$$	当支撑结构侧移刚度（产生单位倾角的水平力）S_b 满足 $$S_b\ge 4\left[\left(1+\frac{100}{f_y}\right)\sum N_{bi}-\sum N_{0i}\right]$$ 时，为强支撑结构，按附表 E 0.1 无侧移框架柱的计算长度系数确定

续表

项目	《高层民用建筑钢结构技术规程》JGJ 99—1998	《钢结构设计规范》GB 50017—2003	《高层民用建筑钢结构技术规程》JGJ 99—2015	《钢结构设计标准》GB 50017—2017
是否考虑P-Δ效应	未作明确要求，仅认为结构各楼层柱子平均长细比和平均轴压比均满足一定要求及按一阶线弹性计算所得的各楼层层间相对侧移值满足一定要求时，可不验算结构的整体稳定性	未明确	1. 第6.2.2条：高层民用建筑钢结构弹性分析时，应计入重力二阶效应的影响。 2. 当二阶效应系数大于0.1时，宜采用二阶线弹性分析。二阶效应系数不应大于0.2。$\theta_i = \dfrac{\sum N \cdot \Delta u}{\sum H \cdot h_i}$。 3. 内力采用放大系数法近似考虑二阶效应时，允许采用叠加原理进行内力组合	1. 当 $\theta_{i,\max}^{\mathrm{II}} \leqslant 0.1$ 时，可采用一阶弹性分析；当 $0.1 < \theta_{i,\max}^{\mathrm{II}} \leqslant 0.25$ 时，宜采用二阶 P-Δ 弹性分析或采用直接分析；当 $\theta_{i,\max}^{\mathrm{II}} > 0.25$ 时，应增大结构的侧移刚度或采用直接分析。 2. 框架结构 $\theta_i^{\mathrm{II}} = \dfrac{\sum N_i \cdot \Delta u_i}{\sum H_{ki} \cdot h_i}$；一般结构 $\theta_i^{\mathrm{II}} = \dfrac{1}{\eta_{cr}}$。 3. 二阶 P-Δ 弹性分析法、直接分析法设计法要考虑
是否考虑结构整体几何初始缺陷(P-Δ₀)	未明确	$\dfrac{\sum N \cdot \Delta u}{\sum H \cdot h_i} > 0.1$ 的框架结构宜采用二阶弹性分析，此时应在每层柱顶附加考虑假想水平力 $H = \dfrac{\alpha_y Q_i}{250}\sqrt{0.2 + \dfrac{1}{n_s}}$	当采用二阶线弹性分析时，应在各楼层的楼盖处加上假想水平力 $H_{ni} = \dfrac{Q_i}{250}\sqrt{\dfrac{f_y}{235}}\sqrt{0.2 + \dfrac{1}{n_s}}$，此时框架柱的计算长度系数取1.0	1. 二阶 P-Δ 弹性分析法、直接分析法设计法要考虑。 2. 考虑方法为加初始假想水平力 $H_{ni} = \dfrac{G_i}{250}\sqrt{0.2 + \dfrac{1}{n_s}}$
是否考虑P-δ效应	未明确	未明确	未明确	直接分析设计法要考虑
是否考虑构件初始缺陷(P-δ₀)	未明确	未明确	未明确	1. 直接分析设计法要考虑。 2. 考虑方法为加初始假想均布荷载 $q_0 = \dfrac{8 N e_0}{l^2}$

注：《钢结构设计标准》GB 50017—2017之前的规范、规程，虽然没有明确在分析阶段考虑P-Δ效应、P-δ效应、结构整体初始几何缺陷（P-Δ₀）、构件初始缺陷（P-δ₀）等因素，但在构件设计阶段，规范均予以了考虑。通过计算长度系数、稳定系数、等效弯矩系数等考虑这些因素的影响。比如压弯构件的验算。

第二节 不同内力分析方法算例对比

以框架结构、框架-支撑结构为例，分别采用一阶弹性分析法、二阶 P-Δ 弹性分析法和直接分析设计法（不考虑材料弹塑性发展，即二阶 P-Δ-δ 弹性分析，不考虑材料非线性，只考虑几何非线性）进行计算，对计算结果进行对比。

一、框架结构

(一) 工程概况

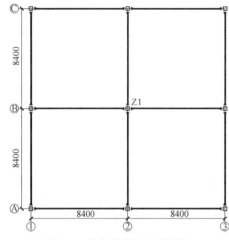

图 3-7 框架结构平面布置图

8 度 0.20g 地区 12 层钢框架，结构平面布置见图 3-7。层高 4800mm，框架柱截面□350×350×30×30，框架梁截面 H500×200×12×20，钢号为 Q355B，钢框架抗震等级为二级。采用 PKPM2010（版本 V5.1）程序计算。

(二) 软件参数选取

1. 一阶弹性分析法软件参数见图 3-8。

采用一阶弹性分析法时，软件不考虑 P-Δ 效应；计算长度系数按照《钢结构设计标准》GB 50017—2017 附表 E.0.2 取值；不考虑结构整体初始几何缺陷（P-Δ₀）；不考虑构件初始缺陷（P-δ₀）。

采用一阶弹性分析法时，软件不考虑 P-Δ 效应；计算长度系数按照《钢结构设计标准》GB 50017—2017 附表 E.0.2 取值；不考虑结构整体初始几何缺陷（P-Δ_0）；不考虑构件初始缺陷（P-δ_0）。

图 3-8 一阶弹性分析法软件参数

2. 二阶 P-Δ 弹性分析法软件参数见图 3-9。

采用二阶 P-Δ 弹性分析法时，软件考虑 P-Δ 效应，分别有两种方法——直接几何刚

图 3-9 二阶 P-Δ 弹性分析法软件参数

度法（即几何刚度有限元法）和内力放大法（即公式（3-22）、公式（3-23），仅适用于框架结构）；计算长度系数取为 1.0；考虑结构整体初始几何缺陷（P-Δ_0），整体缺陷倾角软件缺省值为 1/250；不考虑构件初始缺陷（P-δ_0）。

3. 直接分析设计法软件参数见图 3-10。

图 3-10 直接分析设计法软件参数

对于直接分析设计法，软件定义为"弹性直接分析设计方法"，不考虑弹塑性分析，即二阶 P-Δ-δ 弹性分析，不考虑材料非线性，只考虑几何非线性。采用弹性直接分析设计方法时，考虑 P-Δ 效应，分别有两种方法——直接几何刚度法（即几何刚度有限元法）和内力放大法［即公式（3-22）、公式（3-23），仅适用于框架结构］；考虑结构整体初始几何缺陷（P-Δ₀），整体缺陷倾角软件缺省值为 1/250；考虑构件初始缺陷（P-δ₀），钢构件绕 X 轴、Y 轴缺陷调整系数缺省值为 1.0，即已按照表 3-6 取默认值。

选择"弹性直接分析设计方法"时，有一个参数值得注意，即"柱、支撑执行《钢结构设计标准》GB 50017—2017 第 5.5.7-2 条进行稳定性验算"。软件此处描述的"《钢结构设计标准》GB 50017—2017 第 5.5.7-2 条"，应该是"《钢结构设计标准》GB 50017—2017 公式（5.5.7-2）"。《钢结构设计标准》GB 50017—2017 公式（5.5.7-2）就是本书公式（3-36）。直接分析设计法在结构分析阶段无法考虑梁的整体稳定这样的失稳（图 3-11），因此需要在构件设计中用梁的整体稳定系数考虑，即当构件可能产生侧向失稳时：

$$\frac{N}{Af}+\frac{M_x^{\mathrm{II}}}{\varphi_b W_x f}+\frac{M_y^{\mathrm{II}}}{M_{cy}}\leqslant 1.0$$

尤其是对于 H 型钢柱，当弯矩大、轴力小时，钢柱很容易出现图 3-11 的绕弱轴弯曲侧移失稳，因此除了验算公式（3-35）外，还需要验算公式（3-36）。也就是说直接分析设计法可以解决压弯构件中 φ 的问题，但是不能解决压弯构件中 φ_b 的问题。

本算例中，柱为箱形截面，不存在强、弱轴，不太可能出现绕弱轴弯曲侧移失稳。而且《钢结构设计标准》GB 50017—2017 第 6.2.4 条规定，当箱形截面简支梁截面尺寸（图 3-12）满足 $h/b_0\leqslant 6$、$l_1/b_0\leqslant 95\varepsilon_k^2$ 时，可不计算整体稳定性，l_1 为受压翼缘侧向支承点间的距离（梁的支座处视为有侧向支承）。夏志斌等在《钢结构原理与设计》一书中

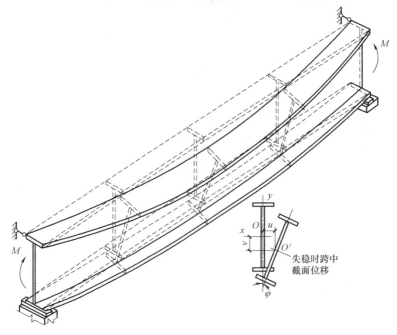

图 3-11 简支钢梁丧失整体稳定性全貌

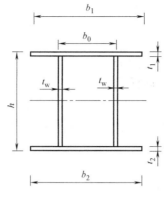

图 3-12　箱形截面

指出：这两个条件在实际工程中很容易做到，因此规范甚至没有给出箱形截面简支梁整体稳定系数的计算方法。本算例的箱形钢柱满足这两个条件，因此整体稳定系数 φ_b 可取为 1.0。

（三）计算结果

以第九层中柱 Z1 为例，其一阶弹性分析法、二阶 P-Δ 弹性分析法和直接分析设计法计算结果见表 3-9。

框架结构一阶弹性分析法、二阶 P-Δ 弹性分析法和直接分析设计法计算结果　　表 3-9

计算项目		一阶弹性分析法	二阶 P-Δ 弹性分析法	直接分析设计法
强度验算	强度应力比	0.78	0.90	0.90
	应力比对应的内力	$N=4084$kN，$M_x=485$kN·m，$M_y=0$kN·m	$N=4084$kN，$M_x=601$kN·m，$M_y=24$kN·m	$N=4084$kN，$M_x=601$kN·m，$M_y=24$kN·m
平面内稳定性验算	平面内稳定应力比	1.03	0.98	0.92
	应力比对应的内力	$N=4084$kN，$M_x=485$kN·m，$M_y=0$kN·m	$N=4084$kN，$M_x=601$kN·m，$M_y=24$kN·m	$N=4084$kN，$M_x=601$kN·m，$M_y=24$kN·m
平面外稳定性验算	平面外稳定应力比	1.03	0.98	0.92
	应力比对应的内力	$N=4084$kN，$M_x=0$kN·m，$M_y=485$kN·m	$N=4084$kN，$M_x=24$kN·m，$M_y=601$kN·m	$N=4084$kN，$M_x=24$kN·m，$M_y=601$kN·m
计算长度系数	X 方向	1.61	1.00	—
	Y 方向	1.61	1.00	—
长细比	X 方向	58.81	36.58	—
	Y 方向	58.81	36.58	—
《高层民用建筑钢结构技术规程》JGJ 99—2015 长细比限值		57.77		

由表 3-9 可知：

1. 强度验算时，二阶 P-Δ 弹性分析法内力（轴力、弯矩）、强度应力比大于一阶弹性分析法；稳定性验算（平面内、平面外）时，二阶 P-Δ 弹性分析法内力（轴力、弯矩）

虽然大于一阶弹性分析法，但是稳定应力比（平面内、平面外）二阶 P-Δ 弹性分析法小于一阶弹性分析法，原因是二阶 P-Δ 弹性分析法计算长度系数小于一阶弹性分析法。

2. 一阶弹性分析法长细比超过《高层民用建筑钢结构技术规程》JGJ 99—2015 长细比的限值，而二阶 P-Δ 弹性分析法因为计算长度系数小，长细比均小于规范限值。关于构件容许长细比，规范的条文说明如下：

（1）《钢结构设计标准》GB 50017—2017 第 7.4.6 条条文说明指出：构件容许长细比的规定，主要是避免构件柔度太大，在本身自重作用下产生过大的挠度和运输、安装过程中造成弯曲，以及在动力荷载作用下发生较大振动。对受压构件来说，由于刚度不足产生的不利影响远比受拉构件严重。

（2）《高层民用建筑钢结构技术规程》JGJ 99—2015 第 7.3.9 条条文说明指出：框架柱的长细比关系到钢结构的整体稳定性。研究表明，钢结构高度加大时，轴力加大，竖向地震对框架柱的影响很大。

因此，当构件长细比不满足规范容许长细比时，可以选择二阶 P-Δ 弹性分析法、直接分析设计法，也可以选择本书第五章中的抗震性能化设计方法。

3. 直接分析设计法的经济性优于二阶 P-Δ 弹性分析法、二阶 P-Δ 弹性分析法的经济性优于一阶弹性分析法。

4. 直接分析设计法中平面内、平面外稳定性验算，是为了验算公式（3-36），即验算柱绕弱轴弯曲侧移失稳（图 3-11 的失稳）。本算例中，柱为箱形截面，不存在强、弱轴，不太可能出现绕弱轴弯曲侧移失稳。箱形截面尺寸满足 $h/b_0 \leqslant 6$、$l_1/b_0 \leqslant 95\varepsilon_k^2$ 时，可不计算整体稳定性，因此整体稳定系数 φ_b 可取为 1.0。下面对直接分析设计法，钢框架柱软件输出结果手算验证如下：

（1）强度应力比验证

$$\frac{N}{Af} + \frac{M_x^{II}}{M_{cx}} + \frac{M_y^{II}}{M_{cy}} \leqslant 1.0$$

控制内力组合为非地震组合，则：

$$N = 4084.88\text{kN}, M_x^{II} = 601.32\text{kN} \cdot \text{m}, M_y^{II} = 24.45\text{kN} \cdot \text{m}$$

箱形截面，宽厚比等级为 S1，$\gamma_x = \gamma_y = 1.05$

$$W_x = W_y = 3777.83\text{cm}^3, A = 384\text{cm}^2$$

不考虑材料弹塑性发展（不考虑材料非线性，只考虑几何非线性），则有：

$$M_{cx} = \gamma_x W_x f = 1.05 \times 3777.83 \times 10^3 \times 295 = 1170.18284\text{kN} \cdot \text{m}$$

$$M_{cy} = \gamma_y W_y f = 1.05 \times 3777.83 \times 10^3 \times 295 = 1170.18284\text{kN} \cdot \text{m}$$

$$\frac{N}{Af} + \frac{M_x^{II}}{M_{cx}} + \frac{M_y^{II}}{M_{cy}} = \frac{4084.88 \times 10^3}{38400 \times 295} + \frac{601.32}{1170.18284} + \frac{24.45}{1170.18284} = 0.895 \approx 0.90$$

与软件输出结果一致。

（2）平面内、平面外稳定应力比验证

$$\frac{N}{Af} + \frac{M_x^{II}}{\varphi_b W_x f} + \frac{M_y^{II}}{M_{cy}} \leqslant 1.0$$

控制内力组合为非地震组合，则：

$$N = 4084.88\text{kN}, M_x^{II} = 601.32\text{kN} \cdot \text{m}, M_y^{II} = 24.45\text{kN} \cdot \text{m}$$

箱形截面，宽厚比等级为 S1，$\gamma_x = \gamma_y = 1.05$

$$W_x = W_y = 3777.83 \text{cm}^3, \ A = 384 \text{cm}^2, \ i_x = i_y = 26.24 \text{cm}$$

不考虑材料弹塑性发展（不考虑材料非线性，只考虑几何非线性），则有：

$$M_{cx} = \gamma_x W_x f = 1.05 \times 3777.83 \times 10^3 \times 295 = 1170.18284 \text{kN} \cdot \text{m}$$

$$M_{cy} = \gamma_y W_y f = 1.05 \times 3777.83 \times 10^3 \times 295 = 1170.18284 \text{kN} \cdot \text{m}$$

平面内稳定应力比为：

$$\frac{N}{Af} + \frac{M_x^{\text{II}}}{\varphi_b W_x f} + \frac{M_y^{\text{II}}}{M_{cy}} = \frac{4084.88 \times 10^3}{38400 \times 295} + \frac{601.32 \times 10^6}{1.0 \times 3777.83 \times 10^3 \times 295} + \frac{24.45}{1170.18284}$$

$$= 0.921 \approx 0.92$$

平面外稳定应力比为：

$$\frac{N}{Af} + \frac{M_x^{\text{II}}}{M_{cx}} + \frac{M_y^{\text{II}}}{\varphi_b W_y f} = \frac{4084.88 \times 10^3}{38400 \times 295} + \frac{24.45}{1170.18284} + \frac{601.32 \times 10^6}{1.0 \times 3777.83 \times 10^3 \times 295}$$

$$= 0.921 \approx 0.92$$

与软件输出结果一致。

二、框架-支撑结构

（一）工程概况

以《高层钢结构设计计算实例》第二章第五节的中心支撑工程为例，采用 PK-PM2010（版本 V5.1）程序计算。

（二）软件参数选取

软件参数取值同框架结构算例。需要强调以下两点：

1. 如果采用二阶 P-Δ 弹性分析法时，软件强制将构件计算长度系数取为 1.0，而不根据公式（3-16）判断是否为强支撑（如果为强支撑，则为无侧移框架柱，柱计算长度系数小于 1.0）。

2. 框架-支撑结构考虑结构整体初始几何缺陷（P-Δ_0），采用附加假想水平力 $H_{ni} = \frac{G_i}{250}\sqrt{0.2 + \frac{1}{n_s}}$ 不一定妥当。

（三）计算结果

以第一层边柱 GZ1 和与其相连的 GZC1 为例，一阶弹性分析法、二阶 P-Δ 弹性分析法和直接分析设计法计算结果见表 3-10。

框架-支撑结构一阶弹性分析法、二阶 P-Δ 弹性分析法和直接分析设计法计算结果

表 3-10

	计算项目	一阶弹性分析法	二阶 P-Δ 弹性分析法	直接分析设计法
钢柱 GZ1 强度验算	强度应力比	0.87	0.89	0.89
	应力比对应的内力	$N = 6012 \text{kN}$, $M_x = 19 \text{kN} \cdot \text{m}$, $M_y = 308 \text{kN} \cdot \text{m}$	$N = 6179 \text{kN}$, $M_x = 21 \text{kN} \cdot \text{m}$, $M_y = 309 \text{kN} \cdot \text{m}$	$N = 6179 \text{kN}$, $M_x = 49 \text{kN} \cdot \text{m}$, $M_y = 290 \text{kN} \cdot \text{m}$

续表

计算项目		一阶弹性分析法	二阶 P-Δ 弹性分析法	直接分析设计法
钢柱 GZ1 平面内稳定性验算	平面内稳定应力比	0.77	0.84	0.96
	应力比对应的内力	$N=6012\text{kN}$, $M_x=19\text{kN}\cdot\text{m}$, $M_y=308\text{kN}\cdot\text{m}$	$N=6179\text{kN}$, $M_x=21\text{kN}\cdot\text{m}$, $M_y=309\text{kN}\cdot\text{m}$	$N=6179\text{kN}$, $M_x=49\text{kN}\cdot\text{m}$, $M_y=290\text{kN}\cdot\text{m}$
钢柱 GZ1 平面外稳定性验算	平面外稳定应力比	0.77	0.85	0.97
	应力比对应的内力	$N=6012\text{kN}$, $M_x=19\text{kN}\cdot\text{m}$, $M_y=308\text{kN}\cdot\text{m}$	$N=6179\text{kN}$, $M_x=21\text{kN}\cdot\text{m}$, $M_y=309\text{kN}\cdot\text{m}$	$N=6179\text{kN}$, $M_x=49\text{kN}\cdot\text{m}$, $M_y=290\text{kN}\cdot\text{m}$
计算长度系数	X 方向	0.71	1.00	——
	Y 方向	0.66	1.00	——
钢支撑 GZC1 强度验算	强度应力比	0.34	0.35	0.71
	应力比对应的内力	$N=2087\text{kN}$, $M_x=0\text{kN}\cdot\text{m}$, $M_y=0\text{kN}\cdot\text{m}$	$N=2150\text{kN}$, $M_x=0\text{kN}\cdot\text{m}$, $M_y=0\text{kN}\cdot\text{m}$	$N=2147\text{kN}$, $M_x=45\text{kN}\cdot\text{m}$, $M_y=82\text{kN}\cdot\text{m}$
钢支撑 GZC1 平面内稳定性验算	平面内稳定应力比	0.54	0.56	0.76
	应力比对应的内力	$N=2087\text{kN}$, $M_x=0\text{kN}\cdot\text{m}$, $M_y=0\text{kN}\cdot\text{m}$	$N=2150\text{kN}$, $M_x=0\text{kN}\cdot\text{m}$, $M_y=0\text{kN}\cdot\text{m}$	$N=2147\text{kN}$, $M_x=45\text{kN}\cdot\text{m}$, $M_y=82\text{kN}\cdot\text{m}$
钢支撑 GZC1 平面外稳定性验算	平面内稳定应力比	1.05	1.09	0.82
	应力比对应的内力	$N=2087\text{kN}$, $M_x=0\text{kN}\cdot\text{m}$, $M_y=0\text{kN}\cdot\text{m}$	$N=2150\text{kN}$, $M_x=0\text{kN}\cdot\text{m}$, $M_y=0\text{kN}\cdot\text{m}$	$N=2147\text{kN}$, $M_x=45\text{kN}\cdot\text{m}$, $M_y=82\text{kN}\cdot\text{m}$

由表 3-10 可知：

1. 钢柱 GZ1 输出结果

（1）对于钢柱的内力（轴力、弯矩），直接分析设计法大于二阶 P-Δ 弹性分析法（因为直接分析设计法考虑 P-Δ、结构整体初始缺陷 P-Δ_0、P-δ、构件初始缺陷 P-δ_0，二阶 P-Δ 弹性分析法仅考虑 P-Δ、结构整体初始缺陷 P-Δ_0）、二阶 P-Δ 弹性分析法大于一阶弹性分析法（因为二阶 P-Δ 弹性分析法考虑 P-Δ、结构整体初始缺陷 P-Δ_0，一阶弹性分析法没有考虑），因此一阶弹性分析法的强度应力比最小。

（2）对于稳定性验算（平面内、平面外），一阶弹性分析法的应力比也最小，其原因就是一阶弹性分析法按照公式（3-16）判断第一层柱为强支撑，因此其计算长度系数小于 1.0，X、Y 方向分别为 0.71、0.66（图 3-13），而二阶 P-Δ 弹性分析法软件强制将计算长度系数设置为了 1.0。一阶弹性分析法内力、计算长度系数、稳定系数 φ 均小于二阶 P-Δ 弹性分析法，因此平面内、平面外稳定应力比也是一阶弹性分析法最小。

选择二阶 P-Δ 弹性分析法，PKPM 软件强制将计算长度系数设置为了 1.0，导致框架-支撑结构不经济，这一点是 PKPM 软件需要改进的地方。

（3）对于框架-支撑结构中框架柱的经济性，一阶弹性分析法优于二阶 P-Δ 弹性分析

```
**************************************************************
*    钢结构有侧移、无侧移判定结果(《钢结构设计标准》8.3.1)    *
**************************************************************
轴压承载力差值=4.4[(1+100/fy)∑Nbi-∑N0i]
X向:
-----------------------------------------------------------
层号  塔号   侧移刚度    轴压承载力差值  有无侧移
-----------------------------------------------------------

 1    1   0.3092E+07   0.2093E+06    无侧移
 2    1   0.1930E+07   0.2325E+06    无侧移
 3    1   0.1418E+07   0.2325E+06    无侧移
 4    1   0.1136E+07   0.2325E+06    无侧移
 5    1   0.9397E+06   0.2325E+06    无侧移
 6    1   0.7819E+06   0.2325E+06    无侧移
 7    1   0.6357E+06   0.2325E+06    无侧移
 8    1   0.4821E+06   0.2325E+06    无侧移
 9    1   0.3084E+06   0.2325E+06    无侧移
10    1   0.5777E+05   0.2174E+06    有侧移
Y向:
-----------------------------------------------------------
层号  塔号   侧移刚度    轴压承载力差值  有无侧移
-----------------------------------------------------------

 1    1   0.3427E+07   0.2053E+06    无侧移
 2    1   0.2330E+07   0.2214E+06    无侧移
 3    1   0.1778E+07   0.2214E+06    无侧移
 4    1   0.1452E+07   0.2214E+06    无侧移
 5    1   0.1215E+07   0.2214E+06    无侧移
 6    1   0.1019E+07   0.2214E+06    无侧移
 7    1   0.8364E+06   0.2214E+06    无侧移
 8    1   0.6456E+06   0.2214E+06    无侧移
 9    1   0.4322E+06   0.2214E+06    无侧移
10    1   0.1388E+06   0.2096E+06    有侧移
```

图 3-13　PKPM 软件钢柱有无侧移判断

法、二阶 P-Δ 弹性分析法优于直接分析设计法。这个结论与框架结构里面框架柱正好相反。

2. 钢支撑 GZC1 输出结果

（1）对于钢支撑的轴力（铰接支撑仅有轴力，无弯矩），二阶 P-Δ 弹性分析法大于一阶弹性分析法，因此强度应力、稳定应力也均为二阶 P-Δ 弹性分析法大于一阶弹性分析法。

（2）在直接分析设计法中，钢支撑除了轴力外，还出现了弯矩。原因就是构件初始缺陷 P-δ_0 方法采用了假想均布荷载加在钢支撑上，因此钢支撑有了弯矩。对于钢支撑的轴力，直接分析设计法大于一阶弹性分析法，因此钢支撑的强度应力也是直接分析设计法大于一阶弹性分析法。对于稳定应力，因直接分析设计法不需要考虑稳定系数 φ，因此直接分析设计法稳定应力最小。

（3）对于框架-支撑结构中支撑的经济性，直接分析设计法优于一阶弹性分析法、一阶弹性分析法优于二阶 P-Δ 弹性分析法。

（4）对二阶 P-Δ 弹性分析法，钢支撑软件输出结果手算验证如下（直接分析设计法，钢支撑的计算同上节框架结构中的框架柱，此处略）：

1）强度验算

$$N/A_{br} \leqslant f/\gamma_{RE} \tag{3-40}$$

$$N = 2150.1\text{kN}, \ A_{br} = 156.4\text{cm}^2$$

地震作用组合 $\gamma_{RE} = 0.75$

$$N/A_{br}=2150.1\times10^3/(156.4\times10^2)=137.47 \text{N/mm}^2$$

强度验算应力比为$(N/A_{br})/(f/\gamma_{RE})=137.47\times0.75/295=0.349\approx0.35$

与软件输出结果一致。

2）平面内稳定性验算

$$N/(\varphi_x A_{br})\leqslant\psi_x f/\gamma_{RE} \tag{3-41}$$

$$\psi_x=1/(1+0.35\lambda_{nx}) \tag{3-42}$$

$$\lambda_{nx}=(\lambda_x/\pi)\sqrt{f_y/E} \tag{3-43}$$

$$\lambda_x=l_x/i_x=6250/127.9=48.87$$

对x轴，属于b类截面，则：$\lambda_x\sqrt{\dfrac{f_y}{235}}=48.87\times\sqrt{\dfrac{345}{235}}=59.21$

查《钢结构设计标准》GB 50017—2017附表D. 0. 2，得：

$$\varphi_x=0.812$$

$$\lambda_{nx}=(\lambda_x/\pi)\sqrt{f_y/E}=(48.87/3.14)\sqrt{345/206000}=0.637$$

$$\psi_x=1/(1+0.35\lambda_{nx})=1/(1+0.35\times0.637)=0.8177$$

地震作用组合$\gamma_{RE}=0.8$

平面内稳定验算应力比为$\dfrac{N/(\varphi_x A_{br})}{\psi_x f/\gamma_{RE}}=\dfrac{2150.1\times10^3/(0.812\times15640)}{0.8177\times295/0.8}=0.561\approx0.56$

与软件输出结果一致。

3）平面外稳定性验算

验算公式同公式（3-41）～公式（3-43），仅将下角标x改为y。

$$\lambda_y=l_y/i_y=6250/75.8=82.4538$$

对y轴，保守地取为c类截面（假定翼缘为剪切边，而非焰切边），则：

$$\lambda_y\sqrt{\dfrac{f_y}{235}}=82.4538\times\sqrt{\dfrac{345}{235}}=99.9$$

查《钢结构设计标准》GB 50017—2017附表D. 0. 3，得：

$$\varphi_y=0.462$$

$$\lambda_{ny}=(\lambda_y/\pi)\sqrt{f_y/E}=(82.4538/3.14)\sqrt{345/206000}=1.0746$$

$$\psi_y=1/(1+0.35\lambda_{ny})=1/(1+0.35\times1.0746)=0.727$$

地震作用组合$\gamma_{RE}=0.8$

平面外稳定验算应力比为$\dfrac{N/(\varphi_y A_{br})}{\psi_y f/\gamma_{RE}}=\dfrac{2150.1\times10^3/(0.462\times15640)}{0.727\times295/0.8}=1.11$

与软件输出结果1.09基本一致。

综合以上两个算例，PKPM软件一阶弹性分析法、二阶P-Δ弹性分析法、直接分析设计法的经济性对比见表3-11。

本书框架结构、框架-支撑结构算例 PKPM 软件一阶弹性分析法、二阶 P-Δ 弹性分析法和
直接分析设计法经济性对比   表 3-11

对比项目		一阶弹性分析法	二阶 P-Δ 弹性分析法	直接分析设计法
框架结构	框架柱	经济性差	经济性一般	经济性好
框架-支撑结构	框架柱	经济性好	经济性一般	经济性差
	支撑	经济性一般	经济性差	经济性好

第三节 钢结构计算分析若干问题讨论

在钢结构计算分析中，有很多问题规范规定的不是很清晰，或者规范编制的背景不是
很明了。本节对钢结构计算分析中一些重点问题进行解读，以便于读者更好地理解规范，
而不被规范条文束缚。

一、钢结构 P-Δ 效应计算

P-Δ 效应是指由于结构的水平变形而引起的重力附加效应，可称之为"重力二阶效
应"。结构在水平力（水平地震作用或风荷载）作用下发生水平变形后，重力荷载因该水
平变形而引起附加效应。结构发生的水平侧移绝对值越大，P-Δ 效应越显著，若结构的水
平变形过大，可能因重力二阶效应而导致结构失稳。

P-Δ 效应与结构在水平力作用下产生的侧移和重力荷载的大小有关。在无侧移结构
中，因结构的侧移绝对值很小，由 P-Δ 效应引起的附加内力或附加变形很小，几乎可以
忽略不计；而在有侧移结构中，在水平力作用下结构的侧移变形较大，P-Δ 效应可使结构
的位移和内力增大较多。

P-Δ 效应具有很强的几何非线性特征，考虑 P-Δ 效应的结构分析，严格地讲，应同时
考虑材料的非线性、构件的曲率和层间侧移、荷载的持续作用，以及上部结构与地基基础
的相互作用等因素。但要实现这样比较全面的分析，在目前条件下还存在困难，故在工程
应用中，一般都采用近似的简化分析方法，因此，如何合理地采用近似的简化分析来考虑
P-Δ 效应的影响，就成为工程、设计人员关心的一个重要问题。

（一）各规范对 P-Δ 效应计算的规定

1.《高层民用建筑钢结构技术规程》JGJ 99—2015

《高层民用建筑钢结构技术规程》JGJ 99—2015 第 6.2.2 条规定：高层民用建筑钢结
构弹性分析时，应计入重力二阶效应的影响。第 7.3.2 条第 1 款规定：当二阶效应系数大
于 0.1 时，宜采用二阶线弹性分析。

高层钢结构进行 P-Δ 效应计算时，《高层民用建筑钢结构技术规程》JGJ 99—2015 第
7.3.2 条第 2 款规定：内力采用放大系数法近似考虑二阶效应时，允许采用叠加原理进行
内力组合。放大系数的计算应采用下列荷载组合下的重力：

$$1.2G + 1.4[\Psi L + 0.5(1-\Psi)L] = 1.2G + 1.4 \times 0.5(1+\Psi)L \tag{3-44}$$

式中 G——永久荷载；

L——活荷载；

Ψ——活荷载的准永久值系数。

2.《建筑抗震设计规范》GB 50011—2010（2016 年版）

《建筑抗震设计规范》GB 50011—2010（2016 年版）第 3.6.3 条规定：当结构在地震作用下的重力附加弯矩大于初始弯矩的 10% 时，应计入重力二阶效应的影响。重力附加弯矩指任一楼层以上全部重力荷载与该楼层地震平均层间位移的乘积；初始弯矩指该楼层地震剪力与楼层层高的乘积。

第 3.6.3 条条文说明：框架结构和框架-抗震墙（支撑）结构在重力附加弯矩 M_a 与初始弯矩 M_0 之比符合下式条件下，应考虑几何非线性，即重力二阶效应的影响。

$$\theta_i = \frac{M_a}{M_0} = \frac{\sum G_i \cdot \Delta u_i}{V_i \cdot h_i} > 0.1 \tag{3-45}$$

式中 θ_i——稳定系数；

$\sum G_i$——i 层以上全部重力荷载计算值（kN）；

Δu_i——第 i 层楼层质心处的弹性或弹塑性层间位移（m）；

V_i——第 i 层地震剪力计算值（kN）；

h_i——第 i 层层间高度（m）。

在进行弹性分析时，作为简化方法，二阶效应的内力增大系数可取 $1/(1-\theta_i)$。

如前文所述，《建筑抗震设计规范》GB 50011—2010（2016 年版）的稳定系数 θ_i 也就是《高层民用建筑钢结构技术规程》JGJ 99—2015 的二阶效应系数。只是《建筑抗震设计规范》GB 50011—2010（2016 年版）认为公式 $\theta_i = \frac{\sum G_i \cdot \Delta u_i}{V_i \cdot h_i}$ 适用于框架结构和框架-抗震墙（支撑）结构，而《高层民用建筑钢结构技术规程》JGJ 99—2015 认为此公式仅适用于框架结构，不能用于框架-支撑结构。

3.《高层建筑混凝土结构技术规程》JGJ 3—2010

《高层建筑混凝土结构技术规程》JGJ 3—2010 第 5.4.3 条规定：高层建筑结构的重力二阶效应可采用有限元方法进行计算；也可采用对未考虑重力二阶效应的计算结果乘以增大系数的方法近似考虑。近似考虑时，结构位移增大系数 F_1、F_{1i} 以及结构构件弯矩和剪力增大系数 F_2、F_{2i} 可分别按下列规定计算。对框架结构，可按下列公式计算：

$$F_{1i} = \frac{1}{1 - \sum\limits_{j=i}^{n} G_j / (D_i h_i)} \quad (i = 1, 2, \cdots, n) \tag{3-46}$$

$$F_{2i} = \frac{1}{1 - 2\sum\limits_{j=i}^{n} G_j / (D_i h_i)} \quad (i = 1, 2, \cdots, n) \tag{3-47}$$

对剪力墙结构、框架-剪力墙结构、筒体结构，可按下列公式计算：

$$F_1 = \frac{1}{1 - 0.14 H^2 \sum\limits_{i=1}^{n} G_i / (EJ_d)} \tag{3-48}$$

$$F_2 = \frac{1}{1 - 0.28 H^2 \sum\limits_{i=1}^{n} G_i / (EJ_d)} \tag{3-49}$$

式中　EJ_d——结构一个主轴方向的弹性等效侧向刚度（kN·mm²），可按倒三角分布荷载作用下结构顶点位移相等的原则，将结构的侧向刚度折算为竖向悬臂受弯构件的等效侧向刚度；

　　　　H——房屋高度（mm）；

　G_i、G_j——分别为第 i、j 楼层重力荷载设计值（kN），取 1.2 倍的永久荷载标准值与 1.4 倍的楼面可变荷载标准值的组合值；

　　　　h_i——第 i 楼层层高（mm）；

　　　　D_i——第 i 楼层的弹性等效侧向刚度（kN/mm），可取该层剪力与层间位移的比值；

　　　　n——结构计算总层数。

公式（3-46）、公式（3-47）中的 $\sum\limits_{j=i}^{n} G_j / (D_i h_i)$ 实际就是《建筑抗震设计规范》GB 50011—2010（2016 年版）中的稳定系数 θ_i，也是《高层民用建筑钢结构技术规程》JGJ 99—2015 中的二阶效应系数 θ_i。因此公式（3-46）、公式（3-47）可以转化为以下公式：

$$F_{1i} = \frac{1}{1-\theta_i} \tag{3-50}$$

$$F_{2i} = \frac{1}{1-2\theta_i} \tag{3-51}$$

4.《混凝土结构设计规范》GB 50010—2010（2015 年版）

《混凝土结构设计规范》GB 50010—2010（2015 年版）第 5.3.4 条规定：当结构的二阶效应可能使作用效应显著增大时，在结构分析中应考虑二阶效应的不利影响。

混凝土结构的重力二阶效应可采用有限元分析方法计算，也可采用本规范附录 B 的简化方法。当采用有限元分析方法时，宜考虑混凝土构件开裂对构件刚度的影响。

第 B.0.1 条规定：在框架结构、剪力墙结构、框架-剪力墙结构及筒体结构中，当采用增大系数法近似计算结构因侧移产生的二阶效应（P-Δ 效应）时，应对未考虑 P-Δ 效应的一阶弹性分析所得的柱、墙肢端弯矩和梁端弯矩以及层间位移分别按公式（B.0.1-1）和公式（B.0.1-2）乘以增大系数 η_s。

公式（B.0.1-1）即公式（3-52），公式（B.0.1-2）即公式（3-53）。

$$M = M_{ns} + \eta_s M_s \tag{3-52}$$
$$\Delta = \eta_s \Delta_1 \tag{3-53}$$

式中　M_s——引起结构侧移的荷载或作用所产生的一阶弹性分析构件端弯矩设计值（kN·m）；

　　M_{ns}——不引起结构侧移的荷载所产生的一阶弹性分析构件端弯矩设计值（kN·m）；

　　Δ_1——一阶弹性分析的层间位移（m）；

　　η_s——P-Δ 效应增大系数，按第 B.0.2 条或第 B.0.3 条确定，其中，梁端 η_s 取为相应节点处上、下柱或上、下墙肢端 η_s 的平均值。

第 B.0.2 条规定：在框架结构中，所计算楼层各柱的 η_s 可按下列公式计算：

$$\eta_s = \frac{1}{1 - \dfrac{\sum N_j}{DH_0}} \qquad (3\text{-}54)$$

式中 D——所计算楼层的侧向刚度。在计算结构构件弯矩增大系数与计算结构位移增大系数时，应分别按本规范第 B.0.5 条的规定取用结构构件刚度；

N_j——所计算楼层第 j 列柱轴力设计值（kN）；

H_0——所计算楼层的层高（m）。

第 B.0.3 条规定：剪力墙结构、框架-剪力墙结构、筒体结构中的 η_s 可按下列公式计算：

$$\eta_s = \frac{1}{1 - 0.14 \dfrac{H^2 \sum G}{E_c J_d}} \qquad (3\text{-}55)$$

式中 $\sum G$——各楼层重力荷载设计值之和（kN）；

$E_c J_d$——与所设计结构等效的竖向等截面悬臂受弯构件的弯曲刚度（kN·mm^2），可按该悬臂受弯构件与所设计结构在倒三角形分布水平荷载下顶点位移相等的原则计算。在计算结构构件弯矩增大系数与计算结构位移增大系数时，应分别按本规范第 B.0.5 条的规定取用结构构件刚度；

H——结构总高度（mm）。

第 B.0.5 条规定：当采用本规范第 B.0.2 条、第 B.0.3 条计算各类构件中的弯矩增大系数 η_s 时，宜对构件的弹性抗弯刚度 $E_c I$ 乘以折减系数：对梁，取 0.4；对柱，取 0.6；对剪力墙肢及核心筒壁墙肢，取 0.45；当计算各构件中位移的增大系数 η_s 时，不对刚度进行折减。当验算表明剪力墙肢或核心筒壁墙肢各控制截面不开裂时，计算弯矩增大系数 η_s 时的刚度折减系数可取为 0.7。

公式（3-54）中的 $\dfrac{\sum N_j}{DH_0}$ 实际就是《建筑抗震设计规范》GB 50011—2010（2016 年版）中的稳定系数 θ_i，也是《高层民用建筑钢结构技术规程》JGJ 99—2015 中的二阶效应系数 θ_i。因此公式（3-54）可以转化为以下公式：

$$\eta_s = \frac{1}{1 - \theta_i} \qquad (3\text{-}56)$$

根据《混凝土结构设计规范》GB 50010—2010（2015 年版）第 B.0.5 条，对于框架结构：

内力计算时， $\eta_s = \dfrac{1}{1 - \dfrac{\sum N_j}{0.5DH_0}} = \dfrac{1}{1 - 2\theta_i}$ \qquad (3-57)

位移计算时， $\eta_s = \dfrac{1}{1 - \dfrac{\sum N_j}{DH_0}} = \dfrac{1}{1 - \theta_i}$ \qquad (3-58)

需要说明的是，对于钢结构，不应对构件的弹性受弯刚度 $E_c I$ 乘以折减系数 0.5，因此内力计算和位移计算时，增大系数均应该是 $\eta_s = \dfrac{1}{1 - \dfrac{\sum N_j}{DH_0}} = \dfrac{1}{1 - \theta_i}$。

对于剪力墙结构、框架-剪力墙结构、筒体结构：

内力计算时，$\eta_s = \dfrac{1}{1 - 0.28\dfrac{H^2 \sum G}{E_c J_d}}$ （3-59）

位移计算时，$\eta_s = \dfrac{1}{1 - 0.14\dfrac{H^2 \sum G}{E_c J_d}}$ （3-60）

这与《高层建筑混凝土结构技术规程》JGJ 3—2010 中内力和位移放大系数一致。

（二）P-Δ 效应的两种计算方法

根据以上规范条文，我们就知道了规范对于 P-Δ 效应计算方法大概有两种：放大系数法、有限元算法。

1. 放大系数法

放大系数法即按照《高层建筑混凝土结构技术规程》JGJ 3—2010 中公式即本书中公式（3-46）～公式（3-49）、《混凝土结构设计规范》GB 50010—2010（2015 年版）中公式即本书中公式（3-57）～公式（3-60）进行计算。很显然，放大系数法不能按照《建筑抗震设计规范》GB 50011—2010（2016 年版）不区分结构形式统一采用公式 $\dfrac{1}{1-\theta_i}$。再就是第 i、j 楼层重力荷载设计值 G_i、G_j，《高层建筑混凝土结构技术规程》JGJ 3—2010 取 1.2 倍恒载＋1.4 倍活载，而《高层民用建筑钢结构技术规程》JGJ 99—2015 取 1.2 恒载＋1.4×0.5(1＋Ψ) 活载。

公式（3-48）、公式（3-49）中的 EJ_d 为结构一个主轴方向的弹性等效侧向刚度，可按该悬臂受弯构件与所设计结构在倒三角分布荷载作用下顶点位移相等的原则计算，从规范此条规定可以看出，对于非框架结构，放大系数法两个基本假定是：1）结构布置竖向均匀相同；2）楼层重力荷载竖向均匀分布。

《高层建筑混凝土结构技术规程》JGJ 3—2010 第 5.4.1 条条文说明给出了对于非框架结构的弹性等效刚度的计算，可以近似按倒三角分布荷载作用下结构顶点位移相等的原则，将结构的侧向刚度折算为竖向悬臂受弯构件的等效侧向刚度。假定倒三角分布荷载的最大值为 q，在该荷载作用下结构顶点质心的弹性水平位移为 u，房屋高度为 H，则结构的弹性等效刚度 EJ_d 为：$EJ_d = \dfrac{11qH^4}{120u}$。

该公式的推导过程如下：

倒三角分布的侧向荷载为：$q(X) = qX/H$

悬臂梁任一 X 高度处水平截面上的弯矩 $M_q(X)$ 为：

$$M_q(X) = \int_X^H q(\lambda)(\lambda - X)\,d\lambda = \int_X^H (\lambda - X)q\lambda/H\,d\lambda = \frac{q}{H}\left(\frac{H^3}{3} - \frac{H^2}{2}X + \frac{X^3}{6}\right)$$

$$= \frac{qH^2}{3}\left[1 - \frac{3}{2}\left(\frac{X}{H}\right) + \frac{1}{2}\left(\frac{X}{H}\right)^3\right]$$

设该悬臂柱在侧向荷载作用方向上截面的抗弯刚度为 EI，E 为梁构件的弹性模量，则在 X 处的侧移弯曲变形 $y_m(X)$ 为：

$$y_m(X) = \int_0^X \frac{M_q(\lambda)M_1(\lambda)}{EI}d\lambda = \int_0^X \frac{\frac{qH^2}{3}\left[1 - \frac{3}{2}\left(\frac{\lambda}{H}\right) + \frac{1}{2}\left(\frac{\lambda}{H}\right)^3\right](X-\lambda)}{EI}d\lambda$$

$$= \frac{qH^2}{3EI}\left[\frac{X^2}{2} - \frac{X^3}{4H} + \frac{X^5}{40H^3}\right] = \frac{qH^4}{120EI}\left[20\left(\frac{X}{H}\right)^2 - 10\left(\frac{X}{H}\right)^3 + \left(\frac{X}{H}\right)^5\right]$$

根据节点位移相等的原则，当 $X = H$ 时，此时的结构顶点位移 u 为：

$$u = \frac{11qH^4}{120EI}$$

然后可以反推出弹性等效侧向刚度为：

$$EJ_d = \frac{11qH^4}{120u}$$

2. 有限元算法

在采用有限元位移法进行结构的线弹性分析时，如不考虑 P-Δ 效应影响，结构的平衡方程为：

$$[K]\{u\} = \{F\} \tag{3-61}$$

式中　$[K]$——结构的初始线弹性刚度矩阵；

$\{F\}$——水平荷载向量；

$\{u\}$——在 $\{F\}$ 作用下的结构位移向量。

在仅考虑 P-Δ 效应（忽略 P-δ 效应）的结构分析中，结构的平衡方程可改写为：

$$([K] - [K_{\tilde{u}}])\{\tilde{u}\} = \{F\} \tag{3-62}$$

式中　$[K_{\tilde{u}}]$——考虑二阶效应影响的结构刚度矩阵；

$\{\tilde{u}\}$——考虑二阶效应影响的结构位移向量。

从方程（3-62）可以看出，考虑 P-Δ 效应的近似分析相当于将结构的初始刚度矩阵 $[K]$ 修改为等效刚度矩阵 $[K] - [K_{\tilde{u}}]$，经上述简化处理，使考虑 P-Δ 效应的结构弹性分析变得简单易行。采用这种方法考虑 P-Δ 效应影响的分析结果与不考虑 P-Δ 效应影响的分析结果相比，结构的周期、位移和构件的内力都有所不同。PKPM 软件采用了这种基于几何刚度的有限元方法，目前的 ETABS 软件也提供这种方法。

很显然，基于几何刚度的有限元方法与结构形式无关，也不像放大系数法对非剪切型结构（非框架结构）那样采用等截面悬臂受弯构件的假定。因此，基于几何刚度的有限元方法是一种考虑 P-Δ 效应的通用方法。

（三）P-Δ 效应计算实例

下面以一栋10层钢框架结构为例，采用 PKPM2010（版本 V5.1）进行计算分析，分别采用放大系数法和几何刚度有限元方法对结构进行 P-Δ 效应计算。设计基本条件如下：8 度 0.20g，场地类别Ⅱ类，基本风压 0.7kN/m^2，10 层，层高 4.0m，房屋总高度 40m，钢结构抗震等级为三级。PKPM 三维计算模型见图 3-14。不同模型各计算指标及内力比较见表 3-12。

图 3-14　PKPM 三维计算模型图

不同模型各计算指标及内力比较　　　　　　　　　　　　　　　　表 3-12

对比项目		不考虑 P-Δ 效应	考虑 P-Δ 效应	
		原模型	放大系数法模型	几何刚度有限元方法模型
周期(s)	T_1	2.4972(X)	2.4972(X)	2.5811(X)
	T_2	2.4972(Y)	2.4972(Y)	2.5811(Y)
	T_3	2.0668(扭)	2.0668(扭)	2.0668(扭)
一层位移(mm)	X 方向(震)	6.67	6.67	7.17(1.075)
	Y 方向(震)	6.67	6.67	7.17(1.075)
	X 方向(风)	7.37	7.37	7.94(1.077)
	Y 方向(风)	7.37	7.37	7.94(1.077)
刚重比	X 方向	14.21	14.21	13.21
	Y 方向	14.21	14.21	13.21
基底剪力(kN)	X 方向	663.27	663.27	659.04
	Y 方向	663.27	663.27	659.04
剪重比(%)	X 方向	3.02	3.02	3.00
	Y 方向	3.02	3.02	3.00
二阶效应系数 θ_i(一层)	X 方向	0.07	0.07	0.08
	Y 方向	0.07	0.07	0.08
一层某根钢柱 X 向地震作用下内力	轴力(kN)	283.45	303.56(1.071)	301.81(1.065)
	Y 向弯矩(kN·m)	117.88	126.24(1.071)	126.88(1.077)
	X 向剪力(kN)	37.99	40.68(1.071)	40.90(1.077)
一层某根钢梁 X 向地震作用下内力	弯矩(kN·m)	91.83	98.34(1.071)	98.77(1.076)
	剪力(kN)	39.83	42.66(1.071)	42.89(1.077)

注：1. 不考虑 P-Δ 效应的原模型，钢柱计算长度系数按照有侧移考虑；考虑 P-Δ 效应的放大系数法模型、几何刚度有限元方法模型，钢柱计算长度系数取为 1.0；

2. 括号内数字为考虑 P-Δ 效应（放大系数法模型、几何刚度有限元方法模型）与不考虑 P-Δ 效应（原模型）的比值。

从表 3-12 可以看出：

（1）PKPM 软件考虑 P-Δ 效应的放大系数法，结构的周期、位移、剪重比、刚重比、二阶效应系数等均没有变化，仅内力发生了变化。这与规范精神不符。对于钢结构，规范采用放大系数法考虑 P-Δ 效应时，内力计算和位移计算时增大系数均应该是 $\dfrac{1}{1-\theta_i}$。《高层建筑混凝土结构技术规程》JGJ 3—2010 和《混凝土结构设计规范》GB 50010—2010（2015 年版）规定采用放大系数法考虑 P-Δ 效应时，对结构构件的弯矩和剪力乘以增大系数。而对于轴力是否乘以增大系数，规范没有提及。PKPM 软件采用放大系数法考虑 P-Δ 效应时，对结构构件的弯矩、剪力和轴力均乘以增大系数。

内力放大系数为 $1/(1-0.07)=1.075$，与软件放大系数 1.071 基本一致。

（2）PKPM 软件考虑 P-Δ 效应的几何刚度有限元方法，结构的周期、位移、剪重比、刚重比、二阶效应系数、内力等均有变化。

二、钢结构整体稳定性验算

高层建筑仅仅在重力荷载作用下产生整体失稳的可能性是很小的，其临界荷重是结构失稳的上限值，此值可用以近似确定 P-Δ 效应的不利影响。当结构在风或地震作用下产生水平位移时，重力荷载将引起结构的 P-Δ 效应，从而使结构的位移和内力增加，甚至导致结构失稳，这种失稳的可能性远大于仅在竖向荷重作用下的失稳。因此，高层建筑的稳定性设计，主要是控制和验算结构在风或地震作用下，重力荷载产生的 P-Δ 效应对结构性能降低的影响，以及由此引起的结构失稳。《高层建筑混凝土结构技术规程》JGJ 3—2010 以强制性条文的形式给出了高层混凝土结构满足整体稳定性要求时的下限。结构的侧向刚度和重力荷载之比（以下简称刚重比）必须满足规定的数值，否则结构将在风荷载或水平地震作用下，由于重力荷载产生的二阶效应过大而引起结构的失稳甚至倒塌。《高层民用建筑钢结构技术规程》JGJ 99—2015 也给出了高层民用建筑钢结构整体稳定性的要求。

（一）各规范对结构整体稳定性验算的规定

1.《高层建筑混凝土结构技术规程》JGJ 3—2010

《高层建筑混凝土结构技术规程》JGJ 3—2010 第 5.4.4 条规定：高层建筑结构的稳定性应满足下列规定：

（1）剪力墙结构、框架-剪力墙结构、筒体结构应符合下式要求：

$$EJ_d \geqslant 1.4H^2 \sum_{i=1}^{n} G_i \tag{3-63}$$

（2）框架结构应符合下式要求：

$$D_i \geqslant 10 \sum_{j=i}^{n} G_j / h_i \ (i=1,2,\cdots,n) \tag{3-64}$$

式中　EJ_d——结构一个主轴方向的弹性等效侧向刚度（kN·mm²），可按倒三角分布荷载作用下结构顶点位移相等的原则，将结构的侧向刚度折算为竖向悬臂受弯构件的等效侧向刚度；

　　　　H——房屋高度（mm）；

G_i、G_j——分别为第 i、j 楼层重力荷载设计值（kN），取 1.2 倍的永久荷载标准值与 1.4 倍的楼面可变荷载标准值的组合值；

$\quad h_i$——第 i 楼层层高（mm）；

$\quad D_i$——第 i 楼层的弹性等效侧向刚度（kN/mm），可取该层剪力与层间位移的比值；

$\quad n$——结构计算总层数。

2.《高层民用建筑钢结构技术规程》JGJ 99—2015

《高层民用建筑钢结构技术规程》JGJ 99—2015 第 6.1.7 条规定：高层民用建筑钢结构的整体稳定性应符合下列规定：

（1）框架结构应满足下式要求：

$$D_i \geqslant 5\sum_{j=i}^{n} G_j / h_i \, (i=1,2,\cdots,n) \tag{3-65}$$

（2）框架支撑结构、框架-延性墙板结构、筒体结构和巨型框架结构应满足下式要求：

$$EJ_d \geqslant 0.7H^2 \sum_{i=1}^{n} G_i \tag{3-66}$$

式中　D_i——第 i 楼层的抗侧刚度（kN/mm），可取该层剪力与层间位移的比值；

$\quad h_i$——第 i 楼层层高（mm）；

G_i、G_j——分别为第 i、j 楼层重力荷载设计值（kN），取 1.2 倍的永久荷载标准值与 1.4 倍的楼面可变荷载标准值的组合值；

$\quad H$——房屋高度（mm）；

$\quad EJ_d$——结构一个主轴方向的弹性等效侧向刚度（kN·mm^2），可按倒三角形分布荷载作用下结构顶点位移相等的原则，将结构的侧向刚度折算为竖向悬臂受弯构件的等效侧向刚度。

需要说明的是，《高层民用建筑钢结构技术规程》JGJ 99—2015 第 6.1.7 条在计算整体稳定性时，规定第 i、j 楼层重力荷载设计值 G_i、G_j 取 1.2 倍的永久荷载标准值与 1.4 倍的楼面可变荷载标准值的组合值；而《高层民用建筑钢结构技术规程》JGJ 99—2015 第 7.3.2 条用放大系数法确定重力荷载设计值时取 1.2 恒载＋1.4×0.5(1＋Ψ) 活载。规范前后不一致，这是规范需要修改的地方。

对于结构整体稳定性计算的控制条件，各本规范实质是一致的。

《高层建筑混凝土结构技术规程》JGJ 3—2010 第 5.4.4 条条文说明指出：在考虑结构弹性刚度折减 50% 的情况下，重力 P-Δ 效应仍可控制在 20% 之内，结构的稳定性具有适宜的安全储备。若结构的刚重比进一步减小，则重力 P-Δ 效应将会按非线性关系急剧增长，直至引起结构的整体失稳。

《高层民用建筑钢结构技术规程》JGJ 99—2015 第 6.1.7 条条文说明：本条用于控制重力 P-Δ 效应不超过 20%，使结构的稳定性具有适宜的安全储备。在水平力作用下，高层民用建筑钢结构的稳定性应满足本条的规定，不应放松要求。如不满足本条的规定，应调整并增大结构的侧向刚度。第 7.3.2 条：框架柱的稳定计算应符合下列规定，结构内力分析可采用一阶线弹性分析或二阶线弹性分析。当二阶效应系数大于 0.1 时，宜采用二阶线弹性分析。二阶效应系数不应大于 0.2。

从规范规定可以看出，结构整体稳定性计算的控制条件其实质是将重力 P-Δ 效应控制在 20% 之内，也就是控制二阶效应系数不大于 0.2。

（二）规范整体稳定性验算公式推导

1.《高层建筑混凝土结构技术规程》JGJ 3—2010 第 5.4.4 条整体稳定性验算公式推导

（1）剪力墙结构、框架-剪力墙结构、筒体结构（弯曲型和弯剪型）

弯曲型悬臂杆的临界荷重可由欧拉公式求得：

$$P_{cr} = \pi^2 EJ / (4H^2) \tag{3-67}$$

式中　P_{cr}——作用在悬臂杆顶部的竖向临界荷重（kN）；

　　　EJ——悬臂杆的弯曲刚度（kN·mm^2）；

　　　H——悬臂杆的高度（mm）。

为简化计算，将作用在顶部的竖向临界荷重 P_{cr} 以沿楼层均匀分布的重力荷载之总和 $(\sum\limits_{i=1}^{n} G_i)_{cr}$ 取代。

$$P_{cr} = \frac{1}{3} (\sum\limits_{i=1}^{n} G_i)_{cr} \tag{3-68}$$

（说明：公式（3-68）基于各楼层荷载相等。）

将公式（3-68）代入公式（3-67）得：

$$(\sum\limits_{i=1}^{n} G_i)_{cr} = \frac{3\pi^2 EJ}{4H^2} = 7.4 \frac{EJ}{H^2} \tag{3-69}$$

对于弯剪型悬臂杆，近似计算中可用等效抗侧刚度 EJ_d 取代公式（3-69）中的弯曲刚度 EJ。

作为临界荷重的近似计算公式，可对弯曲型和弯剪型悬臂杆统一表示为：

$$(\sum\limits_{i=1}^{n} G_i)_{cr} = 7.4 \frac{EJ_d}{H^2} \tag{3-70}$$

考虑 P-Δ 效应后，结构的侧移可近似用下列公式表示（对弯剪型结构）：

$$\Delta^* = \frac{1}{1 - \sum\limits_{i=1}^{n} G_i \big/ (\sum\limits_{i=1}^{n} G_i)_{cr}} \Delta \tag{3-71}$$

式中　Δ^*、Δ——分别为考虑 P-Δ 效应及不考虑 P-Δ 效应的结构侧向位移。

将公式（3-70）代入公式（3-71）得到下式：

$$\Delta^* = \frac{1}{1 - \dfrac{0.135}{EJ_d \big/ (H^2 \sum\limits_{i=1}^{n} G_i)}} \Delta \tag{3-72}$$

作为近似计算，水平荷载作用下，考虑 P-Δ 效应后结构构件弯矩 M^* 与不考虑 P-Δ 效应时的弯矩 M 可用下列公式表示（弯剪型结构）：

$$M^* = \frac{1}{1 - \dfrac{0.135}{EJ_d \big/ (H^2 \sum\limits_{i=1}^{n} G_i)}} M \tag{3-73}$$

在考虑结构弹性刚度折减 50% 的情况下重力 P-Δ 效应仍可控制在 20% 之内，也就是结构弹性刚度不折减的情况下重力 P-Δ 效应仍可控制在 10% 之内，即 $M^*/M \leqslant 1.1$，则：

$$\frac{1}{1 - \dfrac{0.135}{EJ_d \big/ \left(H^2 \sum\limits_{i=1}^{n} G_i\right)}} \leqslant 1.1 \tag{3-74}$$

即

$$EJ_d \geqslant 1.4 H^2 \sum_{i=1}^{n} G_i$$

《高层建筑混凝土结构技术规程》JGJ 3—2010 第 5.4.1 条条文说明给出了对于非框架结构的弹性等效刚度的计算，可以近似按倒三角分布荷载作用下结构顶点位移相等的原则，将结构的侧向刚度折算为竖向悬臂受弯构件的等效侧向刚度。假定倒三角分布荷载的最大值为 q，在该荷载作用下结构顶点质心的弹性水平位移为 u，房屋高度为 H，则结构的弹性等效刚度 EJ_d 为：$EJ_d = \dfrac{11qH^4}{120u}$。公式推导过程详见本书"钢结构 P-Δ 效应计算"小节。

（2）框架结构（剪切型）

剪切型失稳往往是整体楼层的失稳，纯框架的梁、柱因双曲率弯曲产生层间侧向位移，呈现出整个楼层的屈曲。近似计算中，不考虑柱子轴向变形的影响，其临界荷重为：

$$\left(\sum_{j=i}^{n} G_j\right)_{cr} = D_i h_i \tag{3-75}$$

式中　$\left(\sum\limits_{j=i}^{n} G_j\right)_{cr}$ ——第 i 楼层的临界荷重（kN），等于第 i 层及其以上各楼层的重力荷载的总和；

D_i ——第 i 楼层的抗侧刚度（kN/mm）；

h_i ——第 i 楼层的层高（mm）。

考虑 P-Δ 效应后，结构的侧移可近似用下列公式表示（对剪切型结构）：

$$\delta_i^* = \frac{1}{1 - \sum\limits_{j=i}^{n} G_j \big/ \left(\sum\limits_{j=i}^{n} G_j\right)_{cr}} \delta_i \tag{3-76}$$

式中　δ_i^*、δ_i ——分别为考虑 P-Δ 效应及不考虑 P-Δ 效应的结构第 i 层的层间位移。

将公式（3-75）代入公式（3-76），得到：

$$\delta_i^* = \frac{1}{1 - \sum\limits_{j=i}^{n} G_j / (D_i h_i)} \delta_i \tag{3-77}$$

作为近似计算，水平荷载作用下，考虑 P-Δ 效应后结构构件弯矩 M^* 与不考虑 P-Δ 效应时的弯矩 M 可用下列公式表示（剪切型结构）：

$$M^* = \frac{1}{1 - \sum\limits_{j=i}^{n} G_j / (D_i h_i)} M \tag{3-78}$$

在考虑结构弹性刚度折减 50% 的情况下重力 P-Δ 效应仍可控制在 20% 之内，也就是结构弹性刚度不折减的情况下重力 P-Δ 效应仍可控制在 10% 之内，即 $M^*/M \leqslant 1.1$，则：

$$\cfrac{1}{1-\sum\limits_{j=i}^{n}G_j/(D_ih_i)} \leqslant 1.1 \tag{3-79}$$

即

$$D_i \geqslant 11\sum_{j=i}^{n}G_j/h_i(i=1,2,\cdots,n) \tag{3-80}$$

需要说明的是，徐培福等在推导整体稳定性验算公式时，"在考虑结构弹性刚度折减50%的情况下重力 P-Δ 效应仍可控制在 20% 之内"与"也就是结构弹性刚度不折减的情况下重力 P-Δ 效应仍可控制在 10% 之内"并不等效。如果仍然按照"在考虑结构弹性刚度折减 50% 的情况下重力 P-Δ 效应仍可控制在 20% 之内"，则公式（3-74）变为

$$\cfrac{1}{1-\cfrac{0.135}{0.5EJ_d\Big/\big(H^2\sum\limits_{i=1}^{n}G_i\big)}} \leqslant 1.2，即 EJ_d \geqslant 1.62H^2\sum_{i=1}^{n}G_i。$$

公式（3-79）变为 $\cfrac{1}{1-\sum\limits_{j=i}^{n}G_j/(0.5D_ih_i)} \leqslant 1.2$，即 $D_i \geqslant 12\sum\limits_{j=i}^{n}G_j/h_i(i=1,2,\cdots,n)$。

2.《高层民用建筑钢结构技术规程》JGJ 99—2015 整体稳定性验算公式推导

《高层民用建筑钢结构技术规程》JGJ 99—2015 第 6.1.7 条将《高层建筑混凝土结构技术规程》JGJ 3—2010 第 5.4.4 条规定的刚重比公式 $EJ_d \geqslant 1.4H^2\sum\limits_{i=1}^{n}G_i$、$D_i \geqslant 10\sum\limits_{j=i}^{n}G_j/h_i(i=1,2,\cdots,n)$ 修改为了 $EJ_d \geqslant 0.7H^2\sum\limits_{i=1}^{n}G_i$、$D_i \geqslant 5\sum\limits_{j=i}^{n}G_j/h_i(i=1,2,\cdots,n)$。原因就是混凝土考虑结构弹性刚度折减 50% 的情况下重力 P-Δ 效应仍可控制在 20% 之内，而钢结构是不考虑结构弹性刚度折减 50% 的情况下重力 P-Δ 效应仍可控制在 20% 之内。

但是其实《高层民用建筑钢结构技术规程》JGJ 99—2015 简单地将《高层建筑混凝土结构技术规程》JGJ 3—2010 中的刚重比公式折减 50% 是不太科学的。钢结构的刚重比推导如下：

（1）对于框架支撑结构、框架-延性墙板结构、筒体结构和巨型框架结构，公式（3-74）变为：

$$\cfrac{1}{1-\cfrac{0.135}{EJ_d\Big/\big(H^2\sum\limits_{i=1}^{n}G_i\big)}} \leqslant 1.2 \tag{3-81}$$

即

$$EJ_d \geqslant 0.81H^2\sum_{i=1}^{n}G_i \tag{3-82}$$

（2）对于框架支撑结构、框架-延性墙板结构、筒体结构和巨型框架结构，公式（3-79）变为

$$\frac{1}{1-\sum_{j=i}^{n}G_j/(D_ih_i)}\leqslant1.2 \tag{3-83}$$

即
$$D_i\geqslant6\sum_{j=i}^{n}G_j/h_i(i=1,2,\cdots,n) \tag{3-84}$$

（三）规范整体稳定性验算公式（即刚重比公式）的局限性

弯剪型结构验算整体稳定性时，根据公式的推导过程，弯剪型结构在基本符合假定前提时，整体稳定性验算的结果才是可靠合理的。两个基本假定是：1）结构布置竖向均匀相同；2）楼层重力荷载竖向均匀分布。

但实际的高层建筑，一般是下部平面尺寸较大，且下部竖向构件截面尺寸较大，往上逐渐变小，楼层重力荷重也是下部大、上部小；楼层层高也是沿竖向变化不均。将高层建筑假定为竖向均匀的悬臂构件，实际上存在较大的误差。如果这种误差足够大，将严重影响结构整体稳定性验算的结果。

在结构的几何布置和楼层荷载分布已确定的情况下，结构的刚重比应该是一个唯一确定的数值，若结构的几何布置或楼层荷载分布发生变化，其值也应发生变化。但是根据规范计算刚重比时，只要结构的总重力荷载不变，无论楼层荷载沿竖向如何分布，刚重比数值均不变，这显然不符合实际情况；在计算等效侧向刚度时，倒三角形分布荷载最大值按基底地震剪力和基底风荷载剪力两种方式换算时，也会得出不同的结果。

杨学林等给出了两个工程刚重比计算的实例。如图 3-15 所示，两幢完全相同的高层结构，均为 25 层，图 3-15（a）底部带 2 层裙房，图 3-15（b）底部带 5 层裙房，裙房平面布置也完全相同。显然，图 3-15（b）结构的侧向刚度和整体稳定性应好于图 3-15（a）结构。图 3-15（a）结构两主轴方向的刚重比分别为 2.70、2.07，图 3-15（b）结构分别为 1.71、1.37，图 3-15（b）结构的刚重比计算值远小于图 3-15（a）结构，且有一个方向的刚重比小于 1.40，即表示结构存在整体失稳的可能，这显然不符合结构的实际情况。

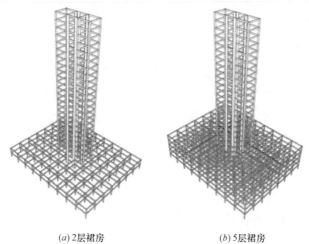

(a) 2层裙房   (b) 5层裙房

图 3-15　底部带裙房高层结构的刚重比比较

对于悬挑结构，也存在同样不合理的情况。如图 3-16 所示，图 3-16（a）结构的质量和刚度沿高度分布均匀，图 3-16（b）为大悬挑结构，悬挑长度与下部落地结构的宽度相同。在水平风荷载或水平地震作用下，图 3-16（b）结构一侧柱出现受拉状态，结构的整体稳定性显然难以满足要求。图 3-16（a）结构两主轴方向的刚重比分别为 4.76、3.77，图 3-16（b）结构分别为 3.93、3.61，两者的刚重比计算结果接近，图 3-16（b）结构在整体稳定性指标上未能体现出特殊性，同样满足可不考虑二阶效应的要求（≥2.7），显然也不符合结构的实际情况并存在巨大安全隐患。

（a）普通高层 　　　　　　　　　　（b）上部悬挑

图 3-16　悬挑高层与普通高层的刚重比比较

杨学林等在研究中引入了楼层竖向荷载分布系数 $\beta = \sum_{i=1}^{n} G_i \left(\dfrac{H_i}{H} \right) \Big/ \sum_{i=1}^{n} G_i$，并给出弯剪型结构稳定性计算的统一公式 $\dfrac{EJ_d}{H^2 \sum\limits_{i=1}^{n} G_i} \geqslant \dfrac{4\beta}{0.1\pi^2}$。

在实际工程设计中，对于复杂体型高层建筑钢结构（刚度沿竖向分布不均匀、楼层重力荷载沿竖向分布不均匀的结构），可以通过屈曲分析来进行结构整体稳定性的验算。

计入 P-Δ 效应的放大系数法是在线弹性及屈曲分析的基础上，应用放大系数的理论公式对位移和内力进行放大：

$$\mu = \frac{1}{1 - (\sum G_i / P_{cr})} \tag{3-85}$$

式中　μ——放大系数；

　　　G_i——第 i 楼层重力荷载设计值；

　　　P_{cr}——临界荷载。

《高层建筑混凝土结构技术规程》JGJ 3—2010 应用公式（3-85）的原理，用等效刚重比作为物理量计算放大系数。放大位移时，不考虑抗弯刚度的折减；放大弯矩时，考虑抗弯刚度折减 50%。

屈服荷载（临界荷载）为屈曲因子与给定荷载的乘积，即：

$$P_{cr} = \lambda \sum G_i \tag{3-86}$$

式中　λ——屈曲因子。

将公式（3-86）代入公式（3-85），即得到下式：

$$\mu = \frac{1}{1-1/\lambda} = \frac{\lambda}{\lambda-1} \tag{3-87}$$

本书公式（3-46）、公式（3-48）如下：

对框架结构，P-Δ 效应计算放大系数：

$$F_{1i} = \frac{1}{1 - \sum_{j=i}^{n} G_j/(D_i h_i)} \quad (i=1,2,\cdots,n)$$

对剪力墙结构、框架-剪力墙结构、筒体结构，P-Δ 效应计算放大系数：

$$F_1 = \frac{1}{1 - 0.14H^2 \sum_{i=1}^{n} G_i/(EJ_d)}$$

将公式（3-87）与公式（3-46）、公式（3-48）对比，可以得到屈曲因子公式为：

对框架结构：

$$\lambda = D_i h_i / \sum_{j=i}^{n} G_j \quad (i=1,2,\cdots,n) \tag{3-88}$$

对框架支撑结构、框架-延性墙板结构、筒体结构和巨型框架结构：

$$\lambda = EJ_d \Big/ \left(0.14H^2 \sum_{i=1}^{n} G_i\right) \tag{3-89}$$

本书钢结构整体稳定性验算公式如下［即公式（3-65）、公式（3-66）］：

$$D_i \geqslant 5 \sum_{j=i}^{n} G_j/h_i \quad (i=1,2,\cdots,n)$$

$$EJ_d \geqslant 0.7H^2 \sum_{i=1}^{n} G_i$$

公式（3-88）、公式（3-89）对照公式（3-65）、公式（3-66），可以知道，对于钢结构，只要屈曲因子 $\lambda \geqslant 5$ 即可满足公式（3-65）、公式（3-66），则认为满足整体稳定性的要求。

本书钢筋混凝土结构整体稳定性验算公式如下［即公式（3-63）、公式（3-64）］：

$$EJ_d \geqslant 1.4H^2 \sum_{i=1}^{n} G_i$$

$$D_i \geqslant 10 \sum_{j=i}^{n} G_j/h_i \quad (i=1,2,\cdots,n)$$

公式（3-88）、公式（3-89）对照公式（3-63）、公式（3-64），可以知道，对于钢筋混凝土结构，只要屈曲因子 $\lambda \geqslant 10$ 即可满足公式（3-63）、公式（3-64），则认为满足整体稳定性的要求。

规范刚重比公式为 $D_i h_i / \sum_{j=i}^{n} G_j \ (i=1, 2, \cdots, n)$（框架结构）、$EJ_d/(H^2 \sum_{i=1}^{n} G_i)$（框

架支撑结构、框架-延性墙板结构、简体结构和巨型框架结构），对照公式（3-88）、公式（3-89），可以知道，如果采用规范方法中的刚重比数值，只需将获得的屈曲因子分别乘以0.14（非框架结构）或1.0（框架结构）即可。

通过线性屈曲分析，得到结构的屈曲因子 λ，就可以直接判别是否满足规范要求的刚重比，而且是一个统一的理论公式，并不区分结构形式（即不用区分是框架结构，还是非框架结构），也不需要按《高层建筑混凝土结构技术规程》JGJ 3—2010 对非框架结构进行等效计算。适用范围得到了极大的拓展，因为线性屈曲分析是基于力学理论推导，不涉及任何的结构形式，采用屈曲因子来进行刚重比判定，可简化判定方法（规范方法是近似的等代方法），而且对于多塔、连体等结构形式都可以得出正确的刚重比，而采用规范方法会碰到很多困难。由于需要的最低阶的三个屈曲因子分别对应于平动 X、Y 和扭转 Z 的三个屈曲模态。因此工程师应当仔细审查各个屈曲模态变形，以确定正确的屈曲模式。通过对屈曲模态的分析，还可以发现设计中潜在的局部杆件稳定性问题。广东省《高层建筑混凝土结构技术规程》DBJ 15-92—2013 第 5.4.5 条规定：高层建筑混凝土结构的整体稳定性可用有限元特征值法进行计算。由特征值法算得的屈曲因子 λ 不宜小于 10。当屈曲因子 λ 小于 20 时，结构的内力和位移计算应考虑重力二阶效应的影响。很显然，广东省对整体稳定性的验算规定已经走在了国家规范的前面。

（四）采用线性屈曲分析对结构进行整体稳定性验算实例

图 3-17 结构三维模型图

下面通过一栋 20 层悬挑钢框架-支撑结构，来说明如何采用线性屈曲分析对结构进行整体稳定性验算，并且与规范规定的整体稳定性验算公式进行对比。计算分析采用 ETABS2016（版本 16.0.2Ultimate）软件和 PMSAP（版本 PKPM2010V5.1）软件进行，因为本章第一节已经介绍了 PMSAP 进行屈曲分析的过程，故此处仅列出 ETABS 屈曲分析的结果。结构三维模型见图 3-17。

ETABS 进行屈曲分析步骤如下：

（1）增加 BUCKLING 荷载工况，定义初始荷载工况（图 3-18）。根据公式 $P_{cr}=\lambda\sum G_i$（G_i 为第 i 楼层重力荷载设计值，根据《高层建筑混凝土结构技术规程》JGJ 3—2010，取 1.2 倍的永久荷载标准值与 1.4 倍的楼面可变荷载标准值的组合值），初始荷载工况应该定义为"1.2 恒载＋1.4 活载"，这样计算出来的屈曲因子才能够与规范规定的刚重比进行对比。有些文献将初始荷载工况定义为"1.0 恒载＋1.0 活载"，再将屈曲因子与规范规定的刚重比进行对比，这样显然是不合理的。

因为前几个屈曲模态可能有非常小的屈曲因子，所以一般需要寻找超过一个的屈曲模态，软件缺省值为 6 个屈曲模态，本例题选择 20 个屈曲模态。

（2）屈曲分析结束后，首先在［显示］→［变形形状］中选择 BUCK-LING 工况，查看模态 1、2 分别对应哪个方向（图 3-19），本例题模态 1 对应 X 方向，模态 2 对应 Y 方向。然后在［表］→［分析］→［结果］→［结构结果］中分别查看"Buckling Factors"（图 3-20）和"Stiffness Gravity Ratios"（图 3-21）。

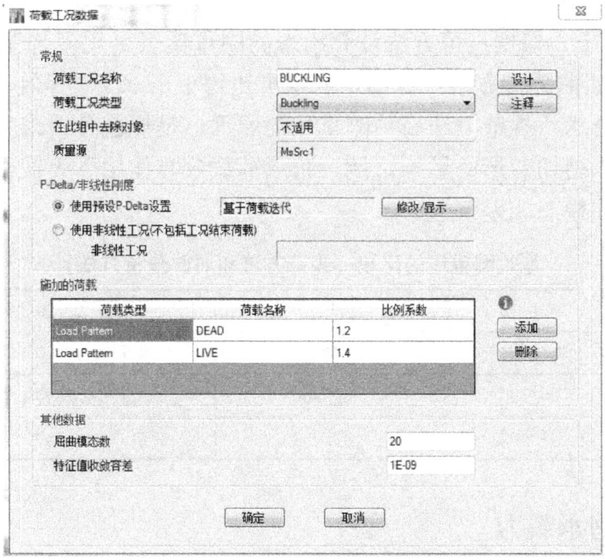

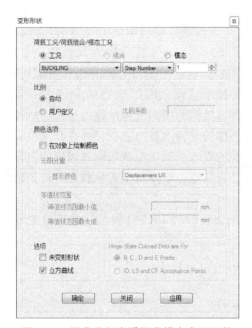

图 3-18 屈曲分析定义荷载工况

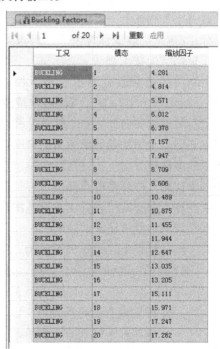

图 3-19 屈曲分析查看屈曲模态变形形状

Buckling Factors

1 of 20 重载 应用

工况	模态	缩放因子
BUCKLING	1	4.281
BUCKLING	2	4.814
BUCKLING	3	5.571
BUCKLING	4	6.012
BUCKLING	5	6.378
BUCKLING	6	7.157
BUCKLING	7	7.947
BUCKLING	8	8.709
BUCKLING	9	9.606
BUCKLING	10	10.489
BUCKLING	11	10.875
BUCKLING	12	11.455
BUCKLING	13	11.944
BUCKLING	14	12.647
BUCKLING	15	13.035
BUCKLING	16	13.205
BUCKLING	17	15.111
BUCKLING	18	15.971
BUCKLING	19	17.247
BUCKLING	20	17.282

图 3-20 屈曲因子

Stiffness Gravity Ratios

1 of 2 重载 应用

楼层	方向	EJ kN/m	G kN	EJ/(GH2)
1 - Bottom	X	158542016	34186.2086	0.724625
1 - Bottom	Y	219670311	34186.2086	1.004016

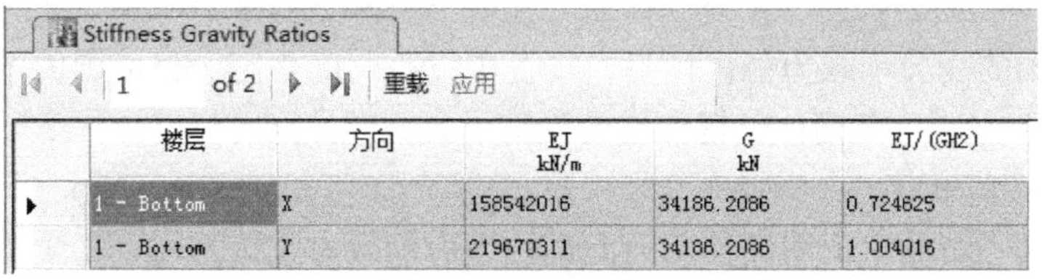

图 3-21 刚重比

分析结果见表 3-13。屈曲分析方法刚重比由屈曲因子乘以 0.14 得到。由表 3-13 的 ETABS 结果可以看出，根据规范方法计算出来的刚重比满足规范稳定性验算的要求（大于 0.7）；但是根据屈曲分析方法计算出来的刚重比均小于 0.7（等效于屈曲因子小于 5），不满足稳定性验算要求。规范方法高估刚重比的原因，是规范公式未考虑弯曲型和弯剪型结构的区别，未计入剪切变形的影响，倒三角形荷载分布作用下等截面均质悬臂杆的侧向挠度曲线与一阶屈曲模态相差甚远。

等效刚重比的比较（规范方法和屈曲分析方法）　　　　　　表 3-13

等效刚重比	规范方法		屈曲分析方法	
	ETABS	PMSAP	ETABS	PMSAP
X 向	0.725	0.800	0.599(λ=4.281)	0.577(λ=4.120)
Y 向	1.004	0.960	0.674(λ=4.814)	0.721(λ=5.150)

三、钢结构的受剪承载力

《高层民用建筑钢结构技术规程》JGJ 99—2015 第 3.3.2 条将"抗侧力结构的层间受剪承载力小于相邻上一楼层的 80%"定义为楼层承载力突变，并且列为竖向不规则的一项指标；《建筑抗震设计规范》GB 50011—2010（2016 年版）将其定义为薄弱层。《高层民用建筑钢结构技术规程》JGJ 99—2015 第 3.3.3 条规定：楼层承载力突变时，薄弱层抗侧力结构的受剪承载力不应小于相邻上一楼层的 65%。《建筑抗震设计规范》GB 50011—2010（2016 年版）、《高层建筑混凝土结构技术规程》JGJ 3—2010 也有类似规定。

受剪承载力如何计算？《高层建筑混凝土结构技术规程》JGJ 3—2010 第 3.5.3 条给出了钢筋混凝土结构受剪承载力的定义：楼层抗侧力结构的层间受剪承载力是指在所考虑的水平地震作用方向上，该层全部柱、剪力墙、斜撑的受剪承载力之和。并在其条文说明中进一步说明：柱的受剪承载力可根据柱两端实配的受弯承载力按两端同时屈服的假定失效模式反算；剪力墙可根据实配钢筋按抗剪设计公式反算；斜撑的受剪承载力可计及轴力的贡献，应考虑受压屈服的影响。

对于钢筋混凝土结构受剪承载力，主流的结构设计软件 PKPM 根据《建筑抗震鉴定标准》GB 50023—2009 附录 C 计算，计算公式如下：

$$V_y = \sum V_{cy} + 0.7 \sum V_{my} + 0.7 \sum V_{wy} \tag{3-90}$$

式中　V_y——楼层现有受剪承载力（kN）；

$\sum V_{cy}$——框架柱层间现有受剪承载力之和（kN）；

$\sum V_{my}$——砖墙充填框架层间现有受剪承载力之和（kN）；

$\sum V_{wy}$——抗震墙层间现有受剪承载力之和（kN）。

$\sum V_{cy}$、$\sum V_{my}$、$\sum V_{wy}$ 计算公式详见《建筑抗震鉴定标准》GB 50023—2009 附录 C。

那么钢结构的受剪承载力如何计算？规范中没有明确规定。目前国内的主流设计软件 PKPM 采用以下方法计算钢柱、钢支撑的受剪承载力。

1. 钢柱的受剪承载力

钢柱一般是先弯曲出现塑性铰，因此钢柱受剪承载力应该是柱上下端出现塑性铰接时对应的剪力：

$$V_{cy} = 2M_{pc}/H_n \qquad (3-91)$$

式中 V_{cy}——钢柱受剪承载力（kN）；

$\qquad M_{pc}$——钢柱全塑性受弯承载力（kN·m），按照《高层民用建筑钢结构技术规程》
JGJ 99—2015 第 8.1.5 条计算；

$\qquad H_n$——钢柱净高（m）。

《高层民用建筑钢结构技术规程》JGJ 99—2015 第 8.1.5 条规定：构件拼接和柱脚计算时，构件的受弯承载力应考虑轴力的影响。构件的全塑性受弯承载力 M_p 应按下列规定以 M_{pc} 代替：

（1）对 H 形截面和箱形截面构件应符合下列规定：

1）H 形截面（绕强轴）和箱形截面

当 $N/N_y \leqslant 0.13$ 时，$\qquad M_{pc} = M_p$ $\qquad (3-92)$

当 $N/N_y > 0.13$ 时，$\qquad M_{pc} = 1.15(1-N/N_y)M_p$ $\qquad (3-93)$

2）H 形截面（绕弱轴）

当 $N/N_y \leqslant A_w/A$ 时，$\qquad M_{pc} = M_p$ $\qquad (3-94)$

当 $N/N_y > A_w/A$ 时，$\quad M_{pc} = \left\{ 1 - \left(\dfrac{N - A_w f_y}{N_y - A_w f_y} \right)^2 \right\} M_p$ $\qquad (3-95)$

（2）圆形空心截面的 M_{pc} 可按下列公式计算：

当 $N/N_y \leqslant 0.2$ 时，$\qquad M_{pc} = M_p$ $\qquad (3-96)$

当 $N/N_y > 0.2$ 时，$\qquad M_{pc} = 1.25(1-N/N_y)M_p$ $\qquad (3-97)$

式中 N——构件轴力设计值（N）；

$\qquad N_y$——构件的轴向屈服承载力（N）；

$\qquad A$——H 形截面或箱形截面构件的截面面积（mm^2）；

$\qquad A_w$——构件腹板截面面积（mm^2）；

$\qquad f_y$——构件腹板钢材的屈服强度（N/mm^2）。

下面以 PKPM2010（版本 V5.1）为例，将手算钢柱受剪承载力与软件计算结果（图 3-22）进行对比。

构件的轴向屈服承载力 $N_y = f_y A = 335 \times 26400 = 8844000N = 8844kN$

构件轴力设计值 $N = 390.7kN$

$$N/N_y = 390.7/8844 = 0.044 < 0.13$$

因此 $M_{pc} = M_p$

$$M_{pc} = M_p = W_p f_y = \left[B t_f (H - t_f) + \frac{1}{2} (H - 2t_f)^2 t_w \right] f_y$$

$$= \left[350 \times 20 \times (350 - 20) + \frac{1}{2} (350 - 2 \times 20)^2 \times 20 \right] \times 335 = 1095.785kN \cdot m$$

钢柱受剪承载力 $V_{cy} = 2M_{pc}/H_n = 2 \times 1095.785/4 = 547.89kN$，与程序输出结果不一致。

软件输出结果中显示，钢柱全塑性受弯承载力 M_{pc} 按照《钢结构设计标准》GB 50017—2017 第 10.3.4 条计算（按照弯矩调幅设计）。计算结果如下：

$$A_n f = 26400 \times 295 = 7788kN$$

一、构件几何材料信息

层号	IST=9
塔号	ITOW=1
单元号	IELE=16
构件种类标志(KELE)	柱
上节点号	J1=168
下节点号	J2=151
构件材料信息(Ma)	钢
长度(m)	DL=4.00
截面类型号	Kind=6
截面参数(m)	B*H*U*T*D*F=0.350*0.350*0.020*0.020*0.020*0.020
钢号	345
净毛面积比	Rnet=1.00

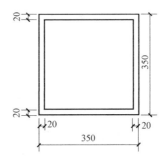

项目	内容
轴压比：	(42) N=−390.7 Uc=0.05
强度验算：	(38) N=−353.39 Mx=22.05 My=−43.01 F1/f=0.09
平面内稳定验算：	(38) N=−353.39 Mx=22.05 My=−43.01 F2/f=0.07
平面外稳定验算：	(38) N=−353.39 Mx=22.05 My=−43.01 F3/f=0.06
X向长细比=	λ_x=23.89≤57.77
Y向长细比	λ_y=23.89≤57.77
	《高钢规》7.3.9条：钢框架柱的长细比，一级不应大于$60\sqrt{\frac{235}{f_y}}$，二级不应大于$70\sqrt{\frac{235}{f_y}}$，
	三级不应大于$80\sqrt{\frac{235}{f_y}}$，四级及非抗震设计不应大于$100\sqrt{\frac{235}{f_y}}$。
	《钢结构设计标准》GB 50017—2017 7.4.6、7.4.7条给出构件长细比限值
	程序最终限值取两者较严值
宽厚比=	b/tf=15.50≤29.71
	《高钢规》7.4.1条给出宽厚比限值
	《钢结构设计标准》GB 50017—2017 3.5.1条给出宽厚比限值
	程序最终限值取两者的较严值
高厚比=	h/tw=15.50≤29.71
	《高钢规》7.4.1条给出高厚比限值
	《钢结构设计标准》GB 50017—2017 3.5.1条给出高厚比限值
	程序最终限值取两者的较严值
钢柱强柱弱梁验算：	X向 (42) N=−390.68 Px=0.50
	Y向 (42) N=−390.68 Py=0.50
	《抗规》8.2.5-1条 钢框架节点左右梁端和上下柱端的全塑性承载力，除下列情况之一外，应符合下式要求：
	柱所在楼层的受剪承载力比相邻上一层的受剪承载力高出25%；
	柱轴压比不超过0.4，或$N_2≤\phi A_c f$(N_2为2倍地震作用下的组合轴力设计值)
	与支撑斜杆相连的节点
	等截面梁：
	$\sum W_{pc}\left(f_{yc}-\dfrac{N}{A_c}\right)\geqslant\eta\sum W_{pb}f_{yb}$
	端部翼缘变截面梁：
	$\sum W_{pc}\left(f_{yc}-\dfrac{N}{A_c}\right)\geqslant\sum(\eta W_{pb}f_{yb}+V_{pb}s)$
受剪承载力：	CB_XF=493.10 CB_YF=493.10
	《钢结构设计标准》GB 50017—2017 10.3.4

图 3-22 SATWE 钢柱信息

$$N/(A_n f)=390.7/7788=0.05<0.15$$

$$M_{pc}=\gamma_x W_{nx} f=1.05\times2748110\times295=851.23\text{kN}\cdot\text{m}$$

钢柱受剪承载力 $V_{cy} = 2M_{pc}/H_n = 2 \times 851.23/4 = 425.62$kN，与程序输出结果 493.1kN 不一致。

如果柱净高取为 $4 - 0.6 = 3.4$m，则钢柱受剪承载力 $V_{cy} = 2M_{pc}/H_n = 2 \times 851.23/3.4 = 500.72$kN，与程序输出结果 493.1kN 基本一致。

2. 钢支撑的受剪承载力

首先计算钢支撑能承担的轴压力最大值 N_{max}，然后将其投影到 X 轴和 Y 轴上作为钢支撑的受剪承载力 $V_{by} = N_{max}\cos\theta$。钢支撑能承担的轴压力最大值：

$$N_{max} = \min\{N_c - |N|, \min(N_{Ex}, N_{Ey}) + N\} \tag{3-98}$$

式中　N_{max}——构件轴力设计值（N）；

N_c——根据钢支撑的截面面积求得的抗压承载力（N）；

N——钢支撑在重力荷载代表值作用下的轴力（N）；

N_{Ex}、N_{Ey}——钢支撑在 X、Y 方向的欧拉临界力（N）。

钢支撑在 X、Y 方向的欧拉临界力 N_{Ex}、N_{Ey} 根据《钢结构设计标准》GB 50017—2017 第 8.2.1 条计算：

$$N_{Ex} = \frac{\pi^2 EA}{1.1\lambda_x^2} \tag{3-99}$$

$$N_{Ey} = \frac{\pi^2 EA}{1.1\lambda_y^2} \tag{3-100}$$

下面以 PKPM2010（版本 V5.1）为例，将手算钢支撑受剪承载力与软件计算结果（图 3-23、图 3-24）进行对比。

一、构件几何材料信息

层号	IST=9
塔号	ITOW=1
单元号	IELE=1
构件种类标志(KELE)	支撑
上节点号	J1=167
下节点号	J2=151
构件材料信息(Ma)	钢
长度(m)	DL=5.66
截面类型号	Kind=1
截面参数(m)	B*H*B1*B2*H1*B3*B4*H2
	=0.020*0.300*0.140*0.140*0.020*0.140*0.140*0.020
钢号	345
净毛面积比	Rnet=1.00

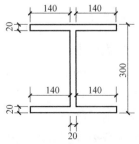

图 3-23　SATWE 钢支撑信息（一）

项目	内容
平面内稳定验算:	(32) N=−629.62 Mx=0.00 My=0.00 F2/f=0.14
平面外稳定验算:	(32) N=−629.62 Mx=0.00 My=0.00 F3/f=0.27
X向长细比=	λ_x=45.58≤99.04
Y向长细比	λ_y=78.13≤99.04
	《高钢规》7.5.2条:中心支撑斜杆的长细比,按压杆设计时,不应大于$120\sqrt{\frac{235}{f_y}}$, 非抗震设计和四级采用拉杆设计时,其长细比不应大于180。 《钢结构设计标准》GB 50017—2017 7.4.6、7.4.7条给出构件长细比限值 程序最终限值取两者较严值
宽厚比=	b/tf=7.00≤7.43 《高钢规》7.5.3条给出宽厚比限值 《钢结构设计标准》GB 50017—2017 7.3.1条给出宽厚比限值 程序最终限值取两者的较严值
高厚比=	h/tw=13.00≤21.46 《高钢规》7.5.3条给出高厚比限值 《钢结构设计标准》GB 50017—2017 7.3.1条给出高厚比限值 程序最终限值取两者的较严值
受剪承载力:	CB_XF=3661.36 CB_YF=0.00 《钢结构设计标准》GB 50017—2017

图 3-23 SATWE 钢支撑信息 (二)

荷载工况	Axial	Shear-X	Shear-Y	MX−Bottom	MY−Bottom	MX−Top	MY−Top
(1)DL	−25.02	0.00	−2.68	0.00	0.00	0.00	0.00
(2)LL	−10.83	0.00	0.00	0.00	0.00	0.00	0.00
(3)EXY	427.15	0.00	0.00	0.00	0.00	0.00	0.00
(4)EXP	388.42	0.00	0.00	0.00	0.00	0.00	0.00
(5)EXM	438.70	0.00	0.00	0.00	0.00	0.00	0.00
(6)EYX	−373.35	0.00	0.00	0.00	0.00	0.00	0.00
(7)EYP	−147.52	0.00	0.00	0.00	0.00	0.00	0.00
(8)EYM	−104.12	0.00	0.00	0.00	0.00	0.00	0.00
(9)WX	−75.97	0.00	0.00	0.00	0.00	0.00	0.00
(10)WY	18.39	0.00	0.00	0.00	0.00	0.00	0.00
(11)EX	427.15	0.00	0.00	0.00	0.00	0.00	0.00
(12)EY	−373.35	0.00	0.00	0.00	0.00	0.00	0.00
(13)EX0	426.95	0.00	0.00	0.00	0.00	0.00	0.00
(14)EY0	−373.77	0.00	0.00	0.00	0.00	0.00	0.00

图 3-24 SATWE 钢支撑内力

根据钢支撑的截面面积求得的抗压承载力为:

$$N_c = fA = 295 \times 17200 = 5074000\text{N} = 5074\text{kN}$$

钢支撑在重力荷载代表值作用下的轴力 $N = -25.02 + 0.5 \times (-10.83) = -30.435\text{kN}$

钢支撑在 X 方向的欧拉临界力 $N_{Ex} = \dfrac{\pi^2 EA}{1.1\lambda_x^2} = \dfrac{3.14^2 \times 206000 \times 17200}{1.1 \times 45.58^2} = 15286.7\text{kN}$

钢支撑在 Y 方向的欧拉临界力 $N_{Ey} = \dfrac{\pi^2 EA}{1.1\lambda_y^2} = \dfrac{3.14^2 \times 206000 \times 17200}{1.1 \times 78.13^2} = 5202.67\text{kN}$

钢支撑能承担的轴压力最大值为:

$$N_{max} = \min\{5074 - 30.435, \min(15286.7, 5202.67) - 30.435\} = 5043.565\text{kN}$$

钢支撑的受剪承载力 $V_{by} = N_{max}\cos\theta = 5043.565 \times \cos 45° = 3566.34\text{kN}$

与软件计算出的钢支撑受剪承载力 $V_{by} = 3661.36\text{kN}$ 基本一致。

由钢支撑、钢柱的受剪承载力计算可以看出,钢支撑的受剪承载力明显高于钢柱的受剪承载力。

3. 关于钢构件的受剪承载力，有以下几点需要读者注意：

（1）钢筋混凝土结构屋顶钢构架，一般不需要比较混凝土大屋面层与钢构架层的受剪承载力。

（2）钢筋混凝土结构中有钢支撑时，PKPM 软件对钢支撑受剪承载力做一定的折减。理由如下：

在水平荷载作用下，楼层中混凝土构件和钢构件的层间位移-水平荷载曲线如图 3-25 所示。图中钢构件还没达到其受剪承载力，混凝土构件就已经超过峰值，进入下降段。因此，对于混合结构，在叠加各构件受剪承载力来计算楼层受剪承载力时，需要对钢构件的受剪承载力做一定的折减。根据钢结构和混凝土剪力墙结构层间位移角限值的比例关系，SATWE

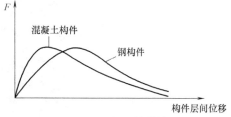

图 3-25　不同材料构件的层间
位移-水平荷载曲线

对混合结构中的钢支撑计算得到的受剪承载力乘以了 0.25 的折减系数。

四、钢梁抗扭

钢梁受扭时分自由扭转与约束扭转。所谓自由扭转，即钢梁受扭时，截面各纤维的纵向变形是自由的，杆件端面虽出现凹凸，但纵向纤维无伸长缩短，可自由翘曲，因而不产生纵向正应力，只产生自由扭转剪应力。当钢梁端部有强大横隔板，箱梁受扭时纵向纤维变形不自由，受到拉伸或压缩，截面不能自由翘曲，则为约束扭转。约束扭转在截面上产生翘曲正应力和约束扭转剪应力。产生约束扭转的原因有：支承条件的约束，如固端支承约束纵向纤维变形；受扭时截面形状及其沿梁纵向的变化，使截面各点纤维变形不协调也将产生约束扭转。

笔者见到过从钢框架梁外挑钢次梁的工程实例，见图 3-26。很显然，外挑钢梁 GL1 与内侧钢梁 GL2 的不平衡弯矩，将由钢框架梁 GKL1 以扭矩的形式承担。而钢框架梁 GKL1 两端与钢柱刚接，截面不能自由翘曲，属于约束扭转。也就是说，钢框架梁 GKL1 为弯扭构件，但是目前的《钢结构设计标准》GB 50017—2017 中并没有弯扭构件的计算方法。

细心的读者可能会发现，《钢结构设计规范》GB 50017—201X 报批稿第 6.3 节有"弯扭构件的强度及整体稳定"的内容。但是《钢结构设计标准》GB 50017—2017 正式发布的时候取消了这一部分的内容。对此，《钢结构设计标准》GB 50017—2017 主要编制人员答复如下：对于弯扭构件的计算方法目前还不是太成熟可靠，这方面的试验研究不足，对公式的可靠性没有确切的把握。设计中更提倡通过结构方案的调整避免钢构件受扭，或者采用构造措施来满足抗扭承载力的要求。当需要做弯扭构件设计时，可以参考欧美规范。欧洲规范 EC3 的 part1.1 和美国规范 AISC360 提供了钢梁受扭的计算方法。《钢结构设计标准》GB 50017—2017 主要编制人员同时强调，要结合数值分析并考虑我国安全度要求评价计算结果。

（一）钢梁受扭的解决办法

因为规范没有弯扭构件的计算方法，我们在做结构设计时，碰到钢梁受扭，可以通过

(a) 实景照片

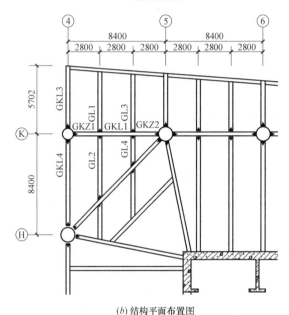

(b) 结构平面布置图

图 3-26 钢框架梁外挑钢次梁

注：图中"▶"表示刚接符号，后同。

以下几种方法解决。

1. 通过调整结构方案，避免钢构件受扭

（1）图 3-26 的钢梁布置，可以将从钢框架梁上悬挑出去的钢次梁 GL1、GL3 取消，并将内侧钢次梁 GL2、GL4 与钢框架梁 GKL1 的刚接节点修改为铰接节点，避免钢框架梁 GKL1 受扭（图 3-27）。悬挑钢框架梁 GKL3 与内侧钢框架梁 GKL4 的不平衡弯矩将由钢框架柱 GKZ1 以弯矩（而非扭矩）的形式承担。钢框架柱在轴力、弯矩作用下的强度、平面内稳定性、平面外稳定性计算，规范均有详细的计算方法。

（2）钢次梁与钢主梁的连接，尽量设计成铰接节点。

如图 3-28 中的钢次梁与钢主梁布置。钢次梁 GL1 与钢主梁 GKL1、GKL2 铰接，GL1 支座负弯矩为 0，钢主梁 GKL1、GKL2 没有扭矩；钢次梁 GL2 与钢主梁 GKL1、GKL2 刚接，GL2 支座存在负弯矩，GL2 的支座负弯矩将由钢主梁 GKL1、GKL2 以扭矩

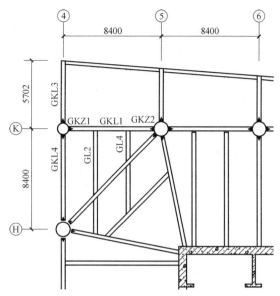

图 3-27 取消钢框架梁悬挑钢次梁

的形式承担。因此，钢次梁与钢主梁宜尽量设计成铰接节点，以避免钢主梁受扭。

图 3-29 中的连续钢次梁，GL3、GL4 在支座处的不平衡弯矩将由钢主梁 GKL2 以扭矩的形式承担。即使 GL3、GL4 跨度、荷载完全相同，它们支座处负弯矩也相同，GL3右侧、GL4 左侧不存在不平衡弯矩，因此对 GKL2 不会产生扭矩，但是也要考虑 GL3 左侧支座负弯矩对 GKL1 产生的扭矩、GL4 右侧支座负弯矩对 GKL3 产生的扭矩。按照图3-29 中 GL1、GL2 的布置方式（GL1、GL2 跨度、荷载完全相同），GKL1、GKL2、GKL3 才不会存在扭矩。

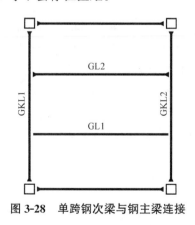

图 3-28 单跨钢次梁与钢主梁连接

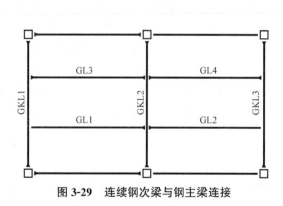

图 3-29 连续钢次梁与钢主梁连接

2. 加强抗扭构造措施

（1）钢梁出现受扭时，不采用开口型截面梁（比如 H 形截面），尽量采用闭口型截面梁（比如箱形截面），增大钢梁抗扭刚度。

（2）钢梁受扭时，钢梁上设置现浇钢筋混凝土楼板。《高层建筑混凝土结构技术规程》JGJ 3—2010 第 5.2.4 条规定：钢筋混凝土梁受扭计算时应考虑现浇楼盖对梁的约束作用，当计算中未考虑现浇楼盖对梁扭转的约束作用时，可对梁的计算扭矩折减。现浇钢筋混凝土楼板，对钢筋混凝土梁扭转有约束作用，对钢梁扭转也有约束作用。

3. 按照欧洲规范 EC3 的 Part1.1 和美国规范 AISC 360 进行抗扭计算

弯扭构件设计的一般原则如下：

① 当钢梁以自身扭转抵抗外荷载时，应在强度和稳定性的计算中考虑自由扭转和约束扭转产生的应力；

② 钢梁的扭转作为一种次应力出现，扭转不会自由发展的构件，无需考虑扭转作用；

③ 在抗剪强度计算中可不考虑开口薄壁截面的自由扭转应力；

④ 受扭构件宜采用闭口截面形式。当采用开口截面形式时，首先应考虑双轴对称或单轴对称形式。

（1）荷载偏离截面弯心但与主轴平行的弯扭构件的抗弯强度应按下列公式计算：

$$\frac{M_x}{\gamma_x W_{nx}} + \frac{B_\omega}{\gamma_\omega W_\omega} \leqslant f \tag{3-101}$$

$$W_\omega = \frac{I_\omega}{\omega} \tag{3-102}$$

式中　M_x——构件的弯矩设计值；

B_ω——与所取弯矩同一截面的双力矩设计值；

W_{nx}——对截面主轴 x 轴的净截面模量；

W_ω——与弯矩引起的应力同一验算点处的毛截面扇性模量；

γ_ω——截面塑性发展系数，工字形截面取 1.05；

ω——主扇形坐标；

I_ω——扇形惯性矩。

荷载偏离截面弯心但与主轴平行的弯扭构件，承受弯矩及扭矩的共同作用。截面中的正应力由两部分组成，即弯矩在截面中引起的正应力和双力矩在截面中引起的正应力。截面承受的扭矩分为自由扭矩和翘曲扭矩两部分，自由扭矩使截面只产生剪应力，翘曲扭矩使截面产生翘曲正应力和翘曲剪应力，其中翘曲正应力有其相应的内力，这个内力是由翘曲正应力 σ_ω 产生的双力矩，即本条公式中的 B_ω。

（2）荷载偏离截面弯心但与主轴平行的弯扭构件的抗剪强度应按下式计算：

$$\tau = \frac{V_y S_x}{I_x t_w} + \frac{T_\omega S_\omega}{I_\omega t_w} + \frac{T_{st}}{2A_0 t_w} \leqslant f_v \tag{3-103}$$

式中　V_y——计算截面沿 y 轴作用的剪力设计值；

T_ω——构件截面的约束扭转力矩设计值；

T_{st}——构件截面的自由扭转力矩设计值，开口截面其值可取为零；

A_0——闭口截面中线所围的面积；

S_x——计算剪应力处以上（或以下）毛截面对 x 轴的面积矩。

荷载偏离截面弯心但与主轴平行的弯扭构件，承受弯矩及扭矩的共同作用。截面中的剪应力由三部分组成，即弯矩引起的剪应力、翘曲扭矩引起的剪应力和自由扭矩引起的剪应力。应用薄膜比拟关系式 $T_{st}=2V$，式中 $V\approx\tau t A_0$，从而得到自由扭矩作用下剪应力与扭矩的关系。当构件截面为开口截面时，不考虑自由扭矩引起的剪应力。

（3）荷载偏离截面弯心但与主轴平行的弯扭构件，当不能在构造上保证整体稳定性的弯扭构件，应按下式计算其稳定性：

$$\frac{M_{max}}{\varphi_b\gamma_x W_x f}+\frac{B_\omega}{W_\omega f}\leqslant 1.0 \tag{3-104}$$

式中　M_{max}——跨间对主轴 x 轴的最大弯矩设计值；

W_x——对截面主轴 x 轴的受压边缘的截面模量。

荷载偏离截面弯心但与主轴平行的弯扭构件，承受弯矩及扭矩的共同作用。扭矩的存在，对钢梁的整体稳定性不利，本条用翘曲正应力来考虑扭矩对钢梁整体稳定性的不利作用。

PKPM2010 软件（版本 V5.1）工具箱模块的钢梁构件计算，参考欧洲规范 EC3 的 Part1.1 和美国规范 AISC360 增加梁构件抗扭设计（图 3-30）。

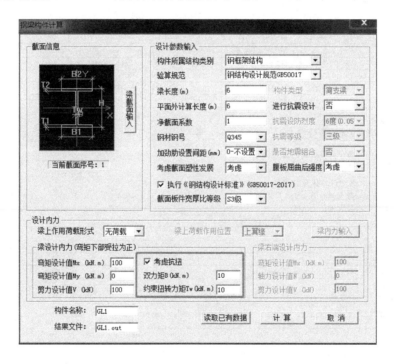

图 3-30　PKPM 软件工具箱模块钢梁构件计算界面

需要特别提醒工程师注意，设计人应结合数值分析并考虑我国安全度要求，评价软件计算出来的结果，将软件计算结果留有适当安全度。

（二）PKPM 软件钢梁、型钢混凝土梁受扭算例

PKPM 软件在计算钢梁、型钢混凝土梁构件的内力时，可以计算出扭矩。但是并未对钢梁、型钢混凝土梁的扭矩内力进行设计。

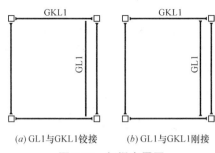

(a) GL1 与 GKL1 铰接   (b) GL1 与 GKL1 刚接

图 3-31 钢梁布置图

1. 钢梁受扭算例

以图 3-31 中的工程为例，钢次梁 GL1 与钢主梁 GKL1 分别采用铰接（图 3-31a）、刚接（图 3-31b），查看 GKL1 内力及应力比（图 3-32、图 3-33）。

二、标准内力信息(调整后)

* 荷载工况(01) --- 恒荷载(DL)
* 荷载工况(02) --- 活荷载(LL)

荷载工况	M-I	M-1	M-2	M-3	M-4	M-5	M-6	M-7	M-J	N
	V-I	V-1	V-2	V-3	V-4	V-5	V-6	V-7	V-J	T
(1)DL	−258.95	−195.93	−132.89	−69.81	−6.69	56.46	119.65	182.88	246.13	0.00
	504.04	504.24	504.48	504.76	505.08	505.40	505.68	505.92	506.12	0.00
(2)LL	−249.80	−192.02	−134.24	−76.46	−18.67	39.11	96.89	154.67	212.45	0.00
	462.25	462.25	462.25	462.25	462.25	462.25	462.25	462.25	462.25	0.00

(a)

四、构件设计验算信息

1 −M ----- 各个计算截面的最大负弯矩
2 +M ----- 各个计算截面的最大正弯矩
3 Shear --- 各个计算截面的剪力
4 N-T ----- 最大轴拉力(kN)
5 N-C ----- 最大轴压力(kN)

	−1−	−1−	−2−	−3−	−4−	−5−	−6−	−7−	−J−
−M	0.00	0.00	0.00	0.00	0.00	−132.06	−300.88	−469.75	−638.65
LoadCase	1	1	1	1	1	1	1	1	1
+M	711.33	542.74	374.11	205.44	36.71	0.00	0.00	0.00	0.00
LoadCase	1	1	1	1	1	1	1	1	1
Shear	−1348.63	−1348.89	−1349.20	−1349.56	−1349.98	−1350.39	−1350.76	−1351.07	−1351.33
LoadCase	1	1	1	1	1	1	1	1	1
N-T	0.00	0.00	0.00	0.00	0.00	0.00	0.00	0.00	0.00
N-C	0.00	0.00	0.00	0.00	0.00	0.00	0.00	0.00	0.00
强度验算	(1) N=0.00, M=711.33,F1/f=0.53								
稳定验算	(0) N=0.00, M=0.00, F2/f=0.00								
抗剪验算	(1) V= −1351.07, F3/fv=0.84								
下翼缘稳定 应力验算	(1) M=−638.65,F4/f=0.61								
宽厚比	b/tf=4.65 ≤9.08 《抗规》8.3.2条给出宽厚比限值 《钢结构设计标准》GB 50017—2017 3.5.1条给出宽厚比限值 程序最终限值取两者的较严值								
高厚比	h/tw=54.29≤61.90								

(b)

图 3-32 GL1 与 GKL1 铰接时 GKL1 内力及应力比结果

二、标准内力信息(调整后)

* 荷载工况(01) --- 恒荷载(DL)

* 荷载工况(02) --- 活荷载(LL)

荷载工况	M-I	M-1	M-2	M-3	M-4	M-5	M-6	M-7	M-J	N
	V-I	V-1	V-2	V-3	V-4	V-5	V-6	V-7	V-J	T
(1)DL	−258.95	−195.93	−132.89	−69.81	−6.69	56.46	119.65	182.88	246.13	0.00
	504.04	504.24	504.48	504.76	505.08	505.40	505.68	505.92	506.12	10.81
(2)LL	−249.80	−192.02	−134.24	−76.46	−18.67	39.11	96.89	154.67	212.45	0.00
	462.25	462.25	462.25	462.25	462.25	462.25	462.25	462.25	462.25	10.13

(a)

四、构件设计验算信息

1 −M ------ 各个计算截面的最大负弯矩

2 +M ------ 各个计算截面的最大正弯矩

3 Shear --- 各个计算截面的剪力

4 N-T ----- 最大轴拉力(kN)

5 N-C ----- 最大轴压力(kN)

	−I −	−1 −	−2 −	−3 −	−4 −	−5 −	−6 −	−7 −	−J −
−M	0.00	0.00	0.00	0.00	0.00	−132.06	−300.88	−469.75	−638.65
LoadCase	1	1	1	1	1	1	1	1	1
+M	711.33	542.74	374.11	205.44	36.71	0.00	0.00	0.00	0.00
LoadCase	1	1	1	1	1	1	1	1	1
Shear	−1348.63	−1348.89	−1349.20	−1349.56	−1349.98	−1350.39	−1350.76	−1351.07	−1351.33
LoadCase	1	1	1	1	1	1	1	1	1
N-T	0.00	0.00	0.00	0.00	0.00	0.00	0.00	0.00	0.00
N-C	0.00	0.00	0.00	0.00	0.00	0.00	0.00	0.00	0.00
强度验算	(1) N=0.00, M=711.33,F1/f=0.53								
稳定验算	(0) N=0.00, M=0.00, F2/f=0.00								
抗剪验算	(1) V=−1351.07，F3/fv=0.84								
下翼缘稳定应力验算	(1) M=−638.65,F4/f=0.61								
宽厚比	b/tf=4.65 ≤9.08 《抗规》8.3.2条给出宽厚比限值 《钢结构设计标准》GB 50017—2017 3.5.1条给出宽厚比限值 程序最终限值取两者的较严值								
高厚比	h/tw=54.29≤61.90								

(b)

图 3-33　GL1 与 GKL1 刚接时 GKL1 内力及应力比结果

由图 3-32、图 3-33 可以看出，GL1 与 GKL1 刚接后，GL1 支座负弯矩由 GKL1 以扭矩的形式承担。GL1 与 GKL1 铰接、刚接时 GKL1 内力及应力比结果见表 3-14。

GL1 与 GKL1 铰接、刚接时 GKL1 内力及应力比结果　　　　表 3-14

项目	GL1 与 GKL1 铰接时 GKL1 内力及应力比结果	GL1 与 GKL1 刚接时 GKL1 内力及应力比结果
弯矩(kN・m)	711.33	711.33
弯曲正应力比	0.53	0.53
剪力(kN)	1351.07	1351.07
剪应力比	0.84	0.84
扭矩(kN・m)	—	29.248

注：扭矩大小 $T=1.3×10.81+1.5×10.13=29.248kN・m$。

由表 3-14 可以看出，GL1 与 GKL1 刚接后，GKL1 弯矩、剪力没有发生变化，对应的弯曲正应力比、剪应力比也没有发生变化，但是 GKL1 出现了扭矩。显然，软件计算出了 GKL1 的扭矩内力，但是并未对扭矩内力进行设计。

2. 型钢混凝土梁受扭算例

《组合结构设计规范》JGJ 138—2016 给出了型钢混凝土梁正截面受弯、受剪截面、受剪承载力的计算公式，但是未给出型钢混凝土梁的受扭计算公式。型钢混凝土梁由型钢和外包钢筋混凝土组成，型钢的受扭计算公式尚未研究清楚，因此型钢混凝土梁的受扭计算，规范自然也没有给出公式。

以图 3-34 的钢筋混凝土梁为例，钢筋混凝土梁剪扭截面不满足《混凝土结构设计规范》GB 50010—2010（2015 年版）第 6.4.1 条的要求。

一、构件几何材料信息

层号	IST=1
塔号	ITOW=1
单元号	IELE=8
构件种类标志(KELE)	梁
左节点号	J1=9
右节点号	J2=10
构件材料信息(Ma)	混凝土
长度(m)	DL=2.50
截面类型号	Kind=1
截面参数(m)	B*H=0.300*0.600
混凝土强度等级	RC=30
主筋强度设计值(N/mm²)	360
箍筋强度设计值(N/mm²)	360
保护层厚度(mm)	Cov=20

图中梁配筋信息（左图）：

```
G4.1-3.9      G0.4-0.4      G4.1-3.9
23-0-5        5-5-5         5-0-23
7-17-35       35-36-35      35-17-7
[VT]20-1.3                  [VT]20-1.3
JNT                         JNT


G4.1-3.9      G0.4-0.4      G4.1-3.9
23-0-5        5-5-5         5-0-23
7-17-35       35-36-35      35-17-7
[VT]20-1.3                  [VT]20-1.3
JNT                         JNT
```

(a)

截面尺寸 600×300 *(b)*

二、标准内力信息(调整后)

*荷载工况(01)---恒荷载(DL)
*荷载工况(02)---活荷载(LL)

荷载工况	M-I	M-1	M-2	M-3	M-4	M-5	M-6	M-7	M-J	N
	V-I	V-1	V-2	V-3	V-4	V-5	V-6	V-7	V-J	T
(1)DL	273.73	186.65	102.19	20.58	-57.95	-133.24	-205.46	-274.83	-341.58	0.00
	-282.61	-274.59	-265.83	-256.34	-246.12	-235.91	-226.42	-217.66	-209.64	55.88
(2)LL	23.81	16.54	9.33	2.23	-4.67	-11.36	-17.86	-24.24	-30.56	0.00

荷载工况	M-I	M-1	M-2	M-3	M-4	M-5	M-6	M-7	M-J	N
	V-I	V-1	V-2	V-3	V-4	V-5	V-6	V-7	V-J	T
(2)LL	-23.31	-23.21	-22.92	-22.43	-21.75	-21.07	-20.58	-20.29	-20.19	6.95

图 3-34 钢筋混凝土梁计算结果（一）

+M	0.00	6.97	12.18	15.46	82.34	190.26	293.89	393.64	489.89
LoadCase	0	0	0	0	1	1	1	1	1
BtmAst	690.57	450.00	450.00	450.00	450.00	1027.20	1675.05	2574.57	3417.59
Rs	0.38%	0.25%	0.25%	0.25%	0.25%	0.61%	1.00%	1.61%	2.14%
Shear	402.36	391.79	379.96	366.90	352.59	338.28	325.21	313.39	302.81
LoadCase	1	1	1	1	1	1	1	1	1
Asv	116.89	111.62	105.73	99.22	92.09	84.96	78.45	72.56	67.29
Rsv	0.39%	0.37%	0.35%	0.33%	0.31%	0.28%	0.26%	0.24%	0.22%
N-T	0.00	0.00	0.00	0.00	0.00	0.00	0.00	0.00	0.00
N-C	0.00	0.00	0.00	0.00	0.00	0.00	0.00	0.00	0.00
剪扭配筋	(1) T=83.06 V=402.36 Astt=1944.60 Astv=404.84 Astl=123.08								
非加密区箍筋面积(1.5H处)　Asvm=387.95									

剪压比	(1) V=402.4 JYB=0.17≤0.25
	《高规》6.2.6、7.2.22条:框架梁、连接受剪面应符合下列要求: 持久、短暂设计状况 　　V≤0.25$\beta_c f_c bh_0$ 地震设计状况 跨高比大于2.5的框架架及连梁 　　V≤$\frac{1}{\gamma_{RE}}$(0.2$\beta_c f_c bh_0$) 跨高比不大于2.5的框架梁及连接 　　V≤$\frac{1}{\gamma_{RE}}$(0.15$\beta_c f_c bh_0$)
剪扭验算	(1) $\frac{1}{f_c}\left(\frac{V}{bh_0}+\frac{T}{0.8W_f}\right) > 0.25$ 《混规》6.4.1条:在弯矩、剪力和扭矩共同作用下,h_w/b不大于6的矩形、T形、I形截面和h_w/t_w不大于6的箱形截面构件, 共截面应符合下列条件: 当h_w/b(或h_w/t_w)不大于4时 　　$\frac{V}{bh_0}+\frac{T}{0.8W_f}$≤0.25$\beta_c f_c$ 当h_w/b(或h_w/t_w)等于6时 　　$\frac{V}{bh_0}+\frac{T}{0.8W_f}$≤0.2$\beta_c f_c$

超限类别(4)　剪扭验算超限:(1)T=83.V=402.V/(B*Ho)+T/(0.8*Wt)=7020＞0.25*fc=3575。

(c)

图 3-34　钢筋混凝土梁计算结果（二）

　　将此钢筋混凝土梁内设置截面非常小的构造型钢（含钢率仅 1.3%），软件就不提示剪扭截面超限的信息，计算结果见图 3-35。

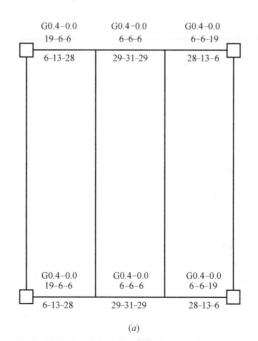

(a)

图 3-35　型钢混凝土梁计算结果（一）

一、构件几何材料信息

层号	IST=1
塔号	ITOW=1
单元号	IELE=8
构件种类标志(KELE)	梁
左节点号	J1=9
右节点号	J2=10
构件材料信息(Ma)	混凝土
长度(m)	DL=2.50
截面类型号	Kind=12
截面参数(m)	B*H*U*T*D*F=0.300*0.600*0.006*0.200*0.100*0.006
混凝土强度等级	RC=30
型钢钢号	345
主筋强度设计值(N/mm²)	360
箍筋强度设计值(N/mm²)	360
保护层厚度(mm)	Cov=20

(b)

二、标准内力信息(调整后)

* 荷载工况(01)---恒荷载(DL)

* 荷载工况(02)---活荷载(LL)

荷载工况	M-I	M-1	M-2	M-3	M-4	M-5	M-6	M-7	M-J	N
	V-I	V-1	V-2	V-3	V-4	V-5	V-6	V-7	V-J	T
(1)DL	273.05	185.83	101.24	19.52	−59.11	−134.50	−206.80	−276.24	−343.04	0.00
	−283.07	−275.01	−266.22	−256.69	−246.43	−236.18	−226.65	−217.86	−209.79	55.90

荷载工况	M-I	M-1	M-2	M-3	M-4	M-5	M-6	M-7	M-J	N
	V-I	V-1	V-2	V-3	V-4	V-5	V-6	V-7	V-J	T
(2)LL	23.72	16.45	9.23	2.14	−4.77	−11.45	−17.95	−24.33	−30.65	0.00
	−23.31	−23.21	−22.92	−22.43	−21.75	−21.07	−20.58	−20.29	−20.19	6.96

LoadCase	0	0	0	0	1	1	1	1	1
BtmAst	540.00	540.00	540.00	540.00	540.00	596.98	1233.10	1845.29	2716.01
Rs	0.30%	0.30%	0.30%	0.30%	0.30%	0.33%	0.69%	1.03%	1.51%

Shear	402.96	392.34	380.47	367.35	352.99	338.63	325.51	313.64	303.01
LoadCase	1	1	1	1	1	1	1	1	1
Asv	33.43	33.43	33.43	33.43	33.43	33.43	33.43	33.43	33.43
Rsv	0.11%	0.11%	0.11%	0.11%	0.11%	0.11%	0.11%	0.11%	0.11%

N-T	0.00	0.00	0.00	0.00	0.00	0.00	0.00	0.00	0.00
N-C	0.00	0.00	0.00	0.00	0.00	0.00	0.00	0.00	0.00

非加密区箍筋面积(1.5H处) Asvm=0.00	
剪压比	(1) V=403.0 JYB=0.17≤0.45 《组合结构设计规范》5.2.3条:型钢混凝土框架梁的受剪截面应符合下列条件: 非抗震设计 $V \leqslant 0.45\beta_c f_c bh_0$ 抗震设计 $V \leqslant \dfrac{1}{\gamma_{RE}}(0.36\beta_c f_c bh_0)$
宽厚比	b/tf=7.83≤19.00 《高规》11.4.1条给出宽厚比限值
高厚比	h/tw=31.33≤91.00 《高规》11.4.1条给出高厚比限值
型钢与混凝土轴向承载力比	(fatwhw)/(β cfcbh0)=0.14≥0.10 《组合结构设计规范》5.2.3、5.2.4条:型钢混凝土梁的受剪截面应符合下列条件: $\dfrac{f_a\,t_w\,h_w}{\beta_c f_c\,b\,h_0} \geqslant 0.10$

(c)

图 3-35 型钢混凝土梁计算结果（二）

钢筋混凝土梁与型钢混凝土梁的扭矩结果见表 3-15。由表 3-15 可以看出，将钢筋混凝土梁改为型钢混凝土梁后，扭矩基本没有发生变化。但是钢筋混凝土梁的剪扭截面超限、型钢混凝土梁的剪扭截面不超限，原因就是规范没有型钢混凝土梁剪扭截面验算的公式，软件也没有对型钢混凝土梁进行剪扭截面验算。

钢筋混凝土梁与型钢混凝土梁扭矩（kN·m）   表 3-15

扭矩	钢筋混凝土梁	型钢混凝土梁
恒载工况	55.88	55.90
活载工况	6.95	6.96
设计值	83.07	83.11

五、钢柱计算长度系数大于 2.0 合理吗

有工程师提出疑问，根据欧拉公式，悬臂柱的计算长度系数只有 2.0，钢柱的计算长度系数大于 2.0 合理吗？其实，在《钢结构设计标准》GB 50017—2017 附录 E 的表 E.0.2 有侧移框架柱的计算长度系数中，就有很多计算长度系数大于 2.0 的情况出现（表 3-16）。

有侧移框架柱的计算长度系数 μ 表 3-16

K_2 \ K_1	0	0.05	0.1	0.2	0.3	0.4	0.5	1	2	3	4	5	$\geqslant 10$
0	∞	6.02	4.46	3.42	3.01	2.78	2.64	2.33	2.17	2.11	2.08	2.07	2.03
0.05	6.02	4.16	3.47	2.86	2.58	2.42	2.31	2.07	1.94	1.90	1.87	1.86	1.83
0.1	4.46	3.47	3.01	2.56	2.33	2.20	2.11	1.90	1.79	1.75	1.73	1.72	1.70
0.2	3.42	2.86	2.56	2.23	2.05	1.94	1.87	1.70	1.60	1.57	1.55	1.54	1.52
0.3	3.01	2.58	2.33	2.05	1.90	1.80	1.74	1.58	1.49	1.46	1.45	1.44	1.42
0.4	2.78	2.42	2.20	1.94	1.80	1.71	1.65	1.50	1.42	1.39	1.37	1.37	1.35
0.5	2.64	2.31	2.11	1.87	1.74	1.65	1.59	1.45	1.37	1.34	1.32	1.32	1.30
1	2.33	2.07	1.90	1.70	1.58	1.50	1.45	1.32	1.24	1.21	1.20	1.19	1.17
2	2.17	1.94	1.79	1.60	1.49	1.42	1.37	1.24	1.16	1.14	1.12	1.12	1.10
3	2.11	1.90	1.75	1.57	1.46	1.39	1.34	1.21	1.14	1.11	1.10	1.09	1.07
4	2.08	1.87	1.73	1.55	1.45	1.37	1.32	1.20	1.12	1.10	1.08	1.08	1.06
5	2.07	1.86	1.72	1.54	1.44	1.37	1.32	1.19	1.12	1.09	1.08	1.07	1.05
$\geqslant 10$	2.03	1.83	1.70	1.52	1.42	1.35	1.30	1.17	1.10	1.07	1.06	1.05	1.03

注：1. 表中的计算长度系数 μ 值系按下式计算得出：

$$\left[36K_1K_2 - \left(\frac{\pi}{\mu}\right)^2\right]\sin\frac{\pi}{\mu} + 6(K_1 + K_2)\frac{\pi}{\mu}\cdot\cos\frac{\pi}{\mu} = 0$$

式中，K_1、K_2 分别为相交于柱上端、柱下端的横梁线刚度之和与柱线刚度之和的比值，当横梁远端为铰接时，应将横梁线刚度乘以 0.5；当横梁远端为嵌固时，则应乘以 2/3；

2. 当横梁与柱铰接时，取横梁线刚度为零；

3. 对底层框架柱，当柱与基础铰接时，应取 $K_2 = 0$，当柱与基础刚接时，应取 $K_2 = 10$，平板支座可取 $K_2 = 0.1$。

1. PKPM 钢柱计算长度系数复核

以图 3-36 的工程为例，核查 PKPM（版本 V5.1）第二层中柱 Z1 的计算长度系数。钢梁截面均为 H500×200×12×18，钢柱截面均为箱形 600×600×20×20，层高 4.2m，钢框架结构，按照一阶弹性分析法判定为有侧移框架。PKPM 软件输出第二层中柱 Z1 构件设计属性见图 3-37。由图 3-37 可以看出，此钢柱的计算长度系数为 3.02。现手工复核如下：

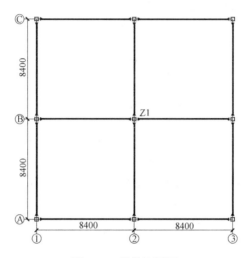

图 3-36　结构平面图

三、构件设计属性信息

构件两端约束标志	两端刚接
构件属性信息	普通柱,普通钢柱
抗震等级	二级
构造措施抗震等级	二级
宽厚比等级	S4
是否人防	非人防构件
长度系数	Cx=3.02　Cy=3.02
活荷内力折减系数	1.00
地震作用放大系数	X向:1.00　Y向:1.00
薄弱层地震内力调整系数	X向:1.00　Y向:1.00
剪重比调整系数	X向:1.13　Y向:1.13
二道防线调整系数	X向:1.00　Y向:1.00
风荷载内力调整系数	X向:1.00　Y向:1.00
地震作用下转换柱剪力弯矩调整系数	X向:1.00　Y向:1.00
刚度调整系数	X向:1.00　Y向:1.00
所在楼层二阶效应系数	X向:0.18　Y向:0.18
构件的应力比上限	F1_MAX=1.00　F2_MAX=1.00 F3_MAX=1.00

图 3-37　第二层中柱 **Z1** 构件设计属性

第二层中柱 Z1 相关梁、柱如图 3-38 所示。

相交于柱上端的柱线刚度之和为：
$$\sum I_{c\perp}/l_{c\perp}=260458.67/420+260458.67/420=1240.28\text{cm}^3$$

相交于柱上端的梁线刚度之和为：
$$\sum I_{b\perp}/l_{b\perp}=51827.49/840+51827.49/840=123.4\text{cm}^3$$

$$K_1 = (\sum I_{b\text{上}}/l_{b\text{上}})/(\sum I_{c\text{上}}/l_{c\text{上}}) = 123.4/1240.28 = 0.099 \approx 0.1$$

相交于柱下端的柱线刚度之和为：

$$\sum I_{c\text{下}}/l_{c\text{下}} = 260458.67/420 + 260458.67/420 = 1240.28\text{cm}^3$$

相交于柱下端的梁线刚度之和为：

$$\sum I_{b\text{下}}/l_{b\text{下}} = 51827.49/840 + 51827.49/840 = 123.4\text{cm}^3$$

$$K_2 = (\sum I_{b\text{下}}/l_{b\text{下}})/(\sum I_{c\text{下}}/l_{c\text{下}}) = 123.4/1240.28 = 0.099 \approx 0.1$$

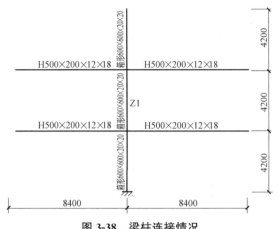

图 3-38　梁柱连接情况

$K_1 = K_2 = 0.1$，查表 3-16，计算长度系数 $\mu = 3.01$，与软件输出结果 $\mu = 3.02$ 基本一致。程序采用的是精确公式 $\left[36K_1K_2 - \left(\dfrac{\pi}{\mu}\right)^2\right]\sin\dfrac{\pi}{\mu} + 6(K_1 + K_2)\dfrac{\pi}{\mu} \cdot \cos\dfrac{\pi}{\mu} = 0$ 应用渐进法求解，有时手算插值结果可能与程序计算结果稍有差异。

2. 三铰静定刚架计算长度系数算例

为什么第二层中柱 Z1 计算长度系数大于悬臂柱的计算长度系数 2.0 呢？陈绍蕃教授在他的《钢结构设计原理》一书中的论述可以帮助我们理解这个问题。图 3-39 给出一个三铰静定刚架（选自美国土木工程师学会 ASCE 算例），它的横梁具有较大的刚度，在跨度中央承受一个集中荷载 W。当已知 W 需要选择柱截面时，一个不熟悉稳定问题的设计者在把 W 分给左右两柱后可能会按两端铰支柱和悬臂柱去选截面，即左柱计算长度为 h，右柱计算长度为 $2h$，这种做法显然是错误的。框架在没有侧向支承时，失稳都带有侧移，所以侧移的影响不能忽视。如果认为悬臂柱失稳时上端是有侧移的，不必再另行考虑侧移

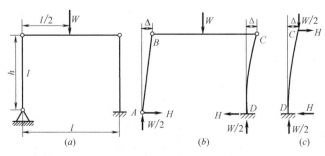

图 3-39　三铰静定刚架的稳定性分析

的影响，也是不正确的，因为没有把框架作为一个整体来考察。下面来分析整个框架失稳而发生侧移 Δ 的情况。从左柱的平衡看，支点 A 必有水平力 H，其值可由 B 点力矩和为零得出，即：

$$\frac{W}{2} \cdot \Delta - H \cdot h = 0 \tag{3-105}$$

得

$$H = \frac{W\Delta}{2h} \tag{3-106}$$

右柱相应的平衡情况见图 3-39（c）。

下面推导同时承受水平力 H 和竖向力 P 的悬臂柱顶点侧移（图 3-40）。按照变形后的位形来分析，在小变形范围内柱内任一截面内有：

$$EIv'' = -Pv - Hz + M(0) \tag{3-107}$$

由边界条件 $v(0) = v'(0) = v''(l) = 0$，可以解得：

$$v(l) = \frac{Hl}{P}\left(\frac{\tan kl}{kl} - 1\right) \tag{3-108}$$

$$M(0) = Hl\,\frac{\tan kl}{kl} \tag{3-109}$$

式中：

$$k = \sqrt{P/(EI)}$$

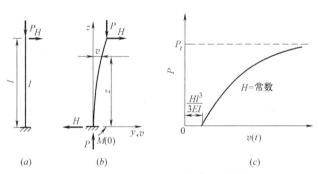

图 3-40 同时受水平力的悬臂柱

在公式（3-108）中代入 $P = W/2$、$H = \dfrac{W\Delta}{2h}$ 和 $v(l) = \Delta$，得：

$$\frac{\tan kh}{kh} = 2$$

解得：

$$kh = 1.167$$

即：

$$P = \frac{W}{2} = \frac{1.36EI}{h^2} = \frac{\pi^2 EI}{(2.69h)^2}$$

这就是说右柱的计算长度应该是 $2.69h$，而不是 $2h$。如果按照 $2h$ 计算，临界力比实际大了 81%，很不安全。悬臂柱的计算长度为什么会大于 $2h$？从整体上看框架的侧向刚度只能由悬臂柱提供，铰接柱毫无抗侧移的能力。因此悬臂柱对左柱上端提供弹性支座的作用，它的任务就不仅仅是承受本身的 $W/2$ 压力，而是还要包括对左柱的支援作用，这种作用表现在承受水平力 H。H 和 P 的合力是一个斜向作用力。悬臂柱的计算长度可以由图 3-41 的 $\overline{ED}$ 来表示，它大于 $2h$。

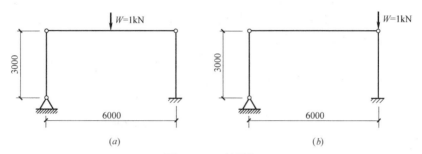

图 3-41 右柱
计算长度

3. 三铰静定刚架 SAP2000 验证

下面用 SAP2000（版本 V21.2.0）验证图 3-39 的三铰静定刚架右柱的计算长度系数，跨中施加 $W=1\text{kN}$ 的恒载，跨度 $l=3000\text{mm}$，层高 $h=6000\text{mm}$，柱截面为箱形 $200\times200\times10\times10$，Q355 钢材（图 3-42a）。依靠欧拉公式（3-110）来获得构件计算长度系数。通常情况下，我们遵循如下步骤：

（1）在施加荷载工况下获得该构件的轴力 N；

（2）以施加荷载作为激励荷载，运行屈曲工况，获得对应构件屈曲时的屈曲因子 λ；

（3）计算构件的临界力 $P_{cr}=N\lambda$，然后按照公式（3-111）获取计算长度系数 μ，其中 E 为弹性模量，I 为截面惯性矩，l 为构件几何长度。

$$P_{cr}=\frac{\pi^2 EI}{(\mu l)^2} \tag{3-110}$$

$$\mu=\frac{\pi}{l}\sqrt{\frac{EI}{P_{cr}}} \tag{3-111}$$

首先增加屈曲荷载工况（图 3-43）。需要提醒读者注意，为使软件结果逼近理论上的精确解，还需要进行以下操作：

（1）因自重也属于恒载，为了剔除自重对柱临界力的影响，需将钢材密度设置为 0。

（2）欧拉公式的两个基本假定，即：仅考虑弯曲变形，三角（正弦或余弦）函数的挠曲线。

默认情况下，SAP2000 中的框架单元均为铁木辛柯（Timoshenko）梁，根据剪切刚度计算剪切变形；欧拉公式则假定剪切变形为零。为了实现欧拉公式"仅考虑弯曲变形"的假定，我们可以对框架对象或框架截面指定属性修正系数，将沿 2 轴和 3 轴的剪切面积的修正系数设置为零即可。

另外，SAP2000 中框架单元的插值函数为三次函数，而欧拉公式采用三角（正弦/余弦）函数的挠曲线。因此，单个框架单元的变形曲线无法精确拟合欧拉公式采用的挠曲线。所以我们需要对框架对象进行适当的剖分（本算例将构件自动剖分选项最少剖分数量

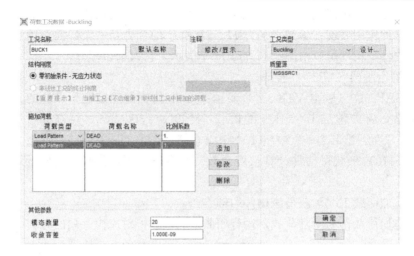

图 3-43 增加屈曲荷载工况

指定为 10)，则可以无限逼近理论上的精确解。

（3）忽略结构平面外失稳：在［分析选项］对话框中点击［平面框架-XZ 平面］按钮，快速选择有效自由度 UX、UZ 和 RY。

（4）忽略杆件轴向变形：对构件进行属性修正，横截面面积放大 10000 倍。

屈曲分析的前三阶结果见图 3-44，第一阶屈曲因子为 2768.58986。在 $W=1$kN 荷载下，右柱轴力 $N=0.5$kN。临界力为：

$$P_{cr}=N\lambda=0.5\times2768.58986=1384.29493\text{kN}$$

计算长度系数为：

$$\mu=\frac{\pi}{l}\sqrt{\frac{EI}{P_{cr}}}=\frac{3.14}{3000}\times\sqrt{\frac{200000\times45853333}{1384.29493\times10^3}}=2.69$$

与理论上的精确解完全一致。

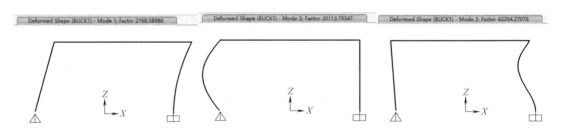

图 3-44 荷载在跨中时屈曲分析的前三阶结果

如果将集中荷载 $W=1$kN 移至右柱顶（图 3-42b），屈曲分析的前三阶结果见图 3-45，第一阶屈曲因子为 2514.19247。在 $W=1$kN 荷载下，右柱轴力 $N=1$kN。临界力为：

$$P_{cr}=N\lambda=1\times2514.19247=2514.19247\text{kN}$$

计算长度系数为：

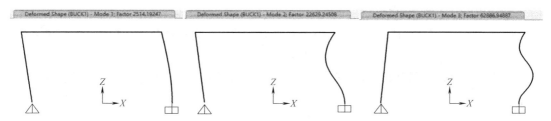

图 3-45 荷载在右柱柱顶时屈曲分析的前三阶结果

$$\mu = \frac{\pi}{l}\sqrt{\frac{EI}{P_{cr}}} = \frac{3.14}{3000} \times \sqrt{\frac{200000 \times 45853333}{2514.19247 \times 10^3}} = 2.0$$

与悬臂柱理论上的精确解完全一致。

六、P-δ 效应计算

柱子本身的挠曲产生的二阶效应，又称为挠曲二阶效应。柱子受压会产生如图 3-46 所示的挠曲，其中柱子跨中的挠曲最大，为 δ，结构竖向力 P 会在杆件跨中产生一个附加弯矩 $M = P\delta$，由于这个附加弯矩的存在，更进一步增大了柱子的挠曲 δ。这种效应就称为 P-δ 效应。结构的 P-δ 效应是几何非线性问题，需要通过非线性分析来求解。

《钢结构设计标准》GB 50017—2017 第 5.1.2 条条文说明指出：二阶效应是稳定性的根源，一阶分析采用计算长度法时，这些效应在设计阶段考虑；而二阶弹性 P-Δ 分析法在结构分析中仅考虑了 P-Δ 效应，应在设计阶段附加考虑 P-δ 效应；直接分析则将这些效应直接在结构分析中进行考虑，故设计阶段不再考虑二阶效应。

下面以 SAP2000（版本 V21.2.0）的一个算例，介绍直接分析设计法如何在分析阶段考虑 P-δ 效应。如图 3-47 所示，两根钢柱截面为箱形 $200 \times 200 \times 10 \times 100$，柱长 10m，

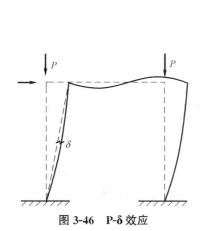

图 3-46 P-δ 效应

图 3-47 P-δ 效应 SAP2000 算例

柱下端固定铰、上端滑动铰。因柱底、柱顶 X、Y 两个方向的自由度被约束，因此柱子的 P-Δ 效应不存在，仅存在 P-δ 效应。为了凸显 P-δ 效应，两柱柱顶均施加较大的竖直向下的力 $P=500$kN，柱跨中均施加较小的水平向右的力 $H=1$kN。

定义线性和非线性两种荷载工况（图 3-48），非线性工况定义时在几何非线性中勾选"P-Delta"。

(a) 线性工况

(b) 非线性工况

图 3-48　SAP2000 荷载工况定义

《钢结构设计标准》GB 50017—2017 第 5.5.3 条条文说明指出：除非有充分依据证明一根构件能可靠地由一个单元所模拟（如只受拉支撑），一般构件划分单元数不宜小于 4。构件的几何缺陷和残余应力应能在所划分的单元里考虑到。为了对比，将左边柱不进行自动剖分，右边柱将构件自动剖分选项最少剖分数量指定为 4。

钢柱弯矩见图 3-49。由图 3-49（a）可以看出，仅考虑线性组合，不管钢柱是否进行自动剖分，钢柱弯矩均为 $PL/4=2.5\mathrm{kN\cdot m}$。由图 3-49（b）可以看出，当考虑几何非线性及非线性组合时，结构竖向力 P 会在杆件跨中产生一个附加弯矩，由于这个附加弯矩的存在，更进一步增大了柱子的挠曲 δ，即考虑结构的 P-δ 效应。而且构件剖分数量为 4 时，钢柱弯矩值大于不剖分时的钢柱弯矩值。因此，在 SAP2000 中，结构的 P-δ 效应就是通过考虑几何非线性及非线性组合，对构件进行细分模拟单元自身挠曲变形实现的。

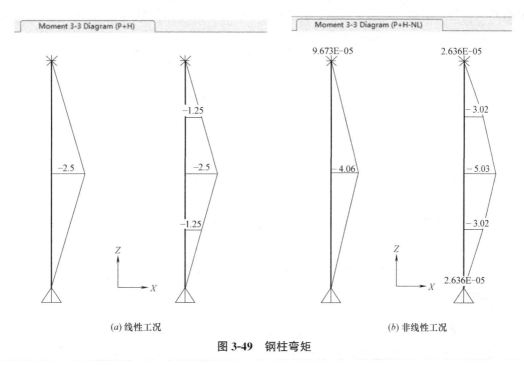

(a) 线性工况   (b) 非线性工况

图 3-49　钢柱弯矩

第四章 高层钢结构 PKPM 计算实例

本章以一个高层钢结构为例，介绍 PKPM2010（版本 V5.1）软件进行高层钢结构计算分析及构件、节点设计的全过程。结构计算分析方面，本章仅介绍小震的振型分解反应谱方法，弹性时程分析、静力弹塑性分析、动力弹塑性分析的方法见《高层钢结构设计计算实例》一书（金波编著，中国建筑工业出版社，2018 年 4 月）第三章相关内容。

第一节 工程概况及结构方案

一、工程概况

本工程为办公楼，地下 2 层，地上 33 层。建筑物一层层高 4.8m，二、三层层高 4.2m，其余楼层层高 4.0m，地上部分总高度 133.2m。

本工程的抗震设防类别为标准设防类（丙类），抗震设防烈度为 8 度（0.20g），场地类别为 II 类，设计地震分组为第二组，特征周期 $T_g = 0.4s$。该场地的基本风压为 0.60kN/m²，10 年一遇风压为 0.40kN/m²，地面粗糙度为 C 类。结构安全等级为二级。

二、结构方案

本工程的结构形式为钢框架-中心支撑结构，结构平面及立面布置如图 4-1 所示。本结构的嵌固端位于地下室顶板处，嵌固端以上部分采用纯钢结构，嵌固端以下部分，地下一层采用型钢混凝土结构，地下二层采用钢筋混凝土结构。

地上纯钢结构部分，框架柱均采用箱形截面柱，框架梁采用焊接 H 型钢，次梁采用热轧 H 型钢，支撑采用焊接 H 型钢，构件具体截面尺寸如表 4-1 所示。

钢构件截面　　　　　　　　　　　　　　　　　表 4-1

钢构件类别		截面	材质
钢梁	主钢框架梁	H650×200×12×14～H650×400×12×32	Q355C
	核心筒内钢框架梁	H400×150×8×10～H400×350×10×24	
	楼板开大洞周边钢梁	箱形 650×300×20×20	
	钢次梁	H200×100×5.5×8～H650×300×11×17	Q355B，热轧 H 型钢
钢柱	角柱	箱形 700×700×26～60	Q355GJC，Q355C
	边柱	箱形 500×700×26～60	
	核心筒内柱	箱形 500×500×20～65	
钢支撑		H280×280×14×22，H300×300×16×22， H320×320×16×24，H320×320×20×34， H320×320×20×30	Q235C，Q355C

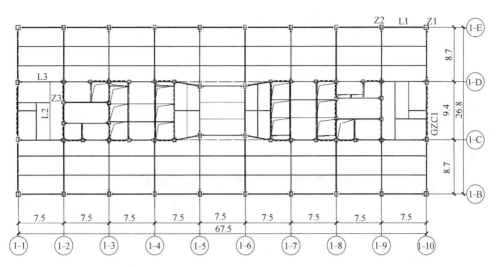

(a) 平面图

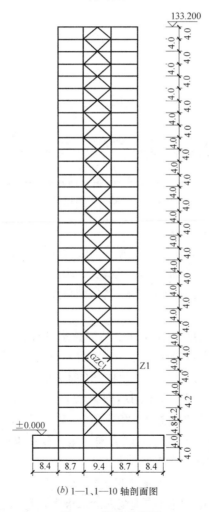

(b) 1—1、1—10 轴剖面图

图 4-1 结构示意图

第二节　PKPM 振型分解反应谱分析

一、SATWE 计算参数

本小节介绍 PKPM 软件 SATWE 模块的计算参数，仅介绍钢结构部分的相关参数，混凝土部分的相关参数不做介绍。

（一）总信息（图 4-2）

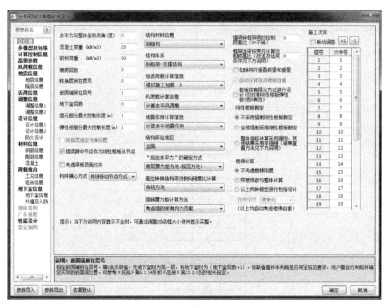

图 4-2　SATWE 总信息

1. 水平力与整体坐标夹角（°）

此参数是考虑水平力（地震作用、风荷载）的最大作用方向。

地震作用的作用方向，《建筑抗震设计规范》GB 50011—2010（2016 年版）第 5.1.1 条第 2 款规定：有斜交抗侧力构件的结构，当相交角度大于 15°时，应分别计算各抗侧力构件方向的水平地震作用。

风荷载的作用方向，《高层建筑混凝土结构技术规程》JGJ 3—2010 第 5.1.10 条规定：高层建筑结构进行风作用效应计算时，正反两个方向的风作用效应宜按两个方向的较大值采用；体型复杂的高层建筑，应考虑风向角的不利影响。

最不利地震作用方向的角度一般不用填到"水平力与整体坐标夹角"，应该填到"地震信息/斜交抗侧力构件方向附加地震数/相应角度"中，角度可以在周期、地震力与振型输出文件（WZQ. OUT）"地震作用最大的方向"里查到；也可以在"地震信息"中勾选"程序自动考虑最不利水平地震作用"。地震沿着不同的方向作用，结构地震反应的大小一般也不同，PKPM 软件用结构变形能来衡量地震反应的剧烈程度。结构变形能是地震作用方向角的函数，存在某个角度使得结构变形能取极大，那么这个方向就称为最不利地震作用方向。

如果做了风洞试验，试验提供了风向角以及风向角对应的体型系数，可以将风向角填到"水平力与整体坐标夹角"，并在后面风荷载信息里面修改体型系数。

因此，此参数一般应该填为 0。

2. 混凝土重度（kN/m³）、钢材重度（kN/m³）

混凝土重度这一参数是为了考虑混凝土梁、柱、墙等构件（不包括楼板）表面的建筑装修层。本工程中仅楼板为混凝土，无混凝土梁、柱、墙等构件，因此此参数填 25 即可。

钢材重度这一参数是为了考虑钢构件表面的防腐、防火层或外包轻质防火板，以及钢结构构件可能有的加劲肋、构件连接用节点板、拼接板、高强度螺栓等重量。钢材重度为 78kN/m³，考虑以上因素，本工程钢材重度取为 80kN/m³。

3. 地下室层数

当上部结构与地下室共同分析时，通过该参数屏蔽地下室部分的风荷载，并提供地下室外围回填土约束作用数据。本工程算例仅计算纯钢结构，因此未将地下室部分建入模型，地下室层数填 0。

4. 刚性楼板假定

很多结构工程师认为，计算位移比、周期比、层间位移角等总体指标时应采用刚性楼板假定。

位移比不需要按照刚性楼板假定来计算。《建筑抗震设计规范》GB 50011—2010（2016 年版）第 3.4.3 条、第 3.4.4 条条文说明指出：按国外的有关规定，楼盖周边两端位移不超过平均位移 2 倍的情况称为刚性楼盖，超过 2 倍则属于柔性楼盖。因此，这种"刚性楼盖"，并不是刚度无限大。计算扭转位移比时，楼盖刚度可按实际情况确定而不限于刚度无限大假定。因此计算位移比不应该采用刚性楼板假定。

周期比不需要按照刚性楼板假定来计算。《建筑结构·技术通讯》2007 年 9 月《网上热点讨论和专家答疑》一文中程懋堃指出：周期比是针对结构自身的振动特性-自振周期关系的一种限制。应该说计算假设越接近实际情况，结果越准确。关于局部振动的问题，要靠设计人自己来甄别，当然是不能考虑用来计算周期比的。

层间位移角不需要按照刚性楼板假定来计算。荣维生、王亚勇在《楼板刚、弹性计算假定对梁式转换高层建筑地震作用效应的影响》一文中指出：若楼板采用刚性膜假定能够满足多遇地震下的抗震变形验算，而采用弹性板假定未必能满足。因而，在侧向刚度较小的结构中，需按弹性板假定来进行结构抗震变形验算。文章同时指出：建议在复杂的高层建筑中，进行结构内力与位移计算时，楼板宜按弹性板考虑。

关于 SATWE 里的"全楼强制采用刚性楼板假定"选项，不管勾选或不勾选该选项，楼板刚度假设均是按刚性楼板（除非在特殊构件里面定义其他形式的楼板）。不同的是，如勾选，则全楼楼板整体按一块刚性楼板计算；如不勾选，则按开洞情况，形成分块的无限刚性楼板。所以一般开洞较大或有分塔的情况，均不能勾选该选项；如果没有开洞，则勾选或不勾选都一样。

综上所述，一般应勾选"不采用强制刚性楼板假定"。

5. 恒活荷载计算信息

（1）一次性加载：这种计算方法的主要原理是先假定结构已经完成，然后将荷载一次性加载到工程中。

（2）模拟施工 1：在实际施工中，竖向恒载是一层一层作用的，并在施工中逐层找平，下层的变形对上层基本上不产生影响，也不影响上面各层。模拟施工 1 考虑了从下往上依次施工和逐层找平因素的影响，未考虑结构地基的不均匀沉降。若结构地基无不均匀沉降，模拟施工 1 能较准确地反映结构的实际受力状态；若结构地基有不均匀沉降，上述分析结果会存在一定的误差，尤其对于框剪结构，外围框架柱受力偏小。

（3）模拟施工 2：在模拟施工 1 的基础上，近似考虑基础的不均匀沉降：1）假定基础的刚度是均匀的；2）竖向构件的轴向刚度放大 10 倍，间接减小竖向变形差。"模拟施工 2"在理论上并不严密，是一种经验上的处理方法，但这种经验上的处理会使地基有不均匀沉降的结构的分析结果更合理，能更好地反映这类结构的实际受力状态。这种处理方法仅适用于框架-剪力墙结构基础的设计。由于将竖向构件刚度放大 10 倍依据不足，工程经验又不多，故很少采用。

（4）模拟施工 3：鉴于上述模拟施工方式所存在的问题，SATWE 在原来的基础上增加了模拟施工 3 的计算方法。该方法的主要特点是能够比较真实地模拟结构竖向荷载的加载过程，即分层计算各层刚度后，再分层施加竖向荷载。采用这种方法计算出来的结果更符合工程实际。模拟施工 3 还能改善框架-剪力墙结构传给基础荷载的合理性。模拟施工 3 的缺点就是计算工作量大。

综上所述：对于一般的多层结构，可以选择"一次性加载"；对于高层结构，均可以选择"模拟施工 3"。本工程采用"模拟施工 3"。

6. 结构材料信息、结构体系

结构材料信息填写"钢结构"，结构体系填写"钢框架-支撑"结构。

（二）风荷载信息（图 4-3）

图 4-3 SATWE 风荷载信息

1. 地面粗糙度类别

根据《建筑结构荷载规范》GB 50009—2012 第 8.2.1 条：地面粗糙度可分为 A、B、

C、D四类：A类指近海海面和海岛、海岸、湖岸及沙漠地区；B类指田野、乡村、丛林、丘陵以及房屋比较稀疏的乡镇；C类指有密集建筑群的城市市区；D类指有密集建筑群且房屋较高的城市市区。

本工程位于有密集建筑群的城市市区，地面粗糙度类别应为C类。

2. 承载力设计时风荷载效应放大系数

《高层民用建筑钢结构技术规程》JGJ 99—2015第5.2.4条规定：对风荷载比较敏感的高层民用建筑，承载力设计时应按基本风压的1.1倍采用。其条文说明指出：对风荷载是否敏感，主要与高层民用建筑的体型、结构体系和自振特性有关，目前尚无实用的划分标准。一般情况高度大于60m的高层民用建筑，承载力设计时风荷载计算可按基本风压的1.1倍采用；对于房屋高度不超过60m的高层民用建筑，风荷载取值是否提高，可由设计人员根据实际情况确定。

本工程房屋高度为133.2m，大于60m，承载力设计时风荷载计算按基本风压的1.1倍采用。需要说明的是，仅承载力设计时风荷载计算按基本风压的1.1倍采用；层间位移角计算时，风荷载仍然取基本风压。

3. 结构基本周期

《建筑结构荷载规范》GB 50009—2012第8.4.3条、第8.4.4条规定：计算风振系数β_z时，需要计算脉动风荷载的共振分量因子R（$\beta_z = 1 + 2gI_{10}B_z\sqrt{1+R^2}$），而脉动风荷载的共振分量因子$R$需要计算结构第1阶自振频率$f_1$（$\beta_z = 1 + 2gI_{10}B_z\sqrt{1+R^2}$，$x_1 = \dfrac{30f_1}{\sqrt{k_w w_0}}$，$x_1 > 5$）。SATWE根据简化公式对结构基本周期赋初值，用户需要在完成SATWE计算之后，将X、Y向结构基本周期回填在此处，以得到准确的风荷载。

需要特别提醒读者注意的是，风振系数大小与结构自振周期直接相关。因此在填写风荷载相关信息的时候，应该将结构自振周期真实填写，以便得到真实的风振系数。以B类地面粗糙度、基本风压$0.35kN/m^2$高层钢结构为例，研究脉动风荷载的共振分量因子R与结构自振周期之间的关系，具体结果见图4-4。由图4-4可以看出，随着自振周期的增大，脉动风荷载的共振分量因子R也随之增大。由公式$\beta_z = 1 + 2gI_{10}B_z\sqrt{1+R^2}$可知，随着脉动风荷载的共振分量因子$R$的增大，风振系数$\beta_z$也会增大。

有些工程，在计算风荷载的时候，填写的结构自振周期小于结构计算书中输出的结构自振周期，这样会导致风振系数算小，从而将风荷载标准值算小。

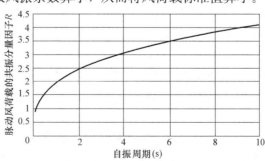

图4-4　脉动风荷载的共振分量因子R与结构自振周期之间的关系

4. 风荷载作用下结构的阻尼比

《建筑结构荷载规范》GB 50009—2012 第 8.4.4 条计算脉动风荷载的共振分量因子 R 的公式中规定结构阻尼比 ζ_1，对钢结构可取 0.01，对有填充墙的钢结构房屋可取 0.02。对于无填充墙的钢结构，其结构的阻尼比小，脉动风荷载的共振分量因子大，计算出来的风荷载标准值大。规范中"有填充墙的钢结构"，此处的填充墙是指可以提供侧向刚度的填充墙。一般的钢结构隔墙均为轻质墙板，不参与刚度计算，因此对于此类钢结构都应该将风荷载作用下结构的阻尼比填为 0.01，以免将风荷载计算小了，这点对于超高层钢结构尤其重要。

5. 考虑顺风向风振影响

《高层民用建筑钢结构技术规程》JGJ 99—2015 第 5.2.2 条规定：对于房屋高度大于 30m 且高宽比大于 1.5 的房屋，应考虑风压脉动对结构产生顺风向振动的影响。因此本项目需要考虑顺风向风振影响。

6. 考虑横风向风振、扭转风振影响

《建筑结构荷载规范》GB 50009—2012 第 8.5.1 条条文说明：一般而言，建筑高度超过 150m 或高宽比大于 5 的高层建筑可出现较为明显的横风向风振效应，并且效应随着建筑高度或建筑高宽比增加而增加。第 8.5.4 条、第 8.5.5 条条文说明：建筑高度超过 150m，同时满足 $H/\sqrt{BD} \geqslant 3$、$D/B \geqslant 1.5$、$T_{T1}v_H/\sqrt{BD} \geqslant 0.4$ 的高层建筑，扭转风振效应明显，宜考虑扭转风振的影响。

本工程房屋高度 133.2m<150m，房屋高宽比 133.2/26.8＝4.97<5，因此横风向风振、扭转风振均不用考虑。

7. 用于舒适度验算的风压

《高层民用建筑钢结构技术规程》JGJ 99—2015 第 3.5.5 条规定：房屋高度不小于 150m 的高层钢结构应满足风振舒适度要求。在现行国家标准《建筑结构荷载规范》GB 50009—2012 规定的 10 年一遇的风荷载标准值作用下，结构顶点的顺风向和横风向振动最大加速度计算值不应大于《高层民用建筑钢结构技术规程》JGJ 99—2015 表 3.5.5 的限值。

因此用于舒适度验算的风压取 10 年一遇风压值，为 0.40kN/m^2。

8. 用于舒适度验算的结构阻尼比

《高层民用建筑钢结构技术规程》JGJ 99—2015 第 3.5.5 条条文说明：计算舒适度时结构阻尼比的取值影响较大，一般情况下，对房屋高度小于 100m 的钢结构阻尼比取 0.015，对房屋高度大于 100m 的钢结构阻尼比取 0.01。

本工程房屋高度 133.2m>100m，因此用于舒适度验算的结构阻尼比取为 0.01。

9. 体型系数

《高层民用建筑钢结构技术规程》JGJ 99—2015 第 5.2.5 条规定了风荷载体型系数 μ_s 的取值，高宽比 H/B 不大于 4 的平面为矩形、方形和十字形的建筑可取 1.3；下列建筑可取 1.4：

（1）平面为 V 形、Y 形、弧形、双十字形和井字形的建筑；

（2）平面为 L 形和槽形及高宽比 H/B 大于 4 的平面为十字形的建筑；

（3）高宽比 H/B 大于 4、长宽比 L/B 不大于 1.5 的平面为矩形和鼓形的建筑。

本工程高宽比 $H/B=133.2/26.8=4.97>4$ 、长宽比 $L/B=67.5/26.8=2.52>1.5$ ，不符合上述条件。风荷载体型系数可以按照《高层建筑混凝土结构技术规程》JGJ 3—2010 附录 B 进行计算。本工程体型系数计算如下：

$$X \text{ 方向体型系数 } \mu_s=0.80+\left(0.48+0.03 \frac{H}{B}\right)=0.80+\left(0.48+0.03 \times \frac{133.2}{26.8}\right)=1.43;$$

$$Y \text{ 方向体型系数 } \mu_s=0.80+\left(0.48+0.03 \frac{H}{B}\right)=0.80+\left(0.48+0.03 \times \frac{133.2}{67.5}\right)=1.34。$$

（三）地震信息（图 4-5）

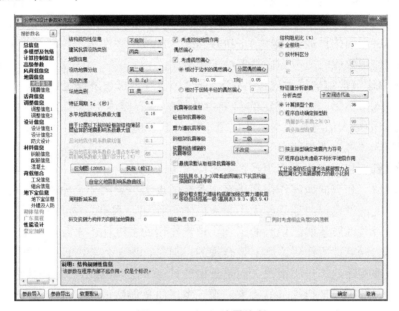

图 4-5　SATWE 地震信息

1. 周期折减系数

《高层民用建筑钢结构技术规程》JGJ 99—2015 第 6.1.6 条规定：当非承重墙体为填充轻质砌块、填充轻质墙板或外挂墙板时，自振周期折减系数可取 0.9～1.0。

考虑周期折减的原因是因为实际建筑物自振周期短于计算周期，为不使地震作用偏小，所以要考虑周期折减。

在汶川地震中，有很多由于填充墙引起的结构和填充墙本身的震害。如何选择填充墙材料、如何做好填充墙与主体结构的连接构造，是这次大地震给规范制定者和设计者提出的问题。有专家质疑周期折减系数这一方法的科学性，认为在一栋房子不同的地方设置填充墙而统一采用一个周期折减系数不科学，应该将填充墙真实输入整体模型里面，真实考虑填充墙对整体结构的真实影响。这一质疑的想法是好的，但是对于规范制定者和软件编制者，还需要一段时间的探索过程。

本工程周期折减系数取 0.9。

2. 考虑双向地震作用

《建筑抗震设计规范》GB 50011—2010（2016 年版）第 5.1.1 条规定：质量和刚度分布明显不对称的结构，应计入双向水平地震作用下的扭转影响；其他情况，应允许采用调整地震作用效应的方法计入扭转影响。

《高层民用建筑钢结构技术规程》JGJ 99—2015 第 5.3.1 条规定：扭转特别不规则的结构，应计入双向水平地震作用下的扭转影响；其他情况，应计算单向水平地震作用下的扭转影响；质量与刚度分布明显不对称、不均匀的结构，应计算双向水平地震作用下的扭转影响。

本工程勾选"考虑双向地震作用"。

3. 考虑偶然偏心

《高层民用建筑钢结构技术规程》JGJ 99—2015 第 5.3.7 条规定：多遇地震下计算双向水平地震作用效应时可不考虑偶然偏心的影响，但应验算单向水平地震作用下考虑偶然偏心影响的楼层竖向构件最大弹性水平位移与最大和最小弹性水平位移平均值之比；计算单向水平地震作用效应时应考虑偶然偏心的影响。

《高层民用建筑钢结构技术规程》JGJ 99—2015 第 3.3.3 条规定：扭转不规则或偏心布置时，应计入扭转影响，在规定的水平力及偶然偏心作用下，楼层两端弹性水平位移（或层间位移）的最大值与其平均值的比值不宜大于 1.5。

本工程勾选"考虑偶然偏心"。

质量偶然偏心和双向地震作用是否需要同时考虑呢？

质量偶然偏心和双向地震作用都是客观存在的事实，是两个完全不同的概念。在地震作用计算时，无论考虑单向地震作用还是双向地震作用，都有结构质量偶然偏心的问题；反之，不论是否考虑质量偶然偏心的影响，地震作用的多维性本来都应考虑。显然，同时考虑二者的影响计算地震作用原则上是合理的。但是，鉴于目前考虑二者影响的计算方法并不能完全反映实际地震作用情况，而是近似的计算方法，因此，二者何时分别考虑以及是否同时考虑，取决于现行规范的要求。至于考虑质量偶然偏心和考虑双向地震作用计算的地震作用效应谁更为不利，会随着具体工程而不同，或随着同一工程的不同部位（不同构件）而不同，不能一概而论。因此，考虑二者的不利情况进行结构设计，显然是可取的。

一般结构，"考虑偶然偏心""考虑双向地震作用"同时勾选，程序按规范要求分开计算，取不利结果，不进行叠加。

4. 偶然偏心值

《高层民用建筑钢结构技术规程》JGJ 99—2015 第 5.3.7 条规定：每层质心沿垂直于地震作用方向的偏移值可按下列公式计算：

$$方形及矩形平面 \qquad e_i = \pm 0.05 L_i \qquad\qquad (4-1)$$

$$其他形式平面 \qquad e_i = \pm 0.172 r_i \qquad\qquad (4-2)$$

式中　e_i——第 i 层质心偏移值（m），各楼层质心偏移方向相同；

　　　r_i——第 i 层相应质点所在楼层平面的转动半径（m）；

　　　L_i——第 i 层垂直于地震作用方向的建筑物长度（m）。

本工程平面形状为矩形，因此偏心值取为 $e_i = \pm 0.05 L_i$。

5. 钢框架抗震等级

《建筑抗震设计规范》GB 50011—2010（2016 年版）第 8.1.3 条规定：钢结构房屋应根据设防分类、烈度和房屋高度采用不同的抗震等级，并应符合相应的计算和构造措施要求。丙类建筑的抗震等级应按表4-2确定。

钢结构房屋的抗震等级

表4-2

房屋高度	烈度			
	6	7	8	9
≤50m		四	三	二
>50m	四	三	二	一

注：1. 高度接近或等于高度分界时，应允许结合房屋不规则程度和场地、地基条件确定抗震等级；

　　2. 一般情况，构件的抗震等级应与结构相同；当某个部位各构件的承载力均满足2倍地震作用组合下的内力要求时，7～9度的构件抗震等级应允许按降低一度确定。

本工程抗震设防烈度为8度，抗震设防类别为标准设防类（丙类），房屋高度大于50m，因此钢框架抗震等级应为二级。

6. 抗震构造措施的抗震等级

《建筑抗震设计规范》GB 50011—2010（2016年版）第3.3.2条规定：建筑场地为Ⅰ类时，对甲、乙类的建筑应允许仍按本地区抗震设防烈度的要求采取抗震构造措施；对丙类的建筑应允许按本地区抗震设防烈度降低一度的要求采取抗震构造措施，但抗震设防烈度为6度时仍应按本地区抗震设防烈度的要求采取抗震构造措施。对Ⅰ类场地，仅降低抗震构造措施，不降低抗震措施中的其他要求，如按概念设计要求的内力调整措施。

《建筑抗震设计规范》GB 50011—2010（2016年版）第3.3.3条规定：建筑场地为Ⅲ、Ⅳ类时，对设计基本地震加速度为0.15g和0.30g的地区，除本规范另有规定外，宜分别按抗震设防烈度8度（0.20g）和9度（0.40g）时各抗震设防类别建筑的要求采取抗震构造措施。需要注意的是仅提高抗震构造措施，不提高抗震措施中的其他要求，如按概念设计要求的内力调整措施。

具体到钢结构房屋来说，计算仍执行《建筑抗震设计规范》GB 50011—2010（2016年版）第8.2节（计算要点）的规定，但是抗震构造措施比《建筑抗震设计规范》GB 50011—2010（2016年版）第8.3节（钢框架结构的抗震构造措施）、第8.4节（钢框架-中心支撑结构的抗震构造措施）、第8.5节（钢框架-偏心支撑结构的抗震构造措施）的规定降低或提高一级。

本工程场地类别为Ⅱ类，不需要降低或提高抗震构造措施。

7. 结构阻尼比

《高层民用建筑钢结构技术规程》JGJ 99—2015第5.4.6条规定：高层民用建筑钢结构抗震计算时的阻尼比取值宜符合下列规定：

（1）多遇地震下的计算：高度不大于50m可取0.04；高度大于50m且小于200m可取0.03；高度不小于200m时宜取0.02；

（2）当偏心支撑框架部分承担的地震倾覆力矩大于地震总倾覆力矩的50%时，多遇地震下的阻尼比可比本条1款相应增加0.005；

（3）在罕遇地震作用下的弹塑性分析，阻尼比可取0.05。

本工程房屋高度133.2m，且采用中心支撑，阻尼比取为0.03。

8. 特征值分析参数

特征值分析类型分为两种：子空间迭代法和多重里兹向量法。程序默认采用子空间迭代法，可满足大多数常规结构的计算需求。多重里兹向量法可以用较少的计算振型数即可满足有效质量参与系数的要求。对于大跨空间结构、多塔结构的地震作用计算，特别是竖向地震作用计算，当有效质量参与系数难以达到90%时，建议采用多重里兹向量法。

本工程采用程序默认的子空间迭代法。

（四）活荷载信息（图4-6）

1. 柱墙设计时活荷载、传给基础的活荷载是否折减

《建筑结构荷载规范》GB 50009—2012 第 5.1.2 条规定：住宅、宿舍、旅馆、办公楼、医院病房、托儿所、幼儿园楼面活荷载标准值的折减系数取值不应小于表4-3中规定。

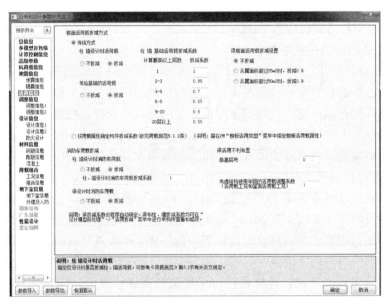

图 4-6　SATWE 活荷载信息

活荷载按楼层的折减系数　　　　　　　　　表 4-3

墙、柱、基础计算截面以上的层数	1	2～3	4～5	6～8	9～20	＞20
计算截面以上各楼层活荷载总和的折减系数	1.00 (0.90)	0.85	0.70	0.65	0.60	0.55

注：当楼面梁的从属面积超过 25m² 时，应采用括号内的系数。

作用在楼面上的活荷载，不可能以标准值的大小同时布满在所有的楼面上，因此在设计梁、墙、柱和基础时，还要考虑实际荷载沿楼面分布的变异情况，也即在确定梁、墙、柱和基础的荷载标准值时，允许按楼面活荷载标准值乘以折减系数。

本工程为办公楼，柱墙设计时活荷载、传给基础的活荷载勾选"折减"。

2. 梁活荷载不利布置

《高层民用建筑钢结构技术规程》JGJ 99—2015 第 5.1.2 条规定：计算构件内力时，楼面及屋面活荷载可取为各跨满载，楼面活荷载大于 4kN/m² 时宜考虑楼面活荷载的不利布置。高层民用建筑中活荷载与永久荷载相比是不大的，不考虑活荷载不利分布可简化计算。但楼面活荷载大于 $4kN/m^2$ 时，需要考虑楼面活荷载的不利布置。

本工程为办公楼，楼面活荷载大多为 $2kN/m^2$，不需要考虑楼面活荷载的不利布置。

（五）调整信息（图 4-7）

1. 梁活荷载内力放大系数

梁活荷载内力放大系数用于考虑活荷载不利布置对梁内力的影响。因本工程不需要考虑楼面活荷载的不利布置，所以梁活荷载内力放大系数取为 1.0。

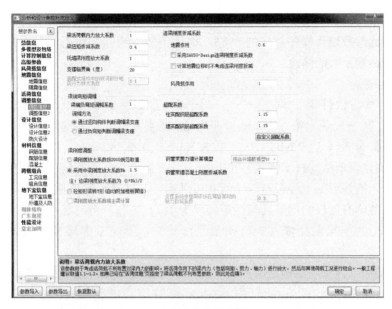

(a) SATWE调整信息1

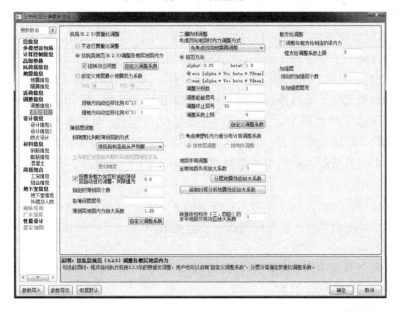

(b) SATWE调整信息2

图 4-7　SATWE 调整信息

2. 梁端负弯矩调幅系数

《高层建筑混凝土结构技术规程》JGJ 3—2010 第 5.2.3 条规定：在竖向荷载作用下，可考虑框架梁端塑性变形内力重分布对梁端负弯矩乘以调幅系数进行调幅，现浇框架梁端负弯矩调幅系数可取为 0.8～0.9。考虑框架梁端负弯矩调幅的主要原因是，在竖向荷载作用下，框架梁端负弯矩往往较大，配筋困难，不便于施工和保证施工质量。因此允许考虑塑性变形内力重分布对梁端负弯矩进行适当调幅。因此梁端负弯矩调幅系数是针对混凝土结构来设置的。

本工程为钢结构，梁端负弯矩调幅系数取为 1.0。需要说明的是，程序内定钢梁为不调幅梁，即使此参数填为程序默认的 0.85，钢梁仍然不调幅，而不需要在特殊构件中单独对钢梁进行调幅系数的修改。

3. 梁刚度调整

梁刚度调整，软件提供两种方式：第一种是按照《混凝土结构设计规范》GB 50010—2010（2015 年版）第 5.2.4 条梁刚度增大系数法；第二种是由工程师自己指定中梁刚度放大系数为 B_k，边梁刚度放大系数为 $(1+B_k)/2$。

《高层民用建筑钢结构技术规程》JGJ 99—2015 第 6.1.3 条规定：高层民用建筑钢结构弹性计算时，钢筋混凝土楼板与钢梁间有可靠连接，可计入钢筋混凝土楼板对钢梁刚度的增大作用，两侧有楼板的钢梁其惯性矩可取为 $1.5I_b$，仅一侧有楼板的钢梁其惯性矩可取为 $1.2I_b$。I_b 为钢梁截面惯性矩。弹塑性计算时，不应考虑楼板对钢梁惯性矩的增大作用。

《高层钢结构设计计算实例》第三章"钢梁刚度放大系数讨论"小节中，详细分析了梁刚度放大系数的计算。

本工程为方便，将中梁刚度放大系数取为 1.5，边梁刚度放大系数为 $(1+1.5)/2=1.25$。

4. 剪重比调整

《建筑抗震设计规范》GB 50011—2010（2016 年版）第 5.2.5 条条文说明：当结构底部的总地震剪力略小于本条规定而中、上部楼层均满足最小值时，可采用下列方法调整：若结构基本周期位于设计反应谱的加速度控制段时，则各楼层均需乘以同样大小的增大系数；若结构基本周期位于设计反应谱的位移控制段时，则各楼层 i 均需按底部的剪力系数的差值 $\Delta\lambda_0$ 增加该层的地震剪力——$\Delta F_{Eki}=\Delta\lambda_0 G_{Ei}$；若结构基本周期位于设计反应谱的速度控制段时，则增加值应大于 $\Delta\lambda_0 G_{Ei}$，顶部增加值可取动位移作用和加速度作用二者的平均值，中间各层的增加值可近似按线性分布。加速度控制段、速度控制段、位移控制段见图 4-8。

软件以"动位移比例"这个参数对应加速度控制段、速度控制段、位移控制段。加速度控制段，动位移比例为 0；速度控制段，动位移比例为 0.5；位移控制段，动位移比例为 1。

本工程前两个周期均为平动周期，且周期均大于 $5T_g=5\times0.4=2s$，位于位移控制段，因此强、弱轴动位移比例均为 1。

5. 按刚度比判断薄弱层的方式

根据《建筑抗震设计规范》GB 50011—2010（2016 年版）第 3.4.3 条、第 3.4.4 条条文说明，沿竖向的侧向刚度不规则定义为有软弱层，沿竖向受剪承载力突变定义为薄弱

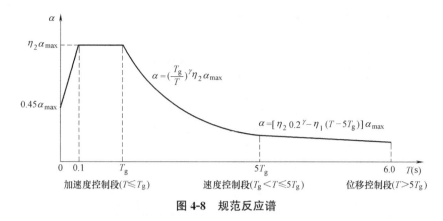

图 4-8　规范反应谱

层，见图 4-9。为了方便，《高层建筑混凝土结构技术规程》JGJ 3—2010 把软弱层、薄弱层以及竖向抗侧力构件不连续的楼层统称为结构薄弱层。因此软件也按照《高层建筑混凝土结构技术规程》JGJ 3—2010，将软弱层、薄弱层以及竖向抗侧力构件不连续的楼层统称为结构薄弱层。

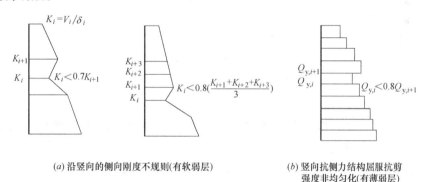

图 4-9　竖向不规则

对于剪切变形为主的框架结构刚度比规定，《建筑抗震设计规范》GB 50011—2010（2016 年版）、《高层民用建筑钢结构技术规程》JGJ 99—2015 两本规范完全一致。但是对于钢框架-支撑结构、钢框架-延性墙板结构、钢结构筒体结构和巨型钢框架结构，《高层民用建筑钢结构技术规程》JGJ 99—2015 考虑了层高修正，使得刚度比更加容易满足要求。对于钢框架-支撑结构、钢框架-延性墙板结构、钢结构筒体结构和巨型钢框架结构，笔者认为在判断刚度比时，应该综合《建筑抗震设计规范》GB 50011—2010（2016 年版）、《高层民用建筑钢结构技术规程》JGJ 99—2015 两本规范从严，毕竟《高层民用建筑钢结构技术规程》JGJ 99—2015 对刚度比的规定缺乏试验和理论分析，仅参照了《高层建筑混凝土结构技术规程》JGJ 3—2010 的相关规定（详见《高层钢结构设计计算实例》第三章"高层钢结构的刚度比"小节）。

本工程刚度比的判断方式选择"抗规和高规从严"。

6. 受剪承载力突变形成的薄弱层自动进行调整的限值为

《建筑抗震设计规范》GB 50011—2010（2016 年版）表 3.4.3-2、《高层民用建筑钢结构技术规程》JGJ 99—2015 表 3.3.2-2 将抗侧力结构的层间受剪承载力小于相邻上一楼层的 80% 定义为楼层承载力突变，即我们常说的薄弱层，列为竖向不规则的类型，见表 4-4。

竖向不规则的主要类型

表 4-4

不规则类型	定义和参考指标
侧向刚度不规则	该层的侧向刚度小于相邻上一层的 70%，或小于其上相邻三个楼层侧向刚度平均值的 80%；除顶层或出屋面小建筑外，局部收进的水平向尺寸大于相邻下一层的 25%
竖向抗侧力构件不连续	竖向抗侧力构件(柱、抗震墙、抗震支撑)的内力由水平转换构件(梁、桁架等)向下传递
楼层承载力突变	抗侧力结构的层间受剪承载力小于相邻上一楼层的 80%

因此，"受剪承载力突变形成的薄弱层自动进行调整，其限值为"应该填为 0.8。

7. 薄弱层地震内力放大系数

《建筑抗震设计规范》GB 50011—2010（2016 年版）第 3.4.4 条第 2 款规定：平面规则而竖向不规则的建筑，应采用空间结构计算模型，刚度小的楼层的地震剪力应乘以不小于 1.15 的增大系数。

《高层民用建筑钢结构技术规程》JGJ 99—2015 第 3.3.3 条第 2 款规定：平面规则而竖向不规则的高层民用建筑，应采用空间结构计算模型，侧向刚度不规则、竖向抗侧力构件不连续、楼层承载力突变的楼层，其对应于地震作用标准值的剪力应乘以不小于 1.15 的增大系数。

因此，填写"薄弱层地震内力放大系数"后，软件将对软弱层（侧向刚度突变层）、薄弱层（受剪承载力突变层）以及竖向抗侧力构件不连续的楼层进行地震内力放大。

唐曹明等指出：对于刚度比不满足限制条件的楼层，地震剪力取 1.15 的放大系数，但其数值偏小，宜适当提高，建议取为 1.25。因此《高层建筑混凝土结构技术规程》JGJ 3—2010 第 3.5.8 条规定侧向刚度变化、承载力变化、竖向抗侧力构件不连续楼层，其对应于地震作用标准值的剪力应乘以 1.25 的增大系数。第 3.5.8 条条文说明也指出：结构薄弱层在地震作用标准值作用下的剪力应适当增大，增大系数由 02 规程的 1.15 调整为 1.25，适当提高安全度要求。

因此，笔者认为应该参照《高层建筑混凝土结构技术规程》JGJ 3—2010 的规定，将薄弱层地震内力放大系数填为 1.25。

8. 全楼地震作用放大系数

当结构需要进行弹性时程分析时，需要对弹性时程分析结果与振型分解反应谱法结果取包络，可以采用放大全楼地震作用的方法。通过"读取时程分析地震效应放大系数"按钮，可以自动将弹性时程分析结果导入分层地震效应放大系数列表。

根据《高层钢结构设计计算实例》一书表 3-16，8 度 II 类场地，房屋高度大于 100m，需要进行弹性时程分析。弹性时程分析过程从略，具体方法读者可以参照《高层钢结构设计计算实例》一书第三章中弹性时程分析方法实例。

对本工程选用 5 条天然波、2 条人工波进行弹性时程分析，7 条波的平均值与振型分解反应谱法比较，各层地震作用放大系数见表 4-5。

各层地震作用放大系数 表 4-5

层号	X 向地震力放大系数	Y 向地震力放大系数
1	1.004	1.029
2	1.002	1.031
3	1.000	1.037
4	1.000	1.047
5	1.000	1.056
6	1.000	1.057
7	1.000	1.051
8	1.000	1.040
9	1.000	1.025
10	1.000	1.007
11	1.000	1.000
12	1.000	1.000
13	1.000	1.000
14	1.000	1.000
15	1.000	1.000
16	1.000	1.000
17	1.000	1.014
18	1.032	1.040
19	1.057	1.062
20	1.078	1.079
21	1.091	1.086
22	1.112	1.095
23	1.138	1.104
24	1.158	1.118
25	1.185	1.137
26	1.215	1.150
27	1.233	1.154
28	1.241	1.147
29	1.237	1.125
30	1.223	1.098
31	1.210	1.087
32	1.200	1.071
33	1.186	1.071

（六）设计信息（图 4-10）

（a）SATWE设计信息1

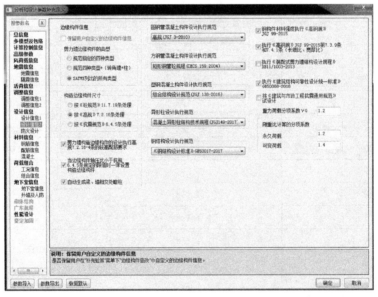

（b）SATWE设计信息2

图 4-10 SATWE 设计信息

1. 结构重要性系数

《高层民用建筑钢结构技术规程》JGJ 99—2015 第 3.6.1 条规定：高层民用建筑钢结构构件的承载力应按下列公式验算：

持久设计状况、短暂设计状况　　　　$\gamma_0 S_d \leqslant R_d$ （4-3）

地震设计状况　　　　　　　　　　　$S_d \leqslant R_d / \gamma_{RE}$ （4-4）

式中　γ_0——结构重要性系数，对安全等级为一级的结构构件不应小于 1.1，对安全等级
　　　　　　为二级的结构构件不应小于 1.0；

　　　S_d——作用组合的效应设计值；

　　　R_d——构件承载力设计值；

　　　γ_{RE}——构件承载力抗震调整系数。结构构件和连接强度计算时取 0.75；柱和支撑
　　　　　　稳定计算时取 0.8；当仅计算竖向地震作用时取 1.0。

本工程安全等级为二级，结构重要性系数取 1.0。

2. 钢构件截面净毛面积比

该参数与钢梁、钢柱等钢构件的强度验算有关。具体可参见本书公式（1-1）、公式（1-3）、公式（1-27），钢梁、钢柱强度验算公式中均采用净截面面积（非毛截面面积）、净截面模量（非毛截面模量）。该参数直接影响钢构件的强度应力比。

为了便于和手算结果进行对比，本书将此参数填为 1.0。实际工程中，读者可以根据需要，将此参数填为 0.85～0.95。

3. 钢柱计算长度系数、一、二阶弹性设计方法、二阶效应计算方法、整体缺陷倾角

（1）一、二阶弹性设计方法

《钢结构设计标准》GB 50017—2017 第 5.1.6 条规定：当 $\theta_{i,\max}^{\mathrm{II}} \leqslant 0.1$ 时，可采用一阶弹性分析；当 $0.1 < \theta_{i,\max}^{\mathrm{II}} \leqslant 0.25$ 时，宜采用二阶 P-Δ 弹性分析或采用直接分析；当 $\theta_{i,\max}^{\mathrm{II}} > 0.25$ 时，应增大结构的侧移刚度或采用直接分析。SATWE 根据公式 $\theta_i^{\mathrm{II}} = \dfrac{\sum N_i \cdot \Delta u_i}{\sum H_{ki} \cdot h_i}$ 输出框架结构的二阶效应系数，但是对于框架-支撑结构，用"0.14/刚重比"的方法输出二阶效应系数。第三章已经阐述，规范刚重比的计算方法有局限性。因此，对于框架-支撑结构，建议对结构进行屈曲分析，采用公式 $\theta_i^{\mathrm{II}} = \dfrac{1}{\eta_{cr}}$ 计算二阶效应系数（η_{cr} 为整体结构最低阶弹性临界屈曲荷载与设计荷载的比值）。

采用 ETABS2016（版本 16.0.2Ultimate）进行屈曲分析（分析方法见本书第三章第三节内容），ETABS 屈曲分析输出的屈曲因子见表 4-6（计算 20 个屈曲模态）。

ETABS 屈曲分析输出的屈曲因子

表 4-6

工况	模态	屈曲因子
BUCKLING	1	14.354
BUCKLING	2	19.009
BUCKLING	3	19.797
BUCKLING	4	21.982
BUCKLING	5	24.304
BUCKLING	6	27.717
BUCKLING	7	30.530
BUCKLING	8	32.992
BUCKLING	9	33.805
BUCKLING	10	35.490

工况	模态	屈曲因子
BUCKLING	11	37.989
BUCKLING	12	38.102
BUCKLING	13	40.379
BUCKLING	14	40.780
BUCKLING	15	42.523
BUCKLING	16	44.501
BUCKLING	17	44.589
BUCKLING	18	45.342
BUCKLING	19	46.667
BUCKLING	20	46.877

通过查看屈曲模态，前两阶屈曲模态分别对应 Y 向平动、X 向平动模态。由表 4-6 可知，前两阶屈曲模态的屈曲因子分别为 14.354、19.009，因此 Y 向、X 向二阶效应系数分别为 $\theta_{iy}=\dfrac{1}{\eta_{cry}}=\dfrac{1}{14.354}=0.0697$、$\theta_{ix}=\dfrac{1}{\eta_{crx}}=\dfrac{1}{19.009}=0.0526$，均小于 0.1。

本工程偏于安全地按照二阶设计方法。需要注意的是，当勾选"二阶弹性设计方法"时，程序会自动同时勾选"考虑结构整体缺陷"、"考虑 P-Δ 效应"和"柱长度系数置 1.0"三个选项。

（2）二阶效应计算方法

本工程选用直接几何刚度法（具体详见本书第三章"钢结构 P-Δ 效应计算"小节）。

（3）整体缺陷倾角

《高层民用建筑钢结构技术规程》JGJ 99—2015 第 7.3.2 条第 2 款规定：当采用二阶线弹性分析时，应在各楼层的楼盖处加上假想水平力，此时框架柱的计算长度系数取 1.0。

在程序此处填写整体缺陷倾角为 1/250 时，程序会在各楼层的楼盖处加上假想水平力 $H_{ni}=\dfrac{Q_i}{250}\sqrt{\dfrac{f_y}{235}}\sqrt{0.2+\dfrac{1}{n_s}}$。

（4）钢柱计算长度系数

此处不管勾选"无侧移"还是"有侧移"，或者勾选"自动考虑有无侧移"，因为采用二阶线弹性分析方法，程序会自动将柱长度系数设置为 1.0。勾选"自动考虑有无侧移"，软件根据本书公式（3-16）判断是否为强支撑，根据规范，如果为强支撑，则为无侧移框架柱，柱计算长度系数小于 1.0。但是因为采用二阶线弹性分析方法，程序强制将柱长度系数设置为 1.0，而不管柱有无侧移。

表 4-7 为 SATWE 根据《钢结构设计标准》GB 50017—2017 第 8.3.1 条，判断框架柱有无侧移的结果。由表 4-7 可知，除顶层外，大部分楼层框架柱均为无侧移，其计算长度系数应该小于 1.0，但是因为选择了二阶线弹性分析方法，软件仍然强制将柱计算长度系数设置为 1.0。以第一层 Z1 为例，此层为无侧移，但是柱计算长度系数仍为 1.0

（图 4-11）。读者可能发现，顶层（第三十三层）侧移刚度大于轴压承载力差值，即满足公式（3-16），应该为强支撑无侧移，但是软件判断此层为有侧移。软件对有无侧移自动判断功能，给出的技术条件如下（详见《〈钢结构设计标准〉GB 50017—2017PKPM 软件应用指南》一书）：

SATWE 依据《钢结构设计标准》GB 50017—2017 规定的强支撑判断原则公式，对于有支撑框架按照规范公式（8.3.1-6）进行计算，对于满足条件的楼层按照无侧移框架确定框架柱的计算长度系数，不满足的楼层按照有侧移框架确定计算长度系数，同时该层以上在该方向上均按照有侧移考虑。

因此，顶层（第三十三层）即使侧移刚度大于轴压承载力差值，软件仍然会判断此层为有侧移。

SATWE 钢结构有侧移、无侧移判定结果

（《钢结构设计标准》GB 50017—2017 第 8.3.1 条） 表 4-7

层号	方向	侧移刚度	轴压承载力差值	有无侧移
1	X 向	0.1384×10^8	0.2630×10^7	无侧移
	Y 向	0.2848×10^8	0.2579×10^7	无侧移
2	X 向	0.1122×10^8	0.2579×10^7	无侧移
	Y 向	0.2319×10^8	0.2530×10^7	无侧移
3	X 向	0.8421×10^7	0.2686×10^7	无侧移
	Y 向	0.2166×10^8	0.2641×10^7	无侧移
4	X 向	0.7186×10^7	0.2593×10^7	无侧移
	Y 向	0.1822×10^8	0.2550×10^7	无侧移
5	X 向	0.5991×10^7	0.2701×10^7	无侧移
	Y 向	0.1731×10^8	0.2661×10^7	无侧移
6	X 向	0.5503×10^7	0.2593×10^7	无侧移
	Y 向	0.1477×10^8	0.2550×10^7	无侧移
7	X 向	0.4941×10^7	0.2593×10^7	无侧移
	Y 向	0.1463×10^8	0.2550×10^7	无侧移
8	X 向	0.4662×10^7	0.2334×10^7	无侧移
	Y 向	0.1252×10^8	0.2295×10^7	无侧移
9	X 向	0.4311×10^7	0.2334×10^7	无侧移
	Y 向	0.1214×10^8	0.2295×10^7	无侧移
10	X 向	0.4037×10^7	0.2334×10^7	无侧移
	Y 向	0.1089×10^8	0.2295×10^7	无侧移

层号	方向	侧移刚度	轴压承载力差值	有无侧移
11	X 向	0.3903×10^7	0.2144×10^7	无侧移
	Y 向	0.1088×10^8	0.2110×10^7	无侧移
12	X 向	0.3696×10^7	0.2144×10^7	无侧移
	Y 向	0.9887×10^7	0.2110×10^7	无侧移
13	X 向	0.3533×10^7	0.2144×10^7	无侧移
	Y 向	0.9797×10^7	0.2110×10^7	无侧移
14	X 向	0.3408×10^7	0.2144×10^7	无侧移
	Y 向	0.8941×10^7	0.2110×10^7	无侧移
15	X 向	0.3262×10^7	0.1950×10^7	无侧移
	Y 向	0.8713×10^7	0.1920×10^7	无侧移
16	X 向	0.3167×10^7	0.1950×10^7	无侧移
	Y 向	0.8251×10^7	0.1920×10^7	无侧移
17	X 向	0.3025×10^7	0.1950×10^7	无侧移
	Y 向	0.8053×10^7	0.1920×10^7	无侧移
18	X 向	0.3033×10^7	0.1740×10^7	无侧移
	Y 向	0.7727×10^7	0.1713×10^7	无侧移
19	X 向	0.2887×10^7	0.1740×10^7	无侧移
	Y 向	0.7474×10^7	0.1713×10^7	无侧移
20	X 向	0.2824×10^7	0.1740×10^7	无侧移
	Y 向	0.7156×10^7	0.1713×10^7	无侧移
21	X 向	0.2302×10^7	0.1571×10^7	无侧移
	Y 向	0.6218×10^7	0.1548×10^7	无侧移
22	X 向	0.2313×10^7	0.1571×10^7	无侧移
	Y 向	0.5989×10^7	0.1548×10^7	无侧移
23	X 向	0.2155×10^7	0.1571×10^7	无侧移
	Y 向	0.5577×10^7	0.1548×10^7	无侧移
24	X 向	0.2162×10^7	0.1410×10^7	无侧移
	Y 向	0.5433×10^7	0.1389×10^7	无侧移
25	X 向	0.2049×10^7	0.1410×10^7	无侧移
	Y 向	0.4867×10^7	0.1389×10^7	无侧移
26	X 向	0.1861×10^7	0.1410×10^7	无侧移
	Y 向	0.4450×10^7	0.1389×10^7	无侧移
27	X 向	0.1796×10^7	0.1246×10^7	无侧移
	Y 向	0.4222×10^7	0.1228×10^7	无侧移
28	X 向	0.1564×10^7	0.1246×10^7	无侧移
	Y 向	0.4009×10^7	0.1228×10^7	无侧移

层号	方向	侧移刚度	轴压承载力差值	有无侧移
29	X 向	0.1265×10^7	0.1246×10^7	无侧移
	Y 向	0.2931×10^7	0.1228×10^7	无侧移
30	X 向	0.9832×10^6	0.1139×10^7	有侧移
	Y 向	0.2243×10^7	0.1122×10^7	无侧移
31	X 向	0.4352×10^6	0.1139×10^7	有侧移
	Y 向	0.6349×10^6	0.1122×10^7	有侧移
32	X 向	0.4005×10^6	0.1139×10^7	有侧移
	Y 向	0.6400×10^6	0.1122×10^7	有侧移
33	X 向	0.2185×10^7	0.1139×10^7	有侧移
	Y 向	0.4115×10^7	0.1122×10^7	有侧移

三、构件设计属性信息

构件两端约束标志	两端刚接
构件属性信息	普通柱，普通钢柱
抗震等级	二级
构造措施抗震等级	二级
宽厚比等级	S4
是否人防	非人防构件
长度系数	Cx=1.00　Cy=1.00
活荷内力折减系数	0.55
地震作用放大系数	X向：1.00　Y向：1.03
薄弱层地震内力调整系数	X向：1.00　Y向：1.00
剪重比调整系数	X向：1.10　Y向：1.01
二道防线调整系数	X向：1.00　Y向：1.00
风荷载内力调整系数	X向：1.10　Y向：1.10
地震作用下转换柱剪力弯矩调整系数	X向：1.00　Y向：1.00
刚度调整系数	X向：1.00　Y向：1.00
所在楼层二阶效应系数	X向：0.07　Y向：0.06

图 4-11　第一层 Z1 构件信息

此处几个参数设置的具体原因，请读者参见本书第三章的内容。

二、SATWE 输出整体信息计算结果

本小节介绍 PKPM 软件 SATWE 模块输出的整体信息计算结果，包括刚度比、受剪承载力比、偏心率、刚重比、基底零应力区、周期振型、剪重比、最大层间位移角、位移比、最大框架及支撑地震剪力分配、楼层质量比等结果。

（一）刚度比

本工程为框架-支撑结构，刚度比的判断方式选择"抗规和高规从严"，因此程序按照《建筑抗震设计规范》GB 50011—2010（2016 年版）刚度比计算公式 $\gamma_1 = \dfrac{V_i \Delta_{i+1}}{V_{i+1} \Delta_i}$、《高层民用建筑钢结构技术规程》JGJ 99—2015 刚度比计算公式 $\gamma_2 = \dfrac{V_i \Delta_{i+1}}{V_{i+1} \Delta_i} \cdot \dfrac{h_i}{h_{i+1}}$ 分别输出各楼层刚度比的结果，见表 4-8。

其中，Ratx1、Raty1（刚度比 1）为 X、Y 方向本层塔侧移刚度与上一层相应塔侧移刚度 70％的比值或上三层平均侧移刚度 80％的比值中之较小值（《建筑抗震设计规范》GB 50011—2010（2016 年版）刚度比，不考虑层高修正）；Ratx2、Raty2（刚度比 2）为 X、Y 方向本层塔侧移刚度与本层层高的乘积与上一层相应塔侧移刚度与上一层层高的乘积的比值（《高层民用建筑钢结构技术规程》JGJ 99—2015 刚度比，考虑层高修正）。Rat2_min 为《高层民用建筑钢结构技术规程》JGJ 99—2015 规定的刚度比最小值。

表 4-8 的统计结果表明，在 X 方向和 Y 方向，本层侧移刚度（层剪力除以层位移，不考虑层高修正）均大于上一层相应塔侧移刚度 70％或上三层平均侧移刚度 80％；本层侧移刚度（层剪力除以层位移，考虑层高修正）均大于上一层相应塔侧移刚度 90％，底部嵌固层侧移刚度大于上一层相应塔侧移刚度 1.5 倍。满足《建筑抗震设计规范》GB 50011—2010（2016 年版）、《高层民用建筑钢结构技术规程》JGJ 99—2015 刚度比的规定。

SATWE 输出各楼层刚度比　　　　　　　　　　　　　　　　表 4-8

层号	Ratx1	Raty1	Ratx2	Raty2	Rat2_min
33	1.00	1.00	1.00	1.00	1.00
32	2.14	2.45	1.50	1.72	0.90
31	1.69	1.86	1.18	1.30	0.90
30	1.54	1.66	1.08	1.16	0.90
29	1.48	1.59	1.07	1.12	0.90
28	1.38	1.51	1.03	1.07	0.90
27	1.33	1.43	1.02	1.06	0.90
26	1.33	1.40	1.03	1.06	0.90
25	1.31	1.37	1.02	1.04	0.90
24	1.31	1.35	1.03	1.04	0.90
23	1.33	1.35	1.04	1.04	0.90
22	1.32	1.35	1.02	1.03	0.90
21	1.33	1.35	1.03	1.04	0.90
20	1.38	1.38	1.07	1.06	0.90
19	1.36	1.37	1.02	1.04	0.90
18	1.32	1.35	1.02	1.03	0.90
17	1.31	1.35	1.03	1.04	0.90
16	1.30	1.35	1.02	1.03	0.90
15	1.30	1.36	1.02	1.05	0.90
14	1.32	1.37	1.04	1.05	0.90
13	1.32	1.37	1.02	1.04	0.90
12	1.31	1.36	1.02	1.04	0.90
11	1.30	1.37	1.02	1.06	0.90
10	1.31	1.38	1.03	1.05	0.90

续表

层号	Ratx1	Raty1	Ratx2	Raty2	Rat2_min
9	1.32	1.40	1.03	1.07	0.90
8	1.33	1.39	1.03	1.05	0.90
7	1.35	1.43	1.05	1.08	0.90
6	1.37	1.43	1.05	1.07	0.90
5	1.41	1.51	1.07	1.12	0.90
4	1.42	1.51	1.06	1.10	0.90
3	1.40	1.50	1.10	1.14	0.90
2	1.50	1.52	1.14	1.12	0.90
1	1.87	1.87	1.55	1.55	1.50

说明：

对于底层刚度比值不小于1.5作以下特别说明：

《高层民用建筑钢结构技术规程》JGJ 99—2015第3.3.10条第2款规定，对结构底部嵌固层，楼层侧向刚度比值不宜小于1.5。

《建筑抗震设计规范》GB 50011—2010（2016年版）第6.1.14条第2款规定，地下室顶板作为上部结构的嵌固部位时，结构地上一层的侧向刚度，不宜大于相关范围地下一层侧向刚度的0.5倍（也就是地下一层侧向刚度大于等于地上一层的侧向刚度的2倍）。

《高层建筑混凝土结构技术规程》JGJ 3—2010第5.3.7条规定，高层建筑结构整体计算中，当地下室顶板作为上部结构嵌固部位时，地下一层与首层侧向刚度比不宜小于2。条文说明中强调，楼层侧向刚度比可按本规程附录第E.0.1条公式计算，即剪切刚度（GA/h）比值。

有工程师对于规范中嵌固部位刚度比存在疑惑，到底要2.0还是1.5呢（图4-12）?

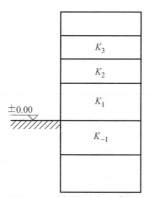

图4-12　楼层刚度示意图

（1）为了让地下室顶板作为嵌固部位，要求$K_{-1}/K_1 \geqslant 2.0$，一般按剪切刚度比计算，即：$\dfrac{K_{-1}}{K_1} = \dfrac{GA_1/h_1}{GA_2/h_2} \geqslant 2.0$。也就是地下一层的剪切刚度大于地上一层剪切刚度的2.0倍。

（2）当地下室顶板满足嵌固条件，并且在计算中指定了嵌固，要求$K_1/K_2 \geqslant 1.5$，如果刚度比算法抗规与高规从严的话，即：$\dfrac{K_1}{K_2} = \dfrac{V_1/\Delta_1}{V_2/\Delta_2} \geqslant 1.5$，$\dfrac{K_1}{K_2} = \dfrac{V_1 h_1/\Delta_1}{V_2 h_2/\Delta_2} \geqslant 1.5$。也就是地上一层的刚度大于地上二层刚度的1.5倍。

为什么规范会有嵌固层刚度大于上一楼层刚度1.5倍的规定呢？这于是因为，对于嵌固层，计算时将柱脚设定为固接（无水平位移，无转角），会高估本层的刚度，所以要求嵌固层与上一楼层的刚度比不宜小于1.5。

（二）受剪承载力比

SATWE计算各楼层钢柱及钢支撑的受剪承载力（计算方法见第三章"钢结构的受剪承载力"小节），将所有钢柱及钢支撑受剪承载力求和之后得到各楼层受剪承载力。输出结果见表 4-9。

SATWE 输出各楼层受剪承载力及承载力比值　　　　表 4-9

层号	X 向受剪承载力 （kN）	Y 向受剪承载力 （kN）	X 向本层与上一层受剪承载力比值	Y 向本层与上一层受剪承载力比值
33	1.37×10^5	1.71×10^5	1.00	1.00
32	1.36×10^5	1.71×10^5	1.00	1.00
31	1.36×10^5	1.70×10^5	1.00	1.00
30	1.36×10^5	1.70×10^5	1.00	1.00
29	1.44×10^5	1.79×10^5	1.06	1.05
28	1.42×10^5	1.76×10^5	0.98	0.99
27	1.40×10^5	1.73×10^5	0.98	0.98
26	1.52×10^5	1.87×10^5	1.09	1.08
25	1.49×10^5	1.83×10^5	0.98	0.98
24	1.46×10^5	1.80×10^5	0.98	0.98
23	1.58×10^5	1.93×10^5	1.08	1.07
22	1.55×10^5	1.90×10^5	0.98	0.98
21	1.52×10^5	1.86×10^5	0.98	0.98
20	1.87×10^5	2.27×10^5	1.23	1.22
19	1.84×10^5	2.23×10^5	0.98	0.98
18	1.80×10^5	2.20×10^5	0.98	0.99
17	1.90×10^5	2.30×10^5	1.05	1.05
16	1.87×10^5	2.27×10^5	0.98	0.98
15	1.83×10^5	2.23×10^5	0.98	0.98
14	2.01×10^5	2.42×10^5	1.10	1.09
13	1.98×10^5	2.38×10^5	0.98	0.98
12	1.94×10^5	2.34×10^5	0.98	0.98
11	1.90×10^5	2.30×10^5	0.98	0.98
10	2.02×10^5	2.44×10^5	1.06	1.06
9	1.98×10^5	2.39×10^5	0.98	0.98
8	1.94×10^5	2.35×10^5	0.98	0.98
7	2.11×10^5	2.58×10^5	1.09	1.10
6	2.06×10^5	2.53×10^5	0.98	0.98
5	2.17×10^5	2.61×10^5	1.05	1.03
4	1.97×10^5	2.43×10^5	0.91	0.93
3	1.98×10^5	2.40×10^5	1.01	0.99
2	1.78×10^5	2.21×10^5	0.90	0.92
1	1.64×10^5	1.98×10^5	0.92	0.90

表4-9的统计结果表明，在 X 方向和 Y 方向，抗侧力结构的层间受剪承载力均大于相邻上一层的 80%，满足规范要求。

（三）偏心率

《高层民用建筑钢结构技术规程》JGJ 99—2015 第 3.3.2 条将任一层的偏心率大于 0.15 定义为偏心布置，并将其列为平面不规则的类型。偏心率应按下列公式计算：

$$\varepsilon_x = \frac{e_y}{r_{ex}}; \quad \varepsilon_y = \frac{e_x}{r_{ey}} \tag{4-5}$$

$$r_{ex} = \sqrt{\frac{K_T}{\sum K_x}}; \quad r_{ey} = \sqrt{\frac{K_T}{\sum K_y}} \tag{4-6}$$

$$K_T = \sum(K_x \cdot y^2) + \sum(K_y \cdot x^2) \tag{4-7}$$

式中　ε_x、ε_y——分别为所计算楼层在 x 和 y 方向的偏心率；

e_x、e_y——分别为 x 和 y 方向水平作用合力线到结构刚心的距离；

r_{ex}、r_{ey}——分别为 x 和 y 方向的弹性半径；

$\sum K_x$、$\sum K_y$——分别为所计算楼层各抗侧力构件在 x 和 y 方向的侧向刚度之和；

K_T——所计算楼层的扭转刚度；

x、y——以刚心为原点的抗侧力构件坐标。

SATWE 输出各楼层偏心率结果见表4-10。

表 4-10

SATWE 输出各楼层刚心、偏心率信息

层号	刚心的 X 坐标值	刚心的 Y 坐标值	X 方向的偏心率	Y 方向的偏心率
33	33.75	13.40	0.12%	0.03%
32	33.75	13.40	0.12%	0.03%
31	33.75	13.40	0.12%	0.03%
30	33.75	13.40	0.12%	0.03%
29	33.75	13.40	0.11%	2.64%
28	33.75	13.40	0.12%	0.02%
27	33.75	13.40	0.12%	0.03%
26	33.75	13.40	0.12%	0.02%
25	33.75	13.40	0.12%	0.02%
24	33.75	13.40	0.12%	0.02%
23	33.75	13.40	0.12%	0.02%
22	33.75	13.40	0.12%	0.02%
21	33.75	13.40	0.12%	0.02%
20	33.75	13.40	0.04%	0.04%
19	33.75	13.40	0.14%	0.02%
18	33.75	13.40	0.14%	0.03%
17	33.75	13.40	0.14%	0.03%
16	33.75	13.40	0.14%	0.03%
15	33.75	13.40	0.14%	0.03%

续表

层号	刚心的 X 坐标值	刚心的 Y 坐标值	X 方向的偏心率	Y 方向的偏心率
14	33.75	13.40	1.93%	3.35%
13	33.75	13.40	0.14%	0.03%
12	33.75	13.40	0.14%	0.03%
11	33.75	13.40	0.14%	0.03%
10	33.75	13.40	0.14%	0.02%
9	33.75	13.40	0.13%	0.02%
8	33.75	13.40	0.14%	0.02%
7	33.75	13.40	0.14%	0.02%
6	33.75	13.40	0.14%	0.02%
5	33.75	13.08	0.14%	1.37%
4	33.75	13.40	0.00%	0.00%
3	33.75	13.08	0.00%	1.32%
2	33.75	13.40	0.00%	0.00%
1	33.75	13.08	0.00%	1.29%

表 4-10 的统计结果表明，楼层在 x 和 y 方向的偏心率均小于 0.15，满足规范要求。

（四）刚重比

SATWE 输出刚重比验算结果见表 4-11。

SATWE 输出刚重比 表 4-11

工况	验算公式	验算值
地震作用 EX	$EJ_d/(H^2 \sum\limits_{i=1}^{n} G_i)$	2.25
地震作用 EY	$EJ_d/(H^2 \sum\limits_{i=1}^{n} G_i)$	2.66

对 PKPM 软件输出刚重比作以下说明：

1. PKPM2010（版本 V3.1）对于除框架结构以外的结构体系的刚重比计算，增加基于风荷载的刚重比计算。计算方法如下（图 4-13）：

对于承受任意形式水平荷载的高层建筑，基于杆件理论推导出等效刚度计算公式：

$$EJ_d = \frac{\sum\limits_{j=1}^{n} \left(\sum\limits_{l_i \leqslant l_j} F_i \delta_{ij} + \sum\limits_{l_i > l_j} F_i \delta_{ji} \right)}{\sum\limits_{i=1}^{n} F_i u_i} \qquad (4-8)$$

$$\delta_{ij} = \frac{1}{6} l_i^2 (3l_j - l_i) \qquad (4-9)$$

式中 u_i——第 i 层水平位移。

而《高层建筑混凝土结构技术规程》JGJ 3—2010 假

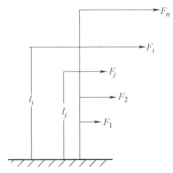

图 4-13 SATWE 基于风荷载的刚重比计算简图

定倒三角分布荷载的最大值为 q，在该荷载作用下结构顶点质心的弹性水平位移为 u，房屋高度为 H，则结构的弹性等效刚度 EJ_d 为：

$$EJ_d = \frac{11qH^4}{120u} \tag{4-10}$$

规范中 H 为房屋总高度，u 为结构顶点位移，很显然规范公式是将房屋等效为一根悬臂杆件。软件作了修改，l_i、l_j 为计算楼层高度，u_i 为第 i 层水平位移。

2. PKPM2010（版本 V3.1.2）在进行弯曲型、弯剪型结构整体稳定性验算时，考虑了重力荷载沿立面的不均匀分布，为此须对结构等效刚度 EJ_d 乘以如下调整系数：

$$\eta = \frac{\sum\limits_{i=1}^{n} G_i}{3\sum\limits_{i=1}^{n} G_i \left(\frac{H_i}{H}\right)^2} \tag{4-11}$$

其中，G_i、H_i、H 分别代表第 i 层的重力荷载代表值设计值、第 i 层标高和结构总高。

其实，公式（4-8）、公式（4-9）、公式（4-11）均来源于杨学林、祝文畏所写《复杂体型高层建筑结构稳定性验算》一文，读者可以查阅（具体内容详见本书第三章"钢结构整体稳定性验算"小节）。

3. PKPM2010（版本 V5.1）将以上修正均取消，按照规范取 $EJ_d = \frac{11qH^4}{120u}$。

4. 根据本书第三章"钢结构整体稳定性验算"小节可以知道，结构整体稳定性验算最精确的算法是屈曲因子判断法，对于钢结构而言，屈曲因子大于 5.0 即可以认为满足稳定性要求。前面已经采用 ETABS 软件对结构进行了屈曲分析，前两阶屈曲模态分别对应 Y 向平动、X 向平动模态，屈曲因子分别为 14.354、19.009，均大于 5.0，满足整体稳定性的要求。将屈曲因子折算为刚重比，则 Y 向、X 向刚重比分别为 $0.14 \times 14.354 = 2.01$、$0.14 \times 19.009 = 2.66$，均大于 0.7，满足规范刚重比的要求。

5. 各种方法刚重比计算结果见表 4-12。由表 4-12 的结果可以看出，对于本工程，规范算法和屈曲分析算法计算出的刚重比相差不大，主要原因是本工程竖向荷载及刚度比较均匀。

6. 刚重比是结构的固有特性，与水平荷载的大小、形式无关。同一栋房子，不管房屋位于 6 度区还是 8 度区，房屋的刚重比不会变化。不管结构承受的水平荷载是风荷载还是地震作用，房屋的刚重比也不会变化。有工程师问，为什么我的工程软件算出来说风荷载下稳定性满足要求，地震下不满足？这其实是一些软件在计算结构等效刚度时造成的。规范假定了结构刚度是均匀的，所以在不同的荷载下，根据顶点位移就可以求出结构的刚度。但实际上结构的刚度沿高度是不均匀的，在不同的荷载分布下根据顶点位移求出的等效刚度就会有所不同，导致所谓的"风荷载满足，地震荷载不满足"这样的情况。

不同方法刚重比计算结果　　　　　　　　　　　表 4-12

刚重比计算方法	刚重比计算结果	
	X 向	Y 向
规范算法	2.25	2.66
屈曲分析	2.01	2.66

（五）基底零应力区

《高层民用建筑钢结构技术规程》JGJ 99—2015 第 3.4.6 条规定：在重力荷载与水平荷载标准值或重力荷载代表值与多遇水平地震作用标准值共同作用下，高宽比大于 4 时基础底面不宜出现零应力区；高宽比不大于 4 时，基础底面与基础之间零应力区面积不应超过基础底面积的 15%。本工程高宽比为 133.2/26.8＝4.97，基础底面不宜出现零应力区。

SATWE 输出基底零应力区验算结果见表 4-13。由表 4-13 可以看出，本工程在地震工况、风荷载工况下，基础底面没有出现零应力区（EX、EY 为 X 方向、Y 方向地震作用工况，WX、WY 为 X 方向、Y 方向风荷载工况）。

SATWE 输出基底零应力区验算结果　　　　　　　　　　　　　　　　表 4-13

工况	抗倾覆力矩 M_r(kN·m)	倾覆力矩 M_{ov}(kN·m)	比值 M_r/M_{ov}	基底零应力区（%）
EX	1.98×10^7	1.59×10^6	12.44	0.00
EY	7.83×10^6	1.67×10^6	4.70	0.00
WX	2.08×10^7	6.79×10^5	30.68	0.00
WY	8.25×10^6	1.50×10^6	5.49	0.00

（六）周期振型

SATWE 输出结构周期及振型方向结果见表 4-14。

SATWE 输出结构周期及振型方向　　　　　　　　　　　　　　　　表 4-14

振型号	周期（s）	方向角（°）	类型	扭转因子与平动因子				参与振型的有效质量系数	
				扭转因子	X 向平动因子	Y 向平动因子	总平动因子	X 向	Y 向
1	3.7714	7.65	X	0%	98%	2%	100%	75.11%	1.37%
2	3.5000	97.96	Y	0%	2%	98%	100%	1.36%	70.39%
3	3.0255	163.61	T	100%	0%	0%	0%	0.00%	0.00%
4	1.2433	5.22	X	0%	99%	1%	100%	12.22%	0.11%
5	1.0340	95.11	Y	0%	1%	99%	100%	0.13%	16.48%
6	0.9367	41.83	T	100%	0%	0%	0%	0.00%	0.00%
7	0.6765	4.60	X	0%	99%	1%	100%	4.26%	0.02%
8	0.5211	94.34	Y	0%	1%	99%	100%	0.03%	4.96%
9	0.4838	177.10	T	100%	0%	0%	0%	0.01%	0.00%
10	0.4571	4.25	X	0%	99%	1%	100%	2.10%	0.01%
11	0.3456	92.66	Y	0%	1%	99%	100%	0.00%	2.26%
12	0.3378	2.40	X	0%	99%	1%	100%	1.22%	0.00%

续表

振型号	周期（s）	方向角（°）	类型	扭转因子与平动因子				参与振型的有效质量系数	
				扭转因子	X向平动因子	Y向平动因子	总平动因子	X向	Y向
13	0.3209	20.79	T	100%	0%	0%	0%	0.00%	0.00%
14	0.2636	5.24	X	0%	99%	1%	100%	0.74%	0.02%
15	0.2554	95.32	Y	0%	1%	99%	100%	0.02%	1.15%
16	0.2371	15.10	T	100%	0%	0%	0%	0.00%	0.00%
17	0.2168	4.27	X	0%	99%	1%	100%	0.59%	0.01%
18	0.2012	94.51	Y	0%	1%	99%	100%	0.01%	0.71%
19	0.1869	10.01	T	100%	0%	0%	0%	0.00%	0.00%
20	0.1809	3.74	X	0%	100%	0%	100%	0.35%	0.00%
21	0.1679	94.08	Y	0%	0%	100%	100%	0.00%	0.50%
22	0.1562	3.39	X	5%	95%	0%	95%	0.34%	0.00%
23	0.1556	2.90	T	95%	5%	0%	5%	0.01%	0.00%
24	0.1412	93.70	Y	0%	0%	100%	100%	0.00%	0.32%
25	0.1375	2.98	X	0%	100%	0%	100%	0.27%	0.00%
26	0.1314	159.88	T	100%	0%	0%	0%	0.00%	0.00%
27	0.1236	94.46	Y	0%	3%	97%	100%	0.00%	0.32%
28	0.1230	3.81	X	0%	97%	3%	100%	0.20%	0.00%
29	0.1150	20.32	T	100%	0%	0%	0%	0.00%	0.00%
30	0.1109	1.96	X	0%	100%	0%	100%	0.20%	0.00%
31	0.1095	92.44	Y	0%	0%	100%	100%	0.00%	0.23%
32	0.1020	3.92	T	95%	5%	0%	5%	0.00%	0.00%
33	0.1015	1.49	X	5%	95%	0%	95%	0.11%	0.00%
34	0.0984	92.12	Y	0%	0%	100%	100%	0.00%	0.19%
35	0.0922	1.58	X	6%	94%	0%	94%	0.11%	0.00%
36	0.0919	0.57	T	94%	6%	0%	6%	0.01%	0.00%
参与振型的有效质量系数合计								99.40%	99.05%

1. 平动因子与扭转因子

《高层建筑混凝土结构技术规程》JGJ 3—2010 第3.4.5条条文说明指出：扭转耦联振动的主振型，可通过计算振型方向因子来判断。在两个平动和一个扭转方向因子中，当扭转方向因子大于0.5时，则该振型可认为是扭转为主的振型。但是如何计算振型方向因子，规范没有明确。

一个振型的反应能量可以拆分成平动能量和转动能量，它们各自占总能量的比例称为侧振成分和扭振成分。SATWE借鉴了ETABS程序振型方向因子的概念。

侧振能量：

$$E_L = \sum \frac{1}{2} m_i (u_i^2 + v_i^2) \tag{4-12}$$

扭振能量：

$$E_T = \sum \frac{1}{2} J_i \theta_{zi}^2 \tag{4-13}$$

侧振成分：

$$e_L = \frac{E_L}{E_L + E_T} \tag{4-14}$$

扭振成分：

$$e_T = \frac{E_T}{E_L + E_T} \tag{4-15}$$

式中，m_i、J_i、u_i、v_i、θ_{zi} 分别是节点的质量、惯性矩、x 方向位移、y 方向位移和扭转角。

当然，也可以把侧振成分进一步分为 x 方向侧振成分、y 方向侧振成分等，道理一样。

显然，侧振成分与扭振成分之和为 1.0，如果某振型的侧振成分大于 0.8，SATWE 就认为该振型是比较纯粹的侧振振型；如果某振型的扭振成分大于 0.8，就认为该振型是比较纯粹的扭转振型。

对于上述公式，还可以给出一个几何上的解释：简单起见，考虑一个采用刚性楼板假定的单层结构，其质心位移为 u、v、θ_z，此时刚性板的运动可以看成一个定轴转动（视平动为转动中心无穷远），设转动中心与楼层质心之间的距离为 d，那么侧振能量和扭振能量分别为：

$$E_L = \frac{1}{2} m (u^2 + v^2) = \frac{1}{2} m (d\theta_z)^2 = \frac{1}{2} m d^2 \theta_z^2 \tag{4-16}$$

$$E_T = \frac{1}{2} J \theta_z^2 \tag{4-17}$$

二者比值：

$$\frac{E_L}{E_T} = \frac{m d^2}{J} = \frac{d^2}{(\sqrt{J/m})^2} = \left(\frac{d}{r}\right)^2 \tag{4-18}$$

其中，$r = \sqrt{J/m}$ 是楼层回转半径。

这样就给出了判断振型成分的一个几何解释：如果刚性楼板的转动中心与其质心之间的距离 d 大于其回转半径 r，那么相应振型的侧振成分大于其扭振成分，是侧振振型；如果刚性楼板的转动中心与其质心之间的距离 d 小于其回转半径 r，那么相应振型的侧振成分小于其扭振成分，是扭转振型。

2. 参与振型的有效质量系数

WILSON E. L. 教授曾经提出振型有效质量系数的概念用于判断参与振型数足够与否，并将其用于 ETABS 程序。但他的方法是基于刚性楼板假定的，现在不少结构因其复杂性需要考虑楼板的弹性变形，因此需要一种更为一般的方法，不但能够适用于刚性楼板，也应该能够适用于弹性楼板。出于这个目的，黄吉锋等从结构变形能的角度对此问题进行了研究，提出了一个通用方法来计算各地震方向的有效质量系数，这个方法已经实现于 SATWE 程序。

3. 本工程结构扭转为主的第一自振周期 T_t 与平动为主的第一自振周期 T_1 之比为 3.0255/3.7714＝0.80，小于《高层建筑混凝土结构技术规程》JGJ 3—2010 第 3.4.5 条规定的限值 0.9。振型参与质量系数为 90.40％（X 方向）、99.05％（Y 方向），满足《高层民用建筑钢结构技术规程》JGJ 99—2015 第 6.2.2 条条文说明、《建筑抗震设计规范》GB 50011—2010（2016 年版）第 5.2.2 条条文说明规定的振型参与质量系数 90％的规定。

很多读者问这样的问题：第二振型为扭转振型且扭转周期/第一平动周期小于 0.9，这样的结构是否合理？《建筑抗震设计规范》GB 50011—2010（2016 年版）第 3.5.3 条第 3 款规定：结构在两个主轴方向的动力特性宜相近。考虑到有些建筑结构，横向抗侧力构件（如墙体）很多而纵向很少，在强烈地震中往往由于纵向的破坏导致整体倒塌，因此规范增加了结构两个主轴方向的动力特性（周期和振型）相近的抗震概念。所以对于一般的结构，合理的振型应该是前两个振型均为平动振型，第三振型为扭转振型（即"平平扭"）。而第一振型为平动振型、第二振型为扭转振型、第三振型为另一个方向的平动振型（即"平扭平"）是不太合理的结构。

（七）剪重比

SATWE 输出剪重比结果见表 4-15。

SATWE 输出剪重比 表 4-15

层号	X 方向			Y 方向		
	V_x(kN)	剪重比	调整系数	V_y(kN)	剪重比	调整系数
33	1710.6	9.94％	1.01	1974.6	11.47％	1.01
32	3073.6	8.93％	1.02	3601.8	10.46％	1.01
31	4150.3	8.03％	1.02	4893.8	9.47％	1.01
30	5021.1	7.28％	1.02	5917.9	8.59％	1.01
29	5858.8	6.62％	1.02	6847.1	7.73％	1.02
28	6565.7	6.14％	1.02	7562.4	7.08％	1.02
27	7188.6	5.79％	1.03	8136.3	6.55％	1.02
26	7791.9	5.50％	1.03	8653.0	6.10％	1.02
25	8379.5	5.26％	1.03	9136.4	5.73％	1.02
24	8951.5	5.06％	1.03	9603.9	5.43％	1.02
23	9508.2	4.89％	1.03	10065.0	5.17％	1.02
22	10041.3	4.73％	1.03	10519.5	4.95％	1.03
21	10541.8	4.58％	1.03	10960.0	4.76％	1.03
20	11014.0	4.44％	1.03	11382.5	4.59％	1.03
19	11498.1	4.31％	1.03	11823.3	4.44％	1.03
18	11941.0	4.20％	1.04	12231.4	4.30％	1.03
17	12368.0	4.09％	1.04	12624.2	4.18％	1.03

续表

层号	X 方向			Y 方向		
	V_x(kN)	剪重比	调整系数	V_y(kN)	剪重比	调整系数
16	12776.3	3.99%	1.04	12999.2	4.06%	1.03
15	13166.3	3.90%	1.04	13356.0	3.95%	1.03
14	13641.4	3.79%	1.04	13796.5	3.83%	1.03
13	14012.5	3.70%	1.04	14152.1	3.74%	1.03
12	14357.2	3.62%	1.04	14495.4	3.66%	1.03
11	14677.2	3.54%	1.04	14831.2	3.58%	1.03
10	14978.0	3.46%	1.04	15171.5	3.51%	1.04
9	15277.2	3.38%	1.04	15542.8	3.44%	1.04
8	15550.8	3.31%	1.04	15908.4	3.38%	1.04
7	15820.8	3.24%	1.05	16289.6	3.33%	1.04
6	16089.7	3.17%	1.05	16685.2	3.29%	1.04
5	16376.6	3.11%	1.05	17103.6	3.25%	1.04
4	16620.8	3.06%	1.05	17451.1	3.21%	1.04
3	16806.1	* 3.02% *	1.05	17713.3	* 3.18% *	1.04
2	16956.5	* 2.97%	1.05	17917.2	* 3.13% *	1.04
1	17044.9	* 2.91% *	1.05	18028.4	* 3.07% *	1.04
最小剪重比限值	3.06%			3.20%		

由表 4-15 可以看出，X 方向和 Y 方向均有 3 层剪重比不满足规范规定的最小值，程序按照规范对各楼层进行了剪力放大调整。

X 方向第一自振周期为 3.7714s，软件输出 EX 工况下的剪重比限值为 3.06%。计算结果如下：

$$\frac{5-3.5}{2.4\%-3.2\%}=\frac{3.7714-3.5}{x-3.2\%} \tag{4-19}$$

求出 X 方向剪重比限值为 $x=3.055\%$。

下面手算 Y 方向第一、二、十六层剪重比调整系数，并与软件结果对比。

因周期大于 $5T_g$，位于位移控制段：

$$G_{E1}=\frac{V_{EK1}}{\lambda_1}=\frac{18028.4}{3.07\%}=587244.3\text{kN}$$

$$G_{E2}=\frac{V_{EK2}}{\lambda_2}=\frac{17917.2}{3.13\%}=572434.5\text{kN}$$

$$G_{E16}=\frac{V_{EK16}}{\lambda_{16}}=\frac{12999.2}{4.06\%}=320177.3\text{kN}$$

第一层增加的地震剪力为：

$$\Delta F_{Ek1}=(\lambda_{min}-\lambda_0)G_{E1}=(3.2\%-3.07\%)\times587244.3=763.4\text{kN}$$

第二层增加的地震剪力为：

$$\Delta F_{Ek2}=(\lambda_{min}-\lambda_0)G_{E2}=(3.2\%-3.07\%)\times572434.5=744.2kN$$

第十六层增加的地震剪力为：

$$\Delta F_{Ek16}=(\lambda_{min}-\lambda_0)G_{E16}=(3.2\%-3.07\%)\times320177.3=416.2kN$$

第一层地震剪力调整系数为：

$$m_1=\frac{V_{EK1}+\Delta F_{Ek1}}{V_{EK1}}=\frac{18028.4+763.4}{18028.4}=1.04$$

第二层地震剪力调整系数为：

$$m_2=\frac{V_{EK2}+\Delta F_{Ek2}}{V_{EK2}}=\frac{17917.2+744.2}{17917.2}=1.04$$

第十六层地震剪力调整系数为：

$$m_{16}=\frac{V_{EK16}+\Delta F_{Ek16}}{V_{EK16}}=\frac{12999.2+416.2}{12999.2}=1.03$$

与软件输出结果完全一致。

（八）最大层间位移角、位移比

SATWE输出最大层间位移角、位移比结果见表4-16、表4-17。

SATWE输出最大层间位移角 表4-16

项目	X方向					Y方向				
	地震作用				风荷载	地震作用				风荷载
	地震	正向偏心地震	负向偏心地	双向地震		地震	正向偏心地震	负向偏心地	双向地震	
最大层间位移角	1/568	1/556	1/554	1/564	1/1370	1/563	1/497	1/505	1/559	1/689
最大层间位移角所在楼层	22	22	22	22	11	21	25	25	21	21

SATWE输出位移比 表4-17

项目	X方向地震			Y方向地震		
	规定水平力	正向偏心规定水平力	负向偏心规定水平力	规定水平力	正向偏心规定水平力	负向偏心规定水平力
最大位移/平均位移(所在楼层)	1.01(1)	1.02(33)	1.03(1)	1.02(5)	1.20(1)	1.18(1)
最大层间位移/平均层间位移(所在楼层)	1.01(1)	1.04(33)	1.03(33)	1.10(5)	1.20(1)	1.20(5)

表4-16的统计结果表明，X方向地震作用下结构的最大层间位移角为1/554，Y方向地震作用下结构的最大层间位移角为1/497。X方向风荷载作用下结构的最大层间位移角为1/1370，Y方向风荷载作用下结构的最大层间位移角为1/689。均小于规范规定的弹性层间位移角1/250。

表4-17的统计结果表明，X方向、Y方向地震作用下结构的位移比均小于等于1.2。

对于最大层间位移角、位移比的结果，以下两点需要引起读者注意：

1.《高层建筑混凝土结构技术规程》JGJ 3—2010 第 3.7.3 条规定了按弹性方法计算的风荷载或多遇地震标准值作用下的最大层间位移角限值。并强调抗震设计时，楼层位移计算可不考虑偶然偏心的影响。因此很多工程师在判断地震作用下层间位移角是否满足规范要求时，仅查看 X、Y 单向地震作用下的层间位移角，而忽略了偶然偏心和双向地震作用下的层间位移角。

然而《建筑抗震设计规范》GB 50011—2010（2016 年版）第 5.5.1 条规定：多高层钢结构应进行多遇地震作用下的抗震变形验算，其楼层内最大的弹性层间位移角不大于 1/250。《高层民用建筑钢结构技术规程》JGJ 99—2015 第 3.5.2 条也规定：在风荷载或多遇地震标准值作用下，按弹性方法计算的楼层层间最大水平位移与层高之比不宜大于 1/250。以上两本规范均未提出楼层位移计算可不考虑偶然偏心的影响。

地震作用下的层间位移角是否需要考虑双向地震呢？《建筑抗震设计规范》GB 50011—2010（2016 年版）第 5.2.2 条第 2 款明确指出：水平地震作用效应包括弯矩、剪力、轴向力和变形。很显然变形与内力均属于水平地震作用效应。既然内力计算的时候考虑了双向地震作用，那么层间位移角计算（变形计算）也应该考虑双向地震作用。

因此，对于高层钢结构，地震作用下的层间位移角应取单向地震作用、偶然偏心、双向地震作用下层间位移角的最大值。

至于梁柱节点域剪切变形对层间位移的影响，《高层钢结构设计计算实例》一书第三章"高层钢结构的梁柱节点域剪切变形"已有论述：对于钢框架-支撑结构，即使柱为 H 形截面，钢支撑截面很小，考虑节点域剪切变形后，楼层最大层间位移角增加比例很小。因此本工程不考虑梁柱节点域剪切变形对层间位移的影响。

2.《建筑抗震设计规范》GB 50011—2010（2016 年版）第 3.4.3 条、第 3.4.4 条条文说明指出：地震作用下扭转位移比计算时，楼层的位移不采用各振型位移的 CQC 组合计算，按国外的规定明确改为取"给定水平力"计算，可避免有时 CQC 计算的最大位移出现在楼盖边缘的中部而不在角部，而且对无限刚楼盖、分块无限刚楼盖和弹性楼盖均可采用相同的计算方法处理；该水平力一般采用振型组合后的楼层地震剪力换算的水平作用力，并考虑偶然偏心；结构楼层位移和层间位移控制值验算时，仍采用 CQC 的效应组合。

因此，位移比计算采用"给定水平力"；而层间位移角计算采用 CQC 的效应组合。

(九) 框架及支撑地震剪力分配

SATWE 输出框架及支撑地震剪力分配结果见表 4-18。

SATWE 输出框架及支撑地震剪力分配　　　　　　　　　　　表 4-18

层号	X 方向					Y 方向				
	柱剪力 (kN)	0.25 V_0 (kN)	1.8 V_{max} (kN)	调整系数	调整后柱剪力 (kN)	柱剪力 (kN)	0.25 V_0 (kN)	1.8 V_{max} (kN)	调整系数	调整后柱剪力 (kN)
33	2318.0	4478.5	18098	1.93	4478.47	2550.2	4690.6	12354	1.84	4690.64
32	2650.4	4478.5	18098	1.69	4478.47	2536.7	4690.6	12354	1.85	4690.64
31	3180.9	4478.5	18098	1.41	4478.47	3046.7	4690.6	12354	1.54	4690.64

续表

层号	X 方向					Y 方向				
	柱剪力 (kN)	0.25 V_0(kN)	1.8 V_{max}(kN)	调整系数	调整后柱剪力(kN)	柱剪力 (kN)	0.25 V_0(kN)	1.8 V_{max}(kN)	调整系数	调整后柱剪力(kN)
30	3657.2	4478.5	18098	1.22	4478.47	3238.4	4690.6	12354	1.45	4690.64
29	4273.7	4478.5	18098	1.05	4478.47	3680.1	4690.6	12354	1.27	4690.64
28	4695.6	4478.5	18098	1.00	4695.58	3848.8	4690.6	12354	1.22	4690.64
27	5075.3	4478.5	18098	1.00	5075.29	4280.1	4690.6	12354	1.10	4690.64
26	5619.7	4478.5	18098	1.00	5619.70	4880.8	4690.6	12354	1.00	4880.77
25	5961.4	4478.5	18098	1.00	5961.45	5035.3	4690.6	12354	1.00	5035.27
24	6360.0	4478.5	18098	1.00	6359.98	5199.8	4690.6	12354	1.00	5199.84
23	6930.1	4478.5	18098	1.00	6930.08	5504.4	4690.6	12354	1.00	5504.39
22	7219.7	4478.5	18098	1.00	7219.74	5686.3	4690.6	12354	1.00	5686.26
21	7766.0	4478.5	18098	1.00	7765.96	5884.6	4690.6	12354	1.00	5884.58
20	7666.2	4478.5	18098	1.00	7666.15	5761.2	4690.6	12354	1.00	5761.23
19	8062.6	4478.5	18098	1.00	8062.58	5903.9	4690.6	12354	1.00	5903.91
18	8267.6	4478.5	18098	1.00	8267.58	6085.1	4690.6	12354	1.00	6085.10
17	8724.6	4478.5	18098	1.00	8724.55	6221.5	4690.6	12354	1.00	6221.55
16	8911.1	4478.5	18098	1.00	8911.14	6417.3	4690.6	12354	1.00	6417.27
15	9161.8	4478.5	18098	1.00	9161.84	6445.7	4690.6	12354	1.00	6445.73
14	9469.9	4478.5	18098	1.00	9469.88	6751.7	4690.6	12354	1.00	6751.67
13	9654.1	4478.5	18098	1.00	9654.06	6385.2	4690.6	12354	1.00	6385.25
12	9781.4	4478.5	18098	1.00	9781.37	6648.2	4690.6	12354	1.00	6648.21
11	9846.1	4478.5	18098	1.00	9846.15	6295.5	4690.6	12354	1.00	6295.54
10	10049.0	4478.5	18098	1.00	10048.95	6671.5	4690.6	12354	1.00	6671.54
9	10039.5	4478.5	18098	1.00	10039.55	6210.2	4690.6	12354	1.00	6210.17
8	9931.2	4478.5	18098	1.00	9931.16	6162.4	4690.6	12354	1.00	6162.40
7	10054.4	4478.5	18098	1.00	10054.45	5211.6	4690.6	12354	1.00	5211.63
6	9759.9	4478.5	18098	1.00	9759.89	5614.4	4690.6	12354	1.00	5614.40
5	9820.1	4478.5	18098	1.00	9820.13	4919.3	4690.6	12354	1.00	4919.33
4	8905.0	4478.5	18098	1.00	8905.01	5037.3	4690.6	12354	1.00	5037.28
3	8434.0	4478.5	18098	1.00	8434.04	4169.9	4690.6	12354	1.12	4690.64
2	6794.3	4478.5	18098	1.00	6794.32	4089.1	4690.6	12354	1.15	4690.64
1	9218.7	4478.5	18098	1.00	9218.71	6863.3	4690.6	12354	1.00	6863.32
V_0 (kN)	17913.9					18762.6				
V_{max} (kN)	10054.4					6863.3				

(十) 舒适度验算

SATWE 输出风振加速度结果见表 4-19（WX、WY 分别为 X 方向、Y 方向风荷载工况）。

	SATWE 输出风振加速度	表 4-19
工况	顺风向风振加速度（m/s²）	横风向风振加速度（m/s²）
WX	0.075	0.016
WY	0.154	0.020

表 4-19 的结果表明，顺风向、横风向风振加速度均小于《高层民用建筑钢结构技术规程》JGJ 99—2015 第 3.5.5 条规定的办公楼风振加速度限值 0.28m/s²。

(十一) 楼层质量比

SATWE 输出楼层质量比结果见表 4-20。

		SATWE 输出楼层质量比		表 4-20
层号	恒载质量（t）	活载质量（t）	层质量（t）	质量比
33	1414.9	213.8	1628.7	0.95
32	1481.2	240.0	1721.2	1.00
31	1485.1	240.0	1725.1	1.00
30	1485.1	240.0	1725.1	0.88
29	1554.5	405.2	1959.7	1.07
28	1594.1	240.0	1834.1	1.06
27	1494.6	240.0	1734.6	0.99
25,26	1516.1	240.0	1756.1	1.00
24	1516.1	240.0	1756.1	0.99
23	1531.0	240.0	1771.0	1.00
21,22	1531.0	245.6	1776.6	1.00
20	1549.1	226.0	1775.1	0.95
19	1644.4	226.0	1870.4	1.06
18	1546.4	226.0	1772.4	0.99
16,17	1562.8	226.0	1788.8	1.00
15	1562.8	226.0	1788.8	0.80
14	1829.8	405.2	2235.0	1.24
12,13	1582.3	226.0	1808.3	1.00
11	1582.3	226.0	1808.3	0.99
10	1598.5	226.0	1824.5	0.95
9	1696.5	226.0	1922.5	1.05
8	1598.5	226.0	1824.5	0.99
7	1614.5	226.0	1840.5	0.99

续表

层号	恒载质量(t)	活载质量(t)	层质量(t)	质量比
6	1639.2	226.0	1865.2	0.97
5	1703.0	226.0	1929.0	1.15
4	1494.8	180.9	1675.7	1.18
3	1243.4	180.9	1424.3	0.99
2	1262.2	170.3	1432.5	0.98
1	1281.0	180.9	1461.9	1.00

《高层建筑混凝土结构技术规程》JGJ 3—2010 第 3.5.6 条规定：楼层质量沿高度宜均匀分布，楼层质量不宜大于相邻下部楼层质量的 1.5 倍。其条文说明指出：本条为新增条文，规定了高层建筑中质量沿竖向分布不规则的限制条件，与美国有关规范的规定一致。

但是《高层民用建筑钢结构技术规程》JGJ 99—2015、《建筑抗震设计规范》GB 50011—2010（2016 年版）都没有质量比的规定。很多工程师就提出，高层钢结构是否需要满足《高层建筑混凝土结构技术规程》JGJ 3—2010 第 3.5.6 条关于楼层质量比的规定？

其实在美国土木工程师协会（ASCE）发布的标准《Minimum Design Loads and Associated Criteria for Buildings and Other Structures》ASCE 7-16 的表 12.3-2（Vertical Structural Irregularities，竖向不规则）第 2 款中，将质量沿竖向不规则列为竖向不规则的一项。ASCE 7-16 表 12.3-2 第 2 款摘录如下：

Weight（Mass）Irregularity：Weight（mass）irregularity is defined to exist where the effective mass of any story is more than 150% of the effective mass of an adjacent story. A roof that is lighter than the floor below need not be considered.

很显然，《高层建筑混凝土结构技术规程》JGJ 3—2010 就是参考了美国规范的这条规定，而作出质量比不超过 1.5 的规定。ASCE 7-16 不仅适用于钢筋混凝土结构，对于钢结构也同样适用。因此，笔者建议，对于钢结构也应控制楼层质量比不大于 1.5。本算例满足楼层质量比不大于 1.5 这一规定。

第三节　PKPM 构件计算

本节介绍 PKPM 软件构件计算结果输出，并将手算结果与 PKPM 软件计算结果进行对比。

一、框架柱计算

以第六层东北角角柱 Z1 为例（位置见图 4-1）。

（一）软件输出结果

SATWE 输出的结果分别见图 4-14～图 4-16。

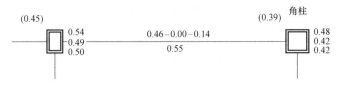

图 4-14　SATWE 输出钢构件应力比简图

一、构件几何材料信息

层号	IST=6
塔号	ITOW=1
单元号	IELE=60
构件种类标志(KELE)	柱
上节点号	J1=971
下节点号	J2=816
构件材料信息(Ma)	钢
长度(m)	DL=4.00
截面类型号	Kind=6
截面参数(m)	B*H*U*T*D*F=0.700*0.700*0.060*0.060*0.060*0.060
钢号	345
净毛面积比	Rnet=1.00

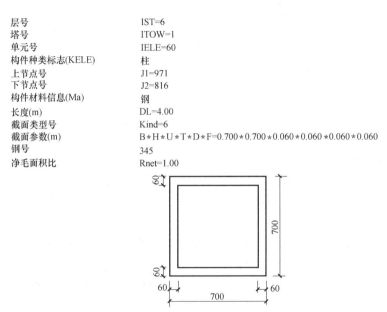

图 4-15　SATWE 输出钢柱几何材料信息

(二) 框架柱手算过程

1. 强度验算

$N = 16956.94\text{kN}$，$M_x = 823.26\text{kN} \cdot \text{m}$，$M_y = 133.99\text{kN} \cdot \text{m}$

板件宽厚比为 $(700-60 \times 2)/60 = 9.67 < 40\sqrt{235/f_y} = 40\sqrt{235/345} = 33.01$，板件宽厚比等级为 S1 级，满足 S3 级要求，按《钢结构设计标准》GB 50017—2017 表 8.1.1，箱形截面，$\gamma_x = \gamma_y = 1.05$，$W_{nx} = W_{ny} = 30222.63\text{cm}^3$，$A_n = 1536\text{cm}^2$

内力组合为非地震组合，$\gamma_{RE} = 1.0$

$f = 290\text{N/mm}^2$

$$\frac{N}{A_n} + \frac{M_x}{\gamma_x W_{nx}} + \frac{M_y}{\gamma_y W_{ny}} = \frac{16956.94 \times 10^3}{1536 \times 10^2} + \frac{823.26 \times 10^6}{1.05 \times 30222.63 \times 10^3} + \frac{133.99 \times 10^6}{1.05 \times 30222.63 \times 10^3}$$

$$= 140.56\text{N/mm}^2$$

强度验算应力比为 $\left(\dfrac{N}{A_n} + \dfrac{M_x}{\gamma_x W_{nx}} + \dfrac{M_y}{\gamma_y W_{ny}}\right)/f = 140.56/290 = 0.485 \approx 0.49$

与软件输出结果基本一致。

四、构件设计验算信息

Px: x向梁与柱全塑性承载力比
Py: y向梁与柱全塑性承载力比

项目	内容
轴压比:	(45) N=−17178.7 Uc=0.39
强度验算:	(17) N=−16956.94 Mx=823.26 My=−133.99 F1/f=0.48
平面内稳定验算:	(17) N=−16956.94 Mx=823.26 My=−133.99 F2/f=0.42
平面外稳定验算:	(17) N=−16956.94 Mx=823.26 My=−133.99 F3/f=0.42
X向长细比=	λ_x=15.24≤57.77
Y向长细比	λ_y=15.24≤57.77
	《高钢规》7.3.9条:钢框架柱的长细比,一级不应大于$60\sqrt{\dfrac{235}{f_y}}$,二级不应大于$70\sqrt{\dfrac{235}{f_y}}$,三级不应大于$80\sqrt{\dfrac{235}{f_y}}$,四级及非抗震设计不应大于$100\sqrt{\dfrac{235}{f_y}}$ 《钢结构设计标准》GB 50017−2017 7.4.6、7.4.7条给出构件长细比限值 程序最终限值取两者较严值
宽厚比=	b/tf=9.67≤29.71 《高钢规》7.4.1条给出宽厚比限值 《钢结构设计标准》GB 50017−2017 3.5.1条给出宽厚比限值 程序最终限值取两者的较严值
高厚比=	b/tw=9.67≤29.71 《高钢规》7.4.1条给出高厚比限值 《钢结构设计标准》GB 50017−2017 3.5.1条给出高厚比限值 程序最终限值取两者的较严值
钢柱强柱弱梁验算:	X向 (45) N=−17178.72 Px=0.09 Y向 (45) N=−17178.72 Py=0.24 《抗规》8.2.5−1条钢框架节点左右梁端和上下柱端的全塑性承载力,除下列情况之一外,应符合下式要求:柱所在楼层的受剪承载力比相邻上一层的受剪承载力高出25%;柱轴压比不超过0.4,或$N_2 \leqslant \phi A_c f$(N_2为2倍地震作用下的组合轴力设计值)与支撑斜杆相连的节点 等截面梁:$\sum W_{pc}\left(f_{yc}-\dfrac{N}{A_c}\right) \geqslant \eta \sum W_{pb} f_{yb}$ 端部翼缘变截面梁:$\sum W_{pc}\left(f_{yc}-\dfrac{N}{A_c}\right) \geqslant \sum(\eta W_{pb} f_{yb}+V_{pb} s)$
受剪承载力:	CB_XF=4137.49 GB_YF=4137.49 《钢结构设计标准》GB 50017−2017 10.3.4

图4-16 SATWE输出钢柱设计验算信息

2. 平面内稳定性验算

$N=16956.94$kN,$M_x=823.26$kN·m,$M_y=133.99$kN·m

满足 S3 级要求,箱形截面,$\gamma_x=\gamma_y=1.05$,$\eta=0.7$,$\varphi_{bx}=\varphi_{by}=1.0$,$\beta_{mx}=\beta_{my}=\beta_{tx}=\beta_{ty}=1.0$

$W_x=W_y=30222.63$cm^3,$A=1536$cm^2,$i_x=i_y=26.24$cm

内力组合为非地震组合,$\gamma_{RE}=1.0$

$f=290$N/mm^2

$$\lambda_x=\lambda_y=\frac{\mu H}{i_x}=\frac{1.0\times4000}{262.4}=15.24$$

焊接箱形柱,板件宽厚比为 $700/60=11.67$ 小于 20,由《钢结构设计标准》GB

50017—2017 表 7.2.1-2 可知，属于 c 类截面。

$$\lambda \sqrt{\frac{f_y}{235}} = 15.24\sqrt{\frac{345}{235}} = 18.47$$

查《钢结构设计标准》GB 50017—2017 附表 D.0.3，得：

$\varphi_x = \varphi_y = 0.973$

$$N'_{Ex} = N'_{Ey} = \frac{\pi^2 EA}{1.1\lambda_x^2} = \frac{3.14^2 \times 2.06 \times 10^5 \times 1536 \times 10^2}{1.1 \times 15.24^2} = 122111.09\text{kN}$$

$$\frac{N}{\varphi_x A} + \frac{\beta_{mx} M_x}{\gamma_x W_x \left(1 - 0.8\frac{N}{N'_{Ex}}\right)} + \eta\frac{\beta_{ty} M_y}{\varphi_{by} W_y}$$

$$= \frac{16956.94 \times 10^3}{0.973 \times 1536 \times 10^2} + \frac{1.0 \times 823.26 \times 10^6}{1.05 \times 30222.63 \times 10^3 \times \left(1 - 0.8\frac{16956.94}{122111.09}\right)} + 0.7 \times \frac{1.0 \times 133.99 \times 10^6}{1.0 \times 30222.63 \times 10^3}$$

$$= 145.75\text{N/mm}^2$$

平面内稳定验算应力比为 $\left(\dfrac{N}{\varphi_x A} + \dfrac{\beta_{mx} M_x}{\gamma_x W_x \left(1 - 0.8\dfrac{N}{N'_{Ex}}\right)} + \eta\dfrac{\beta_{ty} M_y}{\varphi_{by} W_y}\right)\bigg/ f = 145.75/290 = 0.50$

与软件输出结果 0.42 不一致。

3. 平面外稳定性验算

$$\frac{N}{\varphi_y A} + \eta\frac{\beta_{tx} M_x}{\varphi_{bx} W_x} + \frac{\beta_{my} M_y}{\gamma_y W_y \left(1 - 0.8\frac{N}{N'_{Ey}}\right)}$$

$$= \frac{16956.94 \times 10^3}{0.973 \times 1536 \times 10^2} + 0.7 \times \frac{1.0 \times 823.26 \times 10^6}{1.0 \times 30222.63 \times 10^3} + \frac{1.0 \times 133.99 \times 10^6}{1.05 \times 30222.63 \times 10^3 \times \left(1 - 0.8\frac{16956.94}{122111.09}\right)}$$

$$= 137.28\text{N/mm}^2$$

平面外稳定验算应力比为 $\left(\dfrac{N}{\varphi_y A} + \eta\dfrac{\beta_{tx} M_x}{\varphi_{bx} W_x} + \dfrac{\beta_{my} M_y}{\gamma_y W_y \left(1 - 0.8\dfrac{N}{N'_{Ey}}\right)}\right)\bigg/ f = 137.28/290 = 0.47$

与软件输出结果 0.42 不一致。

说明：平面内及平面外稳定性验算结果，手算与软件输出结果不一致，主要原因是手算取 $\beta_{mx} = \beta_{my} = \beta_{tx} = \beta_{ty} = 1.0$，软件按照公式 $\beta_{mx} = 0.6 + 0.4\dfrac{M_2}{M_1}$、$\beta_{tx} = 0.65 + 0.35\dfrac{M_2}{M_1}$ 计算出来的值一般小于 1.0。

4. 强柱弱梁验算

轴压比为 $\dfrac{N}{Af} = \dfrac{17178.7 \times 10^3}{1536 \times 10^2 \times 290} = 0.386 \approx 0.39$

与软件输出结果一致。

根据《高层民用建筑钢结构技术规程》JGJ 99—2015 第 7.3.3 条第 1 款，柱轴压比小于0.4,可不验算强柱弱梁。

5.构造验算

长细比为15.24,$<70\sqrt{235/f_y}=70\sqrt{235/345}=57.77$

宽厚比为$(700-60\times2)/60=9.67$,$<36\sqrt{235/f_y}=36\sqrt{235/345}=29.71$

均满足《高层民用建筑钢结构技术规程》JGJ 99—2015规定的二级抗震等级的构造要求,且与软件输出结果一致。

二、框架梁计算

以第六层框架梁L1为例(位置见图4-1)。

(一)软件输出结果

SATWE输出的结果分别见图4-14、图4-17、图4-18。

一、构件几何材料信息

层号	IST=6
塔号	ITOW=1
单元号	IELE=260
构件种类标志(KELE)	梁
左节点号	J1=955
右节点号	J2=971
构件材料信息(Ma)	钢
长度(m)	DL=7.50
截面类型号	Kind=1
截面参数(m)	B*H*B1*B2*H1*B3*B4*H2
	=0.012*0.650*0.119*0.119*0.018*0.119*0.119*0.018
钢号	345
净毛面积比	Rnet=1.00

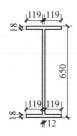

图4-17 SATWE输出钢梁几何材料信息

(二)框架梁手算过程

1.抗弯强度验算

$M_x=667.74\text{kN}\cdot\text{m}$

地震作用组合$\gamma_x=1.0$

$W_{nx}=3478.22\text{cm}^3$

$$\frac{M_x}{\gamma_x W_{nx}}=\frac{667.74\times10^6}{1.0\times3478.22\times10^3}=191.98\text{N/mm}^2$$

抗弯强度验算应力比为$\left(\dfrac{M_x}{\gamma_x W_{nx}}\right)/(f/\gamma_{RE})=191.98/(295/0.75)=0.49$

四、构件设计验算信息

1 -M ------ 各个计算截面的最大负弯矩
2 +M ------ 各个计算截面的最大正弯矩
3 Shear --- 各个计算截面的剪力
4 N-T ----- 最大轴拉力(kN)
5 N-C ----- 最大轴压力(kN)

	-I	-1	-2	-3	-4	-5	-6	-7	-J
-M	-517.67	-347.05	-196.46	-62.24	0.00	-110.32	-274.40	-462.77	-667.74
LoadCase	40	72	72	72	1	63	31	31	31
+M	449.66	370.64	281.21	172.11	67.59	161.14	241.05	309.21	363.54
LoadCase	63	31	31	31	12	40	72	72	72
Shear	191.33	176.31	156.20	135.00	-148.16	-169.36	-190.55	-210.67	-225.68
LoadCase	40	40	40	40	31	31	31	31	31
N-T	0.00	0.00	0.00	0.00	0.00	0.00	0.00	0.00	0.00
N-C	0.00	0.00	0.00	0.00	0.00	0.00	0.00	0.00	0.00
强度验算	(31) N=0.00, M=-667.74, F1/f=0.46								
稳定验算	(0) N=0.00, M=0.00, F2/f=0.00								
抗剪验算	(15) V=-173.23, F3/fv=0.14								
下翼缘稳定应力验算	(31) M=-667.74, F4/f=0.55								
宽厚比	b/tf=6.61 ≤ 7.43 《高钢规》7.4.1条给出宽厚比限值 《钢结构设计标准》GB 50017 — 2017 3.5.1条给出宽厚比限值 程序最终限值取两者的较严值								
高厚比	b/tw=51.17 ≤ 53.65 《高钢规》7.4.1条给出高厚比限值 《钢结构设计标准》GB 50017 — 2017 3.5.1条给出高厚比限值 程序最终限值取两者的较严值								

图 4-18 SATWE 输出钢梁设计验算信息

与软件输出结果 0.46 不一致。

说明：软件输出结果 0.46，可能是将 γ_x 按照非抗震组合取为了 1.05，则抗弯强度验算应力比为 $\left(\dfrac{M_x}{\gamma_x W_{nx}}\right) / (f/\gamma_{RE}) = \left(\dfrac{667.74 \times 10^6}{1.05 \times 3478.22 \times 10^3}\right) / (295/0.75) = 0.46$。很显然软件的取值是错误的，也导致计算出来的钢梁强度验算应力比偏小，带来不安全的隐患。

2. 抗剪强度验算

（1）框架梁跨中抗剪强度验算

$V = 173.23\text{kN}$，$S = 1987.49\text{cm}^3$，$I = 113042.25\text{cm}^4$，$t_w = 12\text{mm}$

$$\tau = \frac{VS}{It_w} = \frac{173.23 \times 10^3 \times 1987.49 \times 10^3}{113042.25 \times 10^4 \times 12} = 25.38\text{N/mm}^2$$

框架梁跨中抗剪强度验算应力比为 $\tau/(f_v/\gamma_{RE}) = 25.38/(175/0.75) = 0.109$

（2）框架梁端部截面抗剪强度验算

考虑两列共 10 个 M22 螺栓，即腹板上一列有 5 个 24mm 圆孔，并考虑两个 35mm 的过焊孔，腹板净高度为 $650-2\times18-5\times24-2\times35 = 424\text{mm}$，故扣除焊接孔和螺栓孔后的腹板受剪面积为 $A_{wn} = 424 \times 12 = 5088\text{mm}^2$。

$$\tau = \frac{V}{A_{wn}} = \frac{225.68 \times 10^3}{5088} = 44.36\text{N/mm}^2$$

框架梁端部截面抗剪强度验算应力比为 $\tau/(f_v/\gamma_{RE}) = 44.36/(175/0.75) = 0.19$

很显然，框架梁端部截面抗剪强度验算应力比要高于跨中抗剪强度验算应力比。而软件在计算框架梁端部截面抗剪强度应力比时，没有扣除螺栓孔和过焊孔的高度，而将梁端部截面抗剪强度应力比算小。软件对此问题的解释是，"钢构件截面净毛面积比"可以考虑腹板削弱的问题。但是就本例而言，钢构件截面净毛面积比为 $A_{wn}/A_w = 5088/[(650-2×18)×12]=0.69$，一般远小于常规的 $0.85\sim0.95$。因此需要特别提醒读者注意，对于受剪应力比较大的梁，一定要手工复核框架梁端部截面抗剪强度应力。

3. 整体稳定性验算

因钢梁上铺钢筋混凝土楼板，因此不用进行钢梁稳定性验算。

4. 下翼缘稳定性验算

《钢结构设计标准》GB 50017—2017 第 6.2.7 条规定：支座承担负弯矩且梁顶有混凝

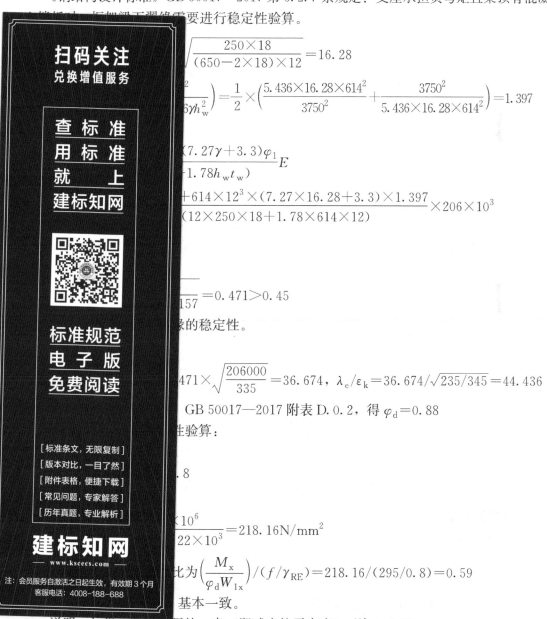

$$\sqrt{\dfrac{250×18}{(650-2×18)×12}}=16.28$$

$$\dfrac{1}{2}×\left(\dfrac{5.436×16.28×614^2}{3750^2}+\dfrac{3750^2}{5.436×16.28×614^2}\right)=1.397$$

$$\dfrac{(7.27γ+3.3)φ_1}{1.78h_w t_w}E$$

$$\dfrac{+614×12^3×(7.27×16.28+3.3)×1.397}{(12×250×18+1.78×614×12)}×206×10^3$$

$$=0.471>0.45$$

缘的稳定性。

$$471×\sqrt{\dfrac{206000}{335}}=36.674,\quad λ_e/ε_k=36.674/\sqrt{235/345}=44.436$$

GB 50017—2017 附表 D.0.2，得 $φ_d=0.88$

性验算：

.8

$$\dfrac{×10^6}{22×10^3}=218.16\text{N/mm}^2$$

比为 $\left(\dfrac{M_x}{φ_d W_{1x}}\right)/(f/γ_{RE})=218.16/(295/0.8)=0.59$

基本一致。

说明：如果 l 取梁净距的一半（即减去柱子宽度），则 $l=3450\text{mm}$。

$$\varphi_1=\frac{1}{2}\left(\frac{5.436\gamma h_\mathrm{w}^2}{l^2}+\frac{l^2}{5.436\gamma h_\mathrm{w}^2}\right)=\frac{1}{2}\times\left(\frac{5.436\times16.28\times614^2}{3450^2}+\frac{3450^2}{5.436\times16.28\times614^2}\right)=1.58$$

畸变屈曲临界应力为：

$$\sigma_\mathrm{cr}=\frac{3.46b_1t_1^3+h_\mathrm{w}t_\mathrm{w}^3(7.27\gamma+3.3)\varphi_1}{h_\mathrm{w}^2(12b_1t_1+1.78h_\mathrm{w}t_\mathrm{w})}E$$

$$=\frac{3.46\times250\times18^3+614\times12^3\times(7.27\times16.28+3.3)\times1.58}{614^2\times(12\times250\times18+1.78\times614\times12)}\times206\times10^3=1701.47\mathrm{N/mm}^2$$

正则化长细比为：

$$\lambda_\mathrm{n,b}=\sqrt{\frac{f_\mathrm{y}}{\sigma_\mathrm{cr}}}=\sqrt{\frac{335}{1701.47}}=0.44<0.45$$

不需要计算框架梁下翼缘的稳定性。

5. 构造验算

翼缘宽厚比为 $\frac{(250-12)}{2}/18=6.61$，$<9\sqrt{235/f_\mathrm{y}}=9\sqrt{235/345}=7.43$

腹板高厚比为 $(650-2\times18)/12=51.17$，$<65\sqrt{235/f_\mathrm{y}}=65\sqrt{235/345}=53.65$

均满足《高层民用建筑钢结构技术规程》JGJ 99—2015 规定的二级抗震等级的构造要求，且与软件输出结果一致。

三、支撑计算

以第六层支撑 GZC1 为例（位置见图 4-1）。

（一）软件输出结果

SATWE 输出的结果分别见图 4-19～图 4-21。

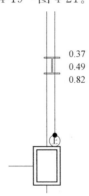

0.37
0.49
0.82

图 4-19　SATWE 输出钢支撑应力比简图

（二）支撑手算过程

1. 强度验算

$N=1898.49\mathrm{kN}$，$A_\mathrm{br}=172.96\mathrm{cm}^2$

非地震作用组合 $\gamma_\mathrm{RE}=1.0$

$N/A_\mathrm{br}=1898.49\times10^3/(172.96\times10^2)=109.76\mathrm{N/mm}^2$

强度验算应力比为 $(N/A_\mathrm{br})/(f/\gamma_\mathrm{RE})=109.76/295=0.37$

一、构件几何材料信息

层号	IST=6
塔号	ITOW=1
单元号	IELE=4
构件种类标志(KELE)	支撑
上节点号	J1=965
下节点号	J2=812
构件材料信息(Ma)	钢
长度(m)	DL=6.17
截面类型号	Kind=1
截面参数(m)	B*H*B1*B2*H1*B3*B4*H2 =0.016*0.300*0.142*0.142*0.022*0.142*0.142*0.022
钢号	345
净毛面积比	Rnet=1.00

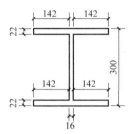

图 4-20 SATWE 输出钢支撑几何材料信息

四、构件设计验算信息

项目	内容
强度验算:	(17)　N=−1898.49　Mx=0.00　My=0.00　F1/f=0.37
平面内稳定验算:	(45)　N=−2091.59　Mx=0.00　My=0.00　F2/f=0.49
平面外稳定验算:	(45)　N=−2091.59　Mx=0.00　My=0.00　F3/f=0.82
X向长细比=	λ_x=48.69 ≤ 99.04
Y向长细比=	λ_y=73.39 ≤ 99.04
	《高钢规》7.5.2条:中心支撑斜杆的长细比,按压杆设计时,不应大于$120\sqrt{\dfrac{235}{f_y}}$。 非抗震设计和四级采用拉杆设计时,其长细比不应大于180。 《钢结构设计标准》GB 50017—2017 7.4.6、7.4.7条给出构件长细比限值 程序最终限值取两者较严值
宽厚比=	b/tf = 6.45 ≤ 7.43 《高钢规》7.5.3条给出宽厚比限值 《钢结构设计标准》GB 50017—2017 7.3.1条给出宽厚比限值 程序最终限值取两者的较严值
高厚比=	h/tw=16.00 ≤21.46 《高钢规》7.5.3条给出高厚比限值 《钢结构设计标准》GB 50017—2017 7.3.1条给出高厚比限值 程序最终限值取两者的较严值
受剪承载力:	CB_XF=0.00　CB_YF=4007.25 《钢结构设计标准》GB 50017—2017

图 4-21 SATWE 输出钢支撑设计验算信息

与软件输出结果一致。

2. 平面内稳定性验算

$$\lambda_x = l_x / i_x = 6170/126.7 = 48.7$$

对 x 轴,属于 b 类截面,$\lambda_x\sqrt{\dfrac{f_y}{235}} = 48.7 \times \sqrt{\dfrac{335}{235}} = 58.15$

查《钢结构设计标准》GB 50017—2017 附表 D.0.2，得：

$\varphi_x = 0.817$

$\lambda_{nx} = (\lambda_x/\pi)\sqrt{f_y/E} = (48.7/3.14)\sqrt{335/206000} = 0.6254$

$\psi_x = 1/(1+0.35\lambda_{nx}) = 1/(1+0.35\times0.6254) = 0.82$

地震作用组合 $\gamma_{RE} = 0.8$

平面内稳定验算应力比为 $\dfrac{N/(\varphi_x A_{br})}{\psi_x f/\gamma_{RE}} = \dfrac{2091.59\times10^3/(0.817\times17296)}{0.82\times295/0.8} = 0.49$

与软件输出结果 0.49 一致。

3. 平面外稳定性验算

$\lambda_y = l_y/i_y = 0.9\times6170/75.6 = 73.4524$

对 y 轴，保守地取为 c 类截面（假定翼缘为剪切边，而非焰切边），$\lambda_y\sqrt{\dfrac{f_y}{235}} = 73.4524\times\sqrt{\dfrac{335}{235}} = 87.7$

查《钢结构设计标准》GB 50017—2017 附表 D.0.3，得：

$\varphi_y = 0.529$

$\lambda_{ny} = (\lambda_y/\pi)\sqrt{f_y/E} = (73.4524/3.14)\sqrt{335/206000} = 0.9433$

$\psi_y = 1/(1+0.35\lambda_{ny}) = 1/(1+0.35\times0.9433) = 0.7518$

地震作用组合 $\gamma_{RE} = 0.8$

平面外稳定验算应力比为 $\dfrac{N/(\varphi_y A_{br})}{\psi_y f/\gamma_{RE}} = \dfrac{2091.59\times10^3/(0.529\times17296)}{0.7518\times295/0.8} = 0.8246$

与软件输出结果 0.82 基本一致。

说明：《高层民用建筑钢结构技术规程》JGJ 99—2015 第 8.7.2 条规定：当支撑翼缘朝向框架平面外，且采用支托式连接时，其平面外计算长度可取轴线长度的 0.7 倍；当支撑腹板位于框架平面内时，其平面外计算长度可取轴线长度的 0.9 倍。因此本工程支撑平面外计算长度系数可取为 0.9，需要在软件里面自己手工指定。

4. 构造验算

X 向长细比为 48.7，$<120\sqrt{235/f_y} = 120\sqrt{235/345} = 99.04$

Y 向长细比为 73.45，$<120\sqrt{235/f_y} = 120\sqrt{235/345} = 99.04$

宽厚比为 $\dfrac{(300-16)/2}{22} = 6.45$，$<9\sqrt{235/f_y} = 9\sqrt{235/345} = 7.43$

高厚比为 $(300-22\times2)/16 = 16$，$<26\sqrt{235/f_y} = 26\sqrt{235/345} = 21.46$

均满足《高层民用建筑钢结构技术规程》JGJ 99—2015 规定的二级抗震等级的构造要求。

第四节 PKPM 节点计算

本节介绍 PKPM 软件节点计算结果输出，并将手算结果与 PKPM 软件节点计算结果进行对比。

一、框架梁、柱连接节点

以第三十层东北角梁、柱节点（L1 与 Z2）为例（位置见图 4-1）。

（一）软件输出结果

PKPM 软件钢结构施工图模块中，L1 与 Z2 梁、柱连接输出的结果见图 4-22。

```
-----------------------------------------------------------------
梁编号 = 60，连接端：1
采用钢截面：H650X250X12X18
梁钢号：Q345
连接柱截面：箱500X700x26x26
柱钢号：Q345
连接设计方法：等强连接。（受弯承载力等强）

箱形柱与工形梁(90)度固接连接
连接类型为                              一 单剪连接
高强螺栓连接 （翼缘用对接焊缝，对接焊缝质量级别:2级，腹板用高强螺栓）
梁翼缘塑性截面模量/全截面塑性截面模量：0.715
常用设计法 算法：翼缘承担全部弯矩，腹板只承担剪力
端部设计采用等强设计:
梁的塑性抗弯承载力Mp（kN*m）：949.89

螺栓连接验算:
    螺栓群作用弯矩 M（kN*m）、轴力 N（kN）、剪力 V（kN）(分配后): 0.00, 0.00, 485.52
    (剪力V 取 梁腹板净截面抗剪承载力设计值的1/2)
    采用 10.9级 高强螺栓 摩擦型连接
    螺栓直径 D = 22 mm
    高强度螺栓连接处构件接触面 喷硬质石英砂或铸钢棱角砂
    接触面抗滑移系数 u = 0.45
    高强螺栓预拉力 P = 190.00 kN
    连接梁腹板和连接板的高强螺栓单面抗剪承载力设计值 Nvb = 76.95 kN
    连接梁腹板和连接板的高强螺栓所受最大剪力 Ns = 69.36 kN <= Nvb，设计满足
    腹板螺栓排列(平行于梁轴线的称为"行"):
        行数:7,    螺栓的行间距: 72mm,    螺栓的行边距:   56mm
        列数:1,              螺栓的列边距: 40mm

梁端部连接验算:
    采用 单连接板 连接
    腹板作用弯矩（kN*m）、轴力 N（kN）、剪力 V（kN）(分配后)  : 0.00, 0.00, 485.52
    (剪力V 取 梁腹板净截面抗剪承载力设计值的1/2)
    梁腹板净截面最大正应力: 0.00 N/mm2 <= f= 305 N/mm2, 设计满足
    梁腹板净截面最大剪应力: 98.84 N/mm2 <= fv= 175 N/mm2, 设计满足
    梁边到柱截面边的距离 e = 15 mm

连接件验算:
    连接板尺寸 B x H x T = 95 x 544 x 14
    需要最小连接板高度H=96 mm <= 实际连接板高度H=544 mm 满足要求!
    连接件净截面最大正应力: 0.00 N/mm2 <= f= 305 N/mm2, 设计满足
    连接件净截面最大剪应力: 95.62 N/mm2 <= fv= 175 N/mm2, 设计满足

梁柱连接的极限承载力验算:
    梁柱连接极限受弯承载力Mu:
    翼缘连接系数η jf = 1.35 腹板连接系数 η jw = 1.40
    梁翼缘的塑性受弯承载力Mpf=952.740 kN.m
    梁腹板的塑性受弯承载力Mpw=390.191 kN.m
    加强前连接的极限承载力Mu=1556.138 kN.m
    程序采用的加强方案和验算结果:
        连接根部梁翼缘加宽,加宽板宽度B: 35 mm
        连接板类型: 直接换板加宽
        翼缘的受弯极限承载力Muf=1710.950 kN.m
        腹板的受弯极限承载力Muw=219.458 kN.m
        Mu=Muf+Muw= 1930.408 kN.m > η jf*Mpf+η jw*Mpw=1832.466 kN.m, 满足
    梁柱连接极限受剪承载力Vu:
        连接板和柱翼缘的连接焊缝抗剪极限承载力 Vu1 = 1612.05 kN
        梁腹板净截面抗剪极限承载力 Vu2 = 1229.97 kN
        连接板净截面抗剪极限承载力 Vu3 = 1434.97 kN
        腹板连接（螺栓或焊缝）抗剪极限承载力 Vu4 = 1281.08 kN
        调整后最小极限受剪承载力: 取  Vu2 = 1229.97 kN
        Vu= 1229.97 kN >= 1.2(2Mp/ln)+Vgb(未包含竖向地震)=471.45 kN 满足
-----------------------------------------------------------------
```

图 4-22　PKPM 输出梁柱刚接节点验算信息

（二）梁、柱节点手算过程

按照《高层民用建筑钢结构技术规程》JGJ 99—2015 的方法计算梁、柱刚接节点。

1. 梁腹板螺栓计算

计算过程详见本书第一章［例题 1-2］。一共需要 16 个 M22（双剪）的螺栓。

但是 PKPM 软件计算仅需要 7 个 M22（双剪）的螺栓。对于 PKPM 软件螺栓的计算过程，作以下几点说明：

（1）PKPM 软件根据梁翼缘的塑性截面模量占梁全截面塑性截面模量的比例大于0.7，认为弯矩全部由梁翼缘承担，剪力全部由梁腹板承担。PKPM 软件在此处的处理是欠妥的。

《高层民用建筑钢结构技术规程》JGJ 99—2015 第 8.2.2 条、第 8.2.3 条条文说明规定：01 抗规规定：当梁翼缘的塑性截面模量与梁全截面的塑性截面模量之比小于 70% 时，梁腹板与柱的连接螺栓不得少于二列；当计算仅需一列时，仍应布置二列，且此时螺栓总数不得少于计算值的 1.5 倍。该法不能对腹板螺栓数进行定量计算，并导致螺栓用量增多。但 2001 版抗规规定的方法仍可采用。

软件可能就是根据以上条文说明，仍然采用 2001 版抗规的计算方法。但是，其实2001 版抗规只说明了梁翼缘的塑性截面模量与梁全截面的塑性截面模量之比小于 70% 时，梁腹板与柱的连接螺栓不得少于二列；当计算仅需一列时，仍应布置二列，且此时螺栓总数不得少于计算值的 1.5 倍。但是并未说"梁翼缘的塑性截面模量占梁全截面塑性截面模量的比例大于 0.7，弯矩全部由梁翼缘承担，剪力全部由梁腹板承担"。

（2）软件腹板等强的计算，剪力 V 取梁腹板净截面抗剪承载力设计值的 1/2。计算过程如下：

$$V = h_{0b} t_{wb} f_v / 2 = (650 - 2 \times 18 - 7 \times 24) \times 12 \times 175 / 2 = 468.3 \text{kN}$$

与软件输出结果 485.52kN 基本相当。

剪力 V 取梁腹板净截面抗剪承载力设计值的 1/2，这是缺乏理论依据的。

2. 强节点验算

（1）按照《高层民用建筑钢结构技术规程》JGJ 99—2015 的方法进行强节点手算。

1）"$M_u^j \geqslant \alpha M_p$"验算

具体验算过程详见本书第一章【例题 1-1】。

梁端连接的极限受弯承载力 $M_u^j = 1642.98 \text{kN} \cdot \text{m}$，与软件输出结果 1556.138kN·m基本相当。

梁的全塑性受弯承载力 $M_p = 1371.4 \text{kN} \cdot \text{m}$，连接系数 $\alpha = 1.35$，$\alpha M_p = 1.35 \times 1371.4 = 1851.39 \text{kN} \cdot \text{m}$，与软件输出结果 1832.466kN·m 基本相当。

2）"$V_u^j \geqslant \alpha(\sum M_p / l_n) + V_{Gb}$"验算

螺栓受剪，$n = 16$，$n_f = 2$，$A_e^b = 303 \text{mm}^2$，$f_u^b = 1040 \text{N/mm}^2$

故 $V_u^j = 0.58 n n_f A_e^b f_u^b = 0.58 \times 16 \times 2 \times 303 \times 1040 = 5848.63 \text{kN}$

钢板承压，$n = 16$，$d = 22$，$\sum t = \min\{$梁腹板厚度，连接板厚度$\} = \min\{12, 2 \times 14\} = 12 \text{mm}$，$f_{cu}^b = 1.5 f_u = 1.5 \times 470 = 705 \text{N/mm}^2$

故 $V_u^j = n d (\sum t) f_{cu}^b = 16 \times 22 \times 12 \times 705 = 2977.92 \text{kN}$

综上：取 $V_u^j = 2977.92\text{kN}$。

$\alpha(\sum M_p / l_n) + V_{Gb} = 1.4 \times (2 \times 1371.4/7) + 64.62 = 613.18\text{kN}$

满足 $V_u^j \geqslant \alpha(\sum M_p / l_n) + V_{Gb}$。

（2）PKPM 软件计算 V_u 过程如下：

连接板和柱翼缘的连接焊缝抗剪极限承载力为：

$$V_{u1} = 4[0.7h_f(H - 2h_f) \times 0.58f_u]$$
$$= 4 \times [0.7 \times 8 \times (544 - 2 \times 8) \times 0.58 \times 470] = 3224.09\text{kN}$$

梁腹板净截面抗剪极限承载力为：

$$V_{u2} = 0.58f_u[h_b - 2(t_f + R) - nD_0]t_w$$
$$= 0.58 \times 470 \times [650 - 2 \times (18 + 35) - 7 \times 24] \times 12 = 1229.97\text{kN}$$

连接板净截面抗剪极限承载力为：

$$V_{u3} = 0.58f_u(H - nD_0)t$$
$$= 0.58 \times 470 \times (544 - 7 \times 24) \times 20 = 2049.95\text{kN}$$

腹板连接（螺栓或焊缝）抗剪极限承载力为：

螺栓受剪 $V_{u4} = 0.58nn_f A_e^b f_u^b = 0.58 \times 7 \times 2 \times 303 \times 1040 = 2558.77\text{kN}$

钢板承压 $V_{u4} = nd(\sum t)f_{cu}^b = 7 \times 22 \times 12 \times (1.5 \times 470) = 1302.84\text{kN}$

腹板连接（螺栓或焊缝）抗剪极限承载力取以上两者较小值 $V_{u4} = 1302.84\text{kN}$，$V_u$ 取 V_{u1}、V_{u2}、V_{u3}、V_{u4} 较小值为 1229.97kN。

（3）PKPM 软件验算 $V_u^j \geqslant \alpha(\sum M_p / l_n) + V_{Gb}$ 需要商榷的问题

1）PKPM 软件在计算 $\alpha(\sum M_p / l_n) + V_{Gb}$ 时，α 按照《建筑抗震设计规范》GB 50011—2010（2016 年版）取为 1.2，这是错误的，应该按照《高层民用建筑钢结构技术规程》JGJ 99—2015 取为 1.4。再就是 PKPM 软件将 V_{Gb} 取为 0，这也是错误的，读者应该将框架梁指定为两端简支，求出简支梁分析的梁端截面剪力设计值 V_{Gb}。

2）连接板和柱翼缘的连接焊缝抗剪极限承载力没有必要计算，因为一块连接板采用双面角焊缝、一块连接板采用单面坡口焊（见本书图 1-16 中 1—1 剖面），焊缝的极限受剪承载力很大，远大于梁腹板与柱面连接板之间高强度螺栓连接的极限受剪承载力。焊缝的极限承载力可以按照《建筑抗震设计规范》GB 50011—2001 公式（8.2.8-13）、公式（8.2.8-14）计算，具体公式如下：

对接焊缝受拉 $\qquad N_u = A_f^w f_u$

角焊缝受剪 $\qquad V_u = 0.58A_f^w f_u$

式中　A_f^w——焊缝的有效受力面积；

$\qquad f_u$——构件母材的抗拉强度最小值。

对接焊缝的极限受剪承载力可以参照陈富生等所著《高层建筑钢结构设计》（第二版）中的公式，如下：

对接焊缝受剪 $\qquad V_u = 0.58A_f^w f_u$

3）梁腹板净截面抗剪极限承载力也没有必要计算，软件采用 $V_u = 0.58h_w t_w f_u$ 计算梁腹板净截面抗剪极限承载力。其实在《建筑抗震设计规范》GB 50011—2001 编制时，根据赵熙元先生的意见，补充列入了梁腹板连接的极限承载力应大于腹板全截面屈服时的剪力，即 $V_u \geqslant 0.58 h_w t_w f_{ay}$。但是在《建筑抗震设计规范》GB 50011—2010（2016 年版）、《高层民用建筑钢结构技术规程》JGJ 99—2015 中又将"$V_u \geqslant 0.58 h_w t_w f_{ay}$"删掉了，其理由是，框架梁一般为弯矩控制，剪力控制的情况很少，其设计剪力应采用与梁屈服弯矩相应的剪力，2001 版规范规定采用腹板全截面屈服时的剪力，过于保守。软件又采用 $V_u = 0.58 h_w t_w f_u$ 计算梁腹板净截面抗剪极限承载力，仅将 f_{ay} 改为 f_u，实际是没有意义的。

　　3. 节点域验算

　　PKPM 软件钢结构施工图模块中，输出的节点域验算结果见图 4-23。

　　《高层民用建筑钢结构技术规程》JGJ 99—2015 与《钢结构设计标准》GB 50017—2017 节点域验算的公式不相同，下面手工复核 x 方向节点域验算结果。

```
===柱节点域验算结果===
  节点编号: 138, 柱编号: 56
  柱截面类型: 箱型 箱500X700x26x26

节点域柱腹板稳定验算(GB50011):
  强轴方向验算结果:
  Hb = 626mm, Hc = 674mm, Tw = 26mm
  [(Hb+Hc)]/Tw = 50.00 <= 90
  柱腹板厚度满足要求!
  弱轴方向验算结果:
  Hb = 614mm, Hc = 474mm, Tw = 26mm
  [(Hb+Hc)]/Tw = 41.85 <= 90
  柱腹板厚度满足要求!

柱强轴方向节点域屈服承载力验算结果(GB50011):
  折减系数 Ψ : 0.70
  全塑性受弯承载力 Mpb1+Mpb2 = 2189.236 kN*m; 节点域体积 Vp = 19746.044 cm3
  [Ψ(Mpb1+Mpb2)/Vp]/[(4/3)fv] = 0.291 <= 1
  节点域屈服承载力验算满足!

柱弱轴方向节点域屈服承载力验算结果(GB50011):
  折减系数 Ψ : 0.70
  全塑性受弯承载力 Mpb1+Mpb2 = 2742.742 kN*m; 节点域体积 Vp = 14019.782 cm3
  [Ψ(Mpb1+Mpb2)/Vp]/[(4/3)fv] = 0.513 <= 1
  节点域屈服承载力验算满足!

柱强轴方向节点域腹板受剪正则化宽厚比验算结果(GB50017):
  Hc/Hb = 1.08
  受剪正则化宽厚比 λns= 0.27
  λns上限为 0.80
   满足规范要求!

柱弱轴方向节点域腹板受剪正则化宽厚比验算结果(GB50017):
  Hc/Hb = 0.75
  受剪正则化宽厚比 λns= 0.22
  λns上限为 0.80
   满足规范要求!

柱强轴方向节点域腹板抗剪强度验算结果:
  计算抗剪控制组合号(非地震): 17
  对应的弯矩和(Mb1+Mb2): 840.48 kN*m; 对应的节点域体积(Vp): 19746.044 cm3
  [(Mb1+Mb2)/Vp]/fps = 0.188 <= 1
  按GB50017 (12.3.3-3) 抗剪验算满足!

柱弱轴方向节点域腹板抗剪强度验算结果:
  计算抗剪控制组合号(非地震): 15
  对应的弯矩和(Mb1+Mb2): 253.47 kN*m; 对应的节点域体积(Vp): 14019.782 cm3
  [(Mb1+Mb2)/Vp]/fps = 0.080 <= 1
  按GB50017 (12.3.3-3) 抗剪验算满足!

柱强轴方向节点域腹板抗剪强度验算结果(地震):
  计算抗剪控制组合号(地震): 45
  对应的弯矩和(Mb1+Mb2)*γRe: 806.43 kN*m ; 对应的节点域体积(Vp): 19746.044 cm3
  [(Mb1+Mb2)/Vp]/[(4/3)fv*γRe] = 0.180 <= 1
  按GB50011 (8.2.5-8) 抗剪验算满足!

柱弱轴方向节点域腹板抗剪强度验算结果(地震):
  计算抗剪控制组合号(地震): 31
  对应的弯矩和(Mb1+Mb2)*γRe: 481.34 kN*m ; 对应的节点域体积(Vp): 14019.782 cm3
  [(Mb1+Mb2)/Vp]/[(4/3)fv*γRe] = 0.151 <= 1
  按GB50011 (8.2.5-8) 抗剪验算满足!
```

图 4-23　PKPM 输出节点域验算结果

　　（1）按照《高层民用建筑钢结构技术规程》JGJ 99—2015 进行验算

　　1）弹性阶段节点域的抗剪承载力验算

Z2 左、右两边梁端弯矩设计值分别为（地震组合）：

$M_{b1} = 401.72 \text{kN} \cdot \text{m}$，$M_{b2} = 465.30 \text{kN} \cdot \text{m}$

节点域有效体积为：

$V_p = (16/9) h_{b1} h_{c1} t_p = (16/9) \times (650 - 18) \times (500 - 26) \times 26 = 13846698.67 \text{mm}^3$

$(M_{b1} + M_{b2})/V_p = (401.72 + 465.30) \times 10^6 / 13846698.67 = 62.62 \text{N/mm}^2$

$f_v = 170 \text{N/mm}^2$，$\gamma_{RE} = 0.75$，$(4/3) f_v / \gamma_{RE} = 302.22 \text{N/mm}^2$

满足 $(M_{b1} + M_{b2})/V_p \leqslant (4/3) f_v / \gamma_{RE}$ 的要求。

2）弹塑性阶段节点域的抗剪承载力验算

钢梁塑性截面模量为：

$$W_{pb1} = W_{pb2} = B t_f (H - t_f) + \frac{1}{4}(H - 2 t_f)^2 t_w$$

$$= 250 \times 18 \times (650 - 18) + \frac{1}{4} \times (650 - 2 \times 18)^2 \times 12 = 3974988 \text{mm}^3$$

钢梁全塑性受弯承载力为：

$M_{pb1} = M_{pb2} = W_{pb1} f_y = 3974988 \times 345 = 1371.37 \text{kN} \cdot \text{m}$

抗震等级二级，$\psi = 0.85$

$\psi(M_{pb1} + M_{pb2})/V_p = 0.85 \times (1371.37 + 1371.37)/13846698.67 = 168.37 \text{N/mm}^2$

$(4/3) f_{yv} = (4/3) \times 0.58 f_y = (4/3) \times 0.58 \times 325 = 251.33 \text{N/mm}^2$

满足 $\psi(M_{pb1} + M_{pb2})/V_p \leqslant (4/3) f_{yv}$ 的要求。

说明：PKPM 软件将 ψ 按照《建筑抗震设计规范》GB 50011—2010（2016 年版）取为 0.7，是不安全的。

3）节点域腹板厚度构造规定

$(h_{0b} + h_{0c})/90 = [(650 - 18 \times 2) + (500 - 26 \times 2)]/90 = 11.8 \text{mm}$

$t_p = 26 \text{mm}$

满足 $t_p \geqslant (h_{0b} + h_{0c})/90$ 的要求。

（2）按照《钢结构设计标准》GB 50017—2017 进行验算

1）验算节点域受剪正则化宽厚比

$h_b = 650 \text{mm}$，$t_w = 26 \text{mm}$，$h_c = 500 \text{mm}$

节点域受剪正则化宽厚比为：

$$\lambda_{n,s} = \frac{h_b/t_w}{37\sqrt{4 + 5.34(h_b/h_c)^2}} \frac{1}{\varepsilon_k} = \frac{650/26}{37 \times \sqrt{4 + 5.34 \times (650/500)^2}} \times \frac{1}{\sqrt{235/345}} = 0.227$$

$\lambda_{n,s}$ 上限为 0.80，满足规范要求。

2）验算节点域承载力

节点域有效体积为：

$V_p = 1.8 h_{b1} h_{c1} t_w = 1.8 \times (650 - 18) \times (500 - 26) \times 26 = 14019782.4 \text{mm}^3$

$\lambda_{n,s} < 0.6$，$f_{ps} = \frac{4}{3} f_v = \frac{4}{3} \times 170 = 226.67 \text{N/mm}^2$

Z2 左、右两边梁端弯矩设计值分别为：

$M_{b1} = 401.72 \text{kN} \cdot \text{m}$，$M_{b2} = 465.30 \text{kN} \cdot \text{m}$

$$(M_{b1}+M_{b2})/V_p=(401.72+465.30)\times10^6/14019782.4=61.84\text{N/mm}^2$$

满足 $(M_{b1}+M_{b2})/V_p \leqslant f_{ps}$ 的要求。

二、中心支撑节点

以第六层 GZC1 为例（位置见图 4-1）。

(一) 软件输出结果

PKPM 软件钢结构施工图模块中，支撑输出的结果见图 4-24。

```
--------------------------------------------------------------------
节点编号：148 , 构件号：31
支撑截面信息：H300X300X16X22
支撑截面布置角度，0°

    工字形支撑腹板拼接连接：
      采用 10.9级 高强度螺栓 摩擦型连接
      螺栓直径 D = 22 mm
      高强度螺栓连接处构件接触面 喷硬质石英砂或铸钢棱角砂
      接触面抗滑移系数 u = 0.45
      高强螺栓预拉力 P = 190.00 kN
      支撑翼缘和腹板的切角半径 R = 35 mm
      支撑的拼接间距 e = 10 mm
      腹板拼接采用双连接板
      腹板连接板尺寸 B x H x T = 650 x 190 x 14
      腹板拼接螺栓排列 NP1 x NP2 x D1 x D2 x D3 D4= 2 x 4 x 57 x 40 x 75 x 80
      工字形支撑轴布置，不需要转换角度
      支撑连接腹板螺栓双面抗剪承载能力设计值Nvb = 153.90 kN
      支撑连接腹板螺栓抗剪实际承载力Ns = 128.38 kN <= Nvb,设计满足

    工字形支撑翼缘拼接连接：
      工字形支撑翼缘采用对接焊缝进行连接，无需进行验算

  拼接短梁净截面验算：
    采用焊接连接，无需算。

  支撑腹板与梁柱焊缝连接验算：
    支撑腹板连接轴力取截面等强
    与柱连接的角焊缝 Hf = 9 mm
    与梁连接的角焊缝 Hf = 16 mm

  支撑连接的极限承载力验算：
    连接系数 Nj = 1.25
    支撑翼缘连接的极限承载力取：
    支撑翼缘净截面的抗拉极限承载力 Nuf = 6204.00 kN
    支撑腹板连接的极限承载力取：
    连接板净截面抗拉极限承载力 Nubw = 1895.04 kN
    支撑连接的极限承载力 Nubr = Nubw+Nuf = 8099.04 kN
    支撑截面的受拉承载力 Nbr = Abr*Fay = 7242.70 kN
    支撑极限承载力满足：Nubr>=Nj*Nbr
--------------------------------------------------------------------
```

图 4-24　PKPM 输出支撑节点验算信息

(二) 支撑节点手算过程

支撑两端在工厂与框架构件焊接在一起，支撑中部在工地拼接（图 4-25）。因翼缘厚度较厚，工地拼接采用翼缘焊接、腹板高强度螺栓连接，以节省高强度螺栓数量。

1. 支撑腹板螺栓计算

支撑腹板按照截面受拉等强的设计原则，采用 10.9 级 M22 摩擦型高强度螺栓连接。

10.9 级摩擦型高强度螺栓，在连接处构件接触面采用喷硬质石英砂的处理方法，标准孔型，每个高强度螺栓受剪承载力（双剪）为：

$$N_v^b=0.9kn_f\mu P=0.9\times1\times2\times0.45\times190=153.9\text{kN}$$

支撑腹板需要的螺栓数为：

$$n=A_wf/N_v^b=[(300-2\times22)\times16\times305]/(153.9\times10^3)=8.12$$

螺栓数取整为 $n=10$。

2. 支撑拼接处强节点验算

螺栓受剪　$N_{ubrw}^j=0.58nn_fA_e^bf_u^b=0.58\times10\times2\times303\times1040=3655.39\text{kN}$

钢板承压　$N_{ubrw}^j=nd(\sum t)f_{cu}^b=10\times22\times16\times705=2481.6\text{kN}$

取以上两项较小值,支撑腹板极限受拉承载力为:

$$N_{ubrw}^{j} = 2481.6kN$$

支撑翼缘极限受拉承载力(焊缝的有效受力面积计算见图 4-26)为:

$$N_{ubrf}^{j} = A_f^w f_u = (22 \times 300 \times 2) \times 470 = 6204kN$$

支撑连接的极限受拉承载力为:

$$N_{ubr}^{j} = N_{ubrw}^{j} + N_{ubrf}^{j} = 2481.6 + 6204 = 8685.6kN$$

$$\alpha A_{br} f_y = 1.25 \times 17296 \times 345 = 7458.9kN$$

满足 $N_{ubr}^{j} \geqslant \alpha A_{br} f_y$ 的要求。

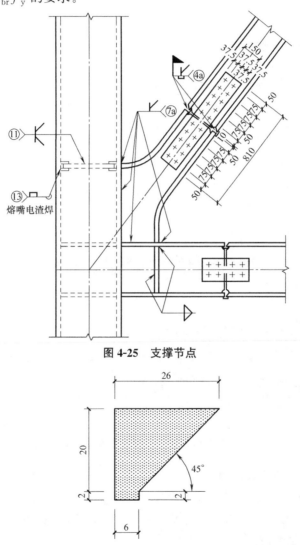

图 4-25 支撑节点

图 4-26 焊缝 4a 形状示意图(见国标图集《多、高层民用建筑
钢结构节点构造详图》16G519 第 72 页)

三、主、次梁连接节点

以第八层 L2 与 L3 连接为例(位置见图 4-1)。

（一）软件输出结果

PKPM 软件钢结构施工图模块中，L2 与 L3 主、次梁连接输出的结果见图 4-27。

```
-------------------------------------------------------------------------
主次梁连接铰接第二种：  次梁腹板伸入
              连接类型：  螺栓连接

主梁编号 = 37
采用钢截面: H650X300X12X20

次梁编号 = 228
采用钢截面: H650X300X11X17
次梁钢号:Q345

对应的内力组合: 14
梁端设计剪力 V: -329.10 kN
梁端设计弯矩 M: 0.00 kN*m
梁端设计轴力 N: 0.00 kN
(次梁端剪力取端部剪力的1.3倍)

腹板螺栓连接验算结果:
  螺栓验算采用的组合号: 14
  采用精确设计法设计，腹板连接考虑弯矩
  对应的内力: M = 0.00 kN*m ; N = 0.00 kN ; V = -329.10 kN
  采用10.9级摩擦型高强螺栓连接
  螺栓直径 D=20 mm
  高强度螺栓连接处构件接触面处理方式: 喷砂
  接触面抗滑移系数 u = 0.45
  高强螺栓预拉力 P = 155.00 kN
  螺栓单面抗剪承载力设计值 Nvb = 62.77 kN
  螺栓承受的最大剪力 Ns = 47.01 kN < Nvb ，设计满足
  主梁腹板侧螺栓验算:
  腹板螺栓排列(平行于梁轴线的称为"行"):
    行数: 7，螺栓的行间距: 70 mm，螺栓的行边距: 60 mm
    列数: 1，螺栓列边距: 40 mm

连接件验算:
  连接板与主梁腹板的角焊缝 Hf = 6 mm
  连接板与主梁翼缘的角焊缝 Hf = 6 mm
  连接板尺寸: B x H x T = 144 x 540 x14
  构件抗拉强度设计值: f=305.00 N/mm2   抗剪强度设计值: fv=175.00 N/mm2
  连接件净截面最大正应力: 0.00 N/mm2 < f，设计满足
  连接件净截面最大剪应力: 57.80 N/mm2 < fv，设计满足
  连接角焊缝强度 Ffw=200.00 N/mm2
  连接件(或梁腹板)与主梁之间的角焊缝最大应力 46.22 N/mm2 < Ffw，设计满足

次梁端部连接验算:
  连接件净截面正应力计算采用的组合号: 1
  采用精确设计法设计，腹板连接考虑弯矩
  对应的内力组合: M = 0.00 kN*m ; N = 0.00 kN ; V = -253.15 kN
  构件抗拉强度设计值: f=305.00 N/mm2   抗剪强度设计值: fv=175.00 N/mm2
  次梁腹板净截面最大正应力: 0.00N/mm2 <= f，设计满足
  连接件净截面剪应力计算采用的组合号: 14
  采用精确设计法设计，腹板连接考虑弯矩
  对应的内力组合: M = 0.00 kN*m ; N = 0.00 kN ; V = -253.15 kN
  次梁腹板净截面最大剪应力: 82.19N/mm2 <= fv，设计满足
  次梁到主梁腹板的距离 e = 15 mm
-------------------------------------------------------------------------
```

图 4-27　PKPM 输出主、次梁连接节点验算信息

（二）主、次梁连接节点手算过程

1. 按照《高层民用建筑钢结构技术规程》JGJ 99—1998 计算

钢结构中主、次梁一般采用铰接连接，规范没有规定主、次梁连接的计算方法。一般参照钢梁与钢柱铰接的计算方法。

《高层民用建筑钢结构技术规程》JGJ 99—1998 第 8.3.11 条规定：梁与柱铰接时（图 4-25），与梁腹板相连的高强度螺栓除应承受梁端剪力外尚应承受偏心弯矩的作用。偏心弯矩 M 应按下列公式计算：

$$M=Ve \tag{4-20}$$

式中　e——支承点到螺栓合力作用线的距离。

钢材均为 Q355，采用 10.9 级高强度螺栓摩擦型连接，表面处理方法为喷硬质石英砂，标准孔型，摩擦面的抗滑移系数 $\mu=0.45$。

一个 M20 高强度螺栓的预拉力 $P=155\mathrm{kN}$

采用单剪连接，传力摩擦面数目 $n_\mathrm{f}=1$

单螺栓抗剪承载力设计值 $N_\mathrm{v}^\mathrm{b}=0.9kn_\mathrm{f}\mu P=0.9\times1\times1\times0.45\times155=62.775\mathrm{kN}$

主、次梁为简支连接，故可不考虑地震作用。假定连接板与次梁为一体，次梁支点在主梁腹板中心线上。其连接螺栓除承受次梁的剪力外，尚应考虑由于连接偏心所产生的附加弯矩 $M=Ve$ 的作用（e 为偏心距，为 60mm）。见图 4-27。

所需螺栓数目：$n=V/N_\mathrm{v}^\mathrm{b}=253.15/62.775=4.03$，考虑附加弯矩的作用，取 $n=5$。螺栓群受剪力 $V=253.15\mathrm{kN}$，偏心弯矩 $M=Ve=253.15\times60=15189\mathrm{kN\cdot mm}$

一个螺栓受力为：

$$N_\mathrm{y}^\mathrm{V}=\frac{V}{n}=\frac{253.15}{5}=50.63\mathrm{kN}$$

$$N_\mathrm{x}^\mathrm{M}=\frac{My_1}{\sum y_i^2}=\frac{15189\times160}{2\times(80^2+160^2)}=37.9725\mathrm{kN}$$

则最外侧螺栓所受合力为：

$$N_1=\sqrt{(N_\mathrm{x}^\mathrm{M})^2+(N_\mathrm{y}^\mathrm{V})^2}=\sqrt{50.63^2+37.9725^2}=63.2875\mathrm{kN}>N_\mathrm{v}^\mathrm{b}=62.775\mathrm{kN}$$

不满足要求。需增加螺栓数量，取螺栓数量 $n=6$。

一个螺栓受力为：

$$N_\mathrm{y}^\mathrm{V}=\frac{V}{n}=\frac{253.15}{6}=42.2\mathrm{kN}$$

$$N_\mathrm{x}^\mathrm{M}=\frac{My_1}{\sum y_i^2}=\frac{15189\times200}{2\times(40^2+120^2+200^2)}=27.12\mathrm{kN}$$

则最外侧螺栓所受合力为：

$$N_1=\sqrt{(N_\mathrm{x}^\mathrm{M})^2+(N_\mathrm{y}^\mathrm{V})^2}=\sqrt{42.2^2+27.12^2}=50.16\mathrm{kN}<N_\mathrm{v}^\mathrm{b}=62.775\mathrm{kN}$$

2. 按照《高层民用建筑钢结构技术规程》JGJ 99—2015 计算

《高层民用建筑钢结构技术规程》JGJ 99—2015 第 8.3.9 条规定：梁与柱铰接时（图 4-28），与梁腹板相连的高强度螺栓，除应承受梁端剪力外，尚应承受偏心弯矩的作用，偏心弯矩 M 应按公式（4-20）计算。当采用现浇钢筋混凝土楼板将主梁和次梁连成整体时，可不计算偏心弯矩的影响。

其条文说明指出：日本《钢结构标准连接——H 形钢篇》SCSS-H97 规定："楼盖次梁与主梁用高强度螺栓连接，采取了考虑偏心影响的设计方法，次梁端部的连接除传递剪力外，还应传递偏心弯矩。但是，当采用现浇钢筋混凝土楼板将主梁与次梁连成一体时，偏心弯矩将由混凝土楼板承担，次梁端部的连接计算可忽略偏心弯矩的作用"。参考此规定，凡符合上述条件者，楼盖次梁与钢梁的连接在计算时可以忽略螺栓连接引起的偏心弯矩的影响，此时楼板厚度应符合设计标准的要求（采用组合板时，压型钢板顶面以上的混凝土厚度不应小于 80mm）。

因此，所需螺栓数目为：$n=V/N_\mathrm{v}^\mathrm{b}=253.15/62.775=4.03$，取 $n=5$。

PKPM 软件没有考虑剪力偏心作用产生的附加弯矩，偏于安全地将剪力放大 1.3 倍来近似考虑附加弯矩的影响。剪力 $V=1.3V=1.3\times253.15=329.10$kN，计算出来螺栓数量为 $n=\dfrac{V}{N_v^b}=\dfrac{329.10}{62.775}=5.24$，取 $n=7$（图 4-29）。

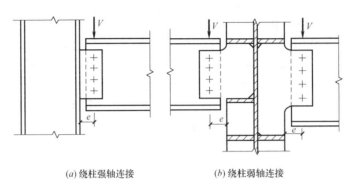

(a) 绕柱强轴连接　　　　　(b) 绕柱弱轴连接

图 4-28　梁与柱的铰接

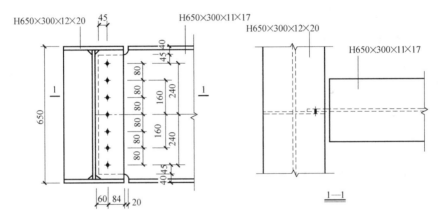

图 4-29　主、次梁连接

四、柱脚

以第一层 Z3 的埋入式柱脚为例（位置见图 4-1）。

(一) 软件输出结果

PKPM 软件钢结构施工图模块中，柱脚输出的结果见图 4-30。

(二) 柱脚手算过程（图 4-31）

1. 柱脚底板计算

柱脚混凝土最大压应力为：

$\sigma_c=\dfrac{N}{BL}=\dfrac{8166.53\times10^3}{800\times800}=12.76N/mm^2<f_c=19.1$N/mm^2，与软件输出结果一致。

悬臂钢板：

$M_1=0.5\sigma_c a_1^2=0.5\times12.76\times150^2=143550$N・mm

四边支承钢板：

$b_3/a_3=1$，$\beta=0.048$

箱形埋入式柱脚节点

柱编号 = 8
采用钢截面：箱500X500x55x55
柱脚混凝土标号：C40
柱脚底板钢号：Q345
柱脚底板尺寸 B x H x T = 800 x 800 x 56
锚栓钢号：Q345
锚栓直径 D = 36
锚栓垫板尺寸 B x T = 80 x 39.2
翼缘侧锚栓数量 = 1
腹板侧锚栓数量 = 1

柱底混凝土承压计算：
　控制内力：N=8166.53 kN（控制组合号：17）
　柱脚混凝土最大压应力 σ c：12.76 N/mm2
　柱脚混凝土轴心抗压强度设计值 fc：19.10 N/mm2
　σ c=12.76 <= fc=19.10，柱底混凝土承压验算满足。

锚栓抗拉承载力校核：
　锚栓不承受拉力，按构造设置

柱底板厚度校核（按混凝土最大压应力计算）：
　区格1，箱形截面柱范围内四边支撑板，计算底板弯矩：93159.69 N*mm
　区格2，柱翼缘侧底板悬挑板，计算底板弯矩：143552.28 N*mm
　区格3，柱腹板侧底板悬挑板，计算底板弯矩：143552.28 N*mm
　底板厚度计算控制区格：区格2
　底板反力计算最小底板厚度：Tmin1 = 56 mm
　锚栓拉力(悬臂)计算最小底板厚度：Tmin2 = 0 mm
　柱底板构造厚度 Tmin = 56 mm
　（最后控制厚度应取以上几者的较大值并规格化后的厚度！）
　柱脚底板厚度 T = 56 mm
　底板厚度满足要求。

埋入部分顶面加劲肋设置：
　加劲肋厚度，55 mm
　加劲肋连接采用对接焊缝

柱底板与柱肢连接焊缝校核：
　柱与底板的焊缝采用，翼缘和腹板均为对接焊缝。

柱底弯矩作用侧面混凝土承压验算：
　埋入深度，1500 mm
　翼缘侧混凝土设计结果：
　　计算控制内力组合号：17
　　设计弯矩值Mx：411.30 kN*m
　　设计剪力值Vy：-116.95 kN
　　混凝土抗压承载力：19.10 N/mm²
　　混凝土受压计算值：1.79 N/mm²
　　侧面混凝土承压验算满足。

柱脚栓钉设计结果：
（高钢规中己取消栓钉相关的验算，此结果仅作参考）
　栓钉直径：16 mm
　栓钉长度：65 mm
　单个栓钉的抗剪承载力：50.53 kN
　翼缘侧栓钉验算：
　　计算控制内力组合号：17
　　设计弯矩值Mx：411.30 kN*m
　　单侧设置栓钉：60
　　计算最少需要栓钉数：57
　　单个栓钉承担的剪力(kN)：20.22
　　翼缘侧栓钉数量满足要求。
　腹板侧栓钉验算：
　　计算控制内力组合号：16
　　设计弯矩值My：299.12 kN*m
　　单侧设置栓钉：52
　　计算最少需要栓钉数：52
　　单个栓钉承担的剪力(kN)：23.33
　　腹板侧栓钉数量满足要求。

柱脚配筋校核：
　竖向受力筋强度等级：HRB(F)400
　翼缘侧配筋设计结果：
　　计算控制内力组合号：17
　　设计弯矩值Mx：411.30 kN*m
　　设计剪力Vy：-116.95 kN
　　高度方向拉、压筋形心间距：902 mm
　　计算需要配筋面积，单侧Asx：1806.83 mm²
　腹板侧配筋设计结果：
　　计算控制内力组合号：42
　　设计弯矩值My：557.27 kN*m
　　设计剪力Vx：135.37 kN
　　宽度方向拉、压筋形心间距：902 mm
　　计算需要配筋面积，单侧Asy：1756.11 mm²
　实配钢筋(外包式柱脚己按极限承载力进行调整)：
　　翼缘边单侧受力筋：5Φ22
　　翼缘侧单侧受力筋面积：1900.66 mm²
　　翼缘边单侧构架立筋：4Φ16
　　腹板边单侧受力筋：5Φ22
　　腹板侧单侧受力筋面积：1900.66 mm²
　　腹板边单侧构架立筋：4Φ16
　　锚固长度：780 mm
　　箍筋强度等级：HRB(F)400
　　顶部侧加箍筋：3Φ12@50
　　一般箍筋：Φ10@100

柱脚极限承载力验算：
　埋入式柱脚的连接系数Nj = 1.2

　绕x轴柱脚连接的极限抗弯承载力Mu = 6052.26 kN*m
　绕x轴柱截面全塑性抗弯承载力(考虑轴力影响)Mpc = 4407.16 kN*m

　绕y轴柱脚连接的极限抗弯承载力Mu = 6052.26 kN*m
　绕y轴柱截面全塑性抗弯承载力(考虑轴力影响)Mpc = 4407.16 kN*m

　柱肢计算的极限抗剪承载力Vu = 0.58*Hw*Tw*Fy = 4043.33 kN
　柱脚极限抗剪承载力验算满足 Vu >= Mu/l = 1891.33 kN(l取2/3的层高)

图 4-30　PKPM 输出钢柱脚验算信息

257

$$M_3 = \beta \sigma_c a_3^2 = 0.048 \times 12.76 \times 390^2 = 93158.21 \text{N} \cdot \text{mm}$$

以上公式见李星荣等所著《钢结构连接节点设计手册》（第三版）。

控制弯矩为：

$M_1 = 143550 \text{N} \cdot \text{mm}$，与软件输出结果一致。

柱脚底板厚度为：

$$t_P \geqslant \sqrt{\frac{6M_1}{f}} = \sqrt{\frac{6 \times 143550}{290}} = 54.5 \text{mm}$$

取 $t_P = 60 \text{mm}$。

2. 柱脚纵筋计算

《高层民用建筑钢结构技术规程》JGJ 99—2015 中没有埋入式柱脚纵筋的计算要求。国标图集《多、高层民用建筑钢结构节点构造详图》16G519 中对埋入式柱脚，要求柱脚主筋配置量根据柱脚底部弯矩设计值计算确定。具体计算方法可以参照李星荣等所著《钢结构连接节点设计手册》（第三版）。

李星荣等所著《钢结构连接节点设计手册》（第三版）指出，设置在埋入式钢柱四周的垂直纵向主筋，应分别在垂直于弯矩作用平面的受拉侧和受压侧对称配置。近似按下式计算：

$$A_s = \frac{M_{bc}}{h_s f_{sy}} \tag{4-21}$$

式中　M_{bc}——作用于钢柱脚底部的弯矩（N·mm）；

$\quad\quad h_s$——受拉侧与受压侧纵向主筋合力点间的距离（mm）；

$\quad\quad f_{sy}$——钢筋抗拉强度设计值（N/mm²）。

M_{bc} 按下式计算

$$M_{bc} = M_0 + VS_d \tag{4-22}$$

$\quad\quad M_0$——柱脚的设计弯矩（N·mm）；

$\quad\quad S_d$——基础高度（mm）；

$\quad\quad V$——柱脚的设计剪力（N）。

对于双向受弯的柱脚，其两方向的垂直纵向主筋也应在双轴对称配置。此时可近似地分别根据各向的作用弯矩按公式（4-21）计算所需要的钢筋面积进行配置。

钢柱脚底部 x 方向弯矩（非地震作用组合）为：

$M_{bcx} = M_{0x} + V_y S_d = 411.30 + 116.95 \times 1.5 = 586.725 \text{kN} \cdot \text{m}$

根据国标图集《多、高层民用建筑钢结构节点构造详图》16G519 中埋入式柱脚的规定，纵筋距离钢柱外边缘为 $10d$（d 为钢筋直径）。取钢筋直径 $d = 22 \text{mm}$，则受拉侧与受压侧纵向主筋合力点间的距离为：

$h_s = 500 + 2 \times 220 = 940 \text{mm}$

x 方向纵筋：

$$A_{sx} = \frac{M_{bcx}}{h_s f_{sy}} = \frac{586.725 \times 10^6}{940 \times 360} = 1733.82 \text{mm}^2$$

钢柱脚底部 y 方向弯矩（地震作用组合）为：

$M_{bcy} = M_{0y} + V_x S_d = 557.27 + 135.37 \times 1.5 = 760.325 \text{kN} \cdot \text{m}$

$h_s = 940\text{mm}$

y 方向纵筋：

$$A_{sy} = \frac{\gamma_{RE}M_{bcy}}{h_s f_{sy}} = \frac{0.75 \times 760.325 \times 10^6}{940 \times 360} = 1685.12\text{mm}^2$$

两个方向均配置 6Φ22，$A_s = 2280\text{mm}^2$。

PKPM 软件计算钢筋过程如下：

受拉侧与受压侧纵向主筋合力点间的距离为：

$h_s = 902\text{mm}$

x 方向纵筋：

$$A_{sx} = \frac{M_{bcx}}{h_s f_{sy}} = \frac{586.725 \times 10^6}{902 \times 360} = 1806.86\text{mm}^2，与软件输出结果一致。$$

y 方向纵筋：

$$A_{sy} = \frac{\gamma_{RE}M_{bcy}}{h_s f_{sy}} = \frac{0.75 \times 760.325 \times 10^6}{902 \times 360} = 1756.11\text{mm}^2，与软件输出结果一致。$$

3. 柱脚极限承载力验算

基础顶面到钢柱反弯点的距离为：

$$l = \frac{2}{3}H = \frac{2}{3} \times 4800 = 3200\text{mm}$$

与弯矩作用方向垂直的柱身宽度为：

$b_c = 500\text{mm}$

钢柱脚埋置深度为：

$h_B = 1500\text{mm}$

基础混凝土抗压强度标准值为：

$f_{ck} = 26.8\text{N/mm}^2$

则钢柱脚极限受弯承载力为：

$$M_u = f_{ck}b_c l\{\sqrt{(2l+h_B)^2 + h_B^2} - (2l+h_B)\}$$

$$= 26.8 \times 500 \times 3200 \times \{\sqrt{(2\times3200+1500)^2 + 1500^2} - (2\times3200+1500)\}$$

$$= 6052.26\text{kN} \cdot \text{m}$$

与软件输出结果一致。

钢柱脚极限受剪承载力为：

$$V_u = M_u/l = 6052.26/3.2 = 1891.33\text{kN}$$

$$\leqslant 0.58 h_w t_w f_y = 0.58 \times (500-2\times55) \times 55 \times 325 = 4043.33\text{kN}$$

与软件输出结果一致。

钢柱塑性截面模量为：

$$W_{pc} = Bt_f(H-t_f) + \frac{1}{2}(H-2t_f)^2 t_w$$

$$= 500 \times 55 \times (500-55) + \frac{1}{2}(500-2\times55)^2 \times 55 = 16420250\text{mm}^3$$

钢柱塑性受弯承载力为：

$M_p = W_p f_y = 16420250 \times 325 = 5336.58 \text{kN} \cdot \text{m}$

钢柱轴向屈服承载力为：

$N_y = A f_y = 97900 \times 325 = 31817.5 \text{kN}$

$N/N_y = 8166.53/31817.5 = 0.2567 > 0.13$

考虑轴力影响时钢柱截面的全塑性受弯承载力为：

$M_{pc} = 1.15(1 - N/N_y)M_p = 1.15 \times (1 - 0.2567) \times 5336.58 = 4561.68 \text{kN} \cdot \text{m}$

与软件输出结果 4407.16kN·m 不一致。

$M_u = 6052.26 \text{kN} \cdot \text{m} \geqslant \alpha M_{pc} = 1.2 \times 4561.68 = 5474.02 \text{kN} \cdot \text{m}$

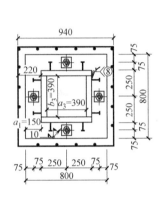
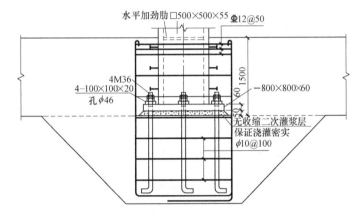

图 4-31 埋入式柱脚

第五章　钢结构抗震性能化设计

第一节　各规范钢结构抗震性能化设计方法

一、《建筑抗震设计规范》GB 50011—2010（2016 年版）

如第三章所述，我国的抗震设计仅进行了小震的弹性计算，少数项目进行了大震的弹塑性变形验算。而设防地震对应的中震，是以抗震措施（强柱弱梁、强剪弱弯、强节点、各种系数调整、各种抗震构造措施等）来加以保证的。《建筑抗震设计规范》GB 50011—2010（2016 年版）将性能设计列入规范。依据震害，尽可能将结构构件在地震中的破坏程度，用构件的承载力和变形的状态做适当的定量描述，以作为性能设计的参考指标。

（一）抗震性能要求

结构构件可按下列规定选择实现抗震性能要求的抗震承载力、变形能力和构造的抗震等级；整个结构不同部位的竖向构件和水平构件，可选用相同或不同的抗震性能要求：

1. 当以提高抗震安全性为主时，结构构件对应于不同性能要求的承载力参考指标，可按表 5-1 的示例选用。

结构构件实现抗震性能要求的承载力参考指标示例　　　　　　　　　　表 5-1

性能要求	多遇地震	设防地震	罕遇地震
性能 1	完好，按常规设计	完好，承载力按抗震等级调整地震效应的设计值复核	基本完好，承载力按不计抗震等级调整地震效应的设计值复核
性能 2	完好，按常规设计	基本完好，承载力按不计抗震等级调整地震效应的设计值复核	轻～中等破坏，承载力按极限值复核
性能 3	完好，按常规设计	轻微损坏，承载力按标准值复核	中等破坏，承载力达到极限值后能维持稳定，降低少于 5%
性能 4	完好，按常规设计	轻～中等破坏，承载力按极限值复核	不严重破坏，承载力达到极限值后基本维持稳定，降低少于 10%

2. 当需要按地震残余变形确定使用性能时，结构构件除满足提高抗震安全性的性能要求外，不同性能要求的层间位移参考指标，可按表 5-2 的示例选用。

结构构件实现抗震性能要求的层间位移参考指标示例　　　　　　　　表 5-2

性能要求	多遇地震	设防地震	罕遇地震
性能 1	完好，变形远小于弹性位移限值	完好，变形小于弹性位移限值	基本完好，变形略大于弹性位移限值

性能要求	多遇地震	设防地震	罕遇地震
性能2	完好,变形远小于弹性位移限值	基本完好,变形略大于弹性位移限值	有轻微塑性变形,变形小于2倍弹性位移限值
性能3	完好,变形明显小于弹性位移限值	轻微损坏,变形小于2倍弹性位移限值	有明显塑性变形,变形约4倍弹性位移限值
性能4	完好,变形小于弹性位移限值	轻~中等破坏,变形小于3倍弹性位移限值	不严重破坏,变形不大于0.9倍塑性变形限值

注:设防烈度和罕遇地震下的变形计算,应考虑重力二阶效应,可扣除整体弯曲变形。

3. 结构构件细部构造对应于不同性能要求的抗震等级,可按表5-3的示例选用;结构中同一部位的不同构件,可区分竖向构件和水平构件,按各自最低的性能要求所对应的抗震构造等级选用。

结构构件对应于不同性能要求的构造抗震等级示例　　　　表5-3

性能要求	构造的抗震等级
性能1	基本抗震构造。可按常规设计的有关规定降低二度采用,但不得低于6度,且不发生脆性破坏
性能2	低延性构造。可按常规设计的有关规定降低一度采用,当构件的承载力高于多遇地震提高二度的要求时,可按降低二度采用;均不得低于6度,且不发生脆性破坏
性能3	中等延性构造。当构件的承载力高于多遇地震提高一度的要求时,可按常规设计的有关规定降低一度且不低于6度采用,否则仍按常规设计的规定采用
性能4	高延性构造。仍按常规设计的有关规定采用

(二) 抗震性能设计结构构件承载力要求

结构构件承载力按不同要求进行复核时,地震内力计算和调整、地震作用效应组合、材料强度取值和验算方法,应符合下列要求:

1. 设防烈度下结构构件承载力,包括混凝土构件压弯、拉弯、受剪、受弯承载力,构件受拉、受压、受弯、稳定承载力等,按考虑地震效应调整的设计值复核时,应采用对应于抗震等级而不计入风荷载效应的地震作用效应基本组合,并按下式验算:

$$\gamma_G S_{GE} + \gamma_E S_{Ek}(I_2, \lambda, \zeta) \leqslant R/\gamma_{RE} \tag{5-1}$$

式中　I_2——表示设防地震动,隔震结构包含水平向减震影响;

　　　λ——按非抗震性能设计考虑抗震等级的地震效应调整系数;

　　　ζ——考虑部分次要构件进入塑性的刚度降低或消能减震结构附加的阻尼影响。

其他符号意义同非抗震性能设计。

2. 结构构件承载力按不考虑地震作用效应调整的设计值复核时,应采用不计入风荷载效应的基本组合,并按下式验算:

$$\gamma_G S_{GE} + \gamma_E S_{Ek}(I, \zeta) \leqslant R/\gamma_{RE} \tag{5-2}$$

式中　I——表示设防地震动或罕遇地震动,隔震结构包含水平向减震影响;

　　　ζ——考虑部分次要构件进入塑性的刚度降低或消能减震结构附加的阻尼影响。

3. 结构构件承载力按标准值复核时,应采用不计入风荷载效应的地震作用效应标准组合，并按下式验算：

$$S_{GE}+S_{Ek}(I,\zeta)\leqslant R_k \tag{5-3}$$

式中　I——表示设防地震动或罕遇地震动，隔震结构包含水平向减震影响；

　　　ζ——考虑部分次要构件进入塑性的刚度降低或消能减震结构附加的阻尼影响；

　　　R_k——按材料强度标准值计算的承载力。

4. 结构构件按极限承载力复核时，应采用不计入风荷载效应的地震作用效应标准组合，并按下式验算：

$$S_{GE}+S_{Ek}(I,\zeta)<R_u \tag{5-4}$$

式中　I——表示设防地震动或罕遇地震动，隔震结构包含水平向减震影响；

　　　ζ——考虑部分次要构件进入塑性的刚度降低或消能减震结构附加的阻尼影响；

　　　R_u——按材料最小极限强度值计算的承载力；钢材强度可取最小极限值，钢筋强度可取屈服强度的 1.25 倍，混凝土强度可取立方强度的 0.88 倍。

（三）抗震性能设计层间位移角计算

结构竖向构件在设防地震、罕遇地震作用下的层间弹塑性变形按不同控制目标进行复核时，地震层间剪力计算、地震作用效应调整、构件层间位移计算和验算方法，应符合下列要求：

1. 地震层间剪力计算和地震作用效应调整，应根据整个结构不同部位进入弹塑性阶段程度的不同，采用不同的方法。构件总体上处于开裂阶段或刚刚进入屈服阶段，可取等效刚度和等效阻尼，按等效线性方法估算；构件总体上处于承载力屈服至极限阶段，宜采用静力或动力弹塑性分析方法估算；构件总体上处于承载力下降阶段，应采用计入下降段参数的动力弹塑性分析方法估算。

2. 在设防地震下，混凝土构件的初始刚度，宜采用长期刚度。

3. 构件层间弹塑性变形计算时，应依据其实际的承载力，并应按本规范的规定计入重力二阶效应；风荷载和重力作用下的变形不参与地震组合。

4. 构件层间弹塑性变形的验算，可采用下列公式：

$$\Delta u_p(I,\zeta,\xi_y,G_E)<[\Delta u] \tag{5-5}$$

式中　$\Delta u_p(\cdots)$——竖向构件在设防地震或罕遇地震下计入重力二阶效应和阻尼影响取决于其实际承载力的弹塑性层间位移角；对高宽比大于 3 的结构，可扣除整体转动的影响；

　　　$[\Delta u]$——弹塑性位移角限值，应根据性能控制目标确定；整个结构中变形最大部位的竖向构件，轻微损坏可取中等破坏的一半，中等破坏可取《建筑抗震设计规范》GB 50011—2010（2016 版）表 5.5.1 和表 5.5.5 规定值的平均值，不严重破坏按小于本规范表 5.5.5 规定值的 0.9 倍控制。

二、《高层民用建筑钢结构技术规程》JGJ 99—2015

《高层民用建筑钢结构技术规程》JGJ 99—2015 参照现行行业标准《高层建筑混凝土结构技术规程》JGJ 3—2010 的相关规定，结合高层民用建筑钢结构构件的特点，拟定了高层钢结构的抗震性能化设计要求。

（一）抗震性能目标

结构抗震性能化设计应根据结构方案的特殊性选用适宜的结构抗震性能目标，并采取满足预期的抗震性能目标的措施。

结构抗震性能目标应综合考虑抗震设防类别、设防烈度、场地条件、结构的特殊性、建造费用、震后损失和修复难易程度等各项因素选定。结构抗震性能目标可分为 A、B、C、D 四个等级，结构抗震性能可分为 1、2、3、4、5 五个水准，每个性能目标均与一组在指定地震地面运动下的结构抗震性能水准相对应，具体情况可按表 5-4 划分。

结构抗震性能目标   表 5-4

性能目标 地震水准　　　　　性能水准	A	B	C	D
多遇地震	1	1	1	1
设防烈度地震	1	2	3	4
预估的罕遇地震	2	3	4	5

结构抗震性能水准可按表 5-5 进行宏观判别。

各性能水准结构预期的震后性能状况的要求   表 5-5

结构抗震 性能水准	宏观损坏 程度	损坏部位			继续使用 的可能性
		关键构件	普通竖向构件	耗能构件	
第 1 水准	完好、 无损坏	无损坏	无损坏	无损坏	一般不需修理 即可继续使用
第 2 水准	基本完好、 轻微损坏	无损坏	无损坏	轻微损坏	稍加修理即可 继续使用
第 3 水准	轻度损坏	轻微损坏	轻微损坏	轻度损坏、 部分中度损坏	一般修理后才可 继续使用
第 4 水准	中度损坏	轻度损坏	部分构件 中度损坏	中度损坏、部分 比较严重损坏	修复或加固后 才可继续使用
第 5 水准	比较严重损坏	中度损坏	部分构件比较 严重损坏	比较严重 损坏	需排险大修

注：关键构件是指该构件的失效可能引起结构的连续破坏或危及生命安全的严重破坏；普通竖向构件是指关键构件之外的竖向构件；耗能构件包括框架梁、消能梁段、延性墙板及屈曲约束支撑等。

（二）抗震性能化设计的方法

不同抗震性能水准的结构可按下列规定进行设计：

1. 第 1 性能水准的结构，应满足弹性设计要求。在多遇地震作用下，其承载力和变形应符合本规程的有关规定；在设防烈度地震作用下，结构构件的抗震承载力应符合下式规定：

$$\gamma_G S_{GE} + \gamma_{Eh} S_{Ehk}^* + \gamma_{Ev} S_{Evk}^* \leqslant R_d / \gamma_{RE} \tag{5-6}$$

式中 R_d、γ_{RE}——分别为构件承载力设计值和承载力抗震调整系数，详见《高层民用建筑钢结构技术规程》JGJ 99—2015 第 3.6.1 条；

S_{GE}——重力荷载代表值的效应；

S_{Ehk}^{*}——水平地震作用标准值的构件内力，不需考虑与抗震等级有关的增大系数；

S_{Evk}^{*}——竖向地震作用标准值的构件内力，不需考虑与抗震等级有关的增大系数；

γ_{G}、γ_{Eh}、γ_{Ev}——分别为上述荷载或作用的分项系数。

2. 第 2 性能水准的结构，在设防烈度地震或预估的罕遇地震作用下，关键构件及普通竖向构件的抗震承载力宜符合公式（5-6）的规定；耗能构件的抗震承载力应符合下式规定：

$$S_{GE}+S_{Ehk}^{*}+0.4S_{Evk}^{*}\leqslant R_{k} \tag{5-7}$$

式中　R_{k}——截面极限承载力，按钢材的屈服强度计算。

3. 第 3 性能水准的结构应进行弹塑性计算分析，在设防烈度地震或预估的罕遇地震作用下，关键构件及普通竖向构件的抗震承载力应符合公式（5-7）的规定，水平长悬臂结构和大跨度结构中的关键构件的抗震承载力尚应符合公式（5-8）的规定；部分耗能构件进入屈服阶段，但不允许发生破坏。在预估的罕遇地震作用下，结构薄弱部位的最大层间位移应满足《高层民用建筑钢结构技术规程》JGJ 99—2015 第 3.5.4 条的规定。

$$S_{GE}+0.4S_{Ehk}^{*}+S_{Evk}^{*}\leqslant R_{k} \tag{5-8}$$

4. 第 4 性能水准的结构应进行弹塑性计算分析，在设防烈度地震或预估的罕遇地震作用下，关键构件的抗震承载力应符合公式（5-7）的规定，水平长悬臂结构和大跨度结构中的关键构件的抗震承载力尚应符合公式（5-8）的规定；允许部分竖向构件以及大部分耗能构件进入屈服阶段，但不允许发生破坏。在预估的罕遇地震作用下，结构薄弱部位的最大层间位移应符合《高层民用建筑钢结构技术规程》JGJ 99—2015 第 3.5.4 条的规定。

5. 第 5 性能水准的结构应进行弹塑性计算分析，在预估的罕遇地震作用下，关键构件的抗震承载力宜符合公式（5-7）的规定；较多的竖向构件进入屈服阶段，但不允许发生破坏且同一楼层的竖向构件不宜全部屈服；允许部分耗能构件发生比较严重的破坏；结构薄弱部位的层间位移应符合《高层民用建筑钢结构技术规程》JGJ 99—2015 第 3.5.4 条的规定。

三、《钢结构设计标准》GB 50017—2017

《钢结构设计标准》GB 50017—2017 在《钢结构设计规范》GB 50017—2003 基础上，新增了钢结构抗震性能化设计一章的内容。

其条文说明指出：近年来，随着国家经济形势的变化，钢结构的应用急剧增加，结构形式日益丰富。不同结构体系和截面特性的钢结构，彼此间结构延性差异较大，为贯彻国家提出的"鼓励用钢、合理用钢"的经济政策，根据现行国家标准《建筑抗震设计规范》GB 50011 及《构筑物抗震设计规范》GB 50191 规定的抗震设计原则，针对钢结构特点，增加了钢结构构件和节点的抗震性能化设计内容。根据性能化设计的钢结构，其抗震设计准则如下：验算本地区抗震设防烈度的多遇地震作用的构件承载力和结构弹性变形（小震不坏）、根据其延性验算设防地震作用的承载力（中震可修）、验算其罕遇地震作用的弹塑性变形（大震不倒）。

虽然结构真正的设防目标为设防地震，但由于钢结构具有一定的延性，因此无需采用中震弹性的设计。在满足一定强度要求的前提下，让结构在设防地震强度最强的时段到来之前，结构部分构件先行屈服，削减刚度，增大结构的周期，使结构的周期与地震波强度最大时段的特征周期避开，从而使结构对地震具有一定程度的免疫功能。这种利用某些构件的塑性变形削减地震输入的抗震设计方法可降低假想弹性结构的受震承载力要求。基于这样的观点，结构的抗震设计均允许结构在地震过程中发生一定程度的塑性变形，但塑性变形必须控制在对结构整体危害较小的部位。如梁端形成塑性铰是可以接受的，因为轴力较小，塑性转动能力很强，能够适应较大的塑性变形，因此结构的延性较好；而当柱子截面内出现塑性变形时，其后果就不易预料，因为柱子内出现塑性铰后，需要抵抗随后伴随侧移增加而出现的新增弯矩，而柱子内的轴力由竖向重力荷载产生的部分无法卸载，这样结构整体内将会发生较难把握的内力重分配。因此抗震设防的钢结构除应满足基本性能目标的承载力要求外，尚应采用能力设计法进行塑性机构控制，无法达成预想的破坏机构时，应采取补偿措施。

另外，对于很多结构，地震作用并不是结构设计的主要控制因素，其构件实际具有的受震承载力很高，因此抗震构造可适当降低，从而降低能耗，节省造价。

众所周知，抗震设计的本质是控制地震施加给建筑物的能量，弹性变形与塑性变形（延性）均可消耗能量。在能量输入相同的条件下，结构延性越好，弹性承载力要求越低；反之，结构延性越差，则弹性承载力要求越高。《钢结构设计标准》GB 50017—2017 简称为"高延性-低承载力"和"低延性-高承载力"两种抗震设计思路，均可达成大致相同的设防目标。结构根据预先设定的延性等级确定对应的地震作用的设计方法，《钢结构设计标准》GB 50017—2017 称为"性能化设计方法"。采用低延性-高承载力思路设计的钢结构，在《钢结构设计标准》GB 50017—2017 中特指在规定的设防类别下延性要求最低的钢结构。

结构遵循现有抗震规范的规定，采用的也是某种性能化设计的手段，不同点仅在于地震作用按小震设计意味着延性仅有一种选择，由于设计条件及要求的多样化，实际工程按照某类特定延性的要求实施，有时将导致设计不合理，甚至难以实现。

大部分钢结构构件由薄壁板件构成，因此针对结构体系的多样性及其不同的设防要求，采用合理的抗震设计思路才能在保证抗震设防目标的前提下减少结构的用钢量。如虽然大部分多、高层钢结构适合采用高延性-低承载力设计思路，但对于多层钢框架结构，在低烈度区，采用低延性-高承载力的抗震思路可能更为合理，单层工业厂房也更适合采用低延性-高承载力的抗震思路。满足《钢结构设计标准》GB 50017—2017 性能化设计规定的钢结构无需满足现行国家标准《建筑抗震设计规范》GB 50011 中针对特定结构的构造要求和规定。应用《钢结构设计标准》GB 50017—2017 性能化设计规定时尚应根据各类建筑的实际情况选择合适的抗震策略，如高烈度区民用高层建筑不应采用低延性结构。

《钢结构设计标准》GB 50017—2017 多次提及延性，下面对延性这一概念作简要说明。

延性是指构件和结构屈服后，具有承载力不降低或基本不降低且有足够塑性变形能力的一种性能，一般用延性比表示延性（即塑性变形能力）的大小。塑性变形可以耗散地震能量，大部分抗震结构在中震作用下都有部分构件进入塑性状态而耗能，耗能性能也是延性好坏的一个指标。延性结构的塑性变形可以耗散地震能量，结构变形虽然会加大，但作用于结构的惯性力不会很快上升，内力也不会再加大，因此可降低对延性结构的承载力要求，也可以说，延性结构（高延性）是用它的变形能力（而不是承载力）抵抗强烈的地震作用；反之，如果结构的延性不好（低延性），则必须用足够大的承载力抵抗地震。后者（低延性）会多用材料，由于地震发生概率极小，对于大多数抗震结构，高延性结构是一种经济的、合理而安全的设计对策。

需要特别强调的是，《钢结构设计标准》GB 50017—2017 抗震性能化设计适用于抗震设防烈度不高于 8 度（$0.20g$）且结构高度不高于 100m 的框架结构、支撑结构和框架-支撑结构的构件和节点的抗震性能化设计。我国是一个多地震国家，性能化设计的适用面广，只要提出合适的性能目标，基本可适用于所有的结构。由于目前相关设计经验不多，《钢结构设计标准》GB 50017—2017 抗震性能化设计的适用范围暂时压缩在较小的范围内，在有可靠的设计经验和理论依据后，适用范围可放宽。

（一）抗震性能目标

钢结构构件的抗震性能化设计应根据建筑的抗震设防类别、设防烈度、场地条件、结构类型和不规则性，结构构件在整个结构中的作用、使用功能和附属设施功能的要求、投资大小、震后损失和修复难易程度等，经综合分析比较选定其抗震性能目标。构件塑性耗能区的抗震承载性能等级及其在不同地震动水准下的性能目标可按表 5-6 划分。

构件塑性耗能区的抗震承载性能等级和目标　　　　　　　　　　表 5-6

承载性能等级	地震动水准		
	多遇地震	设防地震	罕遇地震
性能 1	完好	完好	基本完好
性能 2	完好	基本完好	基本完好～轻微变形
性能 3	完好	实际承载力满足高性能系数的要求	轻微变形
性能 4	完好	实际承载力满足较高性能系数的要求	轻微变形～中等变形
性能 5	完好	实际承载力满足中性能系数的要求	中等变形
性能 6	基本完好	实际承载力满足低性能系数的要求	中等变形～显著变形
性能 7	基本完好	实际承载力满足最低性能系数的要求	显著变形

注：性能 1～7 性能目标依次降低，性能系数的高低取值详见后面论述。

本条为现行国家标准《建筑抗震设计规范》GB 50011 性能化设计指标要求的具体化。《钢结构设计标准》GB 50017—2017 中钢结构抗震设计思路是进行塑性机构控制，由于非塑性耗能区构件和节点的承载力设计要求取决于结构体系及构件塑性耗能区的性能，因此本条仅规定了构件塑性耗能区的抗震性能目标。对于框架结构，除单层和顶层框架外，塑性耗能区宜为框架梁端；对于支撑结构，塑性耗能区宜为成对设置的支撑；对于框架-中心支撑结构，塑性耗能区宜为成对设置的支撑、框架梁端；对于框架-偏心支撑结构，塑性耗能区宜为耗能梁段、框架梁端。

完好指承载力设计值满足弹性计算内力设计值的要求，基本完好指承载力设计值满足刚度适当折减后的内力设计值要求或承载力标准值满足要求，轻微变形指层间侧移约 1/200 时塑性耗能区的变形，显著变形指层间侧移为 1/50～1/40 时塑性耗能区的变形。"多遇地震不坏",即允许耗能构件的损坏处于日常维修范围内,此时可采用耗能构件刚度适当折减的计算模型进行弹性分析并满足承载力设计值的要求,故称之为"基本完好"。

(二) 抗震性能化设计基本步骤和方法

钢结构构件的抗震性能化设计可采用下列基本步骤和方法:

1. 按现行国家标准《建筑抗震设计规范》GB 50011 的规定进行多遇地震作用验算,结构承载力及侧移应满足其规定,位于塑性耗能区的构件进行承载力计算时,可考虑将该构件刚度折减形成等效弹性模型。

2. 抗震设防类别为标准设防类(丙类)的建筑,可按表 5-7 初步选择塑性耗能区的承载性能等级。

塑性耗能区承载性能等级参考选用表 　　　　　　　　　　　　　表 5-7

设防烈度	单层	$H \leqslant 50\mathrm{m}$	$50\mathrm{m} < H \leqslant 100\mathrm{m}$
6 度(0.05g)	性能 3～7	性能 4～7	性能 5～7
7 度(0.10g)	性能 3～7	性能 5～7	性能 6～7
7 度(0.15g)	性能 4～7	性能 5～7	性能 6～7
8 度(0.20g)	性能 4～7	性能 6～7	性能 7

注: H 为钢结构房屋的高度,即室外地面到主要屋面板板顶的高度(不包括局部凸出屋面的部分)。

3. 按《钢结构设计标准》GB 50017—2017 第 17.2 节(详后)的有关规定进行设防地震下的承载力抗震验算:

(1) 建立合适的结构计算模型进行结构分析;

(2) 设定塑性耗能区的性能系数、选择塑性耗能区截面,使其实际承载性能等级与设定的性能系数尽量接近;

(3) 其他构件承载力标准值应进行计入性能系数的内力组合效应验算,当结构构件承载力满足延性等级为 V 级的内力组合效应验算时,可忽略机构控制验算;

(4) 必要时可调整截面或重新设定塑性耗能区的性能系数。

4. 构件和节点的延性等级应根据设防类别及塑性耗能区最低承载性能等级按表 5-8 确定,并按《钢结构设计标准》GB 50017—2017 第 17.3 节(详后)的规定对不同延性等级的相应要求采取抗震措施。

结构构件最低延性等级 　　　　　　　　　　　　　　　　　　　表 5-8

设防类别	塑性耗能区最低承载性能等级						
	性能 1	性能 2	性能 3	性能 4	性能 5	性能 6	性能 7
适度设防类 (丁类)	—	—	—	V 级	IV 级	III 级	II 级
标准设防类 (丙类)	—	—	V 级	IV 级	III 级	II 级	I 级
重点设防类 (乙类)	—	V 级	IV 级	III 级	II 级	I 级	—
特殊设防类 (甲类)	V 级	IV 级	III 级	II 级	I 级	—	—

5. 当塑性耗能区的最低承载性能等级为性能 5、性能 6 或性能 7 时，通过罕遇地震下结构的弹塑性分析或按构件工作状态形成新的结构等效弹性分析模型，进行竖向构件的弹塑性层间位移角验算，应满足现行国家标准《建筑抗震设计规范》GB 50011 的弹塑性层间位移角限值；当所有构造要求均满足结构构件延性等级为 I 级的要求时，弹塑性层间位移角限值可增加 25%。

(三) 抗震性能化设计计算要点

1. 结构的分析模型及其参数应符合下列规定：

(1) 模型应正确反映构件及其连接在不同地震动水准下的工作状态；

(2) 整个结构的弹性分析可采用线性方法，弹塑性分析可根据预期构件的工作状态，分别采用增加阻尼的等效线性化方法及静力或动力非线性设计方法；

(3) 在罕遇地震下应计入重力二阶效应；

(4) 弹性分析的阻尼比可按现行国家标准《建筑抗震设计规范》GB 50011 的规定采用，弹塑性分析的阻尼比可适当增加，采用等效线性化方法时不宜大于 5%；

(5) 构成支撑系统的梁柱，计算重力荷载代表值产生的效应时，不宜考虑支撑作用。

2. 钢结构构件的性能系数应符合下列规定：

(1) 钢结构构件的性能系数应按下式计算：

$$\Omega_i \geqslant \beta_e \Omega_{i,\min}^a \tag{5-9}$$

(2) 塑性耗能区的性能系数应符合下列规定：

1) 对框架结构、中心支撑结构、框架-支撑结构，规则结构塑性耗能区不同承载性能等级对应的性能系数最小值宜符合表 5-9 的规定。

规则结构塑性耗能区不同承载性能等级对应的性能系数最小值　　　表 5-9

承载性能等级	性能 1	性能 2	性能 3	性能 4	性能 5	性能 6	性能 7
性能系数最小值	1.10	0.90	0.70	0.55	0.45	0.35	0.28

2) 不规则结构塑性耗能区的构件性能系数最小值，宜比规则结构增加 15%～50%。

3) 塑性耗能区实际性能系数可按下列公式计算：

① 框架结构：

$$\Omega_0^a = (W_E f_y - M_{GE} - 0.4M_{Evk2})/M_{Ehk2} \tag{5-10}$$

② 支撑结构：

$$\Omega_0^a = \frac{(N'_{br} - N'_{GE} - 0.4N'_{Evk2})}{(1 + 0.7\beta_i)N'_{Ehk2}} \tag{5-11}$$

③ 框架-偏心支撑结构：

设防地震性能组合的消能梁段轴力 $N_{p,l}$，可按下式计算：

$$N_{p,l} = N_{GE} + 0.28N_{Ehk2} + 0.4N_{Evk2} \tag{5-12}$$

当 $N_{p,l} \leqslant 0.15Af_y$ 时，实际性能系数应取公式 (5-13) 和公式 (5-14) 的较小值：

$$\Omega_0^a = (W_{p,l} f_y - M_{GE} - 0.4M_{Evk2})/M_{Ehk2} \tag{5-13}$$

$$\Omega_0^a = (V_l - V_{GE} - 0.4V_{Evk2})/V_{Ehk2} \tag{5-14}$$

当 $N_{p,l} > 0.15Af_y$ 时，实际性能系数应取公式 (5-15) 和公式 (5-16) 的较小值：

$$\Omega_0^a = \{1.2W_{p,l}f_y[1 - N_{p,l}/(Af_y)] - M_{GE} - 0.4M_{Evk2}\}/M_{Ehk2} \tag{5-15}$$

$$\Omega_0^a = (V_{lc} - V_{GE} - 0.4V_{Evk2})/V_{Ehk2} \tag{5-16}$$

4）支撑系统的水平地震作用非塑性耗能区内力调整系数应按下式计算：

$$\beta_{br,ei} = 1.1\eta_y(1 + 0.7\beta_i) \tag{5-17}$$

5）支撑结构及框架-中心支撑结构的同层支撑性能系数最大值与最小值之差不宜超过最小值的 20%。

（3）当支撑结构的延性等级为 V 级时，支撑的实际性能系数应按下式计算：

$$\Omega_{br}^a = \frac{(N_{br} - N_{GE} - 0.4N_{Evk2})}{N_{Ehk2}} \tag{5-18}$$

式中　　　　Ω_i——i 层构件性能系数；

$\quad\quad\quad\eta_y$——钢材超强系数，可按表 5-10 采用，其中塑性耗能区、弹性区分别采用梁、柱替代；

$\quad\quad\quad\beta_e$——水平地震作用非塑性耗能区内力调整系数，塑性耗能区构件应取 1.0，其余构件不宜小于 $1.1\eta_y$，支撑系统应按公式（5-17）计算确定；

$\quad\quad\quad\Omega_{i,min}^a$——$i$ 层构件塑性耗能区实际性能系数最小值；

$\quad\quad\quad\Omega_0^a$——构件塑性耗能区实际性能系数；

$\quad\quad\quad W_E$——构件塑性耗能区截面模量（mm^3），按表 5-11 取值；

$\quad\quad\quad f_y$——钢材屈服强度（N/mm^2）；

M_{GE}、N_{GE}、V_{GE}——分别为重力荷载代表值产生的弯矩效应（N·mm）、轴力效应（N）和剪力效应（N），可按现行国家标准《建筑抗震设计规范》GB 50011 的规定采用；

M_{Ehk2}、M_{Evk2}——分别为按弹性或等效弹性计算的构件水平设防地震作用标准值的弯矩效应、8 度且高度大于 50m 时按弹性或等效弹性计算的构件竖向设防地震作用标准值的弯矩效应（N·mm）；

V_{Ehk2}、V_{Evk2}——分别为按弹性或等效弹性计算的构件水平设防地震作用标准值的剪力效应、8 度且高度大于 50m 时按弹性或等效弹性计算的构件竖向设防地震作用标准值的剪力效应（N）；

N_{br}'、N_{GE}'——支撑对承载力标准值、重力荷载代表值产生的轴力效应（N），计算承载力标准值时，压杆的承载力应乘以按公式（5-23）计算的受压支撑剩余承载力系数 η；

N_{Ehk2}'、N_{Evk2}'——分别为按弹性或等效弹性计算的支撑对水平设防地震作用标准值的轴力效应、8 度且高度大于 50m 时按弹性或等效弹性计算的支撑对竖向设防地震作用标准值的轴力效应（N）；

N_{Ehk2}、N_{Evk2}——分别为按弹性或等效弹性计算的支撑水平设防地震作用标准值的轴力效应、8 度且高度大于 50m 时按弹性或等效弹性计算的支撑竖向设防地震作用标准值的轴力效应（N）；

$\quad\quad\quad W_{p,l}$——消能梁段塑性截面模量（mm^3）；

V_l、V_{lc}——分别为消能梁段受剪承载力和计入轴力影响的受剪承载力（N）；

$\quad\quad\quad\beta_i$——i 层支撑水平地震剪力分担率，当大于 0.714 时，取为 0.714。

钢材超强系数 η_y 表 5-10

弹性区 ＼ 塑性耗能区	Q235	Q345、Q345GJ
Q235	1.15	1.05
Q345、Q345GJ、Q390、Q420、Q460	1.2	1.1

注：当塑性耗能区的钢材为管材时，η_y 可取表中数值乘以 1.1。

构件截面模量 W_E 取值 表 5-11

截面板件宽厚比等级	S1	S2	S3	S4	S5
构件截面模量	$W_E=W_p$		$W_E=\gamma_x W$	$W_E=W$	有效截面模量

注：W_p 为塑性截面模量；γ_x 为截面塑性发展系数，按《钢结构设计标准》GB 50017—2017 表 8.1.1 采用；W 为弹性截面模量；有效截面模量，均匀受压翼缘有效外伸宽度不大于 $15\varepsilon_k$，腹板可按《钢结构设计标准》GB 50017—2017 第 8.4.2 条的规定采用。

（4）当钢结构构件延性等级为 V 级时，非塑性耗能区内力调整系数可采用 1.0。

3. 钢结构构件的承载力应按下列公式验算：

$$S_{E2} = S_{GE} + \Omega_i S_{Ehk2} + 0.4 S_{Evk2} \tag{5-19}$$

$$S_{E2} \leqslant R_k \tag{5-20}$$

式中　S_{E2}——构件设防地震内力性能组合值；

　　　　S_{GE}——构件重力荷载代表值产生的效应，按现行国家标准《建筑抗震设计规范》GB 50011 或《构筑物抗震设计规范》GB 50191 的规定采用；

S_{Ehk2}、S_{Evk2}——分别为按弹性或等效弹性计算的构件水平设防地震作用标准值效应、8度且高度大于 50m 时按弹性或等效弹性计算的构件竖向设防地震作用标准值效应；

　　　　R_k——按屈服强度计算的构件实际截面承载力标准值。

4. 框架梁的抗震承载力验算应符合下列规定：

（1）框架结构中框架梁进行受剪计算时，剪力应按下式计算：

$$V_{pb} = V_{Gb} + \frac{W_{Eb,A} f_y + W_{Eb,B} f_y}{l_n} \tag{5-21}$$

（2）框架-偏心支撑结构中非消能梁段的框架梁，应按压弯构件计算；计算弯矩及轴力效应时，其非塑性耗能区内力调整系数宜按 $1.1\eta_y$ 采用。

（3）交叉支撑系统中的框架梁，应按压弯构件计算；轴力可按公式（5-22）计算，计算弯矩效应时，其非塑性耗能区内力调整系数宜按公式（5-17）确定。

$$N = A_{br1} f_y \cos\alpha_1 - \eta\varphi A_{br2} f_y \cos\alpha_2 \tag{5-22}$$

$$\eta = 0.65 + 0.35 \tanh(4 - 10.5\lambda_{n,br}) \tag{5-23}$$

$$\lambda_{n,br} = \frac{\lambda_{br}}{\pi} \sqrt{\frac{f_y}{E}} \tag{5-24}$$

（4）人字形、V 形支撑系统中的框架梁在支撑连接处应保持连续，并按压弯构件计算；轴力可按公式（5-22）计算；弯矩效应宜按不计入支撑支点作用的梁承受重力荷载和支撑屈曲时不平衡力作用计算，竖向不平衡力计算宜符合下列规定：

271

1）除顶层和出屋面房间的框架梁外，竖向不平衡力可按下列公式计算：

$$V = \eta_{\mathrm{red}}(1 - \eta\varphi)A_{\mathrm{br}}f_{\mathrm{y}}\sin\alpha \tag{5-25}$$

$$\eta_{\mathrm{red}} = 1.25 - 0.75\frac{V_{\mathrm{P,F}}}{V_{\mathrm{br,k}}} \tag{5-26}$$

2）顶层和出屋面房间的框架梁，竖向不平衡力宜按公式（5-25）计算的 50% 取值。

3）当为屈曲约束支撑，计算轴力效应时，非塑性耗能区内力调整系数宜取 1.0；弯矩效应宜按不计入支撑支点作用的梁承受重力荷载和支撑拉压力标准组合下的不平衡力作用计算，在恒载和支撑最大拉压力标准组合下的变形不宜超过不考虑支撑支点的梁跨度的 1/240。

式中　　V_{Gb}——梁在重力荷载代表值作用下截面的剪力值（N）；

$W_{\mathrm{Eb,A}}$、$W_{\mathrm{Eb,B}}$——梁端截面 A 和 B 处的构件截面模量，可按表 5-11 的规定采用（mm^3）；

l_{n}——梁的净跨（mm）；

A_{br1}、A_{br2}——分别为上、下层支撑截面面积（mm^2）；

α_1、α_2——分别为上、下层支撑斜杆与横梁的交角；

λ_{br}——支撑最小长细比；

η——受压支撑剩余承载力系数，应按公式（5-23）计算；

$\lambda_{\mathrm{n,br}}$——支撑正则化长细比；

E——钢材弹性模量（$\mathrm{N/mm}^2$）；

α——支撑斜杆与横梁的交角；

η_{red}——竖向不平衡力折减系数；当按公式（5-26）计算的结果小于 0.3 时，应取为 0.3；大于 1.0 时，应取 1.0；

A_{br}——支撑杆截面面积（mm^2）；

φ——支撑的稳定系数；

$V_{\mathrm{P,F}}$——框架独立形成侧移机构时的抗侧承载力标准值（N）；

$V_{\mathrm{br,k}}$——支撑发生屈曲时，由人字形支撑提供的抗侧承载力标准值（N）。

5. 框架柱的抗震承载力验算应符合下列规定：

（1）柱端截面的强度应符合下列规定：

1）等截面梁：

柱截面板件宽厚比等级为 S1、S2 时：

$$\sum W_{\mathrm{Ec}}(f_{\mathrm{yc}} - N_{\mathrm{p}}/A_{\mathrm{c}}) \geqslant \eta_{\mathrm{y}}\sum W_{\mathrm{Eb}}f_{\mathrm{yb}} \tag{5-27}$$

柱截面板件宽厚比等级为 S3、S4 时：

$$\sum W_{\mathrm{Ec}}(f_{\mathrm{yc}} - N_{\mathrm{p}}/A_{\mathrm{c}}) \geqslant 1.1\eta_{\mathrm{y}}\sum W_{\mathrm{Eb}}f_{\mathrm{yb}} \tag{5-28}$$

2）端部翼缘为变截面的梁：

柱截面板件宽厚比等级为 S1、S2 时：

$$\sum W_{\mathrm{Ec}}(f_{\mathrm{yc}} - N_{\mathrm{p}}/A_{\mathrm{c}}) \geqslant \eta_{\mathrm{y}}(\sum W_{\mathrm{Eb1}}f_{\mathrm{yb}} + V_{\mathrm{pb}}s) \tag{5-29}$$

柱截面板件宽厚比等级为 S3、S4 时：

$$\sum W_{\mathrm{Ec}}(f_{\mathrm{yc}} - N_{\mathrm{p}}/A_{\mathrm{c}}) \geqslant 1.1\eta_{\mathrm{y}}(\sum W_{\mathrm{Eb1}}f_{\mathrm{yb}} + V_{\mathrm{pb}}s) \tag{5-30}$$

（2）符合下列情况之一的框架柱可不按（1）的要求验算：

1）单层框架和框架顶层柱；

2）规则框架，本层的受剪承载力比相邻上一层的受剪承载力高出 25%；

3）不满足强柱弱梁要求的柱子提供的受剪承载力之和，不超过总受剪承载力的 20%；

4）与支撑斜杆相连的框架柱；

5）框架柱轴压比（N_p/N_y）不超过 0.4 且柱的截面板件宽厚比等级满足 S3 级要求；

6）柱满足构件延性等级为 V 级时的承载力要求。

需要说明的是，中震（设防地震）下不需要验算"强柱弱梁"的条件与小震下不需要验算"强柱弱梁"的条件（见本书第一章第二节）不完全相同。

（3）框架柱应按压弯构件计算，计算弯矩效应和轴力效应时，其非塑性耗能区内力调整系数不宜小于 $1.1\eta_y$。对于框架结构，进行受剪计算时，剪力应按公式（5-31）计算；计算弯矩效应时，多、高层钢结构底层柱的非塑性耗能区内力调整系数不应小于 1.35。对于框架-中心支撑结构和支撑结构，框架柱计算长度系数不宜小于 1。计算支撑系统框架柱的弯矩效应和轴力效应时，其非塑性耗能区内力调整系数宜按公式（5-17）采用，支撑处重力荷载代表值产生的效应宜由框架柱承担。

$$V_{pc}=V_{Gc}+\frac{W_{Ec,A}f_y+W_{Ec,B}f_y}{h_n} \tag{5-31}$$

式中　W_{Ec}、W_{Eb}——分别为交汇于节点的柱和梁的截面模量（mm^3），应按表 5-11 的规定采用；

W_{Eb1}——梁塑性铰截面的截面模量（mm^3），应按表 5-11 的规定采用；

f_{yc}、f_{yb}——分别为柱和梁的钢材屈服强度（N/mm^2）；

N_p——设防地震内力性能组合的柱轴力（N），按公式（5-19）计算，非塑性耗能区内力调整系数可取 1.0，性能系数可根据承载性能等级按表 5-9 采用；

A_c——框架柱的截面面积（mm^2）；

V_{pb}、V_{pc}——产生塑性铰时塑性铰截面的剪力（N），应分别按公式（5-21）、公式（5-31）计算；

s——塑性铰截面至柱侧面的距离（mm）；

V_{Gc}——在重力荷载代表值作用下柱的剪力效应（N）。

$W_{Ec,A}$、$W_{Ec,B}$——柱端截面 A 和 B 处的构件截面模量（mm^3），应按表 5-11 的规定采用；

h_n——柱的净高（mm）。

6. 受拉构件或构件受拉区域的截面应符合下式要求：

$$Af_y\leqslant A_nf_u \tag{5-32}$$

式中　A——受拉构件或构件受拉区域的毛截面面积（mm^2）；

A_n——受拉构件或构件受拉区域的净截面面积（mm^2），当构件多个截面有孔时，应取最不利截面；

f_y——受拉构件或构件受拉区域钢材屈服强度（N/mm^2）；

f_u——受拉构件或构件受拉区域钢材抗拉强度最小值（N/mm^2）。

7. 偏心支撑结构中支撑的非塑性耗能区内力调整系数应取 $1.1\eta_y$。

8. 消能梁段的受剪承载力计算应符合下列规定：

当 $N_{p,l} \leqslant 0.15Af_y$ 时，受剪承载力应取公式（5-33）和公式（5-34）的较小值。

$$V_l = A_w f_{yv} \tag{5-33}$$

$$V_l = 2W_{p,l} f_y / a \tag{5-34}$$

当 $N_{p,l} > 0.15Af_y$ 时，受剪承载力应取公式（5-35）和公式（5-36）的较小值。

$$V_{lc} = 2.4W_{p,l} f_y [1 - N_{p,l}/(Af_y)]/a \tag{5-35}$$

$$V_{lc} = A_w f_{yv} \sqrt{1 - [N_{p,l}/(Af_y)]^2} \tag{5-36}$$

式中　A_w——消耗梁段腹板截面面积（mm^2）；

f_{yv}——钢材的屈服抗剪强度（N/mm^2），可取钢材屈服强度的 0.58 倍；

a——消耗梁段的净长（mm）。

9. 塑性耗能区的连接计算应符合下列规定：

（1）与塑性耗能区连接的极限承载力应大于与其连接构件的屈服承载力。

（2）梁与柱刚性连接的极限承载力应按下列公式验算：

$$M_u^j \geqslant \eta_j W_E f_y \tag{5-37}$$

$$V_u^j \geqslant 1.2[2(W_E f_y)/l_n] + V_{Gb} \tag{5-38}$$

（3）与塑性耗能区的连接及支撑拼接的极限承载力应按下列公式验算：

支撑连接和拼接　　　　　　$$N_{ubr}^j \geqslant \eta_j A_{br} f_y \tag{5-39}$$

梁的连接　　　　　　　　　$$M_{ub,sp}^j \geqslant \eta_j W_E f_y \tag{5-40}$$

（4）柱脚与基础的连接极限承载力应按下式验算：

$$M_{u,base}^j \geqslant \eta_j M_{pc} \tag{5-41}$$

式中　V_{Gb}——梁在重力荷载代表值作用下，按简支梁分析的梁端截面剪力效应（N）；

M_{pc}——考虑轴心影响时柱的塑性受弯承载力；

M_u^j、V_u^j——分别为连接的极限受弯、受剪承载力（N/mm^2）；

N_{ubr}^j、$M_{ub,sp}^j$——分别为支撑连接和拼接的极限受拉（压）承载力（N）、梁拼接的极限受弯承载力（N·mm）；

$M_{u,base}^j$——柱脚的极限受弯承载力（N·mm）；

η_j——连接系数，可按表 5-12 采用，当梁腹板采用改进型过焊孔时，梁柱刚性连接的连接系数可乘以不小于 0.9 的折减系数。

连接系数　　　　　　　　　　　　　　　　表 5-12

母材牌号	梁柱连接		支撑连接、构件拼接		柱脚	
	焊接	螺栓连接	焊接	螺栓连接		
Q235	1.40	1.45	1.25	1.30	埋入式	1.2
Q345	1.30	1.35	1.20	1.25	外包式	1.2
Q345GJ	1.25	1.30	1.15	1.20	外露式	1.2

注：1. 屈服强度高于 Q345 的钢材，按 Q345 的规定采用；

2. 屈服强度高于 Q345GJ 的 GJ 钢材，按 Q345GJ 的规定采用；

3. 翼缘焊接腹板栓接时，连接系数分别按表中连接形式取用。

《钢结构设计标准》GB 50017—2017"强节点"验算，与《建筑抗震设计规范》GB 50011—2010（2016 年版）、《高层民用建筑钢结构技术规程》JGJ 99—2015 的规定基本一致。均是为了罕遇地震作用（而非设防地震、中震）下，节点不受到破坏。栓焊混合节点，因为腹板采用螺栓连接，螺栓孔孔径比栓径大 1.5～2.5mm，在罕遇地震作用下，螺栓克服摩擦力滑动，滑动过程也是剪应力重分布过程，滑移后，上、下翼缘的焊缝承担了不该承担的剪应力，导致上、下翼缘，特别是下翼缘焊缝的开裂，因此应优先采用能够把塑性变形分布在更长长度上的延性较好的改进型工艺孔。与《建筑抗震设计规范》GB 50011—2010（2016 年版）、《高层民用建筑钢结构技术规程》JGJ 99—2015 不同的是，《钢结构设计标准》GB 50017—2017 规定梁腹板采用改进型过焊孔时，梁柱刚性连接的连接系数可乘以不小于 0.9 的折减系数，"强节点"更容易验算通过。下面简单介绍一下改进型过焊孔。

梁与柱在现场焊接时，梁与柱连接的过焊孔可采用常规型（图 5-1）和改进型（图 5-2）两种形式。采用改进型时，梁翼缘与柱的连接焊缝应采用气体保护焊。

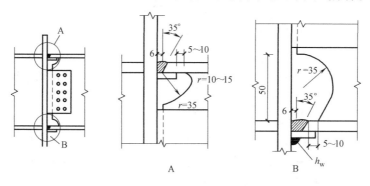

图 5-1 常规型过焊孔

注：$h_w \approx 5$，长度等于翼缘总宽度。

过焊孔是为梁翼缘的全熔透焊缝衬板通过设置的，美国标准称为通过孔，日本标准称为扇形切角，我国国家标准《钢结构焊接规范》GB 50661—2011 称为过焊孔。常规型过焊孔，其上端孔高 35mm，与翼缘相接处圆弧半径改为 10mm，以便减小该处应力集中；下端孔高 50mm，便于施焊时将火口位置错开，以避免腹板处成为震害源点。改进型与梁翼缘焊缝改用气体保护焊有关，上端孔型与常规型相同，下端孔高改为与上端孔相同，唯翼缘板厚大于 22mm 时下端孔的圆弧部分需适当放宽以利操作，并规定腹板焊缝端部应围焊，以减少该处震害。下孔高度减小使腹板焊缝有效长度增大 15mm，对受力有利。鉴于国

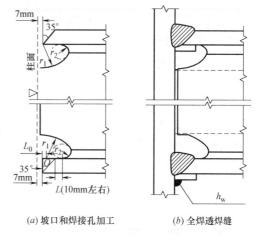

(a) 坡口和焊接孔加工　(b) 全焊透焊缝

图 5-2 改进型过焊孔

注：$r_1 = 35mm$ 左右；$r_2 = 10mm$ 以上；

O 点位置：$t_f < 22mm$ 时 L_0 (mm) $= 0$，

$t_f \geqslant 22mm$ 时 L_0 (mm) $= 0.75 t_f - 15$，t_f 为下翼缘板厚；

$h_w \approx 5$，长度等于翼缘总宽度。

内长期采用常规型，目前《高层民用建筑钢结构技术规程》JGJ 99—2015 推荐优先采用改进型，并对翼缘焊缝采用气体保护焊。此时，下端过焊孔衬板与柱翼缘接触的一侧下边缘，应采用 5mm 角焊缝封闭，防止地震时引发裂缝。

10. 当框架结构的梁柱采用刚性连接时，H 形和箱形截面柱的节点域抗震承载力应符合下列规定：

（1）当与梁翼缘平齐的柱横向加劲肋的厚度不小于梁翼缘厚度时，H 形和箱形截面柱的节点域抗震承载力验算应符合下列规定：

1）当结构构件延性等级为 Ⅰ 级或 Ⅱ 级时，节点域的承载力验算应符合下式要求：

$$\alpha_{\mathrm{p}} \frac{M_{\mathrm{pb1}}+M_{\mathrm{pb2}}}{V_{\mathrm{p}}} \leqslant \frac{4}{3} f_{\mathrm{yv}} \tag{5-42}$$

2）当结构构件延性等级为 Ⅲ 级、Ⅳ 级或 Ⅴ 级时，节点域的承载力验算应符合下式要求：

$$\frac{M_{\mathrm{b1}}+M_{\mathrm{b2}}}{V_{\mathrm{p}}} \leqslant f_{\mathrm{ps}} \tag{5-43}$$

式中　M_{b1}、M_{b2}——分别为节点域两侧梁端的设防地震性能组合的弯矩（N·mm），应按公式（5-19）计算，非塑性耗能区内力调整系数可取 1.0；

M_{pb1}、M_{pb2}——分别为与框架柱节点域连接的左、右梁端截面的全塑性受弯承载力（N·mm）；

V_{p}——节点域的体积（mm³），可按本书第四章第四节相关公式计算；

f_{ps}——节点域的抗剪强度（N/mm²），应按《钢结构设计标准》GB 50017—2017 第 12.3.3 条的规定计算，其中抗剪强度 f_{v} 由抗剪屈服强度 f_{yv} 代替；

α_{p}——节点域弯矩系数，边柱取 0.95，中柱取 0.85。

（2）当节点域的计算不满足（1）规定时，应根据《钢结构设计标准》GB 50017—2017 第 12.3.3 条的规定采取加厚柱腹板或贴焊补强板的构造措施。补强板的厚度及其焊接应按传递补强板所分担剪力的要求设计。

本条为设防地震（中震）下节点域验算的公式，是低弹性承载力-高延性、高弹性承载力-低延性构造的具体体现。

11. 支撑系统的节点计算应符合下列规定：

（1）交叉支撑结构、成对布置的单斜支撑结构的支撑系统，上、下层支撑斜杆交汇处节点的极限承载力不宜小于按下列公式确定的竖向不平衡剪力 V 的 η_{j} 倍，其中 η_{j} 为连接系数，应按表 5-12 采用。

$$V=\eta \varphi A_{\mathrm{br1}} f_{\mathrm{y}} \sin\alpha_{1}+A_{\mathrm{br2}} f_{\mathrm{y}} \sin\alpha_{2}+V_{\mathrm{G}} \tag{5-44}$$

$$V=A_{\mathrm{br1}} f_{\mathrm{y}} \sin\alpha_{1}+\eta \varphi A_{\mathrm{br2}} f_{\mathrm{y}} \sin\alpha_{2}-V_{\mathrm{G}} \tag{5-45}$$

（2）人字形或 V 形支撑，支撑斜杆、横梁与立柱的汇交点，节点的极限承载力不宜小于按下式计算的剪力 V 的 η_{j} 倍。

$$V=A_{\mathrm{br}} f_{\mathrm{y}} \sin\alpha+V_{\mathrm{G}} \tag{5-46}$$

式中　V——支撑斜杆交汇处的竖向不平衡剪力；

φ——支撑稳定系数；

V_G——在重力荷载代表值作用下的横梁梁端剪力（对于人字形或 V 形支撑，不应计入支撑的作用）；

η——受压支撑剩余承载力系数，可按公式（5-23）计算。

（3）当同层同一竖向平面内有两个支撑斜杆汇交于一个柱子时，该节点的极限承载力不宜小于左右支撑屈服和屈曲产生的不平衡力的 η_j 倍。

12. 柱脚的承载力验算应符合下列规定：

（1）支撑系统的立柱柱脚的极限承载力，不宜小于与其相连斜撑的 1.2 倍屈服拉力产生的剪力和组合拉力。

（2）柱脚进行受剪承载力验算时，剪力性能系数不宜小于 1.0。

（3）对于框架结构或框架承担总水平地震剪力 50% 以上的双重抗侧力结构中框架部分的框架柱柱脚，采用外露式柱脚时，锚栓宜符合下列规定：

1）实腹柱刚接柱脚，按锚栓毛截面屈服计算的受弯承载力不宜小于钢柱全截面塑性受弯承载力的 50%；

2）格构柱分离式柱脚，受拉肢的锚栓毛截面受拉承载力标准值不宜小于钢柱分肢受拉承载力标准值的 50%；

3）实腹柱铰接柱脚，锚栓毛截面受拉承载力标准值不宜小于钢柱最薄弱截面受拉承载力标准值的 50%。

（四）基本抗震措施

1. 框架梁应符合下列规定：

（1）结构构件延性等级对应的塑性耗能区（梁端）截面板件宽厚比等级和设防地震性能组合下的最大轴力 N_{E2}、按公式（5-21）计算的剪力 V_{pb} 应符合表 5-13 的要求。

结构构件延性等级对应的塑性耗能区（梁端）截面板件宽厚比等级和轴力、剪力限值　　表 5-13

结构构件延性等级	截面板件宽厚比最低等级	N_{E2}	V_{pb}（未设置纵向加劲肋）
V 级	S5	—	—
IV 级	S4	$\leq 0.15Af$	$\leq 0.5h_w t_w f_v$
III 级	S3		
II 级	S2	$\leq 0.15Af_y$	$\leq 0.5h_w t_w f_{vy}$
I 级	S1		

注：单层或顶层无需满足最大轴力与最大剪力的限值。

（2）当梁端塑性耗能区为工字形截面时，尚应符合下列要求之一：

1）工字形梁上翼缘有楼板且布置间距不大于 2 倍梁高的加劲肋；

2）工字形梁受弯正则化长细比 $\lambda_{n,b}$ 限值符合表 5-14 的要求；

3）上、下翼缘均设置侧向支承。

工字形梁受弯正则化长细比 $\lambda_{n,b}$ 限值　　　　　　表 5-14

结构构件延性等级	I 级、II 级	III 级	IV 级	V 级
上翼缘有楼板	0.25	0.40	0.55	0.80

注：受弯正则化长细比 $\lambda_{n,b}$ 应按《钢结构设计标准》GB 50017—2017 公式（6.2.7-3）计算。

2. 框架柱长细比宜符合表 5-15 的要求。

框架柱长细比要求　　　　　　　　　　表 5-15

结构构件延性等级	$N_p/(Af_y) \leqslant 0.15$	$N_p/(Af_y) > 0.15$
V级	180	
IV级	150	$125[1-N_p/(Af_y)]\varepsilon_k$
I级、II级、III级	$120\varepsilon_k$	

3. 当框架结构的梁柱采用刚性连接时，H 形和箱形截面柱的节点域受剪正则化宽厚比 $\lambda_{n,s}$ 限值应符合表 5-16 的规定。

H 形和箱形截面柱节点域受剪正则化宽厚比 $\lambda_{n,s}$ 的限值　　　　　　表 5-16

结构构件延性等级	I级、II级	III级	IV级	V级
$\lambda_{n,s}$	0.4	0.6	0.8	1.2

注：节点受剪正则化宽厚比 $\lambda_{n,s}$ 应按《钢结构设计标准》GB 50017—2017 公式（12.3.3-1）或公式（12.3.3-2）计算。

4. 支撑长细比、截面板件宽厚比等级应根据其结构构件延性等级符合表 5-17 的要求，其中支撑截面板件宽厚比应按本书表 1-12 对应的构件板件宽厚比等级的限值采用。

支撑长细比、截面板件宽厚比等级　　　　　　　表 5-17

抗侧力构件	结构构件延性等级			支撑长细比	支撑截面板件宽厚比最低等级	备注
	支撑结构	框架-中心支撑结构	框架-偏心支撑结构			
交叉中心支撑或对称设置的单斜杆支撑	V级	V级	—	符合本标准第 7.4.6 条的规定，当内力计算时不计入压杆作用按只受拉斜杆计算时，符合本标准第 7.4.7 条的规定	符合本标准第 7.3.1 条的规定	—
	IV级	III级	—	$65\varepsilon_k < \lambda \leqslant 130$	BS3	—
	III级	II级	—	$33\varepsilon_k < \lambda \leqslant 65\varepsilon_k$	BS2	—
				$130 < \lambda \leqslant 180$	BS2	—
	II级	I级	—	$\lambda \leqslant 33\varepsilon_k$	BS1	—
人字形或V形中心支撑	V形	V级	—	符合本标准第 7.4.6 条的规定	符合本标准第 7.3.1 条的规定	—
	IV级	III级	—	$65\varepsilon_k < \lambda \leqslant 130$	BS3	与支撑相连的梁截面板件宽厚比等级不低于 S3 级
	III级	II级	—	$33\varepsilon_k < \lambda \leqslant 65\varepsilon_k$	BS2	与支撑相连的梁截面板件宽厚比等级不低于 S2 级

续表

抗侧力构件	结构构件延性等级			支撑长细比	支撑截面板件宽厚比最低等级	备注
	支撑结构	框架-中心支撑结构	框架-偏心支撑结构			
人字形或V形中心支撑	Ⅲ级	Ⅱ级	—	$130<\lambda\le180$	BS2	框架承担50%以上总水平地震剪力；与支撑相连的梁截面板件宽厚比等级不低于S1级
	Ⅱ级	Ⅰ级	—	$\lambda\le33\varepsilon_k$	BS1	与支撑相连的梁截面板件宽厚比等级不低于S1级
				采用屈曲约束支撑	—	—
偏心支撑	—	—	Ⅰ级	$\lambda\le120\varepsilon_k$	符合本标准第7.3.1条的规定	消能梁段截面板件宽厚比要求应符合现行国家标准《建筑抗震设计规范》GB 50011的有关规定

注：λ 为支撑的最小长细比。本标准指《钢结构设计标准》GB 50017—2017。

5. 其余未说明的抗震措施，详见《钢结构设计标准》GB 50017—2017 第 17.3 节。

第二节 《钢结构设计标准》GB 50017—2017 抗震性能化设计实例

本节介绍 PKPM2010（版本 V5.1）软件按照《钢结构设计标准》GB 50017—2017 进行钢结构抗震性能化设计的过程，并与手算结果进行对比。

一、工程概况

7 度（0.15g）第一组，Ⅲ类场地，10 层钢框架，标准设防类，结构平面布置见图 5-3，层高 5000mm，钢材钢号为 Q355B，钢框架抗震等级为二级。采用 PKPM2010（版本 V5.1）软件计算。

二、SATWE 抗震性能化设计参数

本小节介绍 PKPM 软件 SATWE 模块的抗震性能化设计参数（图 5-4）。

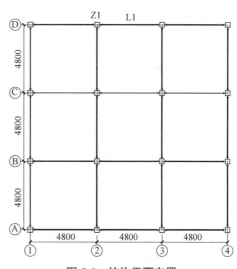

图 5-3 结构平面布置

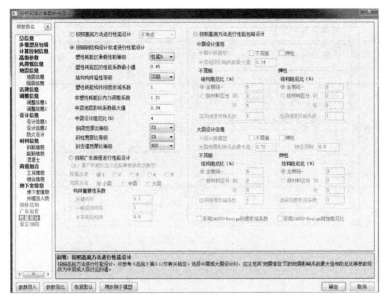

图 5-4　SATWE 抗震性能化设计参数

（一）抗震性能化设计规范选择

SATWE 进行抗震性能化设计，依据四本规范。《钢结构设计标准》GB 50017—2017、广东省地方标准《高层建筑混凝土结构技术规程》DBJ 15-92—2013、《高层民用建筑钢结构技术规程》JGJ99—2015、《高层建筑混凝土结构技术规程》JGJ3—2010。本算例抗震性能化设计选用《钢结构设计标准》GB 50017—2017。

（二）《钢结构设计标准》GB 50017—2017 抗震性能化设计参数

1. 塑性耗能区承载性能等级

《钢结构设计标准》GB 50017—2017 表 17.1.4-1 给出了塑性耗能区承载性能等级参考选用表。其条文说明指出：由于地震的复杂性，表 17.1.4-1 仅作为参考，不需严格执行。抗震设计仅是利用有限的财力，使地震造成的损失控制在合理的范围内，设计者应根据国家制定的安全度标准，权衡承载力和延性，采用合理的承载性能等级。

本工程设防烈度 7 度（0.15g）、高度≤50m，根据《钢结构设计标准》GB 50017—2017 表 17.1.4-1，塑性耗能区承载性能等级为性能 5～7，本算例选用性能 5。

2. 塑性耗能区的性能系数最小值

查《钢结构设计标准》GB 50017—2017 表 17.2.2-1，性能 5 对应的塑性耗能区的性能系数最小值为 0.45。按照《钢结构设计标准》GB 50017—2017 第 17.1.5 条的要求，关键构件的性能系数不应低于一般构件。其条文说明指出：柱脚、多高层钢结构中低于 1/3 总高度的框架柱、伸臂结构竖向桁架的立柱、水平伸臂与竖向桁架交汇区杆件、直接传递转换构件内力的抗震构件等都应按关键构件处理。关键构件和节点的性能系数不宜小于 0.55。

因此，此处"塑性耗能区的性能系数最小值"填为 0.45。本工程底部 4 层的钢柱为关键构件，在"层塔属性"菜单下，将底部 4 层钢柱性能系数修改为 0.55。

3. 结构构件延性等级

查《钢结构设计标准》GB 50017—2017 表 17.1.4-2，性能 5、标准设防类（丙类）

对应的结构构件最低延性等级为Ⅲ级。

4. 塑性耗能构件刚度折减系数

钢结构抗震设计的思路是进行塑性铰机构控制，由于非塑性耗能区构件和节点的承载力设计要求取决于结构体系及构件塑性耗能区的性能，因此《钢结构设计标准》GB 50017—2017仅规定了构件塑性耗能区的抗震性能目标。对于框架结构，除单层和顶层框架外，塑性耗能区宜为框架梁端；对于支撑结构，塑性耗能区宜为成对设置的支撑；对于框架-中心支撑结构，塑性耗能区宜为成对设置的支撑、框架梁端；对于框架-偏心支撑结构，塑性耗能区宜为耗能梁段、框架梁端。

对于塑性耗能梁及塑性耗能支撑等构件，设计人员可根据选定的结构构件的性能等级，定义刚度折减系数，该刚度折减系数是针对中震模型下的，小震下不起作用。在SATWE程序中，如果选择框架结构，程序会自动判断所有的主梁为塑性耗能构件，定义的折减系数对于所有的主梁两端均起作用。如果是框架-支撑结构体系，程序同时判断默认所有的支撑构件与梁均为耗能支撑，该折减系数同样起作用。如果要修改塑性耗能构件单构件的刚度折减系数，可以在"性能设计子模型（钢规）"菜单下，进行单个构件刚度折减系数的定义。

需要注意的是，如果没有进行中大震的弹塑性分析，实际上无法较为合理地确定塑性耗能构件的刚度折减系数，建议在一般情况下，该刚度折减系数偏于保守地按照不折减处理，也就是塑性耗能构件刚度折减系数取为1.0。

5. 非塑性耗能区内力调整系数

按照《钢结构设计标准》GB 50017—2017，对于框架结构与框架-支撑中的非塑性耗能构件需要进行中震下的承载力验算，验算的时候对于中震下水平地震作用进行内力调整，该调整系数 β_e 与性能等级及结构体系有关。对于框架结构，非塑性耗能区内力调整系数为 $1.1\eta_y$，η_y 为钢材超强系数，查《钢结构设计标准》GB 50017—2017表17.2.2-3，塑性耗能区（梁）、弹性区（柱）钢材均为Q355，钢材超强系数 η_y 取为1.1。因此非塑性耗能区内力调整系数 $\beta_e = 1.1\eta_y = 1.1 \times 1.1 = 1.21$。

该处的非塑性耗能区内力调整系数是针对全楼的参数，但是实际工程中塑性耗能区对于不同楼层《钢结构设计标准》GB 50017—2017要求是不同的。《钢结构设计标准》GB 50017—2017第17.2.5条第3款中明确要求："框架柱应该按压弯构件计算，计算弯矩效应和轴力效应时，其非塑性耗能区内力调整系数不宜小于 $1.1\eta_y$。对框架结构，进行受剪计算时，剪力应按式（17.2.5-5）计算；计算弯矩效应时，多高层钢结构底层柱的非塑性耗能区内力调整系数不应小于1.35。"需要读者注意的是，软件"多高层钢结构底层柱不小于1.35倍的要求，用户应到层塔属性定义中调整修改"的提示是错误的。对于框架结构底层柱的"非塑性耗能区内力调整系数"SATWE程序默认为1.35，无需设计人员填入。

6. 中震地震影响系数最大值

《建筑抗震设计规范》GB 50011—2010（2016年版）第3.10.3条规定：设防地震的地震影响系数最大值，7度（0.15g）可采用0.34。

7. 中震设计阻尼比

中震下程序默认的阻尼比为2%，按照《钢结构设计标准》GB 50017—2017第

17.2.1 条第 4 款所述，对于弹塑性分析的阻尼比可适当增加，采用等效线性化方法不宜大于 5%。如果使用弹塑性分析软件进行了结构中震下的分析，可以根据输出的每条地震波的能量图，确定出每条地震波下结构中震弹塑性附加阻尼比。中震下的阻尼比可以取多条地震波中震计算的结构弹塑性附加阻尼比的平均值加上初始阻尼比。

本算例小震下阻尼比为 4%，偏于保守地将中震下阻尼比也取为 4%。

8. 钢构件宽厚比等级

根据《钢结构设计标准》GB 50017—2017 表 17.3.4-1，延性等级Ⅲ级，框架梁塑性耗能区（梁端）截面宽厚比等级为 S3 级。支撑板件宽厚比等级按《钢结构设计标准》GB 50017—2017 表 17.3.12 确定。

需要提醒读者注意的是，设计高度低于 100m、设防烈度低于 8 度（0.20g）可按照《钢结构设计标准》GB 50017—2017 进行抗震性能化设计。但是首先应对钢结构进行多遇地震作用下的验算，验算内容包含结构承载力及侧向变形是否满足《建筑抗震设计规范》GB 50011—2010（2016 年版）、《高层民用建筑钢结构技术规程》JGJ 99—2015 的要求，即查看结构构件的强度应力比、稳定应力比等是否均满足规范要求，同时查看结构在风和地震作用下的弹性层间位移角是否均满足规范的要求。只有在满足小震下承载力和变形的情况下才能进行抗震性能化设计。如果此时构件的宽厚比、高厚比及长细比均不满足《建筑抗震设计规范》GB 50011—2010（2016 年版）、《高层民用建筑钢结构技术规程》JGJ 99—2015 相应抗震等级的要求，则有必要进行性能化设计。如果按照对应《钢结构设计标准》GB 50017—2017 的某性能目标设计，满足了中震下承载力要求，可以按照对应的宽厚比等级及延性等级放松宽厚比、高厚比及长细比的限制。

对于按照性能化设计的结构，SATWE 程序在"多模型控制信息"下会自动形成"小震模型"和"新钢标中震模型"两个模型，分别进行小震与中震下的内力分析与承载力计算，最终将包络结果展示在主模型中。查看主模型计算结果，可以看到在主模型下包络了小震与中震模型的强度应力比、稳定应力比、长细比、宽厚比、轴压比及实际性能系数等结果。如果各项指标有超限，在程序中会标红提示。

三、SATWE 抗震性能化设计结果

下面手工复核此钢结构工程抗震性能化设计结果。需要说明的是，《钢结构设计标准》GB 50017—2017 第 17.1.4 条第 5 款规定：当塑性耗能区的最低承载性能等级为性能 5、性能 6 或性能 7 时，通过罕遇地震下结构的弹塑性分析或按构件工作状态形成新的结构等效弹性分析模型，进行竖向构件的弹塑性层间位移角验算，应满足现行国家标准《建筑抗震设计规范》GB 50011 的弹塑性层间位移角限值。本书未进行罕遇地震作用下的弹塑性层间位移角验算，罕遇地震作用下的弹塑性层间位移角验算的具体方法，读者可以参见《高层钢结构设计计算实例》第三章相关内容。

（一）中震下塑性耗能构件实际性能系数的计算

以第五层钢梁 L1 为例（位置见图 5-3）。SATWE 输出的 L1 计算结果如图 5-5 所示，按照规范对软件计算的性能系数结果进行手工校核。

一、构件几何材料信息

层号	IST=5
塔号	ITOW=1
单元号	IELE=23
构件种类标志(KELE)	梁
左节点号	J1=92
右节点号	J2=96
构件材料信息(Ma)	钢
长度(m)	DL=4.80
截面类型号	Kind=1
截面参数(m)	B*H*B1*B2*H1*B3*B4*H2
	=0.010*0.400*0.095*0.095*0.020*0.095*0.095*0.020
钢号	345
净毛面积比	Rnet=1.00

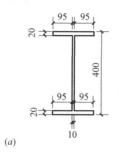

(a)

三、构件设计属性信息

构件两端约束标志	两端刚接
构件属性信息	主梁，普通梁，钢梁，塑性耗能构件
宽厚比等级	S3
性能等级	5
性能系数最小值	0.45
构件延性等级	III
非塑性耗能区内力调整系数	1.00
塑性耗能区刚度折减系数	1.00

是否人防	非人防构件
刚度放大系数	COEF_STIFF=1.00
活荷内力折减系数	1.00
活荷载弯矩放大系数	1.00
扭矩折减系数	0.40
地震作用放大系数	X向：1.13 Y向：1.13
薄弱层地震内力调整系数	X向：1.00 Y向：1.00
剪重比调整系数	X向：1.00 Y向：1.00
二道防线调整系数	X向(左)：1.00 X向(右)：1.00 Y向(左)：1.00 Y向(右)：1.00
风荷载内力调整系数	X向：1.00 Y向：1.00
所在楼层二阶效应系数	X向：0.11 Y向：0.11
构件的应力比上限	F1_MAX=1.00 F2_MAX=1.00 F3_MAX=1.00

(b)

图5-5 框架梁L1输出结果（一）

强度验算	(16) N=0.00, M=−401.28, F1/f=0.79
稳定验算	(0) N=0.00, M=0.00, F2/f=0.00
抗剪验算	(15) V=−205.57, F3/fv=0.34
下翼缘稳定	正则化长细比r=0.36，不进行下翼缘稳定计算
塑性耗能区轴力及限值	N=0.00, Nmax=513.30
塑性耗能区剪力及限值	V=298.68, Vmax=315.00
正则化长细比及限值	r=0.36, rmax=0.40
实际性能系数	1.91≥0.45
宽厚比	b/tf=4.75 ≤10.73
	《钢结构设计标准》GB 50017—2017 3.5.1条给出宽厚比限值
高厚比	h/tw=36.00 ≤76.76
	《钢结构设计标准》GB 50017—2017 3.5.1条给出高厚比限值

(c)

图 5-5 框架梁 L1 输出结果（二）

1. 构件塑性耗能区截面模量

构件塑性耗能区截面模量（《钢结构设计标准》GB 50017—2017 表17.2.2-2，板件宽厚比等级 S3）为：

$$W_E = \gamma_x W = 1.05W = 1.05 \times 1639.73 \times 10^3 = 1721716.5\,mm^3$$

2. 重力荷载代表值产生的弯矩效应

根据软件输出单工况内力得到梁左、右端的组合为 $1.0D + 0.5L$，则重力荷载代表值产生的弯矩效应为：

$$M_{GE} = 28.52 + 0.5 \times 8.91 = 32.975\,kN \cdot m$$

3. 竖向设防地震作用标准值的弯矩效应

竖向设防地震作用标准值的弯矩效应 $M_{Evk2} = 0\,kN \cdot m$

4. 水平设防地震作用标准值的弯矩效应（查看"2-新钢标中震模型"）

由于地震有正负偶然偏心及多方向地震等，程序计算实际性能系数时，需要得到最不利的实际性能系数，因此取几种地震下最大的弯矩，本算例中 X 负偶然偏心地震作用下的效应最大，计算出的性能系数最不利。因此，取 X 向负偏心地震的内力结果。

调整前，水平设防地震作用标准值的弯矩效应 $M_{Ehk2} = 271.1\,kN \cdot m$

调整后，水平设防地震作用标准值的弯矩效应 $M_{Ehk2} = 137.7\,kN \cdot m$

因此，调整后与调整前的系数为：137.7/271.1=0.51。

塑性耗能区构件，$\beta_e = 1.0$，性能5，性能系数最小值 $\Omega^a_{i,min} = 0.45$，考虑地震作用放大系数1.13。

构件性能系数为：

$$\Omega_i = 1.13\beta_e\Omega^a_{i,min} = 1.13 \times 1.0 \times 0.45 = 0.5085 \approx 0.51$$

与软件计算出调整后/调整前的系数为 0.51 一致。

5. 塑性耗能区实际性能系数

$$\Omega^a_0 = (W_E f_y - M_{GE} - 0.4M_{Evk2})/M_{Ehk2} = (1721716.5 \times 335 \times 10^{-6} - 32.975)/271.1 = 2.01$$

与软件输出结果 1.91 不一致。

PKPM 软件计算构件塑性耗能区截面模量时，板件宽厚比等级误取为 S4 级（《钢结构设计标准》GB 50017—2017 表 17.2.2-2，板件宽厚比等级 S4）。构件塑性耗能区截面模量为：

$$W_E = W = 1639730 \text{mm}^3$$

塑性耗能区实际性能系数为：

$$\Omega_0^a = (W_E f_y - M_{GE} - 0.4 M_{Evk2})/M_{Ehk2} = (1639730 \times 335 \times 10^{-6} - 32.975)/271.1 = 1.91$$

与软件输出结果一致。

（二）中震下"强柱弱梁"的验算

钢柱 Z1 轴压比 0.27<0.4，且柱截面板件宽厚比满足 S3 级要求，因此根据《钢结构设计标准》GB 50017—2017 第 17.2.5 条第 2 款第 5）小款规定，可不进行"强柱弱梁"验算。

（三）中震下框架梁受压、受剪验算

1. 设防地震性能组合下最大轴力验算

该框架结构中，该框架梁有楼板相连，在正常计算时，如果不定义弹性板，该楼板会按照分块刚性板进行计算，梁与刚性板一起变形协调，梁中无相对变形，因此梁中没有轴力，设防地震性能组合下最大轴力 $N_{E2} = 0$。

L1 延性等级为 Ⅲ 级，截面板件宽厚比等级为 S3 级，查《钢结构设计标准》GB 50017—2017 表 17.3.4-1，轴力限值为 $0.15Af = 0.15 \times 11600 \times 295 = 513.3 \text{kN}$。

满足 $N_{E2} < 0.15Af$，且与软件输出结果一致。

2. 设防地震性能组合下受剪验算

（1）框架梁剪力

梁重力荷载代表值作用下的剪力为：

$$V_{Gb} = 1.0D + 0.5L = 1.0 \times 36.25 + 0.5 \times 10.08 = 41.29 \text{kN}$$

梁端截面 A 和 B 处的构件截面模量为：

$$W_{Eb,A} = W_{Eb,B} = W_E = 1721716.5 \text{mm}^3$$

$$V_{pb} = V_{Gb} + \frac{W_{Eb,A} f_y + W_{Eb,B} f_y}{l_n} = 41.29 + \frac{1721716.5 \times 335 + 1721716.5 \times 335}{4500} \times 10^{-3} = 297.63 \text{kN}$$

与软件输出结果 298.68kN 基本一致。

（2）剪力限值

L1 延性等级为 Ⅲ 级，截面板件宽厚比等级为 S3 级，查《钢结构设计标准》GB 50017—2017 表 17.3.4-1，剪力限值为 $0.5 h_w t_w f_v = 0.5 \times (400 - 2 \times 20) \times 10 \times 175 = 315 \text{kN}$，与软件输出结果一致。

满足 $V_{pb} \leq 0.5 h_w t_w f_v$。

（四）中震下梁的正则化长细比及限值验算

$$\gamma = \frac{b_1}{t_w} \sqrt{\frac{b_1 t_1}{h_w t_w}} = \frac{200}{10} \times \sqrt{\frac{200 \times 20}{(400 - 2 \times 20) \times 10}} = 21.08$$

$$\varphi_1 = \frac{1}{2} \left(\frac{5.436 \gamma h_w^2}{l^2} + \frac{l^2}{5.436 \gamma h_w^2} \right) = \frac{1}{2} \times \left(\frac{5.436 \times 21.08 \times 360^2}{2400^2} + \frac{2400^2}{5.436 \times 21.08 \times 360^2} \right) = 1.483$$

$$\sigma_{cr}=\frac{3.46b_1t_1^3+h_wt_w^3(7.27\gamma+3.3)\varphi_1}{h_w^2(12b_1t_1+1.78h_wt_w)}E$$

$$=\frac{3.46\times200\times20^3+360\times10^3\times(7.27\times21.08+3.3)\times1.483}{360^2\times(12\times200\times20+1.78\times360\times10)}\times206\times10^3=2603.48\text{N/mm}^2$$

正则化长细比 $\lambda_{n,b}=\sqrt{\dfrac{f_y}{\sigma_{cr}}}=\sqrt{\dfrac{335}{2603.48}}=0.36<0.40$

与软件输出结果基本一致。

说明：如果 l 取梁净距的一半（即减去柱子宽度），则 $l=2250\text{mm}$。

$$\gamma=\frac{b_1}{t_w}\sqrt{\frac{b_1t_1}{h_wt_w}}=\frac{200}{10}\times\sqrt{\frac{200\times20}{(400-2\times20)\times10}}=21.08$$

$$\varphi_1=\frac{1}{2}\left(\frac{5.436\gamma h_w^2}{l^2}+\frac{l^2}{5.436\gamma h_w^2}\right)=\frac{1}{2}\times\left(\frac{5.436\times21.08\times360^2}{2250^2}+\frac{2250^2}{5.436\times21.08\times360^2}\right)=1.637$$

$$\sigma_{cr}=\frac{3.46b_1t_1^3+h_wt_w^3(7.27\gamma+3.3)\varphi_1}{h_w^2(12b_1t_1+1.78h_wt_w)}E$$

$$=\frac{3.46\times200\times20^3+360\times10^3\times(7.27\times21.08+3.3)\times1.637}{360^2\times(12\times200\times20+1.78\times360\times10)}\times206\times10^3=2857.04\text{N/mm}^2$$

$$\lambda_{n,b}=\sqrt{\frac{f_y}{\sigma_{cr}}}=\sqrt{\frac{335}{2857.04}}=0.34<0.40$$

（五）中震下非塑性耗能构件（钢柱 Z1）的输出结果

钢柱 Z1 输出结果如图 5-6 所示。

一、构件几何材料信息

层号	IST=5
塔号	ITOW=1
单元号	IELE=14
构件种类标志(KELE)	柱
上节点号	J1=92
下节点号	J2=75
构件材料信息(Ma)	钢
长度(m)	DL=5.00
截面类型号	Kind=6
截面参数(m)	B*H*U*T*D*F=0.030*0.300*0.020*0.020*0.020*0.020
钢号	345
净毛面积比	Rnet=1.00

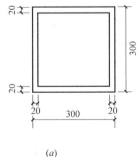

(a)

图 5-6 框架柱 Z1 输出结果（一）

三、构件设计属性信息

构件两端约束标志	两端刚接
构件属性信息	普通柱，普通钢柱
宽厚比等级	S3
性能等级	5
性能系数最小值	0.45
构件延性等级	III
非塑性耗能区内力调整系数	1.21
塑性耗能区刚度折减系数	1.00
是否人防	非人防构件
长度系数	Cx=1.52 Cy=1.28
活荷内力折减系数	1.00
地震作用放大系数	X向：1.13 Y向：1.13
薄弱层地震内力调整系数	X向：1.00 Y向：1.00
剪重比调整系数	X向：1.00 Y向：1.00
二道防线调整系数	X向：1.00 Y向：1.00
风荷载内力调整系数	X向：1.00 Y向：1.00
地震作用下转换柱剪力弯矩调整系数	X向：1.00 Y向：1.00
刚度调整系数	X向：1.00 Y向：1.00
所在楼层二阶效应系数	X向：0.11 Y向：0.11
构件的应力比上限	F1_MAX=1.00 F2_MAX=1.00 F3_MAX=1.00

(b)

4.1 包络子模型1"小震模型"信息

4.1.1 设计属性(仅列出差异部分)

4.1.2 设计验算信息

项目	内容
轴压比：	(17) N=−1784.9 Uc=0.27
强度验算：	(16) N=−1335.35 Mx=49.27 My=384.81 F1/f=0.92
平面内稳定验算：	(17) N=−1784.90 Mx=269.56 My=10.70 F2/f=0.96
平面外稳定验算：	(16) N=−1335.35 Mx=49.27 My=384.81 F3/f=0.99
X向长细比=	$\lambda_x = 66.23 > 66.03$
Y向长细比	$\lambda_y = 55.67 \leqslant 66.03$
	《高钢规》7.3.9条：钢框架柱的长细比，一级不应大于$60\sqrt{\dfrac{235}{f_y}}$，二级不应大于$70\sqrt{\dfrac{235}{f_y}}$， 三级不应大于$80\sqrt{\dfrac{235}{f_y}}$，四级及非抗震设计不应大于$100\sqrt{\dfrac{235}{f_y}}$
宽厚比=	《钢结构设计标准》GB50017−2017 7.4.6、7.4.7条给出构件长细比限值 程序最终限值取两者的较严值 b/tf=13.00≤31.36 《高钢规》7.4.1条给出宽厚比限值 《钢结构设计标准》GB50017−2017 3.5.1条给出宽厚比限值 程序最终限值取两者的较严值
高厚比=	h/tw=13.00≤31.36 《高钢规》7.4.1条给出高厚比限值 《钢结构设计标准》GB50017−2017 3.5.1条给出高厚比限值 程序最终限值取两者的较严值
钢柱强柱弱梁验算：	X向 (17) N=−1784.90 Px=1.08 Y向 (17) N=−1784.90 Py=0.54 《抗规》8.2.5-1条 钢框架节点左右梁端和上下柱端的全塑性承载力，除下列情况之一外，应符合下式要求： 柱所在楼层的受剪承载力比相邻上一层的受剪承载力高出25%： 柱轴压比不超过0.4，或$N_2 \leqslant \phi A_c f$(N_2为2倍地震作用下的组合轴力设计值) 与支撑斜杆相连的节点 等截面梁：$$\Sigma W_{Pc}\left(f_{yc} - \frac{N}{A_c}\right) \geqslant \eta \Sigma W_{pb} f_{yb}$$端部翼缘变截面梁：$$\Sigma W_{Pc}\left(f_{yc} - \frac{N}{A_c}\right) \geqslant \Sigma(\eta W_{pb1} f_{yb} + V_{pb}{}^s)$$
受剪承载力：	CB_XF=252.64 CB_YF=252.64 《钢结构设计标准》GB 50017−2017 10.3.4

超限类别(304) 长细比超限：Rmd=66.23>Rmd_max=66.03

(c)

图 5-6 框架柱 Z1 输出结果（二）

4.2包络子模型2"新钢标中震模型"信息

4.2.1设计属性(仅列出差异部分)

4.2.2设计验算信息

项目	内容
轴压比:	(11) N=−1101.4　Uc=0.15
强度验算:	(2) N=−1069.91　Mx=33.56　My=140.22　F1/f=0.39
平面内稳定验算:	(11) N=−1101.42　Mx=114.28　My=−4.13　F2/f=0.43
平面外稳定验算:	(2) N=−1069.91　Mx=33.56　My=140.22　F3/f=0.44
X向长细比:	λ_x=66.23≤99.04
Y向长细比:	λ_y=55.67≤99.04
	《钢结构设计标准》GB 50017—2017 17.3.5条给出框架柱长细比限值
钢柱强柱弱梁验算:	X向　(11) N=−1101.42　Px=1.11
	Y向　(11) N=−1101.42　Py=0.55

《钢结构设计标准》GB50017—2017 17.2.5条柱端截面强度应符合下列规定:
等截面梁:
柱截面板件宽厚比为S1,S2时:

$$\Sigma W_{Ec}\left(f_{yc}-\frac{N_p}{A_c}\right)\geqslant \eta_y \Sigma W_{Eb}f_{yb}$$

柱截面板件宽厚比为S3,S4时:

$$\Sigma W_{Ec}\left(f_{yc}-\frac{N_p}{A_c}\right)\geqslant 1.1\eta_y \Sigma W_{Eb}f_{yb}$$

端部翼缘变截面的梁:
柱截面板件宽厚比为S1,S2时:

$$\Sigma W_{Ec}\left(f_{yc}-\frac{N_p}{A_c}\right)\geqslant \eta_y\left(\Sigma W_{Eb1}f_{yb}+V_{pb}s\right)$$

柱截面板件宽厚比为S3,S4时:

$$\Sigma W_{Ec}\left(f_{yc}-\frac{N_p}{A_c}\right)\geqslant 1.1\eta_y\left(\Sigma W_{Eb1}f_{yb}+V_{pb}s\right)$$

受剪承载力: CB_XF=284.13　CB_YF=284.13
《钢结构设计标准》GB50017—2017 10.3.4

(d)

图 5-6　框架柱 Z1 输出结果（三）

1. 按照《建筑抗震设计规范》GB 50011—2010（2016 年版）、《高层民用建筑钢结构技术规程》JGJ 99—2015 小震设计

小震下，Z1 强度应力比、平面内稳定应力比、平面外稳定应力比均满足规范要求。

根据《建筑抗震设计规范》GB 50011—2010（2016 年版）第 3.3.3 条：建筑场地为 Ⅲ、Ⅳ 类时，对设计基本地震加速度为 $0.15g$ 和 $0.30g$ 的地区，除本规范另有规定外，宜分别按抗震设防烈度 8 度（$0.20g$）和 9 度（$0.40g$）时各抗震设防类别建筑的要求采取抗震构造措施。因此本算例（7 度（$0.15g$），Ⅲ 类场地）钢柱需要采取抗震构造措施。需要注意的是，仅提高抗震构造措施，不提高抗震措施中的其他要求，如按概念设计要求的内力调整措施。

房屋高度≤50m，查《建筑抗震设计规范》GB 50011—2010（2016 年版）表 8.1.3，钢柱抗震等级为三级。根据《高层民用建筑钢结构技术规程》JGJ 99—2015 第 7.3.9 条规定，三级框架柱的长细比不应大于 $80\sqrt{235/f_y}=80\times\sqrt{235/345}=66.03$。很显然钢柱 Z1 不满足《高层民用建筑钢结构技术规程》JGJ 99—2015 长细比的要求。

2. 按照《钢结构设计标准》GB 50017—2017 中震设计（抗震性能化设计）

中震下，柱轴力 N_p=1101.4kN，满足 N_p=1101.4kN≤$0.15Af_y$=0.15×22400×335=1125.6kN。

查《钢结构设计标准》GB 50017—2017 表 17.3.5，结构构件延性等级为Ⅲ级的框架柱长细比限值为 $120\varepsilon_k=120\sqrt{235/f_y}=120\times\sqrt{235/345}=99.04$。很显然钢柱 Z1 可以满足《钢结构设计标准》GB 50017—2017 长细比的要求。

小震作用下，钢柱强度应力比、平面内稳定应力比、平面外稳定应力比均满足规范要求的前提下，如果仅长细比等构造不满足《建筑抗震设计规范》GB 50011—2010（2016年版）、《高层民用建筑钢结构技术规程》JGJ 99—2015 要求时，按照《钢结构设计标准》GB 50017—2017 进行中震设计（抗震性能化设计）是一个比较好的选择。

3. 能否采用二阶 P-Δ 弹性分析法、直接分析设计法进行设计？

本书第三章曾提及，当构件长细比不满足规范容许长细比时，可以选择二阶 P-Δ 弹性分析法、直接分析设计法，也可以选择本章中的抗震性能化设计方法。那么本算例能否采用二阶 P-Δ 弹性分析法、直接分析设计法进行设计？

本算例钢柱 Z1 的一阶弹性分析法、二阶 P-Δ 弹性分析法和直接分析设计法计算结果见表 5-18。由表 5-18 可以得知，二阶 P-Δ 弹性分析法和直接分析设计法虽然可以解决钢柱 Z1 长细比超限的问题，但是二阶 P-Δ 弹性分析法和直接分析设计法钢柱 Z1 的强度应力比超限。因此本算例中，二阶 P-Δ 弹性分析法和直接分析设计法不能解决钢柱 Z1 长细比超限的问题。

钢柱 Z1 一阶弹性分析法、二阶 P-Δ 弹性分析法和直接分析设计法计算结果　　表 5-18

项目		一阶弹性分析法	二阶 P-Δ 弹性分析法	直接分析设计法
强度验算	强度应力比	0.92	1.01	1.01
	应力比对应的内力	$N=1335\text{kN}$, $M_x=49\text{kN}\cdot\text{m}$, $M_y=384\text{kN}\cdot\text{m}$	$N=1359\text{kN}$, $M_x=56\text{kN}\cdot\text{m}$, $M_y=434\text{kN}\cdot\text{m}$	$N=1359\text{kN}$, $M_x=56\text{kN}\cdot\text{m}$, $M_y=434\text{kN}\cdot\text{m}$
平面内稳定性验算	平面内稳定应力比	0.96	0.89	1.02
	应力比对应的内力	$N=1784\text{kN}$, $M_x=269\text{kN}\cdot\text{m}$, $M_y=10\text{kN}\cdot\text{m}$	$N=1845\text{kN}$, $M_x=298\text{kN}\cdot\text{m}$, $M_y=23\text{kN}\cdot\text{m}$	$N=1359\text{kN}$, $M_x=56\text{kN}\cdot\text{m}$, $M_y=434\text{kN}\cdot\text{m}$
平面外稳定性验算	平面外稳定应力比	0.99	1.03	1.05
	应力比对应的内力	$N=1335\text{kN}$, $M_x=49\text{kN}\cdot\text{m}$, $M_y=384\text{kN}\cdot\text{m}$	$N=1359\text{kN}$, $M_x=56\text{kN}\cdot\text{m}$, $M_y=434\text{kN}\cdot\text{m}$	$N=1359\text{kN}$, $M_x=56\text{kN}\cdot\text{m}$, $M_y=434\text{kN}\cdot\text{m}$
计算长度系数	X 方向	1.52	1.00	—
	Y 方向	1.28	1.00	—
长细比	X 方向	66.23	43.63	—
	Y 方向	55.27	43.63	—
《高层民用建筑钢结构技术规程》JGJ 99—2015 长细比限值		66.03		

第六章 钢结构防火设计

第一节 钢结构防火材料

钢材是一种不燃烧材料，但耐火性能差，其屈服强度和弹性模量随温度升高而降低，且其屈服台阶变得越来越小。在温度超过300℃后，已无明显的屈服极限和屈服平台。高温下普通钢材的弹性模量及强度的折减系数见表6-1（摘自《建筑钢结构防火技术规范》GB 51249—2017条文说明表6）。从表6-1可以知道，普通结构钢在500℃时，尚有一定的承载力，而到700℃时则基本失去承载力。在火灾下钢结构的温度可达900～1000℃，所以钢结构应采取防火保护措施。

钢材高温下的屈服强度折减系数 η_{sT} 和弹性模量折减系数 χ_{sT} 　　表 6-1

温度(℃)	结构钢		耐火钢	
	χ_{sT}	η_{sT}	χ_{sT}	η_{sT}
20	1.000	1.000	1.000	1.000
100	0.981	1.000	0.968	0.980
200	0.949	1.000	0.929	0.949
300	0.905	1.000	0.889	0.909
400	0.839	0.914	0.849	0.853
450	0.791	0.821	0.829	0.815
500	0.727	0.707	0.810	0.769
550	0.637	0.581	0.790	0.711
600	0.500	0.453	0.770	0.634
650	0.318	0.331	0.750	0.528
700	0.214	0.226	0.610	0.374
750	0.147	0.145	0.470	0.208
800	0.100	0.100	0.330	0.125
900	0.038	0.050	0.050	0.042
1000	0.000	0.000	0.000	0.000

一、建筑分类和耐火等级

(一) 民用建筑的分类

民用建筑根据其建筑高度和层数可分为单、多层民用建筑和高层民用建筑。高层民用建筑根据其建筑高度、使用功能和楼层的建筑面积可分为一类和二类。民用建筑的分类应符合表 6-2 的规定。

民用建筑的分类 表 6-2

名称	高层民用建筑		单、多层民用建筑
	一类	二类	
住宅建筑	建筑高度大于 54m 的住宅建筑（包括设置商业服务网点的住宅建筑）	建筑高度大于 27m,但不大于 54m 的住宅建筑（包括设置商业服务网点的住宅建筑）	建筑高度不大于 27m 的住宅建筑（包括设置商业服务网点的住宅建筑）
公共建筑	1. 建筑高度大于 50m 的公共建筑； 2. 建筑高度 24m 以上部分任一楼层建筑面积大于 1000m² 的商店、展览、电信、邮政、财贸金融建筑和其他多种功能组合的建筑； 3. 医疗建筑、重要公共建筑； 4. 省级及以上的广播电视和防灾指挥调度建筑、网局级和省级电力调度建筑； 5. 藏书超过 100 万册的图书馆、书库	除一类高层公共建筑外的其他高层公共建筑	1. 建筑高度大于 24m 的单层公共建筑； 2. 建筑高度不大于 24m 的其他公共建筑

（二）民用建筑的耐火等级

民用建筑的耐火等级应根据其建筑高度、使用功能、重要性和火灾扑救难度等确定。并应符合表 6-3 的规定。

民用建筑的耐火等级 表 6-3

名称	耐火等级
地下或半地下建筑（室） 一类高层建筑	不应低于一级
单、多层重要公共建筑 二类高层建筑	不应低于二级

（三）不同耐火等级建筑相应构件的耐火极限

不同耐火等级建筑相应构件的燃烧性能和耐火极限不应低于表 6-4 的规定。

（四）各类钢构件的燃烧性能和耐火极限

各类钢构件的燃烧性能和耐火极限见表 6-5 的规定［摘自《建筑设计防火规范》GB 50016—2014（2018 年版）附录］。

不同耐火等级建筑相应构件的燃烧性能和耐火极限（h）　　表 6-4

构件名称	耐火等级			
	一级	二级	三级	四级
柱	不燃性 3.00	不燃性 2.50	不燃性 2.00	难燃性 0.50
梁	不燃性 2.00	不燃性 1.50	不燃性 1.00	难燃性 0.50
楼板	不燃性 1.50	不燃性 1.00	不燃性 0.50	可燃性
屋顶承重构件	不燃性 1.50	不燃性 1.00	可燃性 0.50	可燃性
疏散楼梯	不燃性 1.50	不燃性 1.00	不燃性 0.50	可燃性

注：建筑高度大于 100m 的民用建筑，其楼板耐火极限不应低于 2.00h。

各类钢构件的燃烧性能和耐火极限　　表 6-5

构件名称及保护层厚度			结构厚度或截面最小尺寸（cm）	耐火极限（h）	燃烧性能
有保护层的钢柱	用普通黏土砖作保护层，其厚度为	12cm	—	2.85	不燃性
	用陶粒混凝土作保护层，其厚度为	8cm		3.00	不燃性
	用 C20 混凝土作保护层，其厚度为	10cm	—	2.85	不燃性
		5cm	—	2.00	不燃性
		2.5cm	—	0.80	不燃性
	用加气混凝土作保护层，其厚度为	4cm	—	1.00	不燃性
		5cm	—	1.40	不燃性
		7cm	—	2.00	不燃性
		8cm	—	2.33	不燃性
	用金属网抹 M5 砂浆作保护层，其厚度为	2.5cm	—	0.80	不燃性
		5cm	—	1.30	不燃性
	用薄涂型钢结构防火涂料作保护层，其厚度为	0.55cm	—	1.00	不燃性
		0.70cm	—	1.50	不燃性
	用厚涂型钢结构防火涂料作保护层，其厚度为	1.5cm	—	1.00	不燃性
		2cm	—	1.50	不燃性
		3cm	—	2.00	不燃性
		4cm	—	2.50	不燃性
		5cm	—	3.00	不燃性
有保护层的钢梁	1.5cm 厚 LG 防火隔热涂料保护层		—	1.50	不燃性
	2.0cm 厚 LY 防火隔热涂料保护层		—	2.30	不燃性

二、常用钢结构防火材料选用

（一）常用钢结构防火材料

常用钢结构防火材料有外包混凝土或砌筑砌块、防火涂料、防火板、复合防火保护（表面涂敷防火涂料或采用柔性毡状隔热材料包覆，再用轻质防火板作饰面板）、柔性毡状隔热材料。各种防火材料的特点和适用范围见表 6-6。本书重点介绍外包混凝土和防火涂料这两种钢结构防火材料。

各种防火材料的特点和适用范围　　　　表 6-6

防火材料	特点和适用范围
外包混凝土、砌筑砌块	保护层强度高、耐冲击，占用空间较大，在钢梁和斜撑施工难度大，适用于易受碰撞、无护面板的钢柱防火保护
防火涂料	质量轻，施工简便，适用于任何形状、任何部位的构件，技术成熟，应用面广，但对涂敷的基底和环境条件要求严格
防火板	预制性好，完整性优，性能稳定，表面平整、光洁，装饰性好，施工不受环境条件限制，施工效率高，特别适用于交叉作业和不允许湿法施工的场合
复合防火保护	有良好的隔热性和完整性、装饰性，适用于耐火性能要求高，并有较高装饰要求的钢柱、钢梁
柔性毡状隔热材料	耐热性好，施工简便，造价低，适用于室内不易受机械伤害和不受水湿的部位

（二）外包混凝土

笔者设计的中国石油乌鲁木齐大厦，外框的钢柱采用 150mm 外包混凝土来取代防火涂层。外包混凝土中设置构造钢筋（图 6-1），以防止外包混凝土在高温下爆裂。计算时不考虑外包混凝土对刚度和强度的贡献，但将其重量按照恒载人工输入。

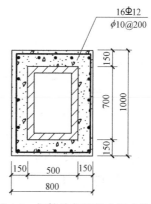

图 6-1　钢柱外包混凝土防火构造

（三）防火涂料

1. 防火涂料分类

根据《钢结构防火涂料》GB 14907—2018 的规定，钢结构防火涂料有以下几种分类方式。

（1）按火灾防护对象分为：

1）普通钢结构防火涂料：用于普通工业与民用建（构）筑物钢结构表面的防火涂料；

2）特种钢结构防火涂料：用于特殊建（构）筑物（如石油化工设施、变配电站等）钢结构表面的防火涂料。

（2）按使用场所分为：

1）室内钢结构防火涂料：用于建筑室内或隐蔽工程的钢结构表面的防火涂料；

2）室外钢结构防火涂料：用于建筑室外或露天工程的钢结构表面的防火涂料。

（3）按分散介质分为：

1）水基性钢结构防火涂料：以水作为分散介质的钢结构防火涂料；

2）溶剂性钢结构防火涂料：以有机溶剂作为分散介质的钢结构防火涂料。

（4）按防火机理分为：

1）膨胀型钢结构防火涂料：涂层在高温时膨胀发泡，形成耐火隔热保护层的钢结构防火涂料；

2）非膨胀型钢结构防火涂料：涂层在高温时不膨胀发泡，其自身成为耐火隔热保护层的钢结构防火涂料。

膨胀型钢结构防火涂料的涂层厚度不应小于 1.5mm，非膨胀型钢结构防火涂料的涂层厚度不应小于 15mm。非膨胀型（厚涂型）钢结构防火涂料与膨胀型（薄涂型）钢结构防火涂料特点比较见表 6-7。

非膨胀型与膨胀型钢结构防火涂料的比较　　表 6-7

比较项目	非膨胀型(厚涂型)钢结构防火涂料	膨胀型(薄涂型)钢结构防火涂料
材料	以多孔绝热材料(如蛭石、珍珠岩、矿物纤维等)为骨料和胶粘剂配制而成	胶粘剂、催化剂、发泡剂、成炭剂和填料
热绝缘方式	以物理隔热方式阻止热量向钢基材传递,导热系数小,热绝缘性良好	涂层遇火后迅速膨胀,形成致密的蜂窝状碳质泡沫组成隔热层。涂敷时厚度较薄,火灾高温条件下,涂料中添加的有机物质会发生一系列物理化学反应而形成较厚的隔热层
化学物理性能	化学物理性能稳定,使用寿命长,已应用20余年尚未发现失效情况	涂料中添加的有机物质,会随时间的延长而发生分解、降解、溶出等不可逆反应,使涂料"老化"失效,出现粉化、脱落。目前尚无直接评价老化速度和寿命标准的量化指标,只能从涂料的综合性能来判断其使用寿命的长短
施工作业	涂层厚度较厚,需要分层多次涂敷,而且上一层涂料必须待基层涂料干燥固化后涂敷,施工作业要求较严格	涂层厚度较薄,施工作业易操作
表面外观	表面外观差,所以适宜于隐蔽部位涂敷	表面外观较美观

2. 钢结构防火涂料耐火性能分级

钢结构防火涂料的耐火极限分为：0.50h、1.00h、1.50h、2.00h、2.50h、3.00h。钢结构防火涂料耐火性能分级代号见表 6-8。

钢结构防火涂料耐火性能分级代号　　表 6-8

耐火极限 F_r (h)	耐火性能分级代号	
	普通钢结构防火涂料	特种钢结构防火涂料
$0.50 \leqslant F_r < 1.00$	$F_p 0.50$	$F_t 0.50$
$1.00 \leqslant F_r < 1.50$	$F_p 1.00$	$F_t 1.00$
$1.50 \leqslant F_r < 2.00$	$F_p 1.50$	$F_t 1.50$
$2.00 \leqslant F_r < 2.50$	$F_p 2.00$	$F_t 2.00$
$2.50 \leqslant F_r < 3.00$	$F_p 2.50$	$F_t 2.50$
$F_r \geqslant 3.00$	$F_p 3.00$	$F_t 3.00$

注：F_p 采用建筑纤维类火灾升温试验条件；F_t 采用烃类（HC）火灾升温试验条件。

钢结构防火涂料的产品代号以字母 GT 表示；钢结构防火涂料的相关特征代号为：使用场所特征代号 N 和 W 分别代表室内和室外，分散介质特征代号 S 和 R 分别代表水基性和溶剂性，防火机理特征代号 P 和 F 分别代表膨胀型和非膨胀型；主参数代号以表 6-8 中的耐火性能分级代号表示。

钢结构防火涂料的型号编制方法如下：

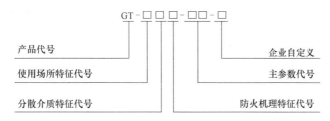

示例 1：

GT-NRP-F_p1.50-A，表示室内用溶剂性膨胀型普通钢结构防火涂料，耐火性能为 F_p1.50，自定义代号为 A。

示例 2：

GT-WSF-F_t2.00-B，表示室外用水基性非膨胀型特种钢结构防火涂料，耐火性能为 F_t2.00，自定义代号为 B。

3. 钢结构防火涂料的性能要求

（1）室内钢结构防火涂料的理化性能

室内钢结构防火涂料的理化性能应符合表 6-9 的要求。

室内钢结构防火涂料的理化性能　　　　表 6-9

序号	理化性能项目	技术指标		缺陷类别
		膨胀型	非膨胀型	
1	在容器中的状态	经搅拌后呈均匀细腻状态或稠厚流体状态，无结块	经搅拌后呈均匀稠厚流体状态，无结块	C
2	干燥时间（表干）(h)	≤12	≤24	C
3	初期干燥抗裂性	不应出现裂纹	允许出现 1~3 条裂纹，其宽度应≤0.5mm	C
4	粘结强度(MPa)	≥0.15	≥0.04	A
5	抗压强度(MPa)	—	≥0.3	C
6	干密度(kg/m³)	—	≤500	C
7	隔热效率偏差(%)	±15	±15	—
8	pH 值	≥7	≥7	C
9	耐水性	24h 试验后，涂层应无起层、发泡、脱落现象，且隔热效率衰减量应≤35%	24h 试验后，涂层应无起层、发泡、脱落现象，且隔热效率衰减量应≤35%	A
10	耐冷热循环性	15 次试验后，涂层应无开裂、剥落、起泡现象，且隔热效率衰减量应≤35%	15 次试验后，涂层应无开裂、剥落、起泡现象，且隔热效率衰减量应≤35%	B

注：1. A 为致命缺陷，B 为严重缺陷，C 为轻缺陷；"—"表示无要求；

　　2. 隔热效率偏差只作为出厂检验项目；

　　3. pH 值只适用于水基性钢结构防火涂料。

（2）室外钢结构防火涂料的理化性能

室外钢结构防火涂料的理化性能应符合表 6-10 的要求。

室外钢结构防火涂料的理化性能 表 6-10

序号	理化性能项目	技术指标		缺陷类别
		膨胀型	非膨胀型	
1	在容器中的状态	经搅拌后呈均匀细腻状态或稠厚流体状态,无结块	经搅拌后呈均匀稠厚流体状态,无结块	C
2	干燥时间(表干)(h)	≤12	≤24	C
3	初期干燥抗裂性	不应出现裂纹	允许出现 1～3 条裂纹,其宽度应≤0.8mm	C
4	粘结强度(MPa)	≥0.15	≥0.04	A
5	抗压强度(MPa)	—	≥0.5	C
6	干密度(kg/m³)	—	≤650	C
7	隔热效率偏差(%)	±15	±15	—
8	pH 值	≥7	≥7	C
9	耐曝热性	720h 试验后,涂层应无起层、脱落、空鼓、开裂现象,且隔热效率衰减量应≤35%	720h 试验后,涂层应无起层、脱落、空鼓、开裂现象,且隔热效率衰减量应≤35%	B
10	耐湿热性	504h 试验后,涂层应无起层、脱落现象,且隔热效率衰减量应≤35%	504h 试验后,涂层应无起层、脱落现象,且隔热效率衰减量应≤35%	B
11	耐冻融循环性	15 次试验后,涂层应无开裂、脱落、起泡现象,且隔热效率衰减量应≤35%	15 次试验后,涂层应无开裂、脱落、起泡现象,且隔热效率衰减量应≤35%	B
12	耐酸性	360h 试验后,涂层应无起层、脱落、开裂现象,且隔热效率衰减量应≤35%	360h 试验后,涂层应无起层、脱落、开裂现象,且隔热效率衰减量应≤35%	B
13	耐碱性	360h 试验后,涂层应无起层、脱落、开裂现象,且隔热效率衰减量应≤35%	360h 试验后,涂层应无起层、脱落、开裂现象,且隔热效率衰减量应≤35%	B
14	耐盐雾腐蚀性	30 次试验后,涂层应无起泡、明显的变质、软化现象,且隔热效率衰减量应≤35%	30 次试验后,涂层应无起泡、明显的变质、软化现象,且隔热效率衰减量应≤35%	B
15	耐紫外线辐照性	60 次试验后,涂层应无起层、开裂、粉化现象,且隔热效率衰减量应≤35%	60 次试验后,涂层应无起层、开裂、粉化现象,且隔热效率衰减量应≤35%	B

注：1. A 为致命缺陷,B 为严重缺陷,C 为轻缺陷；"—"表示无要求；

　　2. 隔热效率偏差只作为出厂检验项目；

　　3. pH 值只适用于水基性的钢结构防火涂料。

（3）钢结构防火涂料的耐火性能

钢结构防火涂料的耐火性能应符合表 6-11 的要求。

钢结构防火涂料的耐火性能　　　　　　　　表 6-11

产品分类	耐火性能										缺陷类别
	膨胀型				非膨胀型						
普通钢结构防火涂料	$F_p0.50$	$F_p1.00$	$F_p1.50$	$F_p2.00$	$F_p0.50$	$F_p1.00$	$F_p1.50$	$F_p2.00$	$F_p2.50$	$F_p3.00$	A
特种钢结构防火涂料	$F_t0.50$	$F_t1.00$	$F_t1.50$	$F_t2.00$	$F_t0.50$	$F_t1.00$	$F_t1.50$	$F_t2.00$	$F_t2.50$	$F_t3.00$	

注：耐火性能试验结果适用于同种类型且截面系数更小的基材。

4. 防火涂料品种的选用

《建筑钢结构防火技术规范》GB 51249—2017 第 4.1.3 条对防火涂料的品种选用做了规定。

（1）室内隐蔽构件，宜选用非膨胀型防火涂料。

（2）室内耐火极限大于 1.5h 的构件，不宜选用膨胀型防火涂料。根据《钢结构防火涂料》GB 14907—2018 表 4，即本书表 6-11，膨胀型防火涂料最高耐火极限为 2.0h，建议设计中从严要求，即：室内耐火极限大于 1.5h 的构件，不宜选用膨胀型防火涂料。

（3）室外、半室外钢结构采用膨胀型防火涂料时，应选用符合环境对其性能要求的产品。

（4）非膨胀型防火涂料涂层的厚度不应小于 10mm。《钢结构防火涂料》GB 14907—2018 第 5.1.5 条规定，非膨胀型钢结构防火涂料的涂层厚度不应小于 15mm。建议设计中从严要求，即：非膨胀型钢结构防火涂料的涂层厚度不应小于 15mm。

（5）防火涂料与防腐涂料应相容、匹配。

5. 哪些情况防火涂料与钢构件之间需要设置镀锌铁丝网或玻璃纤维布

《建筑钢结构防火技术规范》GB 51249—2017 第 4.2.1 条、《钢结构工程施工规范》GB 50755—2012 第 13.6.5 条规定：当钢结构采用非膨胀型（厚涂型）钢结构防火涂料进行防火保护且有下列情形之一时，涂层内应设置与钢构件相连接的镀锌铁丝网或玻璃纤维布：

（1）构件承受冲击、振动荷载；

（2）涂层厚度不小于 40mm 的钢梁和桁架；

（3）钢板墙和腹板高度超过 1.5m 的钢梁；

（4）防火涂料的粘结强度不大于 0.05MPa；

（5）构件的腹板高度大于 500mm 且涂层厚度不小于 30mm；

（6）构件的腹板高度大于 500mm 且涂层长期暴露在室外。

（四）钢结构楼梯是否需要防火涂料

高层钢结构楼梯踏步一般采用花纹钢板，为了舒适性，花纹钢板上一般铺设 50mm 厚的混凝土。花纹钢板顶面因有混凝土作为保护层，可以满足防火要求。但是花纹钢板底面是否需要防火涂料？如果花纹钢板底面涂防火涂料，因花纹钢板面积很大，需要防火涂料的量就会特别大。因此钢结构楼梯踏步花纹钢板底面是否需要防火涂料，一直是困扰很多结构工程师的问题。

　　《建筑钢结构防火技术规范》CECS 200：2006 第 3.0.9 条规定：当多、高层建筑中设有自动喷水灭火系统全保护（包括封闭楼梯间、防烟楼梯间），且高层建筑的防烟楼梯间及其前室设有正压送风系统时，楼梯间中的钢构件可不采用其他防火保护措施；当多层建筑中的敞开楼梯、敞开楼梯间采用钢结构时，应采取有效的防火保护措施。

　　《建筑钢结构防火技术规范》CECS 200：2006 第 3.0.9 条条文说明：多层建筑的楼梯间应为封闭楼梯间，高层建筑的楼梯间应为防烟楼梯间。为确保疏散楼梯的安全，除建筑中设自动喷水灭火系统外，楼梯间和前室中也要设置自动喷水灭火系统。多层建筑中敞开楼梯、敞开楼梯间的主要承重钢梁和钢柱和踏步板等，在火灾情况下很容易遭受火和热烟气而破坏，建议钢梁、钢柱防火喷涂后，在楼梯下面用耐火材料封砌，将钢梁和钢柱包砌在里面，并采取在踏步板上面铺盖大理石和自动喷水保护楼梯等有效的防火保护措施。

　　综合以上条文，各种楼梯间是否需要防火保护措施，可以参照表 6-12 选用。值得提醒读者注意的是，《建筑钢结构防火技术规范》GB 51249—2017 中没有出现《建筑钢结构防火技术规范》CECS 200：2006 第 3.0.9 条的类似规定，因此本书表 6-12 仅供设计师参考。

各种楼梯间是否需要防火保护措施　　　　　　　表 6-12

楼梯类型	是否需要防火保护措施
多层建筑的封闭楼梯间，楼梯间和前室设置自动喷水灭火系统	楼梯间中的钢构件可不采用防火保护措施
高层建筑的防烟楼梯间，楼梯间和前室设置自动喷水灭火系统，且防烟楼梯间及其前室设有正压送风系统	楼梯间中的钢构件可不采用防火保护措施
多层建筑中敞开楼梯、敞开楼梯间	应采取有效的防火保护措施

第二节　钢结构防火设计

　　《建筑钢结构防火技术规范》GB 51249—2017 首次将钢结构的防火设计列入了规范。钢结构在火灾下的破坏，本质是由于随着火灾下钢结构温度的升高，钢材强度下降，其承载力随之下降，导致钢结构不能承受外部荷载、作用而失效破坏。因此，对于耐火极限不满足要求的钢构件，必须进行科学的防火设计，采取安全可靠、经济合理的防火保护措施，以延缓钢构件升温，提高其耐火极限。

一、基本规定

（一）防火要求

　　1. 钢结构构件的设计耐火极限应根据建筑的耐火等级，按现行国家标准《建筑设计防火规范》GB 50016—2014（2018 年版）的规定确定。柱间支撑的设计耐火极限应与柱相同，楼盖支撑的设计耐火极限应与梁相同，屋盖支撑和系杆的设计耐火极限应与屋顶承重构件相同。具体参见本书表 6-4。

　　2. 钢结构构件的耐火极限经验算低于设计耐火极限时，应采取防火保护措施。

　　3. 钢结构节点的防火保护应与被连接构件中防火保护要求最高者相同。

以上三条规定为《建筑钢结构防火技术规范》GB 51249—2017 的强制性条文，必须严格执行。

4. 钢结构的防火设计文件应注明建筑的耐火等级、构件的设计耐火极限、构件的防火保护措施、防火材料的性能要求及设计指标。防火保护措施及防火材料的性能要求、设计指标包括：防火保护层的等效热阻、防火保护材料的等效热传导系数、防火保护层的厚度、防火保护的构造等。

5. 当施工所用防火保护材料的等效热传导系数与设计文件要求不一致时，应根据防火保护层的等效热阻相等的原则确定保护层的施用厚度，并应经设计单位认可。对于非膨胀型钢结构防火涂料、防火板，可按《建筑钢结构防火技术规范》GB 51249—2017 附录A确定防火保护层的施用厚度；对于膨胀型防火涂料，可根据涂层的等效热阻直接确定其施用厚度。

$$d_{i2} = d_{i1} \frac{\lambda_{i2}}{\lambda_{i1}} \tag{6-1}$$

式中 d_{i1}——钢结构防火设计技术文件规定的防火保护层的厚度（mm）；

d_{i2}——防火保护层实际施用厚度（mm）；

λ_{i1}——钢结构防火设计技术文件规定的非膨胀型防火涂料、防火板的等效热传导系数 $[W/(m \cdot \text{℃})]$；

λ_{i2}——施工采用的非膨胀型防火涂料、防火板的等效热传导系数 $[W/(m \cdot \text{℃})]$。

（二）防火设计

1. 钢结构应按结构耐火承载力极限状态进行耐火验算与防火设计。

随着温度的升高，钢材的弹性模量急剧下降，在火灾下构件的变形显著大于常温受力状态，按正常使用极限状态来设计钢构件的防火保护是过于严苛的。因此，火灾下允许钢结构发生较大的变形，不要求进行正常使用极限状态验算。由于计算方法对结构的承载力影响大，直接涉及建筑的结构安全，故《建筑钢结构防火技术规范》GB 51249—2017 将本条作为强制性条文，必须严格执行。

2. 钢结构耐火承载力极限状态的最不利荷载（作用）效应组合设计值，应考虑火灾时结构上可能同时出现的荷载（作用），且应按下列组合值中的最不利值确定：

$$S_m = \gamma_{0T}(\gamma_G S_{Gk} + S_{Tk} + \phi_f S_{Qk}) \tag{6-2}$$

$$S_m = \gamma_{0T}(\gamma_G S_{Gk} + S_{Tk} + \phi_q S_{Qk} + \phi_w S_{Wk}) \tag{6-3}$$

式中 S_m——荷载（作用）效应组合的设计值；

S_{Gk}——按永久荷载标准值计算的荷载效应值；

S_{Tk}——按火灾下结构的温度标准值计算的作用效应值；

S_{Qk}——按楼面或屋面活荷载标准值计算的荷载效应值；

S_{Wk}——按风荷载标准值计算的荷载效应值；

γ_{0T}——结构重要性系数；对于耐火等级为一级的建筑，$\gamma_{0T}=1.1$；对于其他建筑，$\gamma_{0T}=1.0$；

γ_G——永久荷载的分项系数，一般可取 $\gamma_G = 1.0$；当永久荷载有利时，取 $\gamma_G = 0.9$；

ϕ_w——风荷载的频遇值系数，取 $\phi_w = 0.4$；

ϕ_f——楼面或屋面活荷载的频遇值系数，应按现行国家标准《建筑结构荷载规范》GB 50009—2012 的规定取值；

ϕ_q——楼面或屋面活荷载的准永久值系数，应按现行国家标准《建筑结构荷载规范》GB 50009—2012 的规定取值。

有以下两点值得注意：

(1) 地震过后，建筑经常发生火灾这类次生灾害，但在火灾过程中再发生较大地震的事件为极小概率事件，因此在火灾下荷载（作用）效应组合中不考虑地震作用；而在火灾后，评定结构状态及修复结构时，则仍应考虑结构正常使用中的各种荷载及作用组合。

(2) 规范条文中给出的荷载（作用）效应组合值的表达式是采用各种荷载（作用）叠加的形式，这在理论上仅适用于各种荷载（作用）的效应与荷载为线性关系的情况。实际上，对于端部约束足够强的受火钢构件，构件升温热膨胀受约束将产生很大的温度内力，在较低温度时即进入弹塑性受力状态。由于钢材具有良好的塑性变形能力，将抵消热膨胀变形，因此在结构未形成机构之前，钢构件可在进入屈服后继续承载。

3. 钢结构的防火设计方法有两种：基于整体结构耐火验算的防火设计方法、基于构件耐火验算的防火设计方法。跨度不小于 60m 的大跨度钢结构宜采用基于整体结构耐火验算的防火设计方法，预应力钢结构和跨度不小于 120m 的大跨度建筑中的钢结构应采用基于整体结构耐火验算的防火设计方法。本书讨论的钢结构，一般采用基于构件耐火验算的防火设计方法。基于整体结构耐火验算的防火设计方法的规定详见《建筑钢结构防火技术规范》GB 51249—2017 第 3.2.4 条规定。本书仅介绍基于构件耐火验算的防火设计方法。

4. 基于构件耐火验算的钢结构防火设计方法应符合下列规定：

(1) 计算火灾下构件的组合效应时，对于受弯构件、拉弯构件和压弯构件等以弯曲变形为主的构件，可不考虑热膨胀效应，且火灾下构件的边界约束和在外荷载作用下产生的内力可采用常温下的边界约束和内力，计算构件在火灾下的组合效应；对于轴心受拉、轴心受压等以轴向变形为主的构件，应考虑热膨胀效应对内力的影响。

对于受弯构件、拉弯构件和压弯构件等以弯曲变形为主的构件（如钢框架结构中的梁、柱），当构件两端的连接承载力不低于构件截面的承载力时，可通过构件的塑性变形、大挠度变形来抵消其热膨胀变形，因此可不考虑温度内力的影响，假定火灾下构件的边界约束和在外荷载作用下产生的内力可采用常温下的边界约束和内力，即荷载（作用）效用组合公式 (6-2)、公式 (6-3) 忽略温度作用效应，也就是不计入 S_{Tk} 项。

对于轴心受压构件，热膨胀将增大其内力并易造成构件失稳；对于轴心受拉构件，热膨胀将减小其拉力。因此，对于以轴向变形为主（例如钢支撑）的构件，应考虑热膨胀效应对内力的影响。

(2) 计算火灾下构件的承载力时，构件温度应取其截面的最高平均温度，并应采用结构材料在相应温度下的强度与弹性模量。但是，对于截面上温度明显不均匀的构件（例如组合梁），计算构件的抗力时宜考虑温度的不均匀性，取最不利部件进行验算。对于变截面构件，则应对各不利截面进行耐火验算。

5. 钢结构构件的耐火验算和防火设计，可采用耐火极限法、承载力法或临界温度法，且应符合下列规定：

（1）耐火极限法。在设计荷载作用下，火灾下钢结构构件的实际耐火极限不应小于其设计耐火极限，并应按公式（6-4）进行验算。其中，构件的实际耐火极限可按现行国家标准《建筑构件耐火试验方法　第 1 部分：通用要求》GB/T 9978.1—2008、《建筑构件耐火试验方法　第 5 部分：承重水平分隔构件的特殊要求》GB/T 9978.5—2008、《建筑构件耐火试验方法　第 6 部分：梁的特殊要求》GB/T 9978.6—2008、《建筑构件耐火试验方法　第 7 部分：柱的特殊要求》GB/T 9978.7—2008 通过试验测定，或按《建筑钢结构防火技术规范》GB 51249—2017 的有关规定计算确定。

$$t_m \geqslant t_d \tag{6-4}$$

式中　t_m——火灾下钢结构构件的实际耐火极限；

t_d——钢结构构件的设计耐火极限，应按本书表 6-4 确定。

（2）承载力法。在设计耐火极限时间内，火灾下钢结构构件的承载力设计值不应小于其最不利的荷载（作用）组合效应设计值，并应按下式进行验算。

$$R_d \geqslant S_m \tag{6-5}$$

式中　S_m——荷载（作用）效应组合的设计值，应按公式（6-2）、公式（6-3）确定；

R_d——结构构件抗力的设计值。

（3）临界温度法。在设计耐火极限时间内，火灾下钢结构构件的最高温度不应高于其临界温度，并应按下式进行验算。

$$T_d \geqslant T_m \tag{6-6}$$

式中　T_m——在设计耐火极限时间内构件的最高温度；

T_d——构件的临界温度。

耐火极限法是通过比较构件的实际耐火极限和设计耐火极限，来判定构件的耐火性能是否符合要求，并确定其防火保护。结构受火作用是一个恒载升温的过程，即先施加荷载，再施加温度作用。模拟恒载升温，对于试验来说操作方便，但是对于理论计算来说则需要进行多次计算比较。为了简化计算，可采用直接验算构件在设计耐火极限时间内是否满足耐火承载力极限状态要求。火灾下随着构件温度的升高，材料强度下降，构件承载力也将下降；当构件承载力降至最不利组合效应时，构件达到耐火承载力极限状态。构件从受火到达到耐火承载力极限状态的时间即为构件的耐火极限；构件达到其耐火承载力极限状态时的温度即为构件的临界温度。因此，公式（6-4）、公式（6-5）、公式（6-6）的耐火验算结果是完全相同的，耐火验算时只需采用其中之一即可。

二、材料特性

（一）钢材

1. 高温下钢材的物理参数应按表 6-13 确定。

高温下钢材的物理参数　　　　　　　　　　　　表 6-13

参数	符号	数值	单位
热膨胀系数	a_s	1.4×10^{-5}	m/(m・℃)
热传导系数	λ_s	45	W/(m・℃)
比热容	c_s	600	J/(kg・℃)
密度	ρ_s	7850	kg/m³

2. 高温下结构钢的强度设计值应按下列公式计算：

$$f_T = \eta_{sT} f \tag{6-7}$$

$$\eta_{sT} = \begin{cases} 1.0 & 20℃ \leqslant T_s \leqslant 300℃ \\ 1.24 \times 10^{-8} T_s^3 - 2.096 \times 10^{-5} T_s^2 \\ +9.228 \times 10^{-3} T_s - 0.2168 & 300℃ < T_s < 800℃ \\ 0.5 - T_s/2000 & 800℃ \leqslant T_s \leqslant 1000℃ \end{cases} \tag{6-8}$$

式中　T_s——钢材的温度（℃）；

　　　f_T——高温下钢材的强度设计值（N/mm²）；

　　　f——常温下钢材的强度设计值（N/mm²），应按现行国家标准《钢结构设计标准》GB 50017—2017 的规定取值；

　　　η_{sT}——高温下钢材的屈服强度折减系数。

3. 高温下结构钢的弹性模量应按下列公式计算：

$$E_{sT} = \chi_{sT} E_s \tag{6-9}$$

$$\chi_{sT} = \begin{cases} \dfrac{7T_s - 4780}{6T_s - 4760} & 20℃ \leqslant T_s < 600℃ \\ \dfrac{1000 - T_s}{6T_s - 2800} & 600℃ \leqslant T_s \leqslant 1000℃ \end{cases} \tag{6-10}$$

式中　E_{sT}——高温下钢材的弹性模量（N/mm²）；

　　　E_s——常温下钢材的弹性模量（N/mm²），应按现行国家标准《钢结构设计标准》GB 50017—2017 的规定取值；

　　　χ_{sT}——高温下钢材的弹性模量折减系数。

（二）防火保护材料

1. 非膨胀型防火涂料的等效热传导系数，可根据标准耐火试验得到的钢试件实测升温曲线和试件的保护层厚度按下式计算：

$$\lambda_i = \dfrac{d_i}{\dfrac{5 \times 10^{-5}}{\left(\dfrac{T_s - T_{s0}}{t_0} + 0.2\right)^2 - 0.044} \cdot \dfrac{F_i}{V}} \tag{6-11}$$

式中　λ_i——等效热传导系数 [W/(m·℃)]；

　　　d_i——防火保护层的厚度（m）；

　　F_i/V——有防火保护钢试件的截面形状系数（m⁻¹），详见公式（6-18）、表 6-16；

　　　T_{s0}——开始时钢试件的温度（℃），可取 20℃；

　　　T_s——钢试件的平均温度（℃），取 540℃；

　　　t_0——钢试件的平均温度达到 540℃的时间（s）。

2. 膨胀型防火涂料保护层的等效热阻，可根据标准耐火试验得到的钢构件实测升温曲线按下式计算：

$$R_i = \dfrac{5 \times 10^{-5}}{\left(\dfrac{T_s - T_{s0}}{t_0} + 0.2\right)^2 - 0.044} \cdot \dfrac{F_i}{V} \tag{6-12}$$

式中　R_i——防火保护层的等效热阻（对应于该防火保护层厚度）（$m^2 \cdot ℃/W$）。

3. 膨胀型防火涂料应给出最大使用厚度、最小使用厚度的等效热阻以及防火涂料使用厚度按最大使用厚度与最小使用厚度之差的 1/4 递增的等效热阻，其他厚度下的等效热阻可采用线性插值方法确定。

4. 其他防火保护材料的等效热阻或等效热传导系数，应通过试验确定。

三、钢结构的温度计算

（一）火灾升温曲线

常见建筑的室内火灾升温曲线可按下列规定确定：

1. 对于以纤维类物质为主的火灾，可按下式确定：

$$T_g - T_{g0} = 345 \lg(8t + 1) \tag{6-13}$$

2. 对于以烃类物质为主的火灾，可按下式确定：

$$T_g - T_{g0} = 1080 \times (1 - 0.325 e^{-t/6} - 0.675 e^{-2.5t}) \tag{6-14}$$

式中　t——火灾持续时间（min）；

T_g——火灾发展到 t 时刻的热烟气平均温度（℃）；

T_{g0}——火灾前室内环境的温度（℃），可取 20℃。

公式（6-13）所规定的标准火灾升温曲线是现行国家标准《建筑构件耐火试验方法第 1 部分：通用要求》GB/T 9978.1—2008 所采用的升温曲线，该曲线和国际标准 ISO 834-1：1999 所采用的标准火灾升温曲线相同，适用于以纤维类火灾为主的建筑（比如大部分民用建筑），其可燃物主要为一般可燃物，如木材、纸张、棉花、布匹、衣物等，可混有少量塑料或合成材料。公式（6-14）所规定的升温曲线称为碳氢（HC）升温曲线，适用于可燃物以烃类材料为主的场所，如石油化工建筑及生产、存放烃类材料和产品的厂房等工业建筑。图 6-2 为一般室内火灾、高大空间火灾这两种典型的建筑火灾着火空间的环境温度升温曲线的比较。

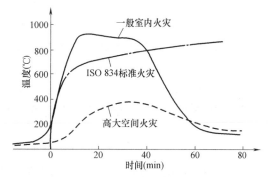

图 6-2　一般室内火灾与高大空间火灾的升温曲线比较

（二）钢构件升温计算

1. 火灾下无防火保护钢构件的温度可按下列公式计算：

$$\Delta T_s = \alpha \cdot \frac{1}{\rho_s c_s} \cdot \frac{F}{V} \cdot (T_g - T_s) \Delta t \tag{6-15}$$

$$\alpha = \alpha_c + \alpha_r \tag{6-16}$$

$$\alpha_r = \varepsilon_r \sigma \frac{(T_g + 273)^4 - (T_s + 273)^4}{T_g - T_s} \tag{6-17}$$

式中　ΔT_s——钢构件在时间（t，$t + \Delta t$）内的温升（℃）；

t——火灾持续时间（s）；

Δt——时间步长（s），取值不宜大于5s；

T_s、T_g——分别为 t 时刻钢构件的内部温度和热烟气的平均温度（℃）；

ρ_s、c_s——分别为钢材的密度（kg/m³）和比热 [J/(kg·℃)]；

F/V——无防火保护钢构件的截面形状系数（m⁻¹）；

F——单位长度钢构件的受火表面积（m²）；

V——单位长度钢构件的体积（m³）；

α——综合热传递系数 [W/(m²·℃)]；

α_c——热对流传热系数 [W/(m²·℃)]，可取 25W/(m²·℃)；

α_r——热辐射传热系数 [W/(m²·℃)]；

ε_r——综合辐射率，可按表 6-14 取值；

σ——斯蒂芬-波尔兹曼常数，为 5.67×10^{-8}W/(m²·℃⁴)。

综合辐射率 ε_r 表 6-14

钢构件形式			综合辐射率 ε_r
四面受火的钢柱			0.7
钢梁	上翼缘埋于混凝土楼板内，仅下翼缘、腹板受火		0.5
	混凝土楼板放置在上翼缘	上翼缘的宽度与梁高之比大于或等于 0.5	0.5
		上翼缘的宽度与梁高之比小于 0.5	0.7
箱梁、格构梁			0.7

表 6-15 给出了常见的无防火保护钢构件的截面形状系数计算示例。

公式（6-15）无防火保护钢构件的升温计算公式基于集总热量法原理，为增量公式，需要逐步迭代计算。其中，时间步长 Δt 不宜大于 5s，以保证计算精度。

2. 火灾下有防火保护钢构件的温度可按下式计算：

$$\Delta T_s = \alpha \cdot \frac{1}{\rho_s c_s} \cdot \frac{F_i}{V} \cdot (T_g - T_s)\Delta t \tag{6-18}$$

（1）当防火保护层为非轻质防火保护层，即 $2\rho_i c_i d_i F_i > \rho_s c_s V$ 时：

$$\alpha = \frac{1}{1+\dfrac{\rho_i c_i d_i F_i}{2\rho_s c_s V}} \cdot \frac{\lambda_i}{d_i} \tag{6-19}$$

（2）当防火保护层为轻质防火保护层，即 $2\rho_i c_i d_i F_i \leqslant \rho_s c_s V$ 时：
对于膨胀型防火涂料防火保护层：

$$\alpha = \frac{1}{R_i} \tag{6-20}$$

对于非膨胀型防火涂料、防火板等防火保护层：

$$\alpha = \frac{\lambda_i}{d_i} \tag{6-21}$$

式中 c_i——防火保护材料的比热容 [J/(kg·℃)]；

ρ_i——防火保护材料的密度（kg/m³）；

R_i——防火保护层的等效热阻（$m^2 \cdot ℃/W$）；

λ_i——防火保护材料的等效热传导系数 $[W/(m \cdot ℃)]$；

d_i——防火保护层的厚度（m）；

F_i/V——有防火保护钢构件的截面形状系数（m^{-1}）；

F_i——有防火保护钢构件单位长度的受火表面积（m^2）；对于外边缘型防火保护，取单位长度钢构件的防火保护材料内表面积；对于非外边缘型防火保护，取沿单位长度钢构件所测得的可能的矩形包装的最小内表面积；

V——单位长度钢构件的体积（m^3）。

有防火保护钢构件的截面形状系数 F_i/V，不仅与钢构件的截面特性有关，还与防火保护层做法有关。工程中常用的防火保护层做法可分为两种：一种为外边缘型保护，即防火保护层全部沿着钢构件的外表面进行保护；另一种为非外边缘型保护，即全部或部分防火保护层不沿着钢构件的外表面进行保护。表 6-16 给出了常见的有防火保护钢构件的截面形状系数计算示例。

钢结构防火保护的种类和施工方法较多，其特性也有较大的差别。有些防火保护层质量很轻，相对钢构件来说，其自身吸收的热量可忽略，这种防火保护层称为轻质保护层；而有些防火保护层自身所吸收的热量必须加以考虑，这种防火保护层称为非轻质保护层。一般情况下，非膨胀型防火涂料、膨胀型防火涂料、蛭石防火板、硅酸钙防火板、硅酸铝纤维毡等防火保护层为轻质保护层；混凝土、金属网抹砂浆、砌体等防火保护层为非轻质保护层。忽略保护层自身所吸收的热量，钢构件的温度计算结果是偏高的，因此以此温度进行防火设计的结果偏于安全。

公式（6-18）有防火保护钢构件的升温计算公式，为增量公式，需要逐步迭代计算。其中，时间步长 Δt 不宜大于 30s，以保证计算精度。

无防火保护钢构件的截面形状系数 表 6-15

截面类型	截面形状系数 F/V	截面类型	截面形状系数 F/V
	$\dfrac{2h+4b-2t}{A}$		$\dfrac{2h+3b-2t}{A}$
	$\dfrac{2h+4b-2t}{A}$		$\dfrac{2h+3b-2t}{A}$

截面类型	截面形状系数 F/V	截面类型	截面形状系数 F/V
	$\dfrac{a+b}{t(a+b-2t)}$		$\dfrac{b+a/2}{t(a+b-2t)}$
	$\dfrac{d}{t(d-t)}$		$\dfrac{4}{d}$
	$\dfrac{2(a+b)}{ab}$		

注：表中 A 为构件截面面积。

有防火保护钢构件的截面形状系数　　　　表 6-16

截面形状	截面形状系数 F_i/V	备注	截面形状	截面形状系数 F_i/V	备注
	$\dfrac{2h+4b-2t}{A}$	外边缘型		$\dfrac{2h+4b-2t}{A}$	外边缘型
	$\dfrac{2h+3b-2t}{A}$	外边缘型		$\dfrac{2h+3b-2t}{A}$	外边缘型

截面形状	截面形状系数 F_i/V	备注	截面形状	截面形状系数 F_i/V	备注
	$\dfrac{2(h+b)}{A}$	非外边缘型		$\dfrac{2(h+b)}{A}$	非外边缘型
	$\dfrac{2(h+b)}{A}$	非外边缘型 应用限制 $t\leqslant\dfrac{h}{4}$		$\dfrac{2(h+b)}{A}$	非外边缘型 应用限制 $t\leqslant\dfrac{h}{4}$
	$\dfrac{2h+b}{A}$	非外边缘型		$\dfrac{2h+b}{A}$	非外边缘型 应用限制 $t\leqslant\dfrac{h}{4}$
	$\dfrac{2h+b}{A}$	非外边缘型 应用限制 $t\leqslant\dfrac{h}{4}$		$\dfrac{2h+b}{A}$	非外边缘型
	$\dfrac{a+b}{t(a+b-2t)}$	外边缘型		$\dfrac{d}{t(d-t)}$	外边缘型

续表

截面形状	截面形状系数 F_i/V	备注	截面形状	截面形状系数 F_i/V	备注
	$\dfrac{a+b/2}{t(a+b-2t)}$	外边缘型		$\dfrac{d}{t(d-t)}$	非外边缘型应用限制 $t\leqslant\dfrac{d}{4}$
	$\dfrac{a+b}{t(a+b-2t)}$	非外边缘型应用限制 $t\leqslant\dfrac{b}{4}$		$\dfrac{d}{t(d-t)}$	非外边缘型
	$\dfrac{a+b/2}{t(a+b-2t)}$	非外边缘型应用限制 $t\leqslant\dfrac{b}{4}$			

注：表中 A 为构件截面面积。

3. 在标准火灾下，采用轻质防火保护层的钢构件的温度可按下式近似计算：

$$T_s=\left(\sqrt{0.044+5.0\times10^{-5}\alpha\frac{F_i}{V}}-0.2\right)t+T_{s0}\quad T_s\leqslant700℃\qquad（6\text{-}22）$$

式中　t——火灾持续时间（s）。

标准火灾下采用轻质防火保护层的钢构件的近似升温计算公式，是通过迭代升温计算公式（6-18）、公式（6-21）的计算结果进行数学拟合得到的，二者的比较如图 6-3 所示。从图中可以看出，当钢构件的温度不大于 700℃ 时，二者计算结果的偏差很小。由于公式（6-22）为显式计算公式，极大地方便了计算。

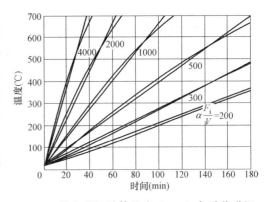

图 6-3　简化升温计算公式（6-22）与迭代升温计算公式（6-18）的比较（图中实线为简化公式计算结果，虚线为迭代公式计算结果）

四、钢结构耐火验算与防火保护设计

钢结构构件的耐火验算和防火设计，有

三种方法：耐火极限法、承载力法、临界温度法。耐火极限法是指在设计荷载作用下，火灾下钢结构构件的实际耐火极限不应小于其设计耐火极限；承载力法是指在设计耐火极限时间内，火灾下钢结构构件的承载力设计值不应小于其最不利荷载（作用）组合效应设计值；临界温度法是指在设计耐火极限时间内，火灾下钢结构构件的最高温度不应高于其临界温度。如前所述，三种方法的耐火验算结果是完全相同的，耐火验算时只需采用其中之一即可。本书只介绍临界温度法。

（一）基本钢构件的临界温度

1. 轴心受拉钢构件的临界温度 T_d 应根据截面强度荷载比 R 按表 6-17 确定，R 应按下式计算：

$$R = \frac{N}{A_n f} \tag{6-23}$$

式中 N——火灾下钢构件的轴拉力设计值；

A_n——钢构件的净截面面积；

f——常温下钢材的强度设计值。

根据截面强度荷载比 R 确定的钢构件的临界温度 T_d（℃）   表 6-17

R	0.30	0.35	0.40	0.45	0.50	0.55	0.60	0.65	0.70	0.75	0.80	0.85	0.90
结构钢构件	663	641	621	601	581	562	542	523	502	481	459	435	407
耐火钢构件	718	706	694	679	661	641	618	590	557	517	466	401	313

2. 轴心受压钢构件的临界温度 T_d 应取临界温度 T_d'、T_d'' 中的较小者。临界温度 T_d' 应根据截面强度荷载比 R 按表 6-17 确定，R 应按公式（6-23）计算；临界温度 T_d'' 应根据构件稳定荷载比 R' 和构件长细比 λ 按表 6-18 确定，R' 应按下式计算：

$$R' = \frac{N}{\varphi A f} \tag{6-24}$$

式中 N——火灾下钢构件的轴压力设计值；

A——钢构件的毛截面面积；

φ——常温下轴心受压钢构件的稳定系数。

3. 单轴受弯钢构件的临界温度 T_d 应取临界温度 T_d'、T_d'' 中的较小者。

（1）临界温度 T_d' 应根据截面强度荷载比 R 按表 6-17 确定，R 应按下式计算：

$$R = \frac{M}{\gamma W_n f} \tag{6-25}$$

式中 M——火灾下钢构件最不利截面处的弯矩设计值；

W_n——钢构件最不利截面的净截面模量；

γ——截面塑性发展系数。

根据构件稳定荷载比 R' 确定的轴心受压钢构件的临界温度 T''_d(℃) 表 6-18

构件材料	$\lambda\sqrt{f_y/235}$	R'												
		0.30	0.35	0.40	0.45	0.50	0.55	0.60	0.65	0.70	0.75	0.80	0.85	0.90
结构钢构件	≤50	661	640	621	602	582	563	544	524	503	480	456	428	393
	100	660	640	623	608	590	571	553	531	507	481	450	412	362
	150	658	640	624	610	594	575	556	534	510	480	443	394	327
	200	658	640	625	611	596	577	559	537	512	481	442	390	318
	≥250	658	640	625	611	597	578	560	539	513	482	441	388	315
耐火钢构件	≤50	721	709	697	682	666	646	623	596	562	521	468	399	302
	100	743	727	715	704	692	678	661	638	600	548	481	397	288
	150	761	743	727	713	702	690	675	655	623	567	492	395	272
	200	776	758	740	724	710	699	686	669	644	586	498	393	270
	≥250	786	767	750	732	717	703	691	676	655	596	504	393	268

注：表中 λ 为构件的长细比，f_y 为常温下钢材强度标准值。

（2）临界温度 T''_d 应根据构件稳定荷载比 R' 和常温下受弯构件的稳定系数 φ_b 按表 6-19 确定，R' 应按下式计算：

$$R' = \frac{M}{\varphi_b W f} \tag{6-26}$$

式中 M——火灾下钢构件的最大弯矩设计值；

W——钢构件的毛截面模量；

φ_b——常温下受弯钢构件的稳定系数，应根据现行国家标准《钢结构设计标准》GB 50017—2017 的规定计算。

根据构件稳定荷载比 R' 确定的受弯钢构件的临界温度 T''_d(℃) 表 6-19

构件材料	φ_b	R'												
		0.30	0.35	0.40	0.45	0.50	0.55	0.60	0.65	0.70	0.75	0.80	0.85	0.90
结构钢构件	≤0.5	657	640	626	612	599	581	563	542	515	482	439	384	302
	0.6	657	640	625	610	594	576	557	536	511	482	439	384	302
	0.7	661	641	624	608	591	572	553	532	508	483	452	417	371
	0.8	662	642	623	606	588	569	549	528	506	483	456	426	389
	0.9	663	642	623	604	585	566	547	526	505	482	458	431	399
	1.0	664	642	621	601	582	562	543	523	503	482	459	434	405
耐火钢构件	≤0.5	764	748	733	721	709	699	688	673	655	625	525	393	267
	0.6	750	734	720	709	698	685	670	650	621	572	496	393	267
	0.7	740	724	712	701	688	673	655	631	594	547	483	397	290
	0.8	732	717	706	694	680	663	642	615	580	535	476	399	299
	0.9	726	712	701	688	672	653	631	603	569	526	471	400	306
	1.0	718	706	694	679	661	641	618	590	557	517	466	400	311

4. 拉弯钢构件的临界温度 T_d 应根据截面强度荷载比 R 按表 6-17 确定，R 应按下式计算：

$$R = \frac{1}{f} \left[\frac{N}{A_n} \pm \frac{M_x}{\gamma_x W_{nx}} \pm \frac{M_y}{\gamma_y W_{ny}} \right] \tag{6-27}$$

式中　　N——火灾下钢构件的轴拉力设计值；

M_x、M_y——火灾下钢构件最不利截面处对应于强轴和弱轴的弯矩设计值；

A_n——钢构件最不利截面的净截面面积；

W_{nx}、W_{ny}——对强轴和弱轴的净截面模量；

γ_x、γ_y——绕强轴和弱轴弯曲的截面塑性发展系数。

5. 压弯钢构件的临界温度 T_d 应取临界温度 T'_d、T''_{dx}、T''_{dy} 中的最小者。

（1）临界温度 T'_d 应根据截面强度荷载比 R 按表 6-17 确定，R 应按公式（6-27）计算，其中 N 为火灾下钢构件的轴压力设计值。

（2）临界温度 T''_{dx} 应根据绕强轴 x 轴弯曲的构件稳定荷载比 R'_x 和长细比 λ_x 按表 6-20 确定，R'_x 应按下列公式计算：

$$R'_x = \frac{1}{f} \left[\frac{N}{\varphi_x A} + \frac{\beta_{mx} M_x}{\gamma_x W_x (1 - 0.8 N / N'_{Ex})} + \eta \frac{\beta_{ty} M_y}{\varphi_{by} W_y} \right] \tag{6-28}$$

$$N'_{Ex} = \pi^2 E_s A / (1.1 \lambda_x^2) \tag{6-29}$$

式中　M_x、M_y——火灾下所计算构件段范围内对强轴和弱轴的最大弯矩设计值；

W_x、W_y——对强轴和弱轴的毛截面模量；

N'_{Ex}——绕强轴弯曲的参数；

E_s——常温下钢材的弹性模量；

λ_x——对强轴的长细比；

φ_x——常温下轴心受压构件对强轴失稳的稳定系数；

φ_{by}——常温下均匀弯曲受弯构件对弱轴失稳的稳定系数，应按现行国家标准《钢结构设计标准》GB 50017—2017 的规定计算；

γ_x——绕强轴弯曲的截面塑性发展系数；

η——截面影响系数，对于闭口截面，$\eta = 0.7$；对于其他截面，$\eta = 1.0$；

β_{mx}、β_{ty}——应按现行国家标准《钢结构设计标准》GB 50017—2017 的规定计算。

（3）临界温度 T''_{dy} 应根据绕弱轴 y 轴弯曲的构件稳定荷载比 R'_y 和长细比 λ_y 按表 6-20 确定，R'_y 应按下列公式计算：

$$R'_y = \frac{1}{f} \left[\frac{N}{\varphi_y A} + \eta \frac{\beta_{tx} M_x}{\varphi_{bx} W_x} + \frac{\beta_{my} M_y}{\gamma_y W_y (1 - 0.8 N / N'_{Ey})} \right] \tag{6-30}$$

$$N'_{Ey} = \pi^2 E_s A / (1.1 \lambda_y^2) \tag{6-31}$$

式中　N'_{Ey}——绕弱轴弯曲的参数；

λ_y——对弱轴的长细比；

φ_y——常温下轴心受压构件对弱轴失稳的稳定系数；

φ_{bx}——常温下均匀弯曲受弯构件对强轴失稳的稳定系数，应按现行国家标准《钢结构设计标准》GB 50017—2017 的规定计算；

γ_y——绕弱轴弯曲的截面塑性发展系数；

β_{my}、β_{tx}——应按现行国家标准《钢结构设计标准》GB 50017—2017 的规定计算。

压弯结构钢构件按稳定荷载比 R'_x（或 R'_y）确定的临界温度 T''_{dx}（或 T''_{dy}）（℃）　表 6-20

R'_x（或 R'_y）	$\lambda_x\sqrt{\dfrac{f_y}{235}}$ 或 $\lambda_y\sqrt{\dfrac{f_y}{235}}$			
	≤50	100	150	≥200
0.30	657	648	645	643
0.35	636	628	625	624
0.40	616	610	608	607
0.45	597	592	591	590
0.50	577	573	572	571
0.55	558	553	552	552
0.60	538	533	532	531
0.65	519	513	510	509
0.70	498	491	487	486
0.75	477	468	462	459
0.80	454	443	434	430
0.85	431	416	404	400
0.90	408	390	374	370

（二）钢框架梁、柱的临界温度

1. 受楼板侧向约束的钢框架梁的临界温度 T_d 可根据截面强度荷载比 R 按表 6-17 确定，R 应按下式计算：

$$R = \frac{M}{W_p f} \tag{6-32}$$

式中　M——钢框架梁上荷载产生的最大弯矩设计值，不考虑温度内力；

W_p——钢框架梁截面的塑性截面模量。

2. 钢框架柱的临界温度 T_d 可根据稳定荷载比 R' 按表 6-18 确定，R' 应按下式计算：

$$R' = \frac{N}{0.7\varphi A f} \tag{6-33}$$

式中　N——火灾时钢框架柱所受的轴压力设计值；

A——钢框架柱的毛截面面积；

φ——常温下轴心受压构件的稳定系数。

（三）防火保护层的设计厚度

1. 钢构件采用轻质防火保护层时，防火保护层的设计厚度可根据钢构件的临界温度按下列规定确定：

（1）对于膨胀型防火涂料，防火保护层的设计厚度宜根据防火保护材料的等效热阻经计算确定。等效热阻可根据临界温度按下式计算：

$$R_i = \frac{5 \times 10^{-5}}{\left(\dfrac{T_d - T_{s0}}{t_m} + 0.2\right)^2 - 0.044} \cdot \frac{F_i}{V} \qquad (6\text{-}34)$$

式中　R_i——防火保护层的等效热阻（$m^2 \cdot ℃/W$）；

　　　T_d——钢构件的临界温度（℃）；

　　　T_{s0}——钢构件的初始温度（℃），可取 20℃；

　　　t_m——钢构件的设计耐火极限（s）；当火灾热烟气的温度不按标准火灾升温曲线确定时，应取等效曝火时间；

　　F_i/V——有防火保护钢构件的截面形状系数（m^{-1}）。

（2）对于非膨胀型防火涂料、防火板，防火保护层的设计厚度宜根据防火保护材料的等效热传导系数按公式（6-35）计算确定。

$$d_i = R_i \lambda_i \qquad (6\text{-}35)$$

式中　d_i——防火保护层的设计厚度（m）；

　　　λ_i——防火保护材料的等效热传导系数 $[W/(m \cdot ℃)]$。

2. 钢构件采用非轻质防火保护层时，防火保护层的设计厚度应按公式（6-18）～公式（6-21）的规定经计算确定。

公式（6-34）、公式（6-35）是由公式（6-22）变换得到的，因此其适用条件为：火灾烟气温度按标准火灾升温曲线确定，防火保护层为轻质防火保护层，且临界温度不高于 700℃。当不符合上述条件时，应按公式（6-18）～公式（6-21）的规定经计算确定防火保护层的厚度；公式（6-18）～公式（6-21）为有防火保护的钢构件升温迭代公式，计算防火保护层的厚度需要多次试算，具体可按以下步骤进行：

（1）假定防火保护层厚度，按公式（6-18）～公式（6-21）计算钢构件在设计耐火极限时间内的最高温度 T_m；

（2）比较构件的临界温度 T_d 和构件在火灾下的最高温度 T_m，调整防火保护层厚度。当 T_m 大于 T_d 时应增大防火保护层厚度，以新的防火保护层厚度按公式（6-18）～公式（6-21）重新计算 T_m，直至 T_m 小于 T_d；当 T_m 比 T_d 小很多时应减小防火保护层厚度，以使防火保护经济。

对于膨胀型防火涂料给出的是最大使用厚度、最小使用厚度的等效热阻以及防火涂料使用厚度按最大使用厚度与最小使用厚度之差的 1/4 递增的等效热阻，因此在计算所需的防火涂层厚度时，可据此采用线性插值方法计算确定其防火层厚度。

（四）采用临界温度法进行钢结构耐火验算与防火保护设计的步骤

综上所述，采用临界温度法进行钢结构耐火验算与防火保护设计时，可按下列步骤进行：

1. 按公式（6-2）、公式（6-3）计算构件的最不利荷载（作用）效应组合设计值；

2. 根据构件和荷载类型，按公式（6-23）～公式（6-33）计算构件的临界温度 T_d；

3. 按公式（6-15）～公式（6-17）计算无防火保护构件在设计耐火极限 t_m 时间内的最高温度 T_m；当 $T_d > T_m$ 时，构件耐火能力满足要求，可不进行防火保护；当 $T_d \leqslant T_m$ 时，按步骤 4、5 确定构件所需的防火保护；

4. 确定防火保护方法，计算构件的截面形状系数；

5. 按公式（6-34）、公式（6-35）确定防火保护层的厚度。

第三节　钢结构防火设计 PKPM 实例

以第四章的高层钢结构为例，介绍 PKPM2010（版本 V5.1）软件进行钢结构防火设计的过程，并与手算结果进行对比。

一、SATWE 防火设计参数

本小节介绍 PKPM 软件 SATWE 模块的计算参数（图 6-4）。

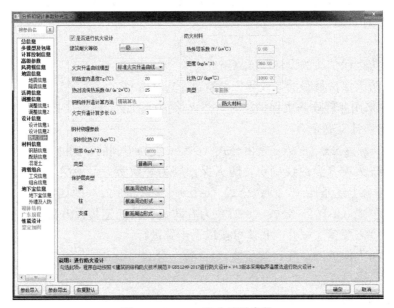

图 6-4　SATWE 防火设计参数

（一）建筑耐火等级

根据表 6-2，本工程为一类高层民用建筑。根据表 6-3，本工程耐火等级不低于一级。根据表 6-4，本工程柱、支撑耐火极限 3h，梁耐火极限 2h。

（二）火灾基本参数

1. 火灾升温曲线模型

《建筑钢结构防火技术规范》GB 51249—2017 第 6.1.1 条条文说明指出：标准火灾升温曲线是现行国家标准《建筑构件耐火试验方法 第 1 部分：通用要求》GB/T 9978.1 所采用的升温曲线，该曲线和国际标准 ISO834-1：1999 所采用的标准火灾升温曲线相同，适用于以纤维类火灾为主的建筑，其可燃物主要为一般可燃物，如木材、纸张、棉花、布匹、衣物等，可混有少量塑料或合成材料。

碳氢（HC）升温曲线适用于可燃物以烃类材料为主的场所，如石油化工建筑及生产、存放烃类材料和产品的厂房等。

本工程为办公楼，可采用标准火灾升温曲线。

2. 初始室内温度

《建筑钢结构防火技术规范》GB 51249—2017 第 6.1.1 条指出，火灾前室内环境的温度 T_{g0} 可取 20℃。

3. 热对流传热系数

《建筑钢结构防火技术规范》GB 51249—2017 第 6.1.2 条指出，热对流传热系数 α_c 可取 $25W/(m^2 \cdot ℃)$。

4. 钢构件升温计算方法

软件提供了精确算法和简易方法，但是强制勾选精确算法。精确算法即为公式（6-15）～公式（6-21）的迭代计算方法，简易方法即公式（6-22）的算法。软件采用精确的迭代算法，此方法无法手工复核，因此本书手工复核采用公式（6-22）的简易方法。

5. 火灾升温计算步长

《建筑钢结构防火技术规范》GB 51249—2017 第 6.2.1 条指出，火灾下无防火保护钢构件升温计算时，时间步长 Δt 取值不宜大于 5s。其条文说明指出，此公式为增量公式，需要逐步迭代计算，时间步长 Δt 不宜大于 5s，是为了保证计算精度。

第 6.2.2 条条文说明指出，有防火保护钢构件的升温计算公式，为增量公式，需要逐步迭代计算，时间步长 Δt 不宜大于 30s，是为了保证计算精度。

因此火灾升温计算步长可取软件缺省值 3s。此值取的越小，计算精度越高，但计算耗时越长。

（三）钢材物理参数

1. 钢材比热

根据《建筑钢结构防火技术规范》GB 51249—2017 表 5.1.1，钢材的比热容 c_s 取为 $600J/(kg \cdot ℃)$。

2. 钢材密度

根据《建筑钢结构防火技术规范》GB 51249—2017 表 5.1.1，钢材的密度 ρ_s 取为 $7850kg/m^3$。软件根据总信息中钢材重度计算出钢材密度为 $8000kg/m^3$。

3. 钢材类型

钢材类型分为普通钢和耐候钢。本工程钢材类型为普通钢。

（四）保护层类型

《建筑钢结构防火技术规范》GB 51249—2017 第 6.2.2 条条文说明指出，工程中常用的防火保护层做法可分为两种：（1）外边缘型保护，即防火保护层全部沿着钢构件的外表面进行保护；（2）非外边缘型保护，即全部或部分防火保护层不沿着钢构件的外表面进行保护。外边缘型保护即对应于软件中截面周边形式，一般用于防火涂料的防火设计；非外边缘型保护即对应于软件中截面矩形形式，一般用于有防火板的情况。本项目采用非膨胀型防火涂料，因此梁、柱、支撑均勾选"截面周边形式"。此参数是为了计算截面形状系数 F_i/V。

（五）防火材料物理参数

1. 防火材料热传导系数

非膨胀型防火涂料的等效热传导系数 λ_i 常用值范围是 $0.07 \sim 0.09W/(m \cdot ℃)$。本工程选用梵迦德和宸泰石膏基非膨胀型防火涂料（其参数见表 6-21），其等效热传导系数 λ_i 为 $0.077W/(m \cdot ℃)$，偏于保守地取 λ_i 为 $0.08W/(m \cdot ℃)$。

2. 防火材料密度

本工程选用梵迦德和宸泰石膏基非膨胀型防火涂料（其参数见表6-21），其密度ρ_i为359kg/m³，取为360kg/m³。

3. 防火材料比热

一般防火涂料厂家资料中未提供此参数。防火保护材料的比热容c_i软件缺省取为1000J/(kg·℃)。

以上两个参数，密度ρ_i和比热容c_i，其实质是为了判断防火保护层是否为轻质防火保护层。满足公式$2\rho_i c_i d_i F_i/V \leqslant \rho_s c_s$即为轻质防火保护层，填入的比热容$c_i$满足此公式即可，因此可以尽量将比热容$c_i$取小。

4. 防火材料类型

《建筑钢结构防火技术规范》GB 51249—2017第4.1.3条规定：室内耐火极限大于1.5h的构件，不宜选用膨胀型防火涂料。因此，本工程防火材料选用非膨胀型防火涂料。

梵迦德和宸泰石膏基非膨胀型防火涂料参数　　　　　　　表 6-21

特性	参数
固化时间	10min
表干时间	6h
粘结强度	0.13MPa
抗压强度	0.60MPa
干密度	359kg/m³
抗腐蚀性	pH 值 7
VOC 检测	无有机挥发物
耐水性	24h 浸泡，涂层无起层、发泡、脱落现象
耐冷热循环	15 次冷热循环，涂层无起层、发泡、脱落现象
等效热传导系数	0.077W/(m·℃)
产烟毒性等级	AQ2

二、SATWE 防火设计结果

（一）框架柱防火设计

以第六层东北角角柱 Z1 为例（位置见图4-1）。SATWE 输出的防火设计结果见图6-5。

防火设计属性　　　　　　　耐火等级：一级
　　　　　　　　　　　　　耐火极限：3.00h
　　　　　　　　　　　　　钢材耐火类型：普通钢

　　　　　　　　　　　　　涂料类型：非膨胀型
　　　　　　　　　　　　　形状系数：18.23
　　　　　　　　　　　　　防火保护层类型：轻质防火保护层
　　　　　　　　　　　　　等效热传导系数：0.08
　　　　　　　　　　　　　密度：360.00
　　　　　　　　　　　　　比热容：1000.00

强度荷载比：　　　(4) Mx=418.41 My=−114.04 N=−10898.66 R1=0.30
平面内稳定荷载比：(4) Mx=418.41 My=−114.04 N=−10898.66 R2=0.27
平面外稳定荷载比：(4) Mx=418.41 My=−114.04 N=−10898.66 R3=0.27
防火保护层：　　　(4) Ts=1100.82 Td= 657.00 Ri= 0.04 　　di=0.0032

图 6-5　SATWE 框架柱防火设计结果

1. 计算荷载比，确定临界温度 T_d

(1) 强度荷载比

$N = 10898.66$kN，$M_x = 418.41$kN・m，$M_y = 114.04$kN・m，板件宽厚比为（700－60×2)/60＝9.67＜$40\sqrt{235/f_y} = 40\sqrt{235/345} = 33.01$，板件宽厚比等级为 S1 级，满足 S3 级要求，按《钢结构设计标准》GB 50017—2017 表 8.1.1，箱形截面，$\gamma_x = \gamma_y = 1.05$，$W_{nx} = W_{ny} = 30222.63\text{cm}^3$，$A_n = 1536\text{cm}^2$，$f = 290\text{N/mm}^2$。

强度荷载比为：

$$R = \frac{1}{f}\left[\frac{N}{A_n} \pm \frac{M_x}{\gamma_x W_{nx}} \pm \frac{M_y}{\gamma_y W_{ny}}\right]$$

$$= \frac{1}{290}\left[\frac{10898.66 \times 10^3}{1536 \times 10^2} + \frac{418.41 \times 10^6}{1.05 \times 30222.63 \times 10^3} + \frac{114.04 \times 10^6}{1.05 \times 30222.63 \times 10^3}\right] = 0.3025 \approx 0.30$$

与软件输出结果一致。

查《建筑钢结构防火技术规范》GB 51249—2017 表 7.2.1，临界温度 $T_d = 663℃$。

(2) 平面内稳定荷载比

$N = 10898.66$kN，$M_x = 418.41$kN・m，$M_y = 114.04$kN・m，满足 S3 级要求，箱形截面，$\gamma_x = \gamma_y = 1.05$，$\eta = 0.7$，$\varphi_{bx} = \varphi_{by} = 1.0$，$\beta_{mx} = \beta_{my} = \beta_{tx} = \beta_{ty} = 1.0$，$W_x = W_y = 30222.63\text{cm}^3$，$A = 1536\text{cm}^2$，$i_x = i_y = 26.24\text{cm}$，$f = 290\text{N/mm}^2$。

$$\lambda_x = \lambda_y = \frac{\mu H}{i_x} = \frac{1.0 \times 4000}{262.4} = 15.24$$

焊接箱形柱，板件宽厚比为 700/60＝11.67＜20，由《钢结构设计标准》GB 50017—2017 表 7.2.1-2 可知，属于 c 类截面。

$$\lambda\sqrt{\frac{f_y}{235}} = 15.24\sqrt{\frac{345}{235}} = 18.47$$

查《钢结构设计标准》GB 50017—2017 附表 D.0.3，得：

$\varphi_x = \varphi_y = 0.973$

$$N'_{Ex} = N'_{Ey} = \frac{\pi^2 EA}{1.1\lambda_x^2} = \frac{3.14^2 \times 2.06 \times 10^5 \times 1536 \times 10^2}{1.1 \times 15.24^2} = 1221110.91\text{kN}$$

平面内稳定荷载比为：

$$R'_x = \frac{1}{f}\left[\frac{N}{\varphi_x A} + \frac{\beta_{mx} M_x}{\gamma_x W_x\left(1 - 0.8\dfrac{N}{N'_{Ex}}\right)} + \eta\frac{\beta_{ty} M_y}{\varphi_{by} W_y}\right]$$

$$= \frac{1}{290} \times \left[\frac{10898.66 \times 10^3}{0.973 \times 1536 \times 10^2} + \frac{1.0 \times 418.41 \times 10^6}{1.05 \times 30222.63 \times 10^3 \times \left(1 - 0.8 \times \dfrac{10898.66}{1221110.91}\right)} + \right.$$

$$\left. 0.7 \times \frac{1.0 \times 114.04 \times 10^6}{1.0 \times 30222.63 \times 10^3}\right]$$

$$= 0.31$$

与软件输出结果 0.27 不一致。

查《建筑钢结构防火技术规范》GB 51249—2017 表 7.2.5-1、表 7.2.5-2，临界温度

$T''_{dx} = 657℃$。

（3）平面外稳定荷载比

$$R'_y = \frac{1}{f}\left[\frac{N}{\varphi_y A} + \eta\frac{\beta_{tx}M_x}{\varphi_{bx}W_x} + \frac{\beta_{my}M_y}{\gamma_y W_y\left(1 - 0.8\frac{N}{N'_{Ey}}\right)}\right]$$

$$= \frac{1}{290}\left[\frac{10898.66\times10^3}{0.973\times1536\times10^2} + 0.7\times\frac{1.0\times418.41\times10^6}{1.0\times30222.63\times10^3} + \right.$$

$$\left.\frac{1.0\times114.04\times10^6}{1.05\times30222.63\times10^3\times\left(1 - 0.8\times\frac{10898.66}{1221110.91}\right)}\right]$$

$$= 0.30$$

与软件输出结果 0.27 不一致。

查《建筑钢结构防火技术规范》GB 51249—2017 表 7.2.5-1、表 7.2.5-2，临界温度 $T''_{dy} = 657℃$。

说明：平面内及平面外稳定荷载比，手算与程序输出结果不一致，主要原因是手算取 $\beta_{mx} = \beta_{my} = \beta_{tx} = \beta_{ty} = 1.0$，程序按照公式 $\beta_{mx} = 0.6 + 0.4\dfrac{M_2}{M_1}$、$\beta_{tx} = 0.65 + 0.35\dfrac{M_2}{M_1}$ 计算出来的值一般小于 1.0。

（4）框架柱稳定荷载比

$$R' = \frac{N}{0.7\varphi A f} = \frac{10898.66\times10^3}{0.7\times0.973\times1536\times10^2\times290} = 0.36$$

查《建筑钢结构防火技术规范》GB 51249—2017 表 7.2.2，临界温度 $T_d = 640℃$。

综合以上四项，取临界温度为 $T_d = 640℃$。

说明：PKPM 软件没有按照《建筑钢结构防火技术规范》GB 51249—2017 公式（7.2.3-2）$R' = \dfrac{N}{0.7\varphi A f}$ 取临界温度，导致临界温度过高，计算出来的防火保护层的设计厚度偏小，这是不安全的。

《建筑钢结构防火技术规范》GB 51249—2017 对于框架柱，因为稳定系数前乘以了 0.7，因此忽略掉了弯矩项的影响。在临界温度法中，规范未做解释。但是在承载力法中做了解释。解释如下：

通常，框架柱受火时，相邻框架梁也会受影响而升温膨胀使框架柱受弯。分析表明，框架柱很可能因框架梁的受火温度效应而受弯形成塑性铰。为简化框架柱耐火设计，可偏于保守地假设柱两端屈服（图 6-6），同时忽略框架柱另一方向弯矩的影响，则框架柱平面内稳定荷载比公式（6-28）可以近似为：

$$R'_x = \frac{1}{f}\left[\frac{N}{\varphi_x A} + \frac{\beta_{mx}M_x}{\gamma_x W_x\left(1 - 0.8\frac{N}{N'_{Ex}}\right)}\right] \tag{6-36}$$

平面外稳定荷载比公式（6-30）可以近似为：

$$R'_y = \frac{1}{f}\left[\frac{N}{\varphi_y A} + \eta\frac{\beta_{tx}M_x}{\varphi_{bx}W_x}\right] \tag{6-37}$$

由于框架柱的长细比一般较小，而两端反方向弯矩条件下 β_m 和 β_t 的平均值约为 0.23，加上考虑所忽略的框架柱另一方向弯矩的影响，则公式（6-36）、公式（6-37）右端括号内的第二项可近似约到第一项，并将第一项稳定系数乘以 0.7 的折减系数，即得到公式 $R' = \dfrac{N}{0.7\varphi Af}$。需注意，应分别针对框架柱的两个主轴方向，按 $R' = \dfrac{N}{0.7\varphi Af}$ 进行验算。

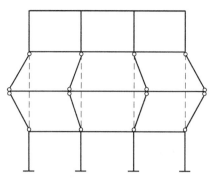

图 6-6　框架梁升温使框架梁端部
受弯形成塑性铰

2. 计算在设计耐火极限时间内构件的最高温度 T_m

截面形状系数为：

$$\frac{F_i}{V} = \frac{a+b}{t(a+b-2t)} = \frac{700+700}{60 \times (700+700-2\times 60)} \times 10^3 = 18.23\text{m}^{-1}$$

与软件输出结果一致。

钢柱耐火极限 $t=3\text{h}$，在设计耐火极限时间内构件的最高温度 T_m 为：

$$T_m = T_s = \left(\sqrt{0.044+5.0\times 10^{-5}\alpha\frac{F_i}{V}} - 0.2\right)t + T_{s0}$$
$$= (\sqrt{0.044+5.0\times 10^{-5}\alpha \times 18.23} - 0.2) \times 3 \times 60 \times 60 + 20$$

3. 计算防火保护层的厚度 d_i

根据公式 $T_d \geq T_m$，得到 $640 \geq (\sqrt{0.044+5.0\times 10^{-5}\alpha \times 18.23} - 0.2) \times 3 \times 60 \times 60 + 20$

求得 $\alpha \leq 24.42$，因此防火保护层的厚度 $d_i \geq \dfrac{\lambda_i}{\alpha} = \dfrac{0.08}{24.42} = 0.0033\text{m}$，即 $d_i \geq 3.3\text{mm}$

PKPM 软件计算过程如下：

根据公式 $T_d \geq T_m$，得到 $657 \geq (\sqrt{0.044+5.0\times 10^{-5}\alpha \times 18.23} - 0.2) \times 3 \times 60 \times 60 + 20$

求得 $\alpha \leq 25.31$，因此防火保护层的厚度 $d_i \geq \dfrac{\lambda_i}{\alpha} = \dfrac{0.08}{25.31} = 0.0032\text{m}$，即 $d_i \geq 3.2\text{mm}$

与软件输出结果一致。

很显然 PKPM 软件将构件临界温度算高了，导致防火保护层的厚度偏小。

《钢结构防火涂料》GB 14907—2018 第 5.1.5 条规定：非膨胀型钢结构防火涂料的涂层厚度不应小于 15mm。因此，此钢柱防火保护层的厚度取为 $d_i = 15\text{mm}$。

4. 验算是否为轻质防火保护层

$\rho_i = 360\text{kg/m}^3$，$c_i = 1000\text{J/(kg}\cdot\text{℃)}$，$d_i = 0.0033\text{m}$，$F_i/V = 18.23\text{m}^{-1}$，$\rho_s = 8000\text{kg/m}^3$，$c_s = 600\text{J/(kg}\cdot\text{℃)}$

$2\rho_i c_i d_i F_i/V = 196884\text{J/(m}^3\cdot\text{℃)}$，$\rho_s c_s = 4800000\text{J/(m}^3\cdot\text{℃)}$

满足 $2\rho_i c_i d_i F_i/V \leq \rho_s c_s$，为轻质防火保护层。

（二）框架梁防火设计

以第六层 L1 为例（位置见图 4-1）。SATWE 输出的防火设计结果见图 6-7。

防火设计属性　　　　　　　　　　　　耐火等级：一级

耐火极限：2.00h

钢材耐火类型：普通钢

涂料类型：非膨胀型

形状系数：123.78

防火保护层类型：轻质防火保护层

等效热传导系数：0.08

密度：360.00

比热容：1000.00

强度荷载比	(2)	N=0.00，M=−215.03，R1=0.20
平面内稳定荷载比	(2)	N=0.00，M=−215.03，R2=0.00
防火保护层	(2)	Ts=1047.07，Td=663.00，Ri=0.16，di=0.0125

图 6-7　SATWE 框架梁防火设计结果

1. 计算荷载比，确定临界温度 T_d

受楼板侧向约束的钢框架梁截面强度荷载比为：

$M = 215.03\text{kN} \cdot \text{m}$

$W_{px} = Bt_f(H-t_f) + \dfrac{1}{4}(H-2t_f)^2 t_w = 250 \times 18 \times (650-18) + \dfrac{1}{4} \times (650-2\times18)^2 \times 12 = 3974988\text{mm}^3$

$R = \dfrac{M}{W_p f} = \dfrac{215.03 \times 10^6}{3974988 \times 295} = 0.18$

与软件输出结果 0.20 不一致。

查《建筑钢结构防火技术规范》GB 51249—2017 表 7.2.1，因 $R < 0.30$，临界温度 $T_d = 663℃$。

2. 计算在设计耐火极限时间内构件的最高温度 T_m

截面形状系数（其上翼缘有楼板覆盖）为：

$\dfrac{F_i}{V} = \dfrac{2h+3b-2t}{A} = \dfrac{2\times650+3\times250-2\times12}{16368} \times 10^3 = 123.78\text{m}^{-1}$

与软件输出结果一致。

钢梁耐火极限 $t = 2\text{h}$，在设计耐火极限时间内构件的最高温度 T_m 为：

$T_m = T_s = \left(\sqrt{0.044 + 5.0\times10^{-5}\alpha\dfrac{F_i}{V}} - 0.2\right)t + T_{s0} = (\sqrt{0.044 + 5.0\times10^{-5}\alpha\times123.78} - 0.2)\times2\times60\times60 + 20$

3. 计算防火保护层的厚度 d_i

根据公式 $T_d \geqslant T_m$，得到 $663 \geqslant (\sqrt{0.044 + 5.0\times10^{-5}\alpha\times123.78} - 0.2)\times2\times60\times60 + 20$

求得 $\alpha \leqslant 6.414$，因此防火保护层的厚度 $d_i \geqslant \dfrac{\lambda_i}{\alpha} = \dfrac{0.08}{6.414} = 0.0125\text{m}$，即 $d_i \geqslant 12.5\text{mm}$

与软件输出结果一致。

《钢结构防火涂料》GB 14907—2018 第 5.1.5 条规定：非膨胀型钢结构防火涂料的涂

层厚度不应小于 15mm。因此，此钢梁防火保护层的厚度取为 $d_i = 15$mm。

4. 验算是否为轻质防火保护层

$\rho_i = 360$kg/m^3，$c_i = 1000$J/(kg·℃)，$d_i = 0.0125$m，$F_i/V = 123.78$m^{-1}，$\rho_s = 8000$kg/m^3，$c_s = 600$J/(kg·℃)

$2\rho_i c_i d_i F_i/V = 1336824$J/(m^3·℃)，$\rho_s c_s = 4800000$J/(m^3·℃)

满足 $2\rho_i c_i d_i F_i/V \leqslant \rho_s c_s$，为轻质防火保护层。

（三）钢支撑防火设计

以第六层钢支撑 GZC1 为例（位置见图 4-1）。SATWE 输出的防火设计结果见图 6-8。

防火设计属性

耐火等级：一级
耐火极限：3.00h
钢材耐火类型：普通钢

涂料类型：非膨胀型
形状系数：102.22
防火保护层类型：轻质防火保护层
等效热传导系数：0.08
密度：360.00
比热容：1000.00

强度荷载比：	(4) Mx=0.00	My=0.00	N=−1001.17	R1=0.20
平面内稳定荷载比：	(4) Mx=0.00	My=0.00	N=−1001.17	R2=0.24
平面外稳定荷载比：	(4) Mx=0.00	My=0.00	N=−1001.17	R3=0.37
防火保护层：	(4) Ts=1108.34	Td= 633.24	Ri= 0.23	di=0.0186

图 6-8　SATWE 钢支撑防火设计结果

1. 计算荷载比，确定临界温度 T_d

（1）截面强度荷载比

$N = 1001.17$kN，$A_n = 172.96$cm^2，$f = 295$N/mm^2

$$R = \frac{N}{A_n f} = \frac{1001.17 \times 10^3}{17296 \times 295} = 0.20$$

与软件输出结果一致。

查《建筑钢结构防火技术规范》GB 51249—2017 表 7.2.1，因 $R < 0.30$，临界温度 $T'_d = 663$℃。

（2）平面内稳定荷载比

$N = 1001.17$kN，$A = 172.96$cm^2，$f = 295$N/mm^2

$\lambda_x = l_x/i_x = 6170/126.7 = 48.7$

对 x 轴，属于 b 类截面，$\lambda_x \sqrt{\dfrac{f_y}{235}} = 48.7 \times \sqrt{\dfrac{345}{235}} = 59$

查《钢结构设计标准》GB 50017—2017 附表 D.0.2，得：

$\varphi_x = 0.812$

$$R' = \frac{N}{\varphi_x A f} = \frac{1001.17 \times 10^3}{0.812 \times 17296 \times 295} = 0.24$$

与软件输出结果一致。

查《建筑钢结构防火技术规范》GB 51249—2017 表 7.2.2，因 $R' < 0.30$，临界温度 $T''_d = 661$℃。

（3）平面外稳定荷载比

$N=1001.17\text{kN}$，$A=172.96\text{cm}^2$，$f=295\text{N/mm}^2$

$\lambda_y=l_y/i_y=0.9\times6170/75.6=73.4524$

对 y 轴，保守地取为 c 类截面（假定翼缘为剪切边，而非焰切边），$\lambda_y\sqrt{\dfrac{f_y}{235}}=$

$73.4524\times\sqrt{\dfrac{345}{235}}=89$

查《钢结构设计标准》GB 50017—2017 附表 D.0.3，得：

$\varphi_y=0.523$

$R'=\dfrac{N}{\varphi_y Af}=\dfrac{1001.17\times10^3}{0.523\times17296\times295}=0.37$

与软件输出结果一致。

查《建筑钢结构防火技术规范》GB 51249—2017 表 7.2.2，用插值法得临界温度 $T''_d=633℃$。

综合以上结果，取临界温度 $T_d=633℃$。

2. 计算在设计耐火极限时间内构件的最高温度 T_m

截面形状系数为：

$$\frac{F_i}{V}=\frac{2h+4b-2t}{A}=\frac{2\times300+4\times300-2\times16}{17296}\times10^3=102.22\text{m}^{-1}$$

与软件输出结果一致。

钢梁耐火极限 $t=3\text{h}$，在设计耐火极限时间内构件的最高温度 T_m 为：

$$T_m=T_s=\left(\sqrt{0.044+5.0\times10^{-5}\alpha\frac{F_i}{V}}-0.2\right)t+T_{s0}=(\sqrt{0.044+5.0\times10^{-5}\alpha\times102.22}-$$

$$0.2)\times3\times60\times60+20$$

3. 计算防火保护层的厚度 d_i

根据公式 $T_d\geqslant T_m$，得到 $633\geqslant(\sqrt{0.044+5.0\times10^{-5}\alpha\times102.22}-0.2)\times3\times60\times60+20$

求得 $\alpha\leqslant4.29$，因此防火保护层的厚度 $d_i\geqslant\dfrac{\lambda_i}{\alpha}=\dfrac{0.08}{4.29}=0.01865\text{m}$，即 $d_i\geqslant18.65\text{mm}$

与软件输出结果一致。

4. 验算是否为轻质防火保护层

$\rho_i=360\text{kg/m}^3$，$c_i=1000\text{J/(kg·℃)}$，$d_i=0.01865\text{m}$，$F_i/V=102.22\text{m}^{-1}$，$\rho_s=8000\text{kg/m}^3$，

$c_s=600\text{J/(kg·℃)}$

$2\rho_i c_i d_i F_i/V=1372610.16\text{J/(m}^3\cdot℃)$，$\rho_s c_s=4800000\text{J/(m}^3\cdot℃)$

满足 $2\rho_i c_i d_i F_i/V\leqslant\rho_s c_s$，为轻质防火保护层。

（四）SATWE 钢结构防火计算书

输出钢结构防火计算书时，软件默认不勾选"各层钢构件统计"（图 6-9），给出每层各防火类型材料的最大值构件（图 6-10）。

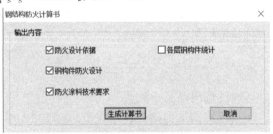

图 6-9　SATWE 钢结构防火计算书菜单

钢结构防火计算书

一、防火设计依据:

1.《钢结构防火涂料》(GB 14907—2018)
2.《建筑钢结构防火技术规范》(GB 51249—2017)
3.《钢结构防火涂料应用技术规范》(CECS 24:2019)
4.《建筑设计防火规范》(GB 50016—2014)(2018修订版)
5.《钢结构工程质量验收规范》(GB 50205—2012)

二、钢构件防火设计

1.建筑防火等级为一级

2.防火设计内容:钢构件的耐火设计、防火涂料类型及热
物理指标和涂层厚度,应按下表执行。

说明:默认给出每层各防火类型材料的最大值构件,完整信息需勾选详细构件统计查看。

1层

构件类别	编号	耐火极限(h)	防火涂料类型	涂层厚度(mm)	等效热阻(m²·℃/W)
钢梁	1	2.0	非膨胀型	35.06	0.44
钢柱	1	3.0	非膨胀型	7.03	0.09
钢支撑	1	3.0	非膨胀型	23.60	0.30

2层

构件类别	编号	耐火极限(h)	防火涂料类型	涂层厚度(mm)	等效热阻(m²·℃/W)
钢梁	1	2.0	非膨胀型	32.65	0.41
钢柱	1	3.0	非膨胀型	6.16	0.08
钢支撑	1	3.0	非膨胀型	21.60	0.27

图 6-10　SATWE 钢结构防火计算书（每层各防火类型材料的最大值）

如果要查看每个构件防火保护层厚度，需勾选"各层钢构件统计"（图 6-9），软件输出每层每个构件防火保护层厚度（图 6-11）。

3.各层钢构件防火设计信息详细统计

1层

构件类别	构件号	耐火极限(h)	防火涂料类型	涂层厚度(mm)	等效热阻(m²·℃/W)
钢柱	1	3.0	非膨胀型	3.16	0.04
钢柱	2	3.0	非膨胀型	3.41	0.04
钢柱	3	3.0	非膨胀型	3.95	0.05
钢柱	4	3.0	非膨胀型	3.95	0.05
钢柱	5	3.0	非膨胀型	3.25	0.04
钢柱	6	3.0	非膨胀型	3.24	0.04
钢柱	7	3.0	非膨胀型	3.94	0.05
钢柱	8	3.0	非膨胀型	3.97	0.05
钢柱	9	3.0	非膨胀型	3.95	0.05
钢柱	10	3.0	非膨胀型	3.16	0.04
钢柱	11	3.0	非膨胀型	4.06	0.05
钢柱	12	3.0	非膨胀型	2.99	0.04
钢柱	13	3.0	非膨胀型	4.12	0.05

图 6-11　SATWE 钢结构防火计算书（各层钢构件防火设计信息详细统计）

每层各类型构件，给出防火保护层厚度的最大值，此做法方便施工，但是不经济。每层每个构件均列出防火保护层厚度，虽然经济，但是会带来施工不便。因此笔者建议，每层构件按照构件编号（同一种截面同一个编号），分别列出防火保护层厚度，即所有 Z1

列出一个防火保护层厚度、所有 L1 列出一个防火保护层厚度、所有 GZC1 列出一个防火保护层厚度。因为对于同一层的同一种截面来说，构件截面相同，形状系数也相同，荷载比也会比较接近，临界温度也接近，因此，防火保护层厚度也会比较接近。希望 PKPM 软件能够按照各层相同截面构件输出防火保护层厚度。

（五）PKPM 软件钢结构防火设计需要说明的问题

1. PKPM 软件钢结构防火设计流程见图 6-12。t 时刻钢构件的内部温度 T_s，软件采用迭代的方式计算，因此本算例没有进行手算与软件输出结果的对比。

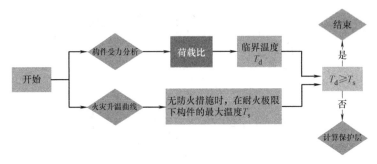

图 6-12　PKPM 软件钢结构防火设计流程

2. PKPM 软件中定义了耐火等级及涂料类型，为什么有些构件还是没有进行防火设计？

当构件的荷载比接近于 1 的时候，无论怎么增加涂层的厚度都不能满足需要达到的耐火等级要求，程序便无法进行设计，此时就需要调整构件尺寸或耐火等级使其满足设计要求。用户可以通过构件信息，来查看是否属于此种情形。

荷载比是指火灾下结构或构件的荷载效应设计值与其常温下的承载力设计值的比值。构件的荷载比是影响构件耐火时间的主要因素之一。荷载比越接近于 0，表明火灾下构件越不会出现破坏，除非融化；荷载比越接近于 1，表明构件出现破坏时所需要增加的温度越低，需要的防火涂料保护层也越厚。

经常有工程师问：疏散楼梯的梯柱，其耐火极限应该是同柱还是同疏散楼梯？比如耐火等级是一级，柱的耐火极限是 3h，疏散楼梯的耐火极限是 1.5h。那疏散楼梯的梯柱，其耐火极限是 1.5h 还是 3h？笔者觉得，疏散楼梯的梯柱，其耐火极限应同柱，即耐火等级一级的疏散楼梯梯柱，其耐火极限为 3h。可能有工程师觉得 3h 的耐火极限对梯柱来说要求过高。但是梯柱荷载比一般很小，火灾下不容易出现破坏，即使耐火极限 3h，计算得到的防火涂料保护层也很薄，一般都小于《钢结构防火涂料》GB 14907—2018 第 5.1.5 条规定的非膨胀型钢结构防火涂料最小构造厚度 15mm。

3. 防火保护层厚度必须依据《建筑钢结构防火技术规范》GB 51249—2017 按耐火承载力验算得到，不能采用《建筑设计防火规范》GB 50016—2014（2018 年版）附录中的建议数据，因为那是经验数据，过于保守或不足；也不能采用厂家型式报告的试验数据，因为型式报告的试验状态（构件形式、截面、荷载、约束等）与实际项目的设计状态可能均不相同，并无法包络。如不经计算分析而简单套用，会存在结构不安全。

笔者设计的中国石油乌鲁木齐大厦钢结构工程，施工方使用的防火涂料为易川 YC-1

厚涂型防火涂料。《建筑设计防火规范》GB 50016—2014（2018 年版）、易川厂家及根据
《建筑钢结构防火技术规范》GB 51249—2017 计算出来的防火保护层厚度见表 6-22。很显
然，不管构件形式、截面、荷载、约束，仅以耐火极限来确定防火保护层厚度是不合
理的。

耐火极限与非膨胀型防火涂料防火保护层厚度的关系 表 6-22

耐火时间(h)	《建筑设计防火规范》GB 50016—2014(2018 年版)建议厚度(mm)	易川厂家试验数据厚度(mm)	《建筑钢结构防火技术规范》GB 51249—2017 计算厚度(mm)
1	15	7	—
1.5	20	10	—
2	30	15	钢梁 L1：计算值 12.5，构造要求 15
2.5	40	19	
3	50	22	钢柱 Z1：计算值 3.3，构造要求 15
			钢支撑 GZC1：计算值 18.65

4. 如果选用膨胀型防火涂料，PKPM 软件的 SATWE 模块不输出保护层厚度，只输
出等效热阻。《建筑钢结构防火技术规范》GB 51249—2017 第 5.3.3 条规定：膨胀型防火
涂料应给出最大使用厚度、最小使用厚度的等效热阻以及防火涂料使用厚度按最大使用厚
度与最小使用厚度之差的 1/4 递增的等效热阻，其他厚度下的等效热阻可采用线性插值方
法确定。针对膨胀型防火涂料的特点，规范规定膨胀型防火涂料应给出 5 个使用厚度的等
效热阻。

膨胀型防火涂料受火膨胀，形成比原涂层厚度大数倍到数十倍的多孔膨胀层，该膨胀
层的热传导系数小，隔热防火保护性能良好。火灾下膨胀层厚度主要取决于涂料自身的特
性、涂层的厚度，受膨胀层自身致密性、强度等的限制，膨胀层厚度不会一直随着涂层厚
度的增大而增大，而且涂层太厚容易造成膨胀层过早脱落，因此膨胀型防火涂料存在最大
使用厚度。膨胀型防火涂料涂层厚度和膨胀层厚度、热传导系数之间均为非线性关系（图
6-13）。因此，膨胀型防火涂料不宜采用等效热传导系数，而是采用对应于涂层厚度的等
效热阻。

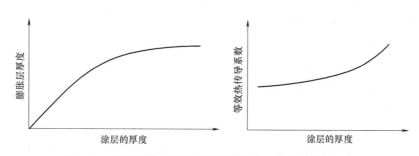

图 6-13　膨胀型防火涂料的膨胀层厚度、等效热传导系数

以本算例中的钢梁 L1 为例。求得 $\alpha \leqslant 6.414$，因此防火保护层的等效热阻为：

$$R_i \geqslant \frac{1}{\alpha} = \frac{1}{6.414} = 0.1559 \mathrm{m}^2 \cdot {}^{\circ}\!\mathrm{C}/\mathrm{W}$$

与软件输出结果 $R_i=0.16m^2 \cdot ℃/W$ 一致。

由计算得到的等效热阻 $R_i=0.16m^2 \cdot ℃/W$，再根据厂家提供的 5 个使用厚度（最大使用厚度、最小使用厚度、最大使用厚度与最小使用厚度之差的 1/4 递增的 3 个厚度）的等效热阻，确定钢梁 L1 采用膨胀型防火涂料的使用厚度。假定某品牌膨胀型防火涂料等效热阻计算参数为表 6-23 中数值，由计算得到的等效热阻 $R_i=0.16m^2 \cdot ℃/W$，在使用厚度 3.0mm 和使用厚度 4.5mm 之间线性插值，即：

$$\frac{4.5-3.0}{0.20-0.15}=\frac{x-3.0}{0.16-0.15}$$

得出膨胀型防火涂料厚度为 $x=3.3mm$。

膨胀型防火涂料等效热阻计算参数 表 6-23

防火涂料厚度（mm）	最小使用厚度 1.5	使用厚度 3.0	使用厚度 4.5	使用厚度 6.0	最大使用厚度 7.5
等效热阻 $R_i(m^2 \cdot ℃/W)$	0.10	0.15	0.20	0.25	0.30

需要提醒读者的是，表 6-23 仅为笔者举例的膨胀型防火涂料等效热阻计算参数，实际工程设计中，应按照防火涂料厂家的产品手册计算膨胀型防火涂料厚度。笔者也曾经找过一些防火涂料厂家（比如丹麦品牌海虹老人 Hempel）要过膨胀型防火涂料的产品手册，但是均未果。

三、钢结构防火涂装设计说明（以本算例为例）

（一）防火设计依据

《钢结构防火涂料》GB 14907—2018；

《建筑钢结构防火技术规范》GB 51249—2017；

《建筑设计防火规范》GB 50016—2014（2018 年版）；

《建设工程消防设计审查和验收管理规定》2019.05；

《钢结构防火涂料应用技术规范》CECS 24：1990；

《钢结构工程施工质量验收标准》GB 50205—2020；

《钢结构工程施工规范》GB 50755—2012。

（二）钢结构防火设计

1. 防火等级：建筑耐火等级为一级。

2. 防火设计

（1）防火保护设计内容：钢构件的耐火极限、防火涂料种类及热物理指标、涂层厚度，应按表 6-24 执行。钢结构节点的防火保护应与被连接构件中防火保护要求最高者相同。

（2）防火保护设计指标：等效热传导系数≤0.08W/(m·℃)。当施工所用防火保护材料的等效热传导系数与设计文件要求不一致时，应根据防火保护层的等效热阻相等的原则确定保护层的施用厚度，并应经设计单位认可。

钢构件防火保护设计 　　　　　　　　　　　　　　表 6-24

楼层	钢构件类别	构件编号	耐火极限(h)	防火涂料	涂层厚度(mm)
1	钢柱	Z1	3.0	非膨胀型	15
	……				
	钢支撑	GZC1	3.0	非膨胀型	20
	……				
	钢梁	L1	2.0	非膨胀型	15
	……				
2	钢柱	Z1	3.0	非膨胀型	15
	……				
	钢支撑	GZC1	3.0	非膨胀型	20
	……				
	钢梁	L1	2.0	非膨胀型	15
	……				

（三）防火涂装技术要求

1. 室内钢结构防火涂料的理化性能应满足《钢结构防火涂料》GB 14907—2018 表 2 的要求，室外钢结构防火涂料的理化性能应满足《钢结构防火涂料》GB 14907—2018 表 3 的要求。

2. 防火涂料的理化性能和热物理性能报告，应报业主和设计院结构工程师审批，确认后方可采购、施工。

3. 应按批次对进场防火涂料的干密度、粘结强度、抗压强度和等效热传导系数或等效热阻进行第三方复验，达到设计文件要求后方可施工、验收。

4. 防火涂料与前面防腐涂层、表面腻子装饰层在常温和高温下应具有很好的理化和耐火性能的相容性，防火性能和与钢材的粘结性能不能降低，出具相容性报告。

5. 防火涂料涂装前，钢材表面除锈及防腐涂装应符合设计文件和国家现行有关标准的规定。钢结构防火涂料涂装施工应在钢结构安装工程和防腐涂装工程检验批施工质量验收合格后进行。

6. 基层表面应无油污、灰尘和泥沙等污垢，且防锈层应完整、底漆无漏刷。构件连接处的缝隙应采用防火涂料或其他防火材料填平。

7. 防火涂料可按产品说明书要求在现场进行搅拌或调配。当天配置的涂料应在产品说明书规定的时间内用完。

8. 非膨胀型防火涂料，属于下列情况之一时，宜在涂层内设置与构件相连的镀锌铁丝网或玻璃纤维布：

（1）构件承受冲击、振动荷载；

（2）涂层厚度不小于 40mm 的钢梁和桁架；

（3）钢板墙和腹板高度超过 1.5m 的钢梁；

（4）防火涂料的粘结强度不大于 0.05MPa；

（5）构件的腹板高度大于 500mm 且涂层厚度不小于 30mm；

（6）构件的腹板高度大于 500mm 且涂层长期暴露在室外。

9. 非膨胀型防火涂料宜采用压送式喷涂机喷涂，喷涂遍数、涂层厚度应根据施工要求确定，且须在前一遍干燥后喷涂。

10. 非膨胀型防火涂料有下列情况之一时，应重新喷涂或补涂：

（1）涂层干燥固化不良，粘结不牢或粉化、脱落；

（2）钢结构接头和转角处的涂层有明显凹陷；

（3）涂层厚度小于设计规定厚度的 85%；

（4）涂层厚度未达到设计规定厚度，且涂层连续长度超过 1m。

11. 防火保护工程的施工与验收应满足《钢结构工程施工质量验收标准》GB 50205—2020、《建筑钢结构防火技术规范》GB 51249—2017 的相关规定。

第四节　压型钢板组合楼盖耐火验算与防火保护设计

一、压型钢板组合楼盖耐火验算与防火保护设计规定

《建筑钢结构防火技术规范》GB 51249—2017 对压型钢板组合楼盖耐火验算与防火保护设计规定如下：

1. 压型钢板组合楼板应按下列规定进行耐火验算与防火设计：

（1）不允许发生大挠度变形的组合楼板，标准火灾下的实际耐火时间 t_d 应按公式（6-38）计算。当组合楼板的实际耐火时间 t_d 小于其设计耐火极限 t_m 时，组合楼板应采取防火保护措施；当组合楼板的实际耐火时间 t_d 大于或等于其设计耐火极限 t_m 时，可不采取防火保护措施。

$$t_d = 114.06 - 26.8 \frac{M}{f_t W} \tag{6-38}$$

式中　t_d——无防火保护的组合楼板的耐火时间（min）；

　　　M——火灾下单位宽度组合楼板内的最大正弯矩设计值（N·mm）；

　　　f_t——常温下混凝土的抗拉强度设计值（N/mm^2）；

　　　W——常温下素混凝土的截面模量（mm^3）。

压型钢板组合楼板是建筑钢结构中常用的楼板形式。压型钢板使用有两种方式：一是压型钢板只作为混凝土楼板的施工模板，在使用阶段不考虑压型钢板的受力作用（即压型钢板、混凝土楼板不构成组合楼板）；二是压型钢板除了作为施工模板外，还与混凝土楼板形成组合楼板共同受力。当压型钢板只作为施工模板使用时，不需要进行防火保护。当压型钢板作为组合楼板的受力结构使用时，由于火灾高温对压型钢板的承载力会有较大影响，因此应进行耐火验算与防火设计。

组合楼板中压型钢板、混凝土楼板之间的粘结，在楼板升温不高时就会发生失效，因此压型钢板在火灾下对楼板的承载力基本不起作用，但忽略压型钢板的混凝土楼板仍有一定的耐火能力。公式（6-38）给出的耐火极限为混凝土楼板自身的耐火极限，此时楼板的挠度很小。

（2）允许发生大挠度变形的组合楼板的耐火验算可考虑组合楼板的薄膜效应。当火灾

下组合楼板考虑薄膜效应时的承载力不满足公式（6-39）时，组合楼板应采取防火保护措施；满足时，可不采取防火保护措施。

$$q_r \geqslant q \tag{6-39}$$

式中　q_r——火灾下组合楼板考虑薄膜效应时的承载力设计值（kN/m²），应按《建筑钢结构防火技术规范》GB 51249—2017 附录 D 确定；

　　　q——火灾下组合楼板的荷载设计值（kN/m²），应按本书公式（6-2）、公式（6-3）确定。

组合楼板在火灾下可产生很大的变形，"薄膜效应"是英国 Cardington 八层足尺钢结构火灾试验（1995～1997 年）的一个重要发现，这一现象也出现于 2001 年 5 月台湾东方科学园大楼火灾等火灾事故中。图 6-14 为组合楼板"薄膜效应"的形成过程，最终板周边混凝土挤压形成压力环，板中央钢筋网（包括组合楼板面层的抗裂温度筋网）受拉屈服产生悬链线效应来承受竖向荷载，类似于受拉薄膜张力。楼板在大变形下产生的薄膜效应，使楼板在火灾下的承载力可比基于小挠度破坏准则的承载力高出许多。利用薄膜效应，发挥楼板的抗火性能潜能，有助于降低工程费用。

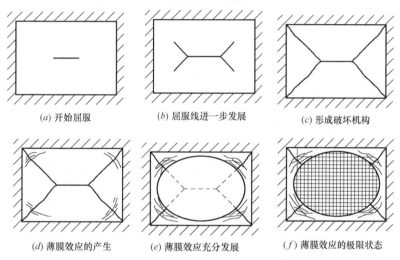

(a) 开始屈服　　　　(b) 屈服线进一步发展　　　　(c) 形成破坏机构

(d) 薄膜效应的产生　　(e) 薄膜效应充分发展　　(f) 薄膜效应的极限状态

图 6-14　均匀受荷楼板随着温度升高形成薄膜效应的过程

2. 组合楼板的防火保护措施应根据耐火试验结果确定，耐火试验应符合现行国家标准《建筑构件耐火试验方法》GB/T 9978 的规定。

由于楼板的面积很大，对压型钢板进行防火保护，工程量大、费用高、施工周期长。在有些情况下，将压型钢板设计为只作模板使用是更经济、可行的解决措施。当楼板内配置有足够的钢筋时，混凝土楼板自身的耐火极限极有可能达到设计耐火极限，此时组合楼板可不进行防火保护。对此，应通过标准耐火试验来测定楼板的实际耐火极限。压型钢板进行防火保护时，常采用防火涂料。对于防火涂料保护的压型钢板组合楼板，目前尚没有简便的耐火验算方法，因此《建筑钢结构防火技术规范》GB 51249—2017 规定基于标准耐火试验结果确定防火保护。

二、压型钢板组合楼盖耐火验算算例

下面以笔者设计的中国石油乌鲁木齐大厦为例，介绍这一高层钢结构压型钢板组合楼

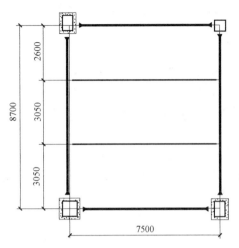

图 6-15 中国石油乌鲁木齐大厦标准层梁、板布置

盖耐火验算。选取标准层的楼板，梁、板布置见图 6-15，以中间板跨 3050mm 板为例进行计算。楼面恒载 1.7kN/m²，活载 2.0kN/m²。楼板耐火等级一级，楼板耐火极限 1.5h。楼板混凝土等级 C30。

根据《组合楼板设计与施工规范》CECS 273：2010 表 7.3.1（表 6-25）的规定，隔热极限 1.5h，闭口型压型钢板组合楼板最小厚度为 110mm。

但是需要注意，规范在此处用词为"隔热极限"，而非"耐火极限"，我们还需要根据公式（6-38）验算 110mm 厚楼板是否满足 $t_m=1.5h$ 的耐火极限。

压型钢板组合楼板的隔热最小厚度（mm）　　　表 6-25

压型钢板类型	最小楼板计算厚度	隔热极限(h)			
		0.5	1.0	1.5	2.0
开口型压型钢板	压型钢板肋以上厚度	60	70	80	90
其他类型的压型钢板	组合楼板的板总厚度	90	90	110	125

取 1m 宽板带，按简支考虑，则有：

$q=\max\{1.3\times(25\times0.11+1.7)+1.5\times2.0,1.35\times(25\times0.11+1.7)+0.98\times2.0\}=8.785kN/m$

$$M=\frac{1}{8}ql^2=\frac{1}{8}\times8.785\times3.05^2=10.21530781kN\cdot m=10215307.81N\cdot mm$$

$$f_t=1.43N/mm^2$$

$$W=\frac{1}{6}bh^2=\frac{1}{6}\times1000\times110^2=2016666.67mm^3$$

$$t_d=114.06-26.8\frac{M}{f_tW}=114.06-26.8\times\frac{10215307.81}{1.43\times2016666.67}=19.13min<1.5h$$

允许发生大挠度变形的组合楼板的耐火验算可考虑组合楼板的薄膜效应。当火灾下组合楼板考虑薄膜效应时的承载力不满足 $q_r \geq q$ 时，组合楼板应采取防火保护措施；满足 $q_r \geq q$ 时，可不采取防火保护措施。

但是《建筑钢结构防火技术规范》GB 51249—2017 附录 D 中规定，考虑薄膜效应时的承载力设计值 q_r 的计算，需要满足楼板长宽比不大于 2。因此本算例中的组合楼板，无法考虑组合楼板发生大挠度变形的薄膜效应。所以本算例中组合楼板不满足耐火要求，应对组合楼板进行防火保护，或者在组合楼板内增配足够的钢筋、将压型钢板改为只作模板使用。

如前所述，由于楼板的面积很大，对压型钢板进行防火保护，工程量大、费用高、施工周期长。且对于防火涂料保护的压型钢板组合楼板，目前尚没有简便的耐火验算方法，因此《建筑钢结构防火技术规范》GB 51249—2017 规定基于标准耐火试验结果确定防火保护。因此，将压型钢板设计为只作模板使用是更经济、可行的解决措施。当楼板内配置有足够的钢筋时，混凝土楼板自身的耐火极限达到设计耐火极限，此时组合楼板可不进行防火保护。

参 考 文 献

[1] 蔡益燕，郁银泉. 对《钢结构"强节点弱构件"抗震设计方法对比分析》一文的商榷 [J]. 建筑结构，2008，38（12）：115-117.

[2] 郁银泉，蔡益燕，王喆. 国家标准《建筑抗震设计规范》（GB 50011—2010）疑问解答（六）[J]. 建筑结构，2011，41（5）：142-146.

[3] 蔡益燕. 梁柱连接计算方法的演变 [J]. 建筑钢结构进展，2006，8（2）：52-57.

[4] 蔡益燕. 梁柱连接计算方法的改进 [J]. 建筑结构，2007，37（1）：12-14.

[5] 王亚勇，戴国莹. 建筑抗震设计规范算例 [M]. 北京：中国建筑工业出版社，2006.

[6] 钟善桐，白国良. 高层建筑组合结构框架梁柱节点分析与设计 [M]. 北京：人民交通出版社，2006.

[7] 蔡益燕. 《高层民用建筑钢结构技术规程》修订纪要 [J]. 建筑钢结构进展，2012，14（6）：50-56.

[8] 李启才，苏明周，顾强，等. 带悬臂梁段拼接的梁柱连接循环荷载试验研究 [J]. 建筑结构学报，2003，24（4）：54-59.

[9] 李启才，顾强，申林，等. 树状柱钢梁拼接节点抗震设计改进 [J]. 建筑结构，2010，40（6）：28-30.

[10] 蔡益燕. 关于钢框架节点域的计算 [J]. 工业建筑，2011：54-59.

[11] 曹永红，伍川生，曹晖，等. 考虑支承位移的钢筋混凝土楼板受力有限元分析 [J]. 建筑结构，2008，38（11）：40-41.

[12] 娄宇，黄健，吕佐超. 楼板体系振动舒适度设计 [M]. 北京：科学出版社，2012.

[13] 李晗. 步行荷载作用下大跨度楼板舒适度研究 [D]. 沈阳，沈阳建筑大学，2012.

[14] 邱鹤年. 钢结构设计禁忌及实例 [M]. 北京：中国建筑工业出版社，2009.

[15] 刘迎春，柴昶. 关于钢管结构中合理选材的探讨 [J]. 建筑结构，2010，40（5）：89-93.

[16] 蔡益燕. 高强度螺栓连接的设计计算 [J]. 建筑结构，2009，39（1）：73-74.

[17] 陈富生，邱国桦，范重. 高层建筑钢结构设计 [M]. 第2版. 北京：中国建筑工业出版社，2004.

[18] 《钢结构设计手册》编辑委员会. 钢结构设计手册（上册）[M]. 第三版. 北京：中国建筑工业出版社，2004.

[19] 胡天兵，申林，郁银泉. 多、高层钢结构设计中应注意的一些问题 [J]. 建筑结构，2005，35（6）：23-25.

[20] 刘大海，杨翠如. 高楼钢结构设计 [M]. 北京：中国建筑工业出版社，2003.

[21] 蔡益燕，郁银泉，王喆，等. 冷成型柱隔板连接的有关问题 [J]. 钢结构，2013，28（1）：12，62-64.

[22] 陈绍礼，刘耀鹏. 运用 NIDA 进行钢框架结构二阶直接分析 [J]. 施工技术，2010，41（10）：61-64，98.

[23] 童根树，郭峻. 剪切型支撑框架的假想荷载法 [J]. 浙江大学学报（工学版），2011，45（12）：2142-2149.

[24] 蔡益燕，郁银泉，舒兴平. 关于钢框架柱计算长度系数的确定 [J]. 建筑结构，2008，38（11）：98-99.

[25] 童根树，施祖元，李志飚. 计算长度系数的物理意义及对各种钢框架稳定设计方法的评论 [J].

建筑钢结构进展，2004，6（4）：1-8.

[26] 童根树，金阳. 框架柱计算长度系数法和二阶分析设计法的比较［J］. 钢结构，2005，20（2）：12-15，44.

[27] 童根树. 钢结构设计方法［M］. 北京：中国建筑工业出版社，2007.

[28] 李云贵，黄吉锋. 混凝土结构重力二阶效应分析［C］//中国建筑学会，中国建筑科学研究院. 第二十届全国高层建筑结构学术会议论文集，2008：785-792.

[29] 刘孝国. 控制结构整体稳定的刚重比探讨［C］//中国土木工程学会. 第十七届全国工程建设计算机应用大会论文集，2014：108-112.

[30] 徐培福，肖从真. 高层建筑混凝土结构的稳定设计［J］. 建筑结构，2001，31（8）：69-72.

[31] 王国安. 高层建筑结构整体稳定性研究［J］. 建筑结构，2012，42（6）：127-131.

[32] 杨学林，祝文畏. 复杂体型高层建筑结构稳定性验算［J］. 土木工程学报，2015，48（11）：16-26.

[33] 扶长生，周立浪，张小勇. 长周期超高层钢筋混凝土建筑 P-Δ 效应分析与稳定设计［J］. 建筑结构，2014，44（2）：6-12.

[34] 李楚舒，李立，刘春明，等. 结构设计中如何全面考虑 P-Δ 效应［J］. 建筑结构，2014，44（5）：78-82.

[35] 史建鑫. 楼层受剪承载力的计算方法与软件实现［C］//中国建筑学会建筑结构分会，中国建筑科学研究院. 第二十三届全国高层建筑结构学术会议论文集，2014：1-6.

[36] 陈绍蕃. 钢结构设计原理［M］. 第三版. 北京：科学出版社，2005.

[37] 黄吉锋，李云贵，邵弘，等. 抗震计算中几个问题的研究［J］. 建筑科学，2007，23（3）：18-21，25.

[38] 荣维生，王亚勇. 楼板刚、弹性计算假定对梁式转换高层建筑地震作用效应的影响［J］. 建筑结构，2005，35（11）：19-21.

[39] 叶列平，曲哲，马千里，等. 从汶川地震框架结构震害谈"强柱弱梁"屈服机制的实现［J］. 建筑结构，2008，38（11）：52-59.

[40] 黄小坤. 《高层建筑混凝土结构技术规程》（JGJ 3—2002）若干问题解说［J］. 土木工程学报，2004，37（3）：4-14.

[41] 唐曹明，徐培福，徐自国，等. 钢筋混凝土框架结构楼层刚度比限制方法研究［J］. 土木工程学报，2009，42（12）：128-134.

[42] 爱德华·L·威尔逊. 结构静力与动力分析［M］. 北京：中国建筑工业出版社，2006.

[43] 李星荣，魏才昂，秦斌. 钢结构连接节点设计手册［M］. （第三版）. 北京：中国建筑工业出版社，2014.

[44] 方鄂华. 高层建筑钢筋混凝土结构概念设计［M］. 北京：机械工业出版社，2014.

[45] 北京构力科技有限公司. 《钢结构设计标准》GB 50017—2017PKPM 软件应用指南［M］. 北京：中国建筑工业出版社，2019.